U0291396

水政策研究与实践
——山东水利亚行项目经验

张衍福　马移军 等　编著

中国水利水电出版社
www.waterpub.com.cn
·北京·

内 容 提 要

本书主要包括三部分内容，分别为综述篇、技术篇和应用篇。综述篇主要对水资源管理、水资源与社会发展、水价研究、农业灌溉（节水）、水资源信息管理技术等在国内外的研究现状进行了梳理和总结。技术篇的主要内容包括水资源管理的政策研究、农业灌溉定额设置、水权确定与交易、水价定制研究。应用篇主要以山东省桓台县和寿光市的示范研究区为例，介绍了农业灌溉节水技术、水价研究、地下水管理与保护、农业用水管理系统、绿色大棚雨水集蓄技术等内容。

本书适合从事水资源、农业水利、水价、水资源信息化等管理和研究人员参考，也适合高等院校相关专业的师生参考。

图书在版编目（CIP）数据

水政策研究与实践 ： 山东水利亚行项目经验 / 张衍福等编著. -- 北京 ： 中国水利水电出版社, 2021.12
ISBN 978-7-5226-0343-8

Ⅰ. ①水… Ⅱ. ①张… Ⅲ. ①水利建设－政策－研究－山东 Ⅳ. ①F426.9

中国版本图书馆CIP数据核字(2021)第276585号

书　　名	**水政策研究与实践——山东水利亚行项目经验** SHUI ZHENGCE YANJIU YU SHIJIAN——SHANDONG SHUILI YAHANG XIANGMU JINGYAN
作　　者	张衍福　马移军　等 编著
出版发行	中国水利水电出版社 （北京市海淀区玉渊潭南路1号D座　100038） 网址：www.waterpub.com.cn E-mail：sales@mwr.gov.cn 电话：（010）68545888（营销中心）
经　　售	北京科水图书销售有限公司 电话：（010）68545874、63202643 全国各地新华书店和相关出版物销售网点
排　　版	中国水利水电出版社微机排版中心
印　　刷	北京天工印刷有限公司
规　　格	184mm×260mm　16开本　19.25印张　468千字
版　　次	2021年12月第1版　2021年12月第1次印刷
印　　数	0001—1000册
定　　价	**168.00**元

《水政策研究与实践——山东水利亚行项目经验》

编 委 会

主　　编： 张衍福

副主编： 马移军

参　　编： 刘　凯　张保祥　赵　新　于翠松　黄　乾
徐征和　吕宁江　刘　江　陶秀玉　刘汉刚
孙　力　边敦典　蒋德平　王立志　胡志敏
薛　雁　杨　丽　迟志学　石伟南　杨永峰
颜建成

前言

随着经济社会的快速发展和人口的增加，用水需求不断增长，水资源供需矛盾日益凸显，尤其是北方地区，地下水过度开发利用，区域性超采导致地下水水位持续下降，地下水漏斗区面积不断扩大，漏斗区域内地面沉降、湿地萎缩、海水入侵、地下水污染等次生灾害时有发生，成为制约当地经济社会发展的主要“瓶颈”因素，地下水漏斗区治理成为社会关注的焦点之一。

山东省潍坊-淄博漏斗区位于华北平原，是全国第二大、山东省最大的地下水漏斗区域。2016年9月，山东省人民政府与亚洲发展银行（ADB）签订了“山东省利用亚行贷款地下水漏斗区域综合治理示范项目”协议，项目总投资3.44亿美元，其中利用亚行贷款1.5亿美元，旨在通过在该漏斗区域内实施水环境修复提升、水资源优化配置、雨洪水资源化、水利信息化等工程示范措施，同步开展水政策研究与实践，创建地下水漏斗区域综合治理模式，以期为山东省乃至全国提供示范。

本书的内容主要包括水定额设置的政策研究、水权确定、水权交易、水价改革、水资源配置、立法、用水者协会、农业用水管理信息化等几个方面。为开展研究，分别在漏斗区域内桓台县、寿光市设立农田灌溉管理信息化、绿色大棚雨水收集利用示范区，组织国内10余名专家，综合分析国内外研究现状，赴国内已取得相关经验的部分地区调研，组织20余次专家研讨会、分组讨论会，2名国际专家全程予以指导，研究过程历时4年10个月，研究成果为当地水资源综合管理创建了新的政策建议，并在示范区取得了较好的实施效果。最终研究成果构成本书的主要内容。

在研究过程中，得到了亚洲开发银行、国际专家、项目研究主管部门的大力支持，有关研究参与单位提供了大量的实际资料和有力的支持，提出了宝贵的意见和建议。在此，研究组全体成员表示衷心感谢！

由于时间仓促、水平有限，本书难免出现疏漏和不周之处，敬请批评指正！

作者

2022年2月

目录

综　述　篇

技　术　篇

应　用　篇

综　述　篇

1 绪 论

1.1 研究背景

在中国北方地区，区域性超采导致地下水水位持续下降。根据2016—2020年《中国水资源公报》，近5年全国平均水资源总量为29867.26亿m^3，其中，地下水资源量平均为8431.18亿m^3；平均总供水量为5986.64亿m^3，地下水平均供水量为975.36亿m^3；平均用于农田灌溉的水量为3704.44亿m^3，占平均总供水量的61.88%，农业生产仍是用水大户。根据《中国环境报》报道，目前全国形成的地下水降落漏斗已有100多个，面积达15万km^2，其中，华北平原地下水漏斗区已超过7万km^2。山东省潍坊-淄博漏斗区是全国第二、山东省最大的漏斗区，位于华北平原，西至邹平市青阳镇，东至昌邑市卜庄镇。其中，潍坊市青州市、寿光市、昌乐县、高密市和淄博市桓台县的居民生活和经济发展严重依赖地下水，尤其是集约型高产值的农业生产，这些地区是北京市主要蔬菜供应地，绿色大棚较为密集。目前大棚使用无沉积物的淡水滴灌设施，大部分使用浅层地下水，一些工业用水和城市用水也使用地下水，地方政府正引导他们转向使用地表水。同时，在干旱季节，由于过度抽取地下水，对浅层和深层地下水的补源是不足的。水资源定价机制、开采计量和地下水位监测设施的缺乏和取水许可制度的不尽完善，导致地下水超采现象日益加剧。地下水超采导致开采费用增长、海水入侵、环境污染、地下水水质不断恶化、地面沉降、城市用水和农业生产面临危险等。为了解决上述问题，国家相关部门选择山东省作为现代化水资源管理的示范省。山东省人民政府为解决华北平原的水资源短缺问题，已经实施了多个项目，包括提高水分生产率和倡导水的再利用，制定地下水限采区和禁采区划定方案。在此背景下"山东省地下水漏斗区综合治理示范项目"（简称"示范项目"）利用亚洲发展银行（以下简称亚行）贷款致力于保障潍坊-淄博地区农业生产可持续利用地下水。"示范项目"区位于山东省潍坊市的寿光市、青州市、昌乐县、高密市及淄博市的桓台县境内，所处区域为山东省最大的地下水超采区（潍坊-淄博超采区）的中心区域。项目总投资约3.44亿美元，其中利用亚行贷款1.5亿美元。该项目的实施，旨在通过采取水环境修复、水资源优化配置、雨洪水资源化及水利信息化等多种措施，综合治理地下水漏斗区，有效解决区域水资源短缺、超采、时空分布不均等问题，改善区域水生态环境，提高水环境管理、水资源调控运行能力和效率，建立区域水资源可持续利用示范样板。通过利用亚行贷款实施该项目，既能有效缓解项目区筹集资金的压力，又可借助亚行这一国际平台，引进国际先进经验和科学技术，进一步提高水利工程建设管理水平，为山东省乃至全国水利现代化建设管理及水资源可持续利用提供示范，为我国地下水漏斗区治理提供创新模式。本书研究的内容是“示范项目”的一个重要组成部分。

2015 年 11 月 11 日，山东省人民政府以鲁政字〔2015〕234 号文件对《山东省地下水超采区综合治理实施方案》进行了批复。山东省水利厅于 2015 年 11 月 20 日，以鲁水资字〔2015〕20 号文件下发了《山东省水利厅关于印发〈山东省地下水超采区综合治理实施方案〉的通知》。根据 2014 年完成的山东省地下水超采区评价成果及《山东省地下水超采区综合治理实施方案》，现状山东省地下水超采主要有浅层孔隙水超采和深层承压水超采两种类型。山东省是地下水超采比较严重的省份，全省共有浅层孔隙水超采区 8 处，涉及德州、聊城、济宁、泰安、威海、烟台、潍坊、淄博、东营、滨州 10 个市，超采区总面积 10433.17km^2，其中一般超采区 8368.23km^2，严重超采区 2064.94km^2；山东省深层承压水超采区分布于鲁西北黄泛平原区，总面积 43408km^2，涉及济南、淄博、东营、济宁、滨州、德州、聊城、菏泽 8 个市。在山东省人民政府以鲁政字〔2015〕30 号文件批复的《山东省地下水限采区和禁采区划定方案》中，浅层地下水超采区范围内限采区面积 9373.8km^2，禁采区面积 1059.4km^2；深层承压水超采区均划定为禁采区。按照超采区“总量控制、节水优先、统筹调配、系统治理”的治理原则，通过采取“控采限量、节水压减、水源置换、修复补源”4 项主要任务，到 2020 年，将现状浅层地下水超采量全部压减，深层承压水超采量压减 50%，全省浅层超采区面积逐步减小；再用 5 年左右的时间，到 2025 年，将深层承压水超采量全部压减，全省浅层地下水超采区基本消除，部分深层承压水超采区水位有所回升，地下水生态得到改善，在平水年份基本实现全省地下水采补平衡。

1.2 研究意义

本书研究的目标是提高潍坊、淄博地区地下水资源的保护水平与可持续利用，为综合治理地下水超采和水环境修复提供示范性的方法，促进以下几个方面的综合创新示范措施：①水资源管理的能力发展，包括水资源政策与法规、水资源定价和水权市场；②示范综合的水资源管理信息系统；③提高智能大棚的雨水收集和储存，在确保灌溉水质的前提下收集雨水作为灌溉水源。

党的十八大以来，党中央高度重视水资源问题，明确提出“节水优先、空间均衡、系统治理、两手发力”的治水思路。把水资源作为最大刚性约束，以水定城、以水定地、以水定人、以水定产，严控经济社会发展用水总量，保障基本生态用水需求，提升水资源优化配置能力和集约节约安全利用水平，促进经济社会发展与水资源承载能力相协调，为新时代现代化强省建设提供更加坚实可靠的水资源保障。为了贯彻落实党的十九大精神，大力推动全社会节水，全面提升水资源利用效率，形成节水型生产生活方式。2019 年 4 月 15 日，国家发展改革委、水利部印发了《国家节水行动方案》，其指出“在各领域、各地区全面推进水资源高效利用，在地下水超采地区、缺水地区、沿海地区率先突破”“强化指标刚性约束；严格实行区域流域用水总量和强度控制；健全省、市、县三级行政区域用水总量、用水强度控制指标体系，强化节水约束性指标管理，加快落实主要领域用水指标；划定水资源承载能力地区分类，实施差别化管控措施，建立监测预警机制。水资源超载地区要制定并实施用水总量削减计划”“在超采地区削减地下水开采量；以华北地区为重点，加快推进地下水超采区综合治理”“在缺水地区加强非常规水利用；统筹利用好再生水、雨水、微咸水等用于农业灌溉和生态景观”“全面深化水价改革；深入推进农业水价综合改革，同步建立农业用水精准补贴”“强化节水监督管理；严格实行计划用水监督管理”“推进水权水市场改革；推进水资源使用权确权，明确行政区域取用水权益，科学核定取用水户许可水量。探索流域内、地区间、行业间、用水户间等多种形式的水权交易；在满足自身用水情况下，对节约出的水量进行有偿转让；建立农业水权制度，对用水总量达到或超过区域总量控制指标或江河水量分配指标的地区，可通过水权交易解决新增用水需求；加强水权交易监管，规范交易平台建设和运营”。

本研究实行最严格的水资源管理制度管理当地水资源，符合水治理新思路和《国家节水行动方案》的要求，是适应和引领经济高质量发展新常态的迫切需要。

2

国内外研究现状

2.1 国外研究现状

2.1.1 国外水资源管理现状

水资源管理指水行政主管部门运用法律、行政、经济、技术和教育等手段对水资源的保护、开发、利用、调度和分配进行管理，以提高水资源的有效利用率，保护水资源的持续开发利用，充分发挥水资源工程的经济效益，在满足用水户对水量和水质要求的前提下，使水资源发挥最大的社会效益、环境效益、经济效益和生态效益，保证可持续地满足社会经济发展和改善环境对水的需求。

在水资源管理中，地下水管理问题是一个国际性难题，许多国家都非常重视地下水资源的管理与保护工作，并积极采取对策防治地下水污染和控制超采工作，制定了很多相关的法律法规。

2.1.1.1 美国水资源管理现状

（1）管理体制。美国联邦政府负责制定水资源管理的总体政策和规章，由各州负责实施。涉及水资源管理的联邦政府机构有水和能源服务部（原为垦务局）、环境保护署、联邦能源监管委员会等机构。垦务局在成立之初的主要任务是美国西部干旱半干旱地区 17 个州以灌溉功能为主的水利工程建设和管理工作。近年来，由于大规模工程建设减少，垦务局工作重点转为水资源管理和水环境保护等。地方政府（包括州、县）内一般设有水资源管理部门，负责该地区水资源开发及水利工程建设和管理。各州政府对于其辖区内的水和水权分配、水交易、水环境保护等问题具有大部分的权力，并建立了非常健全的州级水资源管理机构。为了解决跨州的水资源管理问题，还建立了一些基于流域的水资源管理委员会[1]。美国没有覆盖全国的流域机构体系，各流域机构是根据流域业务管理需要成立的。各流域机构的职能各不相同，美国代表性的流域机构有密西西比河流域委员会、田纳西流域管理局、特拉华河流域委员会。

（2）政策法规制度。美国在联邦一级没有统一的地下水管理法律，但在不同的法规中，从不同方面涉及了地下水资源保护问题。美国联邦政府制定的直接涉及地下水资源保护的立法主要包括《资源保护和恢复法》《综合环境响应、补偿和责任综合法》等法律。

此外，美国联邦政府还制定了一些间接涉及地下水保护和利用的联邦法律，如《水资源和发展法》《水资源研究法》等。

2.1.1.2 日本水资源管理现状

（1）管理体制。在日本水资源管理中，政府的作用很重要，主要表现在三方面：①制定水资源开发、环境保护的政策和总体规划；②对水务事业单位进行监管并负责水利设施运营、维护和管理；③为水资源管理提供财政支持。日本水资源的管理和实施由多个政府部门和组织共同完成，“治水与用水分离，多龙管水”是日本水资源管理体制的最大特点。日本水利工程的建设与管理由5个省分别承担[2]。5个省分别是国土交通省、厚生劳动省、农林水产省、经济产业省和环境省，5个部门之间既有分工又有合作，一方面分别承担着与各自领域相关的不同具体职能，另一方面又通过省际联席会等形式相互合作，制定与水资源相关的综合性政策。各都、道、府、县均有相应的水利管理机构。

（2）政策法规制度。日本有一套较为系统的水法律法规，其水资源管理的法律框架可以分为5个领域：①水资源开发的总体规划；②与水资源相关设施的开发建设；③水权和水交易；④水务企业的运营和管理；⑤水环境保护。相关法律有《河川法》《供水法》《污水法》《污染防治法》《水资源开发促进法》等。

日本在农业灌溉用水方面，严禁采取地下水进行农田灌溉，同时大量地建设农业灌溉水道，防止水资源在灌溉过程中流失，而对不需要大量用水的田地进行滴灌和喷灌，以节约用水；日常废水的处理也进行了改进，研发出较多的污水处理系统，将污水处理后再用于农田灌溉，实现水资源的循环利用[3]。日本是中水处理比较好的国家，许多大型的工业企业把自己的工厂建立在广大的农村地区，并在这些地区建立了废水处理设施。工业废水经过处理后，达到灌溉农田的标准，进而实现水资源循环利用的目的。

2.1.1.3 澳大利亚水资源管理现状

（1）管理体制。澳大利亚的水管理分为联邦、州和地方三级，基本上以州为主，流域与区域管理相结合，社会与民间组织参与管理。澳大利亚各州对水资源管理是自治的，各州都有自己的水法及水资源委员会或类似的机构，尽管机构名称不尽相同，但基本职责是一致的，都根据水法，负责水资源的评价、规划、分配、监督开发利用；建设州内所有与水有关的工程，如供水、灌溉、排水、河道整治等。水资源理事会是该国水资源方面的最高组织，由联邦、州和北部地方的部长组成，负责制定全国水资源评价规划，研究全国性的关于水的重大课题计划，制定全国水资源管理办法、协议，制定全国饮用水标准，安排和组织有关水的各种会议和学术研究[4]。澳大利亚灌溉工程斗渠以上的部分由政府投资兴建，并成立专门机构管理。农场内部设施由农场主负责。

（2）政策法规制度。澳大利亚联邦政府于1995年和1996年先后颁布了《水分配与水权——实施水权的国家框架》和《地下水的分配与使用——澳大利亚地下水管理国家框架》，把地下水资源与地表水资源作为整体纳入国家统一管理范畴。此外，澳大利亚于1995年还编制完成了《澳大利亚地下水保护指南》，为澳大利亚地下水资源保护与污染防治工作提供了一个中央级的政策框架。

澳大利亚联邦宪法明确规定，水资源的管理由各州负责。澳大利亚州《1997年水资源法》、首都直辖区《1998 年水资源法》、新南威尔士州《2000 年水管理法》、昆士兰州《2000 年水法》以及维多利亚州《1989 年水法》，都比较全面地规定了地下水资源管理方面的内容。

2.1.1.4 欧盟水资源管理现状

（1）管理制度。欧盟作为重要的国际组织，在跨国界河流水资源管理的政策实施上起着重要的作用。欧洲水资源管理经过了水质标准阶段、排污限制阶段和综合管理阶段。综合管理阶段考虑用全球化的眼光来审视水政策，注重综合性手段强调水政策和水管理必须以一致的方式来处理各种问题。

（2）政策法规制度。欧洲议会与欧盟理事会通过制定《关于建立欧共体水政策领域行动框架的 2000/60/EC 指令》（以下简称“欧盟水框架指令”）、《关于保护地下水免受污染和防止状况恶化的 2006/118/EC 指令》（以下简称“欧盟地下水指令”）等法律规范促进、协调欧盟 27 个成员国的地下水立法工作，并发布了《欧盟水框架指令手册》《欧盟地下水指令手册》等技术操作手册，全面介绍了欧盟地下水指令的关键原则、管理规定和工作指南，促进了欧盟地下水保护立法的有效实施。21 世纪初，欧盟规定了欧洲地表和地下水的化学和生态标准，要求各成员国必须在 2015 年前禁止向水中排放某些化学元素，甚至禁止某些类型废弃物的排放，从而使水质达到生态标准。欧盟立法呈现出以下特点：一是实行地下水保护立法的协同决策机制；二是注重水资源管理的一体化和综合性；三是通过硬法促使各成员国立法的协同；四是强调公众参与地下水保护。

2.1.1.5 以色列水资源管理现状

（1）管理体制。以色列国家供水工程投资全部由国家负担，对供水系统的运行维护费用，用水者负担主要部分（70%），政府负担小部分（30%）。国家负责建设和管理骨干水源和供水管网，农场内部节水灌溉设施的建设全部由农场主自己负责，经费有困难时，可以向政府申请不超过总投资 30%的补助，银行还可提供长期低息贷款，由政府给予担保[5]。此外，为了节约用水，鼓励用水者使用经处理后的城市废水进行灌溉，其收费标准比国家供水管网提供的优质水价低 20%左右，其亏损由政府补贴。以色列从北部戈兰高地到南部内盖夫沙漠，全国分布着百万个地方集水设施，每年收集 1 亿～2 亿 m^3 水，直接利用或注入当地水库或地下含水层。以色列迫使农业有效节水，使其成为国际上农业节水技术最先进的国家之一。

（2）政策法规制度。在地下水管理方面，主要依据《水井控制法》《量水法》和《水法》等法律法规条例，以及水资源委员会制定的各种条例，对地下水管理的基本内容和管理程序建立起一套规范的制度。按照法律的有关条文，对地下水的开发利用实行取水许可制度，打井和开发地下水必须经过政府批准。通过法律、取水许可、水价和适当的组织结构等手段，对地下水资源系统进行行政管理。同时，根据《量水法》强制进行水量量测，控制供水水量，鼓励用户节约用水。以色列实行用水许可证和计划用水分配制度，对各用水单位实行定额分配，不仅有年总限量，还有月限量和日限量。

以上各国虽然在政治制度、管理体制、经济发展水平、地理条件等方面与我国有较大的差异，但是他们在水资源管理和保护立法建设方面的经验值得我们借鉴。

2.1.2 国外水资源与社会发展现状

2.1.2.1 水资源综合管理（IWRM）

水资源综合管理（IWRM）是一个促进水、土地和相关资源的协调开发和管理的过程，目的是在不损害重要生态系统和环境可持续性的前提下，以公平的方式使经济发展和社会福利最大化。IWRM帮助保护世界环境，促进经济增长和可持续发展，促进民主参与以及改善人类健康。由于各国水资源管理的高度复杂性和特殊性，在实施IWRM方面没有具体的模式可供采用。因此，全球水伙伴关系（GWP）创建了一个IWRM管理模式，该模式主要分为三大部分：有利环境、机构作用和管理手段，旨在多种情况下支持IWRM的应用。这些模式将分析每个国家地区具体情况和需要，有助于充分实施水资源综合管理。

2.1.2.2 社会发展现状

在当今水资源日益匮乏且污染严重的新时期，水资源危机已成为制约世界上各个国家经济和社会发展的关键所在，也成为国家政策、经济、技术上所面临的主要话题和复杂难题。从世界范围看，各国都在根据各自的实际情况探索水资源管理的新途径，21世纪的水资源管理迎来了新的转折：从依靠水利工程对流域水资源进行分配调度的管理，走向了基于水利工程技术的方案和基于自然的解决方案彼此融合的管理。

一个国家如何对待它的水资源将决定这个国家是继续发展还是衰落。那些将治理水系和科学管理水资源的国家将占有竞争优势。如果水资源消耗殆尽，人类的健康、经济发展以及生态系统将受到威胁。对水资源控制权的争夺，将可能在下个世纪引发许多种族和国家间的敌对。如何解决水资源供应问题，保持水资源供给和需求之间的相对平衡，世界各缺水国家和地区在未来还需要进行大量的探索。

2.1.3 国外水价研究现状

2.1.3.1 国外灌溉用水定价机制研究现状

国外的水资源定价方式主要有边际成本法、边际效益法（影子价格法和剩余法）、平均成本法和补贴法。水资源按照水价和用水量的关系，可分为配额水价、累进水价；按部门分为工业水价、农业水价和居民生活水价；按计价方法分为政策性水价、成本水价和效益水价[6]。目前，基于成本的定价方法有两种，即平均成本定价和边际成本定价，两者的差异在于成本分摊方式和公平性不同[7]。

受到用水户承受能力影响，世界各国农业水价普遍较低。

（1）美国东部农业灌溉用水采用“服务成本＋用户承受能力”定价模式，而在西部地区，服务成本定价模式和完全市场定价模式较常见，联邦农业水价是还本不付利息水价。

（2）英国的农业灌溉水价采用全成本定价模式。

（3）加拿大灌溉供水全部实行政府补贴的政策性水价，加拿大现行水价只与提供供水服务的成本有关，其水价标准都远低于供水成本。

（4）法国农业灌溉用水水费采用“服务成本＋承受能力”定价模式，但因以水税的方式收取了水资源费和污染费，实际上也是采用了“全成本＋用户承受能力”定价模式。

（5）澳大利亚采用用户承受能力定价模式。

（6）印度、菲律宾、泰国、印度尼西亚等国灌溉水价通常采用用水户承受能力定价模式，其中菲律宾完全采取用户承受能力定价模式[8]。

根据不同的自然和经济条件，目前较流行的农业用水的定价机制大体分为三个方向：一是按量定价理论。其核心是根据灌溉用水量收费，获取农户用水量信息。对于用水量测度技术成熟的地区，如美国加利福尼亚州和以色列，则可以采用阶梯计价模式和两步定价法。二是非按量定价理论。非按量定价理论主要有四种具体方法：①根据农户单位产量为依据收取水费的产出导向计价模式；②根据农户投入成本收取水费的投入导向计价模式；③根据灌溉面积大小收取水费的按亩计价模式；④根据耕地从农业用水定价政策而获得的收益为基础，按照面积收费的改良税定价模式。从国际排灌研究委员会针对全球范围农业用水的调研资料中发现，覆盖了全球1.22亿hm^2耕地的样本数据中有60%地区是根据灌溉面积收取水费[9]。三是市场导向定价理论。由于政府干预灌溉水价长期保持一个较低的固定水平，为了更好地推广节水措施和优化水资源的分配，可以通过一些合理的激励措施，引导形成一个高效的水权市场来解决这一问题[10]。于是，市场导向定价政策应运而生，即市场机制根据水资源的真实价值来引导灌溉用水的合理分配。

多数情况下农业用水的定价与水资源需求增长、回收成本、减轻财政负担、灌溉基础设施的改造有关；而效率与公平则是灌溉用水定价的基本原则，补偿农业灌溉用水成本、减少灌溉用水量是农业用水定价的基本目标。

由于受农户承受能力的影响，各国灌溉水价标准普遍较低。灌溉水价是一个牵涉社会发展多方面的重要问题，合理的灌溉水价体系不仅仅从经济学的角度出发，或仅考虑市场经济规律的调节作用，还必须从政治经济学的角度出发，结合不同国家或地区的自然、历史、文化、社会等因素来综合考虑确定。

2.1.3.2 国外农业水价补偿研究现状

（1）美国。美国政府对农业用水的补贴主要体现在提供工程建设部分成本以及政策的倾斜等。根据联邦法律，农民能够通过三种途径获得农业用水补贴：一是水利工程建设成本的无利息偿还；二是依据农民的偿还能力减少偿还义务；三是在特定情况下减少偿还义务[11]。

（2）法国。法国工业化和城市化程度极高，国家财政具备较大的财力来对农业用水给予补贴支持。2008年，法国水资源设施的运营和资本投资成本收回率已超过95%，但对农业灌溉领域的水利设施政府会提供适当补贴。除此之外，创办家庭扶持基金（FSL）是法国对水价进行补贴和分担的另一种形式，该基金用于为贫困的个人和家庭提供救济，可涵盖部分或全部水费[12]。

（3）日本。日本政府对农田水利设施进行补贴，这种补贴实际上是对农业水价的补贴。受益面积达5000hm^2的水库或大坝，中央政府的投资可能占工程建设总投资的70%，其投资分摊比例为中央政府66.6%、都道府县17.0%、市町村6.0%、农户（由土地改良区征收）10.4%；农林水产部规定的都道府县所负责兴建的水利工程，中央政府投资分摊比例占50.0%，都道府县25.0%、市町村及农户（由土地改良区征收）25.0%[13]。

（4）印度。印度政府通过多种途径对农业灌溉用水水价进行补贴。对大型工程运营和维修成本的补贴，有的甚至高达年费用的80%；对于农户自己抽水进行灌溉的地区，政府对柴油、灌溉用电等进行补贴，对生活在贫困线以下的农户可免费使用灌溉用电[14]。

(5) 澳大利亚。澳大利亚灌溉水价主要根据用户的用水量、作物种类及水质等因素确定，一般实行基本费用加计量费用的两部制，在农业水费方面，澳大利亚全国要求实现农业用水的全成本回收[15]。

(6) 以色列。以色列实行全国统一水价，通过建立补偿基金（通过对用户用水配额实行征税筹措）对不同地区进行水费补贴[16]。农业生产用水量大，为鼓励农民节约用水，政府给农民用水规定了阶梯价格：在用水额度60%以内水价最低，用水量超过额度80%以上水价最高。同时不同部门的供水实行不同的价格，用较高的水价和严格的奖罚措施促进节水灌溉。

国际上各国对灌溉用水补贴情况不同。其中，欧洲各国补贴灌溉费用的40%，加拿大补贴工程投资的50%以上，日本补贴工程投资和维护管理费用的40%～80%，印度补贴大型工程年费用的80%，秘鲁补助大型灌溉工程的全部工程费用，坦桑尼亚补助全部工程投资和运行管理费，澳大利亚和马来西亚补助全部工程投资和部分运行费用，巴基斯坦的印度河下游灌区补助大部分工程投资，见表2.1-1。

表2.1-1　国外各国对灌溉用水补贴情况

国家或地区	欧洲各国	加拿大	日本	印度	秘鲁	坦桑尼亚	澳大利亚和马来西亚	巴基斯坦的印度河下游灌区
补贴情况	灌溉费用的40%	工程投资的50%以上	工程投资和维护管理费用的40%～80%	大型工程年费用的80%	大型灌溉工程的全部工程费用	全部工程投资和运行管理费	全部工程投资和部分运行费用	大部分工程投资

2.1.3.3 国外农业灌溉激励机制研究现状

为减轻国家财政负担，灌溉系统的权责开始由政府向用水者转移，通过市场机制的引入，提高管理者的积极性和主动性，以及鼓励用水者参与管理来提高水资源的利用效率，缓解农业用水紧张。

(1) 美国。美国采取用水户自治管理，于各州都制定了适合本州条件和运行特点的灌区法律，通过完善的法律、法规来约束和激励用水户自治管理，用水组织的建立对于减轻农户水费负担和提高用水效益等起到了积极作用。美国西部的加利福尼亚和新墨西哥最早出现水权交易，之后美国于1905年便开始进行大规模水权交易。

(2) 法国。法国是由国家监督，用水户选出代表组成机构自治管理法国的农户土地，经营规模与美国不同，它主要以中、小农户为主，一个农户拥有2～3hm^{2}的土地。农业灌溉由农户自主管理，农业水费一般低于运营成本收费，政府实施以工补农，给予用水户一定的政策优惠。

(3) 墨西哥。墨西哥是通过建立大型的农民管理的用水户协会，将灌区移交给农民。墨西哥于1989年开始实施新的用水政策，决定将大型灌溉工程移交给用水户管理，由墨西哥国家水委员会开始实施，短短5年取得较大进展。1992年的新水法规定水权出租或出售合法，并施行了与土地分离的水使用权，促进了农户水权转移。

（4）澳大利亚。澳大利亚的水资源管理，当地政府正在构建一个以市场为导向的水资源管理框架，普遍认为市场的力量有助于解决用水争议，有助于提高水资源的分配和使用效率[17]。澳大利亚的水权合法交易开始于1988年，农场主买卖农业用水配额和转让取水许可证。

政府应该通过鼓励水市场的建立、允许水权的交易、合理化水资源价格，并让相应的制度安排就位，设计出节水灌溉的激励机制。

2.1.4 国外农业灌溉（节水）现状

2.1.4.1 农业灌溉（节水）技术发展现状

世界干旱半干旱地区遍及50多个国家和地区，总面积约为陆地面积的1/3，在全部耕地中主要依赖自然降水发展农业生产的旱地占80%，农业用水日益增大，水资源十分匮乏。

1. 美国

美国国土面积937万km^2，海拔500m以下的平原占国土面积的55%，有利于农业机械化耕作和规模化经营。据国际灌排委员会2016年最新公布的统计数据[18]，美国现有的2474万hm^2，灌溉面积中，喷灌面积1235万hm^2，占总灌溉面积的49.92%，现代美国的农业（节水）灌溉具体措施如下：

（1）推广节水的喷灌、滴灌技术，喷灌比地面灌可节水20%～30%；滴灌可节水30%～50%，滴灌技术是美国从以色列引进的，并在美国得到了充分发展。

（2）改进地面灌溉技术，间歇灌和改进的沟灌，收到了省水和匀灌的效果。改变农民习惯的灌次少、灌量大为多次少灌，取得了好的效果。

（3）提高农田平整水平。美国地多人少，灌溉地块大，土地平整对节水作用很大。他们用联结激光设备的平地机组，每年秋后进行一次平整土地，不平度可控制在10～15mm。田块的倾斜等都通过平整予以解决。

（4）渠道衬砌和管道输水。大型渠道大部分用混凝土衬砌，田间的支渠、斗渠也予以衬砌。有的采用暗管输水、减少蒸发和渗漏损失，但造价颇高，约为衬砌的5倍。还有用多孔阀门管取代田间输水毛渠，最大限度地减少输水损失。

（5）无衬砌渠道，用拖拉机拖除渠道中的杂草或养鱼吃草，解决水流滞缓，减少渗漏损失。

2. 以色列

以色列是一个缺水国家，水资源十分贫乏，主要水源在该国北部，但需要灌溉的耕地却在南部，因此农业灌溉首先面临水的调配问题，即必须北水南调。由于地形北低南高，因而不得不提水灌溉，专用混凝土管输水，管道都埋设在地面以下。为了节约用水，采用雾喷、滴灌，现已基本滴灌化。

以色列的灌溉遵循利用一切可利用的水资源及污水净化重复利用的原则：①凡能利用的水尽量不使其西流入地中海，东流入死海，即使入海，在入海前加以利用；②将单位面积灌溉的水量控制到最低限度，全面发展喷滴灌节水技术；③输水管道化，管路联网将水送往中部和南部；④依靠法制、全方位节约用水，依靠法律促进节水，制定了水法、水灌溉控制法、排水控制法等；⑤在节流的同时，还采取人工降雨、海水淡化和废水处理等开源措施。以色列每年产生污水 3.59 亿 m^3，94%被处理为中水，其中被处理利用的占 80%[19]。

2.1.4.2 水利供水制度政策现状

各国对灌溉排水工程政策上有差异，但大部分国家仍把灌溉排水事业当成发展农业的重要基础产业来对待，对较大工程或骨干工程主要由各级政府拨款修建，作为公益性工程。日本政府灌溉排水投资比例为 55%～87.5%，美国、印度、巴基斯坦、泰国、菲律宾、加拿大、韩国、印度尼西亚、孟加拉国、尼泊尔、澳大利亚、墨西哥等国大型灌溉排水工程投资也均全部或大部分由政府拨款，包括中央和地方政府，小型工程或部分配套工程由农民负担。建设灌溉排水工程的政府拨款大部分均不回收，如日本、印度、巴基斯坦、泰国、菲律宾、印度尼西亚、孟加拉国、尼泊尔、澳大利亚、墨西哥等国政府用于工程建设的投资都不回收，韩国、加拿大等回收少量成本。美国灌溉工程投资政策不同于其他国家，要求回收大部分建设费用。

1. 美国

(1) 灌溉管理体制。美国农田水利管理体制采取中央与地方适当分权，政府与民间、政府各部门之间合理分工的形式。政府主要负责农田水利政策制定、实施、监督和指导，大型水源工程、骨干输水工程的建设和管理；私人性质的灌区管理机构负责灌区的建设和管理。用水者参与灌排工程的建设和运行管理是美国的传统，伴随美国灌溉发展的历史。灌区管理机构是美国基层灌溉管理组织，负责灌区工程建设和运行管理，对投资兴建的灌溉工程拥有产权。联邦、州和县级政府对灌区管理机构不征税。美国供水及灌溉行业协会发达，很多州成立供水协会，协会成员包括供水者、用水者（如灌区）、科研机构等。全美灌溉协会是农田水利领域较有影响的一个行业协会，主要成员为灌溉设备制造商和专业机构等。

(2) 灌溉供水制度。美国实行农民用水自治，一是因为民众有很强的自治意识和自我管理能力，社会组织化程度非常高，而政府的权力有限；二是因为有法律保障，美国的《垦务法》规定，供水工程开发之前，用户必须组建用户机构（灌区）。因此，美国几乎所有灌区由民间机构管理；三是因为规模化农业效益较好，加上政府的各种农业优惠政策和补贴，农民的经济实力较强，农业生产和灌溉积极性高。

2. 以色列

以色列有比较完备的节水法律制度。1959 年，以色列颁布了《水资源法》，专门设立了水资源委员会，具体负责水资源定价、调拨和监管，根据用水量和水质来确定水价和供水量。随后以色列政府以《水资源法》为中心，制定了一系列关于水资源利用的法律、法规，如《水灌溉控制法》《排水及雨水控制法》《量水法》《水计量法》《水井控制法》等一系列法规，确保水法各项内容的贯彻执行。

2.1.4.3 作物需水量研究现状

作物需水量作为农田水利工程规划、设计与灌溉用水管理的重要参数，长期以来一直为水利科学界重视。开始的作物需水量研究是以水量平衡理论为基础[20]。在能量平衡法的基础上，彭曼基于在英国桑格试验站20多年的工作提出了彭曼公式，该公式中两个重要部分，热量平衡项与空气动力项都是有理论依据的[21]。只需用普通的气象观测资料就可计算，为作物需水量估算提供了很大方便。近代作物需水量研究就是用这种方法先计算出参考作物腾发量而后乘以作物系数估算作物需水量值[22]。

自19世纪初美国、英国、法国、日本等国就开始采用简单的筒测法与田测法对比，进行作物需水量的观测。1887年美国建立了农业试验站，开始进行作物需水量试验。1916年提出了估算作物需水量的水面蒸发量法（α值法）。20世纪40年代末到70年代初，作物需水量测定逐渐由筒测转变为用坑测和蒸渗仪（lysimeter）测定。英国Penman于1948年在皇家学会会刊上发表了计算水面蒸发、裸地和牧草蒸发的公式，至今仍是湿润下垫面蒸发计算的主要方法；Swinbank于1951年首先提出用涡度相关法直接测量并计算各种湍流通量，达到较高精度；Moinieth在1963年通过引入表面阻力的概念导出了Penman－Monteith（P－M）公式，为非饱和下垫面蒸发研究开辟了一条新的途径；M. E. Jensen在1970年提出了由潜在蒸发蒸腾量估算实际蒸发蒸腾量的土壤水分修正系数与土壤有效水含量成对数变化的关系；Priestley和Taylor于1972年推导出湿润气候条件下蒸发估算公式，这些研究都为田间作物需水量估算打下了坚实的基础[23]。

2.1.4.4 国外雨水资源利用现状

针对水资源短缺的问题，世界各国都将雨水收集利用作为主要解决方法之一。雨水作为一种相对丰富的雨水资源，水质条件好，处理成本低廉，经过合理收集简单处理即可生活杂用、工业应用甚至可以作为饮用水源，一般可以直接作为灌溉水源[24]。雨水利用分为雨水直接利用、间接利用和综合利用。雨水利用技术在国外城市雨水利用中发展较早，技术也相对成熟。

（1）美国的雨水利用。美国水资源丰富，雨水利用以提高天然入渗能力为目的，在多个城市建立了屋面雨水回用设施和地表回灌系统。通过工程和非工程的措施方法，进行雨水的收集和处理，利用非工程生态技术的开发和应用，与植物、绿地、水体的自然条件和景观结合的生态设计，使得雨水利用与生态环境、景观完美结合。美国从20世纪80年代初就开始利用屋顶雨水集流系统来解决家庭供水问题，随后建成了面向全球的雨水收集系统计划（RWCS）、雨水收集信息中心（RWIC）和通信网。

（2）日本的雨水利用。城市雨水利用，日本规模较大。从20世纪60年代开始，日本利用洼地和地面渗透系统收集雨水，兴建蓄洪池储存雨水，将雨水用于路面喷洒和绿地灌溉。在1980年，建设省就开始推广雨水贮留渗透计划，利用雨水贮留渗透的场所一般为公园、绿地、庭院、停车场和道路等。采用的渗透设施有渗透池、渗透管、渗透井、透水性覆盖、调节池和绿地等。在1992年，京都已经有8.3%的人行道采用了透水性柏油路面，雨水渗透到地下，经过处理后加以利用。此外，日本还在一些城市的建筑物上设计了收集雨水的设施，将雨水用于消防、植树、洗车、冲厕所和冷却水补给等，也可以处理后供居民使用。

（3）德国的雨水利用。德国是欧洲开展雨水利用最好的国家，1989年就制定《雨水利用设施标准》，雨水利用技术已进入标准化、产业化、集成化和综合化发展阶段，建成了众多雨水利用工程，市场上已大量涌现收集、过滤、储存、渗透雨水的产品。德国针对成规模的小区采用雨水回用与景观结合的方式，可以补充市政用水，采用绿地、入渗沟、洼地以及透水人行道等多种措施节约用水。

（4）荷兰的雨水利用。荷兰城市雨水利用较有特色，其城市地势低洼，城市排水系统难以负担突如其来的大量雨水，导致在短时间内雨水无法排走。为了解决这一问题，荷兰的城市规划师与工程师制定了一套“水规划”，通过采用景观与工程相结合的统筹途径，将城市内有效蓄水与公共空间结合起来，进而发展出包括下沉广场、灵活的街道断面、水气球，以及拦截坡面的坝等多个公共空间原型（Prototype）。同时，荷兰威文（Wavin）雨水管理系统极具特色，威文雨水收集系统分为雨水储存系统和雨水渗透系统。

（5）其他国家的雨水利用。泰国农村雨水利用规模很大。20 世纪 80 年代以来开展的泰缸（Tai jar）工程，建造了 0.12 亿个 $2m^3$ 的家庭集流水泥水缸，解决了 300 多万农村人口的吃水问题。澳大利亚在农村及城市郊区的房屋旁，普遍建造了用波纹钢板制作的圆形水仓，收集来自屋顶的雨水。缅甸、老挝、泰国等国在联合国开发计划署（UNDP）和国家农林研究所（NAFRI）的资助下，为提高农业人口对气候变化的适应能力，在雨水收集、储存和适应性灌溉和排水管理方面进行了示范，发展了屋顶收集系统和地下储罐系统，结合当地经济状况，发展了混凝土储水罐（Concrete Storage Jar）和井环罐（Well Ring Tank），具有特色。

总体来讲，国外农村雨水利用主要有以下形式：①微集雨农业系统；②雨水集蓄技术；③拦截雨水设施；④引洪漫灌及回灌地下水[25]。Prinz 等将集雨系统划分为 4 种类型：屋顶集雨系统、小型集雨系统、大型集雨系统和洪水集流系统[26]。雨水直接利用设施农业灌溉的应用比较少见。

2.1.5 国外水资源信息管理技术现状

发达国家灌溉水管理日趋朝着信息化、高效化发展，这种先进的灌溉水管理流程为“信息采集→分析加工→指导实践→信息反馈”，即主要由水信息管理中心、用水信息采集传输系统、用水数据库、灌溉用水管理系统、灌溉渠系自动化监控系统等组成，以实现水资源的合理配置和灌溉系统的优化调度。主要表现在以下几个方面。

1. *灌区基础数据的采集、整理和存储*

西方发达国家灌区管理部门对灌区基础数据的收集和整理比较重视，灌区渠系、闸门、水文站、用水户等的数据一般都由计算机管理，并存储在文件或数据库中。美国国家环保局开发出 STORET - COGENT，国际上最早的大型水质管理信息系统，它由水质存储系统与水质许可性评估和网络示踪系统组成，前者负责数据存储，后者利用前者的数据库加工水质管理信息[27]。

2. *灌溉系统的自动化程度*

国外滴灌、管灌等灌溉系统的自动化程度总的来说比较高。美国垦务局将自动控制技术应用于灌区配水调度，将配水效率由 80%提高到 96%。以色列的灌溉农田都采用了喷、滴灌等现代灌溉技术和自动控制技术，灌溉水平均利用率达 90%[28]。但对于渠道灌溉的灌区而言，灌溉系统的自动化程度都不是很高。在水资源保护方面，国际上较有代表性的国家主要有美国、加拿大、英国、法国、韩国等，近年来，利用建立的水资源保护相关模型，管理部门对当地河流进行管理与规划，不同程度地改善了泰晤士河、莱茵河和特拉华河等的河流水质，澳大利亚在水资源管理监测、水资源利用评价、水资源风险评价和水资源环境影响评价中广泛使用了计算机 3M、3S 技术[27]。

3. 灌区灌溉管理通用软件系统等的标准化和通用程度

发达国家在灌区灌溉管理所需要的软件的标准化和通用程度方面做得比较好，开发了一批用于灌区灌溉管理的通用软件。国际粮农组织为了推进灌溉计划的管理开发了灌溉计划管理信息系统（SIMIS），该系统是一个通用的、模块化的系统，具有适用性好、多语言和简单易用的特点。近年来，非点源的研究和控制成为美国新的热点，也产生了一些计算机模拟可供用户使用。

对水资源管理领域来说，遥感数据和其他类型数据的结合是相对比较新的内容。荷兰代尔夫特水文研究所的数据模型统合技术将实测数据与遥感数据有机结合[29]。

2.1.6 国外用水者协会管理现状

1. 美国用水者协会管理现状

美国实行用水户参与管理已经有 100 多年的历史。在美国，由于干旱地区多集中于西部，因此西部的灌溉农业比较发达。每个灌区通常包括 2000～2500 个土地所有者，通过选举代表参加理事会来进行管理。灌区管理组织（垦务局）在修建大型水利设施前就会和灌区及用水户签好合同，规定好各方的权利和义务。在美国各州，都有完善的法律和法规来约束灌区的运行和管理。美国的灌区管理机构是受益农户自主组建的非营利组织，具有法人地位，管理范围和规模较大。灌区管理机构是美国基层灌溉管理组织，负责灌区工程建设和运行管理，对投资兴建的灌溉工程拥有产权。联邦、州和县级政府对灌区管理机构不征税。灌区内部实行企业化管理。

灌区管理机构一般向上游的联邦、州或地区的供水公司购买灌溉用水（价格由双方合同规定），再分配给灌区内各用户。灌区经济独立核算，在经济上实行“自负盈亏，保本运行”，向农户供水的价格由灌区根据供水成本自主确定。在用水过程中，灌区董事会根据每位农户土地大小、与水源的位置以及历史习惯，确定用水权、用水量和用水优先等级。配水根据水权的优先进行。

美国的用水组织主要靠收取的水费来运行，通常是按灌溉面积来计量，在每年的灌溉季节来临前开始收取，如果农户不交水费，则灌区有权取消其用水资格。

2. 法国用水者协会管理现状

法国的灌区以中、小农户为主，一个农户只拥有 2～3hm^2 的土地，协会的规模也很小，一般一个协会仅有 75 个会员和 250hm^2 的土地。由于经济发达，法国政府在水利灌溉方面给予的补贴较多，比如灌区的骨干工程和农户农场外的管理设施均由政府负责修建，农户只负责修建自己农场内的渠道即可，对于环境改善、防洪等公共性事务都是由政府负责解决。政府投资的工程产权属于政府，但使用权和管理权则交给用水户，由用水户选出的代表组成机构来管理，农业水费比运营成本还要低。

3. 菲律宾用水者协会管理现状

菲律宾对灌区的改革措施采取的是灌溉管理转移支付的模式，根据总统令，国家灌溉局授权将部分或全部的国家灌溉系统管理权委托给正式组建的合作社或协会。它的协会通常规模比较小，管理面积一般为300～500hm^2，大多以村庄为组织单位，水费大多以收获的谷物支付，协会没有能力购置灌溉设施。

4. 墨西哥用水者协会管理现状

在墨西哥，全国一半以上的灌溉农业位于81个大型灌区之内，1989年墨西哥政府决定将灌区交给农民自己来管理，转交后，灌区财务自给率由1989年的43%提高到2006年的80%。1989—2000年灌区管理人员由8000人下降到了1980人，工作效率明显提高。墨西哥在如此短的时间内取得了这么大的成就，因为是：①重视宣传培训；②重视政策法规的制定；③重视工程的完善。政府出资修建了大型灌溉工程，对现代节水灌溉技术进行了大力推广，鼓励用水户调整种植结构，变粮食作物为主为经济作物为主，为农民增收创造条件。

总之，国外的用水户参与灌区管理，时间比较早，自主能力比较强，在长期的发展过程中积累了丰富的经验。在发达国家，由于政府财政支持力度大，用水户协会发展比较顺利，而发展中国家由于国家投资比较少，基础设施比较差，在运行当中存在的问题和矛盾就比较多。

2.2 国内研究现状

2.2.1 国内水资源管理现状

2.2.1.1 管理体制

2018年国家机构改革之前，水资源管理由水利部、地质矿产部、住房和城乡建设部、环境保护部、交通部等共14个不同或相同平级局、部共同负责，水资源管理中权利分散化现象十分严重，机构改革后，除国务院办公厅外，国务院设置组成部门26个，水资源管理由水利部、自然资源部和生态环境部三个部门负责。

2018年国务院机构改革方案规定[30]，水利部负责保障水资源的合理开发利用、制定水利工程建设有关制度并组织实施、指导水资源保护、水文、农村水利等工作，负责节约用水等工作，自然资源部整合水利部的水资源调查和确权登记管理职责，生态环境部负责监督防止地下水污染职责及编制水功能区划、排污口设置管理、流域水环境保护职责。经过机构改革，实现国家水、土、环境的综合管理，农田水利、水文、建设等专业职能交由专业部委管理。建立以行政手段为主配置水资源的国家水权制度，实现总量控制、定额管理。

2.2.1.2 政策法规制度

《中华人民共和国宪法》在第九条中规定了水资源的权属制度，确定了国家为水资源的唯一所有权主体[31]。针对地下水管理和保护，国家和部分省份先后出台了多部相关的法律法规和规范性文件，已初步形成以国家法律、法规和行政规章为基础，以地方法规、政府规章为支撑的地下水管理法律制度体系。

1. 国家法律法规和行政规章

(1)《中华人民共和国水法》。《中华人民共和国水法》规定水资源的所有权由国务院代表国家行使；规定了我国水资源管理的原则，并明确指出了水资源流域管理职能。针对水资源管理，在法律法规方面，提出了“最严格水资源管理制度”。我国于2009年最早提出并于2011年上升为国家政策的一项新的水资源管理制度，2009年2月召开的全国水资源工作会议进一步提出落实最严格水资源管理的“三条红线”，这是首次公开明确阐述最严格水资源管理，即水资源开发利用控制红线、用水效率控制红线、水功能区限制纳污红线[32]。在2011年的中央一号文件《中共中央　国务院关于加快水利改革发展的决定》中，全面阐述了实行最严格水资源管理制度的“三条红线”“四项制度”。2012年1月国务院发布了《关于实行最严格水资源管理制度的意见》；2013年1月国务院办公厅发布了《实行最严格水资源管理制度考核办法》；2014年1月水利部等十部门联合印发了《实行最严格水资源管理制度考核工作实施方案》，在全国范围内实施和考核。

（2）《中华人民共和国水污染防治法》。《中华人民共和国水污染防治法》是为了保护和改善环境，防治水污染，保护水生态，保障饮用水安全，维护公众健康，推进生态文明建设，促进经济社会可持续发展而制定的法律。

2. 地方行政法规

近年来，地方性立法成果比较多，我国一些省（自治区、直辖市）结合自身情况，出台了水资源管理立法，建立了较为完整的管理制度。还有专门针对地下水管理的立法，如山东、河北、陕西、云南、辽宁、内蒙古、新疆等省（自治区）均出台了地下水管理条例（或办法），在地下水管理工作中发挥了重大作用；部分城市也出台了市级的地下水立法，如西安市、成都市和武汉市等，结合自身地下水特点和管理需求设置了相应的地下水管理制度。

（1）《山东省水资源条例》。条例于2017年9月发布，共包含七章。条例对山东省地下水的管理、开发、利用、节约和保护都做出了明确的规定。

（2）《河北省地下水管理条例》。条例于2014年颁布，共包含六章。主要设立了以下管理制度：地下水取用水总量控制和水位控制制度、超采治理与管理制度、水资源论证制度与取水许可制度、凿井管理制度、地下水饮用水水源地核准及安全评估制度、地下水管理协调合作机制。

（3）《陕西省地下水管理条例》。条例于2015年11月19日通过，2016年4月1日起施行，共七章六十一条。条例以新时期治水思路为指导，强调统筹规划、严格保护、节水优先、采补平衡、防止污染的原则，结合陕西省实际，对地下水保护管理作了一系列规范。

3. 现行主要管理制度

（1）取水许可制度。《中华人民共和国水法》（第七条）以及《取水许可和水资源费征收管理条例》《取水许可管理办法》《中共中央　国务院关于加快水利改革发展的决定》《国务院关于实行最严格水资源管理制度的意见》《水资源费征收管理办法》等法律法规规章和规范性文件对取水许可的申请、受理、审查、决定、取水许可证的发放和公告等作出了明确规定。

（2）水资源有偿使用制度。《中华人民共和国水法》（第七条）以及《取水许可和水资源费征收管理条例》《中央分成水资源费使用管理暂行办法》《水资源费征收使用管理办法》《关于中央直属和跨省水利工程水资源费征收标准及有关问题的通知》《国务院关于最严格水资源管理制度的意见》等法律法规规章和规范性文件对水资源费征收主体、范围、标准、分配和使用等作出了规定。总体上看水价制度的建立先后经历了从公益性无偿供水到政策性低价供水、从低供水到按供水成本核算计收水费、从收取水费到明确供水是一种商品、进而按照商品价格管理等四个重要阶段[33]。

4. 水权交易管理制度

水资源作为一种商品，就必须要有交易的平台和一定的社会法则。目前，水市场可以划分为水权市场和水商品市场，水权市场是对水权的一种分配方式，而水商品市场则是对水的工程技术利用所形成商品的分配[33-34]。水利部于2016年4月公布《水权交易管理暂行办法》(水政法〔2016〕156号)，办法共分为六章32条。对可交易水权的范围和类型、交易主体和期限、交易价格形成机制、交易平台运作规则等作出了具体规定。

5. 取用水计划制度

取用水计划制度是取水许可监督管理的重要内容，也是水量分配方案确定可供本行政区使用的水量能否得到有效控制的手段。

《中华人民共和国水法》(第七条)、《取水许可和水资源费征收管理条例》《中共中央国务院关于加快水利改革发展的决定》《国务院关于实行最严格水资源管理制度的意见》等法律法规和规范性文件对取用水进行了规范。主要规定内容包括用水定额和取用水计划制度。

6. 节约用水管理制度

加强节约用水管理，建设节水型社会是解决我国水资源短缺，实现水资源可持续利用的根本措施。节约用水管理制度主要包括：节约用水制度、节水设施与主体工程“三同时”制度、节水工艺设备产品管理制度、用水计量和非常规水开发利用制度等。

《中华人民共和国水法》《取用水许可管理办法》《城市节约用水管理规定》《中共中央国务院关于加快水利改革发展的决定》《国务院关于实行最严格水资源管理制度的意见》《关于加强城市供水节水和水污染防治工作的通知》《关于加强节水产品质量提升与推广普及工作的指导意见》《关于加强城市污水处理回用促进水资源节约保护的通知》《国家节水行动方案》等法律法规规章和规范性文件对节约用水主要制度进行了原则性规定，提出了具体的要求。

7. 水资源论证制度

水资源论证是依据江河流域或区域综合规划以及水资源专项规划，对新建、改建、扩建建设项目的取水、用水、退水的合理性以及对水环境和他人合法权益的影响进行综合分析论证的专业活动。

水资源论证制度涉及的主要法律法规和文件有：《中华人民共和国水法》(第二十二条)、《取水许可和水资源费征收管理条例》《建设项目水资源论证管理办法》《水文水资源调查评价资质和建设项目上水资源论证资质管理办法》《建设项目水资源论证报告书审查工作管理规定》《河北省建设项目水资源论证管理办法》，以及《中共中央 国务院关于加强水利改革发展的决定》《国务院关于实行最严格水资源管理制度的意见》《取水许可管理办法》等法律法规规章和规范性文件均对建设项目水资源论证作出了明确规定。

2.2.2 国内水资源与社会发展现状

水资源对社会发展的制约作用主要表现为水资源的可利用量与社会以及社会经济的高速发展对水量的需求不相适应。从 20 世纪 90 年代开始，我国平均正常年份全国灌区缺水 300 亿 m^3，城市缺水 60 亿 m^3，造成我国粮食生产因为缺水问题产生的经济损失大约 500 亿元，同时对工业产值造成 2000 多亿元的影响[35]，水资源缺乏与社会发展的矛盾日益突出，使水资源对社会发展形成制约因素的主要原因在于社会发展对水资源缺乏合理利用而使水资源产生反作用。表现为水资源过度开发，水资源的利用效率低下使社会发展对水资源的需求进一步加大，在此基础上为了满足社会发展的需求而对水资源进行过渡的开发和利用，不仅不符合持续性发展原则，同时也对生态环境造成了很大的破坏。

据有关专家的研究结果，我国因水污染造成的经济损失占 GDP 的 1.5%～2.8%。北方地区由于水环境容量有限，污染所造成的缺水城市和缺水地区增加；长江三角洲和珠江三角洲等水资源相对丰富的地区也不断出现了水质型缺水问题。可见水资源的质量好坏关系到经济发展的效益高低，不但是水资源的质量问题关系到经济发展同时水资源的分布不均与稀缺也成为经济发展的制约因素。

我国每年因缺水减产粮食造成的经济损失约 500 亿元，影响工业产值 2000 多亿元。华北和西北地区的资源型缺水问题已成为区域可持续发展的主要制约因素。华北地区（北京、天津、河北、山东、山西和内蒙古）水资源量占全国的 4.54%，人口和 GDP 分别占全国的 19%和 24%，属于水资源严重短缺的地区之一。当地水资源开发利用程度超过 70%，随着社会经济发展，需水量增加，水资源供需矛盾将日趋突出[36]。从一定意义上说，水资源的短缺已经成为国民经济和社会发展的主要制约因素。

我国水资源短缺情势严峻，人均水资源占有仅为世界人均水平的 1/4，位列世界第 121 位，是联合国认定的“水资源紧缺”的国家。世界银行 2009 年的研究报告显示，中国的水资源生产力为 3.60 美元/m^3，低于中等收入国家的平均水平（4.80 美元/m^3）和高收入国家的平均水平（35.80 美元/m^3），而此差距在很大程度上源于各国产业结构的不同和水资源利用效率的高低[37]。我国低效的水资源利用令原本就短缺的供给雪上加霜，用水纠纷引发的冲突频现；不断扩大的水供给缺口导致对水资源过度开发乃至掠夺性开发，对环境造成巨大损害。若不改革此种水资源开发利用方式，必将导致不可逆转的生态灾难。水资源危机严重威胁到国家的发展与安全，迫切需要通过顶层设计加以应对，因此建立健全中国特色的现代水资源治理体系势在必行。

2015 年 4 月，国务院印发的《水污染防治行动计划》明确提出，充分考虑水资源、水环境承载能力，以水定城，以水定地，以水定人，以水定产。2015 年 10 月，党的十八届五中全会通过的《中共中央关于制定国民经济和社会发展等十三个五年规划的建议》提出，实行最严格的水资源管理制度，以水定产，以水定城，建设节水型社会。

2.2.3 国内水价研究现状

2.2.3.1 灌溉用水定价机制国内研究现状

从 1949 年至今，我国农业水价政策先后经历了三个阶段。第一阶段，中华人民共和国成立初期到1984年，从无偿供水到政策性低价供水，农业用水实行公益性无偿供水政策。第二阶段，1985—1996年，按供水成本核算、计收水费。1985年国务院颁布了《水利工程水费核订、计收和管理办法》，确定了水利工程供水的商品属性，实现了水利工程从无偿供水向有偿供水的转变，水价政策从此走上了法制化和规范化的轨道。第三阶段，1997年到现在，逐步明确水是商品。2016年国务院办公厅发布了《关于推进农业水价综合改革的意见》，围绕保障国家粮食安全和水安全，落实节水优先方针，建立合理反映供水成本、有利于节水和农田水利体制机制创新、与投融资体制相适应的农业水价形成机制；农业用水价格总体达到运行维护成本水平，探索分类农业水价，实行农业用水总量控制和定额管理普遍，逐步实行超定额累进加价制度，合理确定阶梯和加价幅度，促进农业节水。2019年5月国家发展改革委、财政部、水利部和农业农村部联合发布了《关于加快推进农业水价综合改革的通知》，提出了加快推进农业水价综合改革，健全节水激励机制的措施，改革了农业水价综合工作绩效评价制度。2016年至今，山东、陕西、河北等各省相继发布了农业综合水价改革实施办法，为推动农业水价综合改革的顺利实施确立了制度性文件。

农业水价综合改革对大中型灌区骨干工程农业水价原则上要求达到补偿运行维护费用水平，力争达到成本水平；大中型灌区末级渠系和小型灌区可实行政府定价，也可实行协商定价。对用水资源较为紧张、用户承受能力强且接受程度高的地区，农业水价可提高到完全成本水平。

目前普遍认为我国农业灌溉用水水价低于供水成本。我国的农田灌溉水价不到其成本价的1/3，水价太低不仅助长了水资源利用中的浪费，妨碍水资源开发利用的可持续发展，也严重低估了农业节水的效益，制约着节水农业的发展。中南五省农业水价远低于供水成本，只占供水成本的35%左右[38]，农业水价偏低主要是利益补偿机制未建立起来。在我国，一般认为水费在生产成本中的比例应为5%～10%，不超过15%是可以接受的。同时我国灌溉水费以占单位面积平均净收益的10%～20%为宜，或者水费占农民人均年纯收入的4%～8%时，农民认为水价合理或基本合理，表示可以接受，并愿意交纳水费。

目前农业水价现在仍是政府定价[39]，其性质属于个别成本，这种成本定价法最大的缺陷是将消费者置于完全被动的地位，其调节作用具有盲目性和滞后性。我国常用的灌溉用水定价机制有四种：一是边际成本定价方法，边际成本包括水权费、工程水价和环境水价等完整水价；二是平均成本定价方法，又称成本核算法，其定价的基础是平均成本的估计数；三是平均收益率定价方法，是指以完全竞争形成的均衡价格中所包括的正常利润为基础的一种定价方法；四是计划定价方法，是指由水管单位或政府部门人为确定的，在考虑了不同的供水客体、不同管理体制下制定的不同的水价制度。

2.2.3.2 农业水价补偿国内研究现状

农业水价补贴是指农户每单位农业用水的实际支付和边际供水成本或全部成本价之间的差额。农业补贴一般分为明补和暗补两种形式。暗补即采取低水费的形式，我国现行的水价补贴方式大多属于这种；农业水价由市场供求关系决定，而政府对农业用水以直接返回货币的方式进行补贴即为明补。

2016年国务院发布的关于农业水价综合改革文件指出，农业用水补贴应在完善水价形成机制的基础上，建立与节水成效、调价幅度、财力状况相匹配的农业用水精准补贴机制。补贴标准根据定额内用水成本与运行维护成本的差额确定，重点补贴种粮农民定额内用水。补贴的对象、方式、环节、标准、程序以及资金使用管理等，由各地自行确定。

国内有关农业水价补偿方面的研究表明，农村税费改革对末级渠系建设和农业水费收取影响巨大[40]，建议推动农业水价改革，建立合理的补偿机制，引入科学的投入机制。农业水价补贴由“暗补”变为“明补”是一种必然趋势，“明补”比“暗补”更有效[41]。实行两部制水价制度有利于供水生产成本费用的均衡补偿[42]，财政直接补贴农户的方式可以避免间接补贴方式下“鼓励浪费”现象的发生，实行政府对农户的直接财政补贴，不仅能够减轻现阶段农民水费负担，而且可以对农业用水的供需双方产生节水激励，应采取补贴农户与补贴灌区相结合的方式[43]。改革目前水价补贴方式，先将补贴直接发农民，然后再提高水价，通过提高价格来提高农民的节水意识[44]。

2.2.3.3 农业节水灌溉激励机制国内研究现状

建立农业水费补贴激励机制是非常必要的。所谓的农业水费补贴激励机制，就是将农业水费补贴与节约用水结合起来，促进农业水资源高效利用机制。其具体机制是对农业水费进行补贴，该补贴如同粮食补贴一样直接发放在农民手中，同时对农业水价进行调整，这样有利于调动水管单位和农民的双方的积极性。

用水定额制度、可转让的水权制度，以及按用水量计量的水价和超定额累进加价的水价制度是激励农田节水的有效机制。水资源短缺和水资源低效率配置均需要由用水者的利益激励机制来解决[45]，界定水权、建立水市场、形成节水激励机制，激励水资源使用者节水，是解决水资源短缺的长久之计。运用经济杠杆，充分调动农民的节水灌溉积极性，建立节水灌溉经济激励机制[46]，包括补偿奖励机制、惩罚奖励机制和水权交换机制。由于水权制度安排不合理[47]，通过节水措施获取的剩余水量不能通过交易带来效益，造成供需双方都没有节水的积极性。同时水价过低使得节水投资成本大大超过了节水收益，无法引导供、需方双方采取节水措施。在市场经济环境下，设计出可行、合理的节水激励机制，并能监督其有效实施，节水就能成为用水者的自觉行为。

根据农业灌溉定额管理、计量收费的原则，由政府和农户共同承担农业灌溉供水费用[48]。国有水利工程按照实际灌溉水量，定额内水费由国家或地方财政承担，超定额实施阶梯水价由农户承担，这有利于新形势下农业水费的合理分摊，起到补贴农业水费，减轻农民负担的作用。

2.2.4 国内农业灌溉（节水）现状

2.2.4.1 国内农业灌溉（节水）技术发展现状

1. 传统灌溉技术

（1）地面灌溉。地面灌溉，按其湿润土壤的方式不同，可分畦灌、沟灌和淹灌。我国有98%以上的灌溉面积采用传统的地面灌水技术。

改进传统的地面灌溉，进行隔沟（畦）交替灌溉或局部湿润灌溉，不仅减少了棵间土壤蒸发占农田总蒸散量的比例，使田间土壤水的利用效率得以显著提高，而且可以较好地改善作物根区土壤的通透性，促进根系深扎，有利于根系利用深层土壤储水，兼具节水和增产双重优点，值得大力推广。

（2）畦灌。畦灌是我国北方地区目前最主要和使用最广泛的灌水方式之一，与微、喷灌等压力灌溉技术相比，具有田间工程设施简单、运行成本低、易于实施等优点。我国从20世纪70年代开始，在田间开展平整土地，大畦改小畦。20世纪80年代以来，开发了一种节水型地面灌水方法——长畦分段灌溉法，具有明显的节水节能、灌水效果高、灌水质量好等优点。从理论上讲，畦田灌溉为一维垂直非饱和土壤水运动，主要适用于窄行距密植作物或撒播作物，如小麦、谷子、花生等，在蔬菜、牧草和苗圃的灌溉中也常采用[49]。

（3）沟灌。沟灌是我国地面灌溉中普遍应用于中耕作物的一种较好的灌水方法。我国从20世纪70年代开始推行短沟灌和细流沟灌，节水效果十分明显。优点是不破坏土壤结构，节省水量，常应用于棉花、玉米、甘蔗等宽行距耕作物的灌溉。

2. 现代节水灌溉技术

（1）灌溉工程技术。

1）渠道防渗技术。渠道防渗技术可以减少渠道渗漏，显著提高渠系水利用系数，同时可以提高渠道输水安全保证率，提高渠道抗冲击能力，提高沟渠的输水、输沙能力，能有效减少多泥沙灌区的沟渠堵塞淤积等现象。20世纪80年代以来，具有成本低、防渗性能好的塑料薄膜、沥青玻璃布油毡以及各种聚乙烯土工膜得到大量推广应用。近年来使用膨胀珍珠岩板、矿渣石棉板等作为防冻保温材料，收到了良好的效果。

2）低压管道输水灌溉技术。低压管道输水灌溉是地面灌溉技术的一种工程形式。其最主要特点是不会出现堵塞现象，同时具有出水口流量大、增产效益显著和农民易于掌握等优点。因此在发展喷灌和微灌条件受限的地方，采用管灌是一个可取的办法。

3）喷灌技术。喷灌有显著的省水、省工、少占耕地、不受地形限制、灌水均匀和增产等效果，属先进的田间灌水技术。

4）滴灌技术。国内引进滴灌技术始于1973年，主要应用于蔬菜、花卉、果树等高经济价值作物上，在大田作物上应用较少。膜下滴灌技术是在新疆生产建设兵团形成、发展起来的新型滴灌技术，它将滴灌技术与地膜覆盖技术有机结合，充分发挥其节水、节肥药、节机力、节人工和增产、增效作用，为干旱地区发展高效节水灌溉技术开辟了一条新路。

5）渗灌技术。渗灌是继喷灌、滴灌之后，一种新型的有效地下灌溉技术。目前国内有低压渗灌和重力渗灌两种方式。在保护地蔬菜、露地果树应用中，进行了渗灌安装、使用方法、加肥渗灌、作物增产配套技术等方面的系统研究，制定了亚表层渗灌防堵节水系统安装与应用技术规程。渗灌节水技术的发展将对提高我国农业节水灌溉水平起到积极的推动作用。

6）微喷灌技术。微喷灌是在滴灌和喷灌的基础上逐步形成的一种新的灌水技术，属于局部灌溉方法。微喷灌还可将可溶性化肥随灌溉水直接喷洒到作物叶面或根系周围的土壤表面，从而有效提高施肥效率，节省化肥用量。虽然微灌最省水，经济效益很高，但节水量与灌溉用水总量相比很少，它属于与设施农业、现代化农业相配套的精细灌溉、自动化灌溉技术[50]。

7）膜上灌。膜上灌是我国在地膜覆盖栽培技术的基础上发展起来的一种新的地面局部灌溉方法。地膜栽培和膜上灌结合后具有节水、保肥、提高地温、抑制杂草生长和促进作物高产、优质、早熟及灌水质量高等特点。膜上灌作为一种新的具有中国特色的灌水技术，为了使其更加趋于成熟和完善，在北方缺水地区能得以大面积推广，有关研究部门尚需对其节水机制、技术要素、配套措施及其设计方法等做好进一步研究工作[51]。

8）痕量灌溉。痕量灌溉是华中科技大学、北京普泉科技有限公司历经10多年的研究探索研发的突破了靠人工控制灌水量和灌水时间的“被动式”灌溉，发展了“自适应”灌溉效果的灌溉模式[52]。5年多的田间试验表明痕量灌溉技术比滴灌技术要节水50%左右。痕量灌溉是利用土壤的毛细管力和现代膜过滤技术进行灌溉的新型节水灌溉技术。它是以毛细力为基础按照作物需求以极其微小的速率（1～500mL/h）直接将水或营养液输送到植物根系附近。能在灌溉的时候同时添加化肥，提高化肥的利用率避免生态污染。目前，痕量灌溉能否实现“与植物自然需水规律相匹配”仍需进一步研究。

（2）农艺节水技术。

1）非充分灌溉。非充分灌溉是不同于充分灌溉的一种特殊的灌溉制度。该技术主要用于水资源短缺的地区，根据作物与水分之间的关系，在作物需水关键期或者敏感期进行灌水，以节省水资源，提高水分利用效率。非充分灌溉的核心是作物水分生产关系。Jensen提出的“Jensen模型”为非充分灌溉技术的发展起到了推动性作用。20世纪80年代以来，“Jensen模型”在中国也得到广泛应用与发展[53]。

2）调亏灌溉。调亏灌溉是澳大利亚持续灌溉农业研究所于20世纪70年代中期提出的，是一种有效利用作物生理功能节水的灌溉技术。调亏灌溉是从作物生理生态角度着手，人为地制造一定程度的水分亏缺，然后利用作物对干旱自动做出生理抗旱反应来提高作物抗旱能力，以此提高水分利用效率的节水灌溉技术。实际上，其寻求的是总体经济效益最大的灌溉方法[54]。

3）地面覆盖。地面覆盖指的是利用地膜、砂砾和秸秆等材料覆盖地表，以减少土壤蒸发、增加截留、增强土壤蓄水保水能力的一种节水方式。地表覆盖能明显改善土壤的水、肥、气和热等状况[55]。而其三者之间的关系对作物生长的耦合效应和相关生理机制还需要进一步研究。覆盖后有时会产生减产、喷药作业困难、病虫害严重等问题也需要进一步明晰。

（3）综合农业节水技术。将农业措施和工程措施相结合，发挥综合优势，达到节水、高产、高效是当前世界各国研究的一个重点。我国的节水农业技术研究在提高节水工程技术水平的同时，也将很大的注意力放在综合农业节水技术的研究上，根据不同节水农业区的自然、经济特点，采取合理施肥、蓄水保墒的耕作技术、地膜和秸秆覆盖保墒、化学制剂、合理调整作物的种植结构，选用耐旱作物及节水品种，以充分利用灌溉水、自然降水和地下水，提高水的利用效率，达到节水、高产、优质和低能。

（4）节水灌溉管理技术。目前节水高效灌溉制度已从传统的丰产灌溉向限额灌溉发展，研究不同作物关键需水阶段，寻求不同水文年型主要作物的基本灌溉模式。它是遵循作物生长发育需水机制进行的适时灌溉，又是把各种水的损失降低到最小限度的适量灌溉，包含着节水与高产的双重含义。在灌区灌溉管理技术方面，已初步将最优化技术和微机手段应用于制定灌水方案和配水方案[56]。作物阶段耗水变化和作物生长期降雨预报，测算田间土壤水分消耗动态和预报灌水时间。在灌区采用库、渠、井优化调度技术，使地表水、渗透的地下水、塘坝水等回归水得到充分利用。

2.2.4.2 国内农田灌溉政策

1. *农田灌溉政策*

(1)《国家粮食安全中长期规划纲要》。2008年11月，为切实保障我国中长期粮食安全，国务院发布了《国家粮食安全中长期规划纲要》(2008—2020年)[57]，提高粮食生产能力。该纲要要求合理开发、高效利用、优化配置、全面节约、有效保护和科学管理水资源，加大水资源工程建设力度，提高农业供水保证率，严格控制地下水开采。加强水资源管理，加快灌区水管体制改革，对农业用水实行总量控制和定额管理，提高水资源利用效率和效益。切实加强农业基础设施建设。加快实施全国灌区续建配套与节水改造及其末级渠系节水改造，完善灌排体系建设；适量开发建设后备灌区，扩大水源丰富和土地条件较好地区的灌溉面积；积极发展节水灌溉和旱作节水农业，农业灌溉用水有效利用系数由2005年的0.45提升到2010年的0.50，2020年达到0.55以上。实施重点涝区治理，加快完成中部粮食主产区大型排涝泵站更新改造，提高粮食主产区排涝抗灾能力。狠抓小型农田水利建设，抓紧编制和完善县级农田水利建设规划，整体推进农田水利工程建设和管理。

(2) 国家农业节水纲要(2012—2020年)。国务院办公厅与2012年11月印发了《关于印发国家农业节水纲要(2012—2020年)的通知》(国办发〔2012〕55号)[58]，要求把节水灌溉作为经济社会可持续发展的一项重大战略任务，全面做好农业节水工作。其中，作为一节要求“推进农业水价综合改革。按照促进节约用水、降低农民水费支出、保障灌排工程良性运行的原则，建立科学合理的农业用水价格形成机制，合理确定农业水价。在渠灌区逐步实现计量到斗口，有条件的地区要计量到田头；在井灌区推广地下水取水计量和智能监控系统。重视利用经济杠杆促进农业节水，探索实行农民定额内用水享受优惠水价、超定额用水累进加价的办法，农业灌排工程运行管理费用由财政适当补助”。

(3) 国务院《关于推进农业水价综合改革的意见》。2016年1月，国务院办公厅下发了《关于推进农业水价综合改革的意见》(国办发〔2016〕2号)[59]，以完善农田水利工程体系为基础，以健全农业水价形成机制为核心，以创新体制机制为动力，逐步建立农业灌溉用水量控制和定额管理制度，提高农业用水效率，促进实现农业现代化。作为夯实农业水价改革基础，提出了“建立农业水权制度”。以县级行政区域用水总量控制指标为基础，按照灌溉用水定额，逐步把指标细化分解到农村集体经济组织、农民用水合作组织、农户等用水主体，落实到具体水源，明确水权，实行总量控制。鼓励用户转让节水量，政府或其授权的水行政主管部门、灌区管理单位可予以回购；在满足区域内农业用水的前提下，推行节水量跨区域、跨行业转让。

2. *灌溉管理制度*

《灌区管理暂行办法》第七条规定：“国家管理的灌区，属哪一级行政管理单位，即由哪一级人民政府负责建立专管机构，根据灌区规模，分级设管理局、处或所。”灌区专管机构，负责支渠(含支渠)以上的工程管理和用水管理，支渠以下工程和用水由受益农户推选出来的支斗渠委员会或支斗渠长进行管理，支斗渠委员会或支斗渠长接受灌区专管机构的领导和业务指导。小型灌区基本上采取农民集体管理，即由受益用水户直接推选管理委员会或专人进行管理[60]。

3. 农田灌溉标准制定

近年来，我国在节水灌溉方面取得了丰硕成果，为应对水资源紧缺形势，基于生产实践的需要和对节水灌溉形势的正确分析判断，编制发布了一系列农田灌溉标准。

《微灌工程技术规范》（GB/T 50485—2020）、《节水灌溉工程技术标准》（GB/T 50363—2018）从工程规划、灌溉水源、灌溉用水量、灌溉水的利用系数、工程预措施的技术要求、效益、节水灌溉面积等方面进行了规定，注重实用性与可操作性，突出节水灌溉的特点。

20 世纪 90 年代以来，为了规范灌溉材料、设备市场，相继编制并发布了一批灌溉产品标准。如《喷灌用塑料管件基本参数及技术条件》（SL/T 97—1994），《微灌用筛网过滤器》（SL/T 68—1994）等标准。农田灌溉标准从工程技术、到工程设计、到工程使用的材料进入全面发展阶段。

进入 21 世纪，农田灌溉标准更注重了节水灌溉和工程质量，已从宏观向微观纵深发展，合并升级、精炼协调。批准发布了《雨水集蓄利用工程技术规范》（GB/T 50596—2010），同时，为适应低压管道输水技术从井灌区向扬水灌区和丘陵自流灌区发展的需要，在《低压管道输水灌溉工程技术规范（井灌区部分）》的基础上，将在编的《农田低压输水管道质量检验评定规范》合并，编制发布了《农田低压管道输水灌溉工程技术规范》（GB/T 20203—2006），2017 年发布了《管道输水灌溉工程技术规范》（GB/T 20203—2017）代替了 GB/T 20203—2006，对农田管道输水灌溉工程的规划、设计、管材与设备的选择和安装、工程施工、运行及维护做出了具体规定。2008 年对《水利技术标准体系表》中的农村水利标准进行整合、归并、删减，使农田灌溉标准更具科学、适用，更具有现实意义。

2010 年山东省颁布了《山东省主要农作物灌溉定额》（DB37/T 1640—2010），成为开展水资源管理、建设项目水资源论证、工程规划设计等的重要技术性依据，随着山东省节水型社会建设的推进和最严格水资源管理制度的深入实施，在 2015 年又颁布了《山东省主要农作物灌溉定额　第 1 部分：谷物的种植等 3 类农作物》（DB37/T 1640.1—2015）替代了 DB37/T 1640—2010，2019 年颁布了《山东省农业用水定额》（DB37/T 3772—2019）替代了 DB37/T 1640.1—2015。

2.2.4.3　作物需水量研究现状

与国外相比，我国进行作物需水研究较晚。1926 年中山大学农学院丁颖教授在广东省进行了多点水稻需水量试验，于 1929 年发表了水稻蒸发蒸腾量与水面蒸发量比值的系统结果。到了 1950 年年初，作物需水研究才得到较快发展，全国各地建立了大量的灌溉试验站，开展了农业水管理中的作物需水量及相关问题的研究，在农田上采用水分平衡法测定蒸发，测定结果成为分析作物需水量和耗水量的基础。在灌区用水管理方面开始根据供水和需水的预报编制灌区的用水计划。进入 20 世纪 70 年代，计算机技术、遥感、遥测技术开始应用于作物需水研究，一些新的仪器（时域反射仪、中子探测土壤水分仪、负压计等）被应用于观测土壤水分含量，使水分平衡法逐步趋于完善。20 世纪 80 年代主要研究了土壤的持水特性和水分运动的动力学及其数值模拟问题，其中原武汉水利电力大学茆智等自 80 年代以来就开始探讨作物正常供水和水分胁迫条件下需水量、作物系数及土壤水分胁迫修正系数的变化规律，并提出了作物需水量数学模型[61]。

20 世纪 80 年代中期开始，土壤—植被—大气连续体 SPAC 的概念引入我国，以农田生态系统为主要对象就土壤、植物、大气之间的相互作用关系，SPAC 内的水分运动规律和通量的估算模型等展开了系列性的研究工作，包括作物和水分关系，农田蒸发与作物耗水量，农田蒸散的测定与计算方法。同时，中科院禹城水平衡水循环综合实验站进行了连续 3 年（1986—1988 年）的农田蒸发实验研究，取得了一批试验成果。特别是陈玉民于 90 年代中期系统探讨了中国主要作物需水量绘制出全国作物需水量等值线图，并综合分析了需水量在空间和时间两方面的变化规律。

最近几年，作物需水研究主要还是围绕植物蒸腾、水循环与生物圈的相互作用及数学预测模型的应用。谢森传根据作物系数和作物覆盖度划分出作物棵间蒸发和作物蒸腾，用实验资料研究了棵间蒸发与表土含水率经验关系，计算了实际棵间土面蒸发。王亚军等[62]在甘肃张掖绿洲区利用浮力称重式蒸散仪对春小麦蒸散量进行了测定，分析了蒸散量的日变化和季节变化特征。刘士平等[63]应用农田蒸腾蒸发和地下水与土壤水转化的新型称重式蒸渗仪的观测资料，分析了自 1998 年 10 月至 1999 年 6 月冬小麦生长期的蒸渗过程。张佳华等[64]利用遥感信息结合作物光合生理特性研究了作物产量水分胁迫模型，对模型的参数给出了求解公式。

对作物需水量预测的数学模型研究，主要考虑到作物需水量受降水、气象诸多因素的影响，呈随机性变化；但从中长期角度看，作物需水量在时间分布上具有一定的规律性，呈周期性变化。一些学者曾利用离散的时间序列方法来研究作物潜在蒸发量的变化规律，如黄冠华[65]曾采用离散的时间序列模型来研究潜在蒸发量的随机变化规律，并根据建立的离散形式的时间序列模型，预测了作物根系层的储水量的动态变化规律。罗毅等[66]利用潜在蒸发量系列资料建立了潜在蒸发量的连续参数的随机模型，研究了蒸发量的随机特性。李靖[67]根据灌区的需水量的系列资料建立灌区作物需水量的时间序列 ARMA 模型，经变换得到了灌区作物需水量预报模型。王瑄等[68]根据灰色系统理论和 ARMA 模型理论建立了预测水稻各生育期平均日需水量的综合模型。通过研究，近年来与作物需水相关的重大项目取得了如下进展：①获得了不同类型地区优化模式田上主要作物的耗水量和水分利用效率；②获得了作物产量与水分耗散的定量关系，获得了不同地区的作物水分生产函数；③初步构建了土壤—作物—大气系统物质和能量传输过程模型框架。该模型包括多层冠层辐射子模型，光和作物生理生化子模型、冠层地表能量平衡双源子模型和土壤水分传输子模型。目前开展的相关研究有：北方地区农田生态系统水分运行规律，由斑块尺度向区域尺度扩展的尺度转换方法；湿润、半湿润、半干旱、干旱气候区农业生态系统的水分平衡。总的看来，国内作物需水研究已经取得了不少进展，但和国外工作相比还有很多差距，这个差距既表现在蒸发的测定方面，更表现在理论研究的深度方面。

2.2.4.4 国内雨水资源利用现状

我国雨水利用历史悠久，4000 年前的周朝农业生产就用利用中耕技术增加雨水利用，水窖历史也有数百年。20 世纪 50 年代利用窖水点浇玉米、蔬菜，已经开始直接储存雨水用于灌溉[69]。尽管我国雨水利用历史悠久，但系统化的研究较晚[70]。直到 20 世纪 80 年代后期，雨水利用得到迅速发展，人们将收集的雨水用于发展庭院经济和大田作物需水关键期的补充灌溉。2001 年水利部颁发了《雨水集蓄利用工程技术规范》，标志这项技术的初步成熟。

国内许多学者做了大量关于雨水利用的研究和试验工作，然而这些工作主要集中在城市地区，对广大农村地区的研究尚处于起步阶段，相关资料也较少。雨水渗蓄利用工程存在重建设、轻管理的情况，缺乏统一的技术规范。雨水利用工程运行管理不到位，就会出现资金的不合理使用、雨水出水水质不合回用要求、雨水设施使用效率低、设备闲置等诸多问题[71]。由于农村和城市在气候、场地、径流特点等方面的差异性，城市和农村在降雨水质和利用模式上有着明显的区别。

1. 农村不同场地的雨水综合管理措施

场地性质是影响农村地表径流水量和水质的重要因素。农村的场地性质非常复杂，不仅有屋面、道路等不透水地面，还有庭院、坡地等透水地面。我国农村地区的气象、地形、经济等条件存在较大差异，在进行雨水管理措施的选择和应用时应因地制宜，选择针对性强、经济实用、可操作性强的措施。主要包括平顶屋面雨水管理、脊房屋面雨水管理措施、庭院雨水管理措施、村内道路雨水管理措施等。以设施农业、蔬菜大棚为主要研究对象的雨水管理措施不多见。

2. 设施农业雨水利用研究

对设施农业的日光温室、种植大棚而言，集蓄雨水更有其有利之处，因为温室的后屋面、温室墙体顶部以及温室的棚面都可被设计用来收集雨水，还有温室之间的遮阴地也可作为集水场地。杨启国等[72]研究认为，年降雨量在 550mm 以上的地区，温室收集的雨量足以保证温室内种植蔬菜的水分供应，而年降雨量在 550mm 以下地区则需另外增加集水面积或利用异地聚集技术。

张素勤等[73]对我国西部温室集雨节灌系统进行了研究，日光温室配置集雨灌溉系统，包括集雨面、储水设施和灌溉系统等 3 大构件。构件间相互协调运行，为日光温室创造适宜的水环境。日光温室集雨节灌系统应遵循以下原则：①集雨量与需水量协调的原则；②集雨量与储水设施的调蓄能力协调的原则；③灌溉设施高效节水的原则；④构件位置布设因地制宜的原则。

季文华等[74]对温室农业雨水集蓄利用工程规模进行了研究，论述了温室雨水集蓄利用工程规模优化的原理和方法，结合北京某温室雨水集蓄利用工程，论证了经济效益优化目标下的工程规模，为农业雨水集蓄利用技术的应用提供借鉴。

袁巧霞和蔡月秋[75]在湿润地区设施农业雨水资源利用的问题，长江中下游一带常用的塑料大棚为研究对象，试验研究了其棚面集雨量，并对集雨量和温室内作用栽培需水量进行了耦合性分析，为温室集雨及节水灌溉提供依据。

2.2.5 国内水资源信息管理技术现状

2.2.5.1 水资源信息管理技术现状

水资源信息管理主要针对的是：企事业单位和个人的用水；水库、河流、湖泊、地下水的水位水质；降雨量；对现场设备的及时控制。目前，常用的水资源监控管理系统包括三大部分：数据采集和现场控制设备部分、数据传输部分、监控中心。安装在水源地现场的数据采集和控制部分包括水位计、流量计、温度传感器、压力传感器、雨量计、水质仪等仪器仪表，这些传感器或者仪表接入到远传单元（RTU），RTU 将这些数据按照一定的格式打包，传送到工作人员的所在地（上位机）。各传感器、仪器仪表和 RTU 的连接，可以是有线方式，也可以是无线方式。

国家对水资源信息化管理工作高度重视，建立了水利投入稳定增长机制，大幅增加水利建设投资，提高水利管理信息化水平。随着水利基础设施建设和水资源管理加强，初步形成了由基础设施、业务应用和保障环境组成的水资源管理信息化的综合体系，基本覆盖全国水资源信息自动采集和水资源信息网络。随着云计算、移动互联网、物联网、大数据分析等技术的发展，加速了应用系统的升级和扩展，特别是基于互联网的信息服务业的发展，包括应用软件服务、数据传输与分析服务、信息系统平台提供服务等，突破了通用信息技术和水资源专项业务应用需求间的适应性问题，包括水资源信息资源组织、信息综合开发应用、数据挖掘与知识应用、业务协同处理和决策支持等方面的关键技术，推动了水资源科技的发展和创新体系的建设，拓宽了水资源管理信息化应用的广度和深度。

随着移动互联网终端和智能手机的普及，3G/4G 技术、手机 APP 等也在水利数字化平台得到应用[76]。

2.2.5.2 国内灌区管理信息化建设现状

“保障国家粮食安全，核心在灌区。”灌区以占全国耕地 49% 的面积，生产了约占全国总量 75%的粮食和 90%以上的经济作物。目前，灌区缺水现象十分突出，灌区内水土资源分配不均，有限的水资源缺乏统一调配，水源工程不能最大限度地发挥作用。因此，将有限的灌溉水量在时空上进行合理分配，提高灌区灌溉效益显得尤为重要[77]。

现阶段灌区水资源合理配置工作开展情况：一方面，在灌区水资源管理工作中，虽然国家为此颁布了多项文件与政策，并围绕水资源开发与利用标准、水资源污染检测标准及用水标准等内容制定了“三条红线”，旨在深化人们对此的认识，强调水资源合理配置的重要性。但是从当前灌区水资源配置工作开展情况来看，缺乏行之有效的约束机制，资源管理没能落到实处；另一方面，灌区水资源管理及调度机制有待进一步完善。现阶段灌区水资源通常由多个机构一同管制。如地表水通常都是由灌区管理站负责监管，以灌区水资源配置标准的制定工作为重点，监管水利工程设备的运行状态，做好防汛准备，结合当地实际情况科学调整水费标准等。监管地下水的是水务局或水利局，这两个行政管理部门的业务范畴存在较大区分。在实际工作中，没能明确划分工作职能，工作开展效果可想而知。因此，要想打破这一僵局，工作人员必须要以优化“分崩解体”的管理框架为切入点，组建专门的资源配置部门，统一管理，科学配置与管理水资源，以此发挥其资源的最大经济效益[78]。

灌区管理信息系统是为灌溉水利服务的，集水雨情信息、水利工程信息、运行控制、水资源配置与调度、行政事务管理于一体的、完整的、复杂的管理信息系统，实现灌区信息的采集、处理、加工、存储、传输、反馈的一体化和自动化，其本质是灌区管理的信息化。灌溉管理信息是灌区管理信息系统的基础和中心内容，合理灌溉、科学用水、提高灌溉效益的一切措施均取决于准确、可靠、及时的灌溉用水管理信息。我国灌区信息化建设开始于20世纪80年代，当时称为计算机技术在灌区中的应用。一些水利单位和科研单位开始了研究和试点，并取得了一批研究成果并在生产实践中应用。

（1）山西夹马口灌区通过建立灌区水费管理系统，在全灌区大力推行“阳光工程”，实行配水“三公开”，即流量公开、时间公开、水价公开。该系统设有水费查询子系统，用水农户随时都可通过触摸屏或电话查询用水及交费情况，加大了群众监督力度。据统计，全灌区水费回收率持续五年达100%。农民亩次用水量由72m^3左右减少到65m^3左右，亩次成本平均下降1～2元。全灌区农民年减少水费支出60余万元[79]。

（2）黑龙江省水利厅建立了覆盖全省322处大中型灌区的“黑龙江省灌区信息管理系统”，实现了远程数据管理，对提高行业管理水平和效率作用很大，效果显著[80]。

（3）江苏渠南灌区在灌区改造的同时，建成了灌区自动化、信息化建设试点，主要由灌区自动化综合数据采集DCS、数据库、地理信息系统GIS、网络与通信、计算机及控制等技术组成[81]。

（4）甘肃景泰川灌区充分利用先进技术，采用分层、分布、分散的集保护、测量、控制于一体的泵站综合自动化装置，建成并开通景电管理局国际互联网站，并在景电一、二期工程40个支渠口、97个独斗口及二期总干三支渠34个斗渠口安装了自动记录仪和水位变送器，配水计量实现了规范化、科学化[82]。

（5）河北省石津灌区管理局与石家庄水电设计院和合肥智能机械研究所合作，成功开发“石津灌区管理专家系统”，系统计算中运用了基因算法，实现灌区灌溉方案的优化，而且能优化灌溉面积和解决各干渠灌溉区域的水量配置[83]。

2.2.6 国内协会管理政策

水利部、国家发展改革委、民政部于2005年10月31日发布了《关于加强农民用水户协会建设的意见》（水农〔2005〕502号）文件，文件的主要内容有以下几个方面。

1. 加强农民用水户协会建设的指导思想和基本原则

（1）指导思想：坚持以人为本，全面、协调、可持续的发展观，贯彻中央关于“三农”问题的方针政策，通过加强、培育和支持农民用水户协会建设，解决多年来农村水利管理“主体”缺位，责任、权利、义务界定不清，效率和效益发挥不理想的问题，依靠互助合作集体的力量，自主兴办和管理农村水利工程设施，提高农村水利基础设施抗灾能力和管理水平，促进节约用水，提高农业综合生产能力，增加农民收入，实现灌区人口、资源、环境和经济社会的和谐发展，保障农业和农村经济的可持续发展。

（2）基本原则：一是因地制宜，分类指导。从各地灌区管理的历史习惯、目前做法、管理水平、存在问题等实际出发，坚持管理体制改革的方向和原则，结合本地具体情况，制订加强农民用水户协会建设的具体措施。不应生搬硬套，搞一个模式、“一刀切”。二是积极稳妥、注重实效。要采取积极措施加快改革步伐，加强、培育和发展农民用水户协会建设，同时要讲求实效，确保改革一处，成功一处，发挥效益一处，由点到面，逐步推广。三是政府指导，自主管理。各级政府要加强对农民用水户协会建设的指导、扶持，要真正放权，把农村水利工程设施管理的部分或全部权利与责任都移交给用水户自主管理。四是自愿组合、互利互惠。加强和培育、支持农民用水户协会建设必须坚持自愿组织、自愿参加、民主议事、民主决策、互利互惠的原则，避免行政机构越俎代庖，强迫命令。

2. 农民用水户协会的职责和任务

农民用水户协会是经过民主协商、经大多数用水户同意并组建的不以营利为目的的社会团体，是农民自己的组织，其主体是受益农户。在协会内成员地位平等，享有共同权利、责任和义务。农民用水户协会的宗旨是互助合作、自主管理、自我服务。

农民用水户协会的职责是以服务协会内农户为己任，谋求其管理的灌排设施发挥最大效益，组织用水户建设、改造和维护其管理的灌排工程，积极开展农田水利基本建设，与供水管理单位签订供用水合同，调解农户之间、协调农户与水管单位之间的用水矛盾，向用水户收取水费并按合同上缴供水管理单位。

农民用水户协会的任务是建设和管理好农村水利基础设施、合理高效利用水资源，不断提高用水效率和效益，为当地农户提供公平、优质、高效灌排服务，达到提高农业综合生产能力、增加农民收入、发展繁荣农村经济、保护和改善生态环境的目的。

农民用水户协会在国家法律和协会章程规定范围内，享有其管理的灌排设施所有权、经营权和管理权，接受水行政主管部门和社团登记管理机关的政策指导和灌区管理单位的业务技术指导，同时监督灌区的建设和管理工作，并参与有关水事活动。农民用水户协会与灌区管理单位在水利工程设施的建设与管理中是相互合作关系，在水的交易中是买卖关系。

3. 农民用水户协会的组建程序

（1）广泛宣传发动，组织培训。在充分尊重农民意愿的前提下，引导农民自愿组建农民用水户协会。农民用水户协会的组建要因地制宜，充分考虑当地灌溉排水的特点，根据农民群众的实际需要，选择适当的活动方式。

（2）合理确定农民用水户协会的管理区域。为便于用水合理调配，统一组织工程维护，提高水的利用效率和效益，农民用水户协会管理的灌溉边界，按水系、渠系并结合行政区划的原则，由地方政府、村民委员会、水管单位以及农民用水户代表协商确定。协会的规模要与承担的任务相适应，方便用水户之间互助、合作，力求低成本和高效率。

（3）建章立制。对农户情况进行调查和登记，划分用水小组，选举用水户代表，推选执委会候选人，召开用水户代表大会，选举执委会成员，制订章程以及供水管理、工程维护、水费收缴、财务管理等规章制度和办法，明确有关各方权利、责任、义务。农民用水户协会负责人的产生应严格按章程规定，民主选举，选出有能力、办事公道、热心公益事业、农民信得过的人。规章制度要经过用水户民主讨论，最后表决通过。

（4）登记。农民用水户协会由县级人民政府民政部门登记管理，业务主管单位为县级人民政府水行政主管部门。业务主管单位可以将有关管理事务委托给乡镇水管部门。

农民用水户协会的登记条件和程序按照民政部《关于加强农村专业经济协会培育发展

和登记管理工作的指导意见》等文件中的有关规定执行。

4. 农民用水户协会的运作和能力建设

所有农民用水户都有节约用水、维护工程和交纳水费的责任和义务。农民用水户协会的成员在灌排工程建设和管理中，既要发扬热心公益事业的奉献精神，又要坚持按劳分配、公平合理的原则。协会成员的劳动补贴标准，由执委会或代表大会通过，报乡镇政府和灌区管理单位备案。

农民用水户协会所属工程的管理可采取灵活多样的经营机制。可以由协会集体管理，也可以采用承包等方式交给个人或小组具体负责。

农民用水户协会要坚持“民办、民管、民受益”的原则，要加强组织机构和内部制度建设，使协会运作民主、公开、有效、规范。

农民用水户协会要建立健全监督机制。所有涉水事务、财务状况、人员聘用等都要公开透明，接受广大用水户、当地政府和社会的监督。要定期向会员代表会报告工作，并在醒目位置设置公告栏，向用水户公开水费标准、用水量、水费收入与支出等情况。农民用水户协会要财务独立。规模较大的用水户协会应建立监事会。

要有意识地发现和培养妇女骨干，更多地发挥妇女在用水户参与灌溉管理中的作用。

农民用水户协会要加强自身能力建设，积极参加水行政主管部门和灌区管理单位组织的政策、技术及业务知识培训，提高业务技能和综合素质。要加强协会内成员的学习、培训和管理，提高业务水平和管理能力。

5. 切实营造农民用水户协会的良好发展环境

推进灌排工程管理体制改革，为农民用水户协会的组建、发展创造有利条件是政府职责。各有关部门同时也应在政策、资金、技术等方面给予扶持。各级水行政主管部门要主动向政府提出推进改革的意见和建议，取得各级政府的重视和支持；要加强与发展改革、价格、财政、民政、农业和政策研究等有关部门的沟通协调，分工配合，共同做好农村水利基层群管组织体制改革工作。

3

研究方法及研究内容

3.1 研究方法

1. 研究目标

本书研究的目标是帮助执行机构和实施单位加强水资源保护政策示范行动的能力建设，聚焦于三个关键领域：水资源政策与规定，水资源信息管理和雨水收集及再利用。

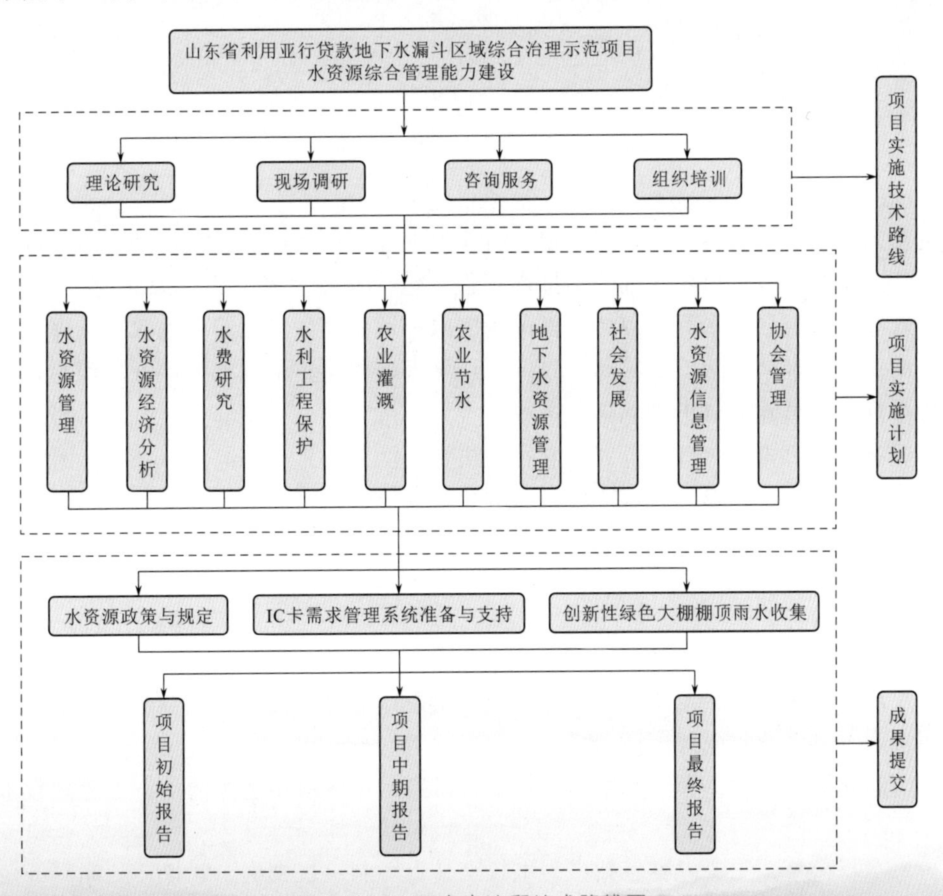

图 3.1-1 研究方法和技术路线图

2. 工作范围

(1) 水资源政策与规定。协助执行机构和实施单位进行水权政策开发试点研究，包括引进创新性水资源管理实践和示范区区域性水权交易市场试验。试点研究将在整个示范区建立最严格的试点水资源管理系统，范围包括水定额设置的政策研究、水权确定、水权交易、水价改革、水资源配置、立法、用水者协会与管理等，重点是农业节约用水。政策研究将为改善地区综合性水资源可持续管理创建新的政策建议。

(2) IC卡需求管理系统准备与支持。在桓台县试点升级IC卡系统，引入农业用水管理的控制需求管理。IC卡控制需求系统将包括IC卡运行井、数据传输系统和中央数据单元。其中中央数据单元将结合MIS系统，记录地下水位以监测影响，还将分析不同用水村民的用水数据。对系统的实质部分补充用水者注册规则、用水定额的识别和使用地下水的费用等内容。使用水井的用户将被统一纳入用水者协会，以方便联合管理，并改善水权状况，提高水资源管理水平。

(3) 创新性绿色大棚棚顶雨水收集。在寿光市将引进智能大棚试点收集雨水作为确保园艺产业水质的未来战略内容。在绿色大棚雨水收集系统中对雨水的收集和储存方面探讨了几种模式，包括开放式表面储存、闭合式表面储存和含水层储存。

3. 研究方法及技术路线

研究方法和技术路线如图3.1-1所示。

3.2 研究内容

1. 现状调查

主要内容包括：收集相关经济数据、财务数据等基础数据和信息；调查不同行业用水水费现状；调查示范区内灌溉现状和排水条件，包括农业灌溉用水水源状况、供水方式、灌溉模式和目前现存的水利工程情况；分析国内和示范区内农业节水现状；梳理国内和国际上在农业节水方面成功的经验和项目案例；调查国内及示范区地下水管理现状；引进国际国内水资源信息管理技术和成功案例。

2. 框架、系统设计

主要内容包括：为整个示范区试点开发一套严格的水资源管理系统框架；在示范区设计区域性水权交易市场开发框架；为示范区提议合适的水价系统；研究农业用水管理工程的财务管理系统；开发建立用水者协会的框架和系统，包括建立档案、注册、管理、人员招聘和组织结构等。

3. 灌溉定额设置、水权交易及水价定制

(1) 灌溉定额设置。主要内容包括：地下水农业灌溉定额研究。调查分析示范区农业灌溉用水水平、农业水资源区域承载能力，分水源分区域核定“农业灌溉定额”，评估实施基于“农业灌溉定额”管理制度的可行性；研究示范区应用适当的地下水管理技术的可行性。

(2) 水权交易。主要内容包括：为水权交易市场制定规则提出建议；从灌溉的角度为水权政策开发提供建议；从节水角度为水权交易市场制度提供建议；从地下水资源管理角度为水权交易和市场化制度提供建议；从地下水资源管理的角度为水权交易、市场设置和法规定制提供技术层面的建议；完成水资源与社会发展分析，为水权交易市场提高社会发展水平提供建议；从水资源信息管理的角度为水权交易市场机制提供建议；分析水资源信息系统在水权交易系统发展中的功能与作用。

(3) 水价定制研究。主要内容包括：确定农业合理的水费结构，研究农业用水阶梯水价系统；研究农业行业水资源赔偿机制和奖励机制，以改善节水激励方式。

4. 政策研究

主要内容包括：研究吸引社会投资水资源行业的政策；分析和研究水利政策与管理；研究供水与水权相关政策与法规；分析农田灌溉政策；完成农业节水政策和法规分析；研究水资源管理如何适应可持续的社会经济发展。

5. 引进先进的农业灌溉技术

主要内容包括：通过利用亚行这一国际平台，充分结合先进的农业节水技术和激励机制，引进国际先进经验和技术手段，运用信息化等先进的科学管理工具，进一步提高示范区农业灌溉工程的建设管理水平。

6. 基于IC卡需求管理系统的支持与准备

在桓台县试点升级IC卡系统，引入农业用水管理的控制需求管理。IC卡控制需求系统将包括IC卡运行井，数据传输系统和中央数据单元。其中中央数据单元将结合MIS系统，记录地下水位以监测影响，还将分析不同用水村民的用水数据。对系统的实质部分将补充用水者注册规则、用水定额的识别和使用地下水的费用等内容。使用水井的用户将被统一纳入用水者协会，以方便联合管理，并改善水权状况提高水资源管理水平。

7. 创新性绿色大棚棚顶雨水收集

在寿光市引进智能大棚试点收集雨水作为确保园艺产业水质的未来战略内容。在绿色大棚雨水收集系统中关于收集和储存方面有几个观点：开放式表面储存、闭合式表面储存和含水层储存。设计院在可研阶段完成了绿色大棚雨水收集系统的概念设计，采用闭合式表面储存。

8. 协会建设及可持续运作

主要内容包括：从社会发展的角度为用水者协会的功能与作用提供建议；分析适用于桓台子项目MIS的水资源管理技术与经验；向示范区提供适用的水资源信息管理先进的科学方法；研究用水者协会可持续运行的管理实践和模式；分析用水者协会在社会经济发展中的作用；指导和检查示范区农村用水者协会的发展。

9. 组织培训

组织培训分为管理人员培训和用户培训两类。其中，管理人员培训主要内容包括：按照亚行政策提供经济分析和管理方面的培训、提供财务分析与管理方面的培训、地下水资源管理培训、有关综合性水资源管理与社会发展的培训；用户培训主要内容包括：提供有关水利基础设施管理、农业用水基础设施管理培训、提供农业节水培训、水利基础设施和信息管理系统的培训、用水协会开发和管理培训。

在初始报告提交、课题启动后，组织一次专家讲座；在课题中期和最终成果提交后，组织两次培训。

技　术　篇

4

政策研究

4.1 水资源管理体系

4.1.1 水资源法律制度

1. 我国水资源法律分级

2016 年 7 月 2 日第十二届全国人民代表大会常务委员会第二十一次会议修订通过的《中华人民共和国水法》是水资源领域的基本法律。

（1）全国人民代表大会通过的水资源法律；

（2）国务院颁布的水行政法规；

（3）水利部、环境保护部或其他相关部委出台的法规；

（4）地方人大和省、自治区、直辖市出台的省级和地方法规。

2014 年 3 月，水利部等十部门联合印发了《实行最严格水资源管理制度考核工作实施方案》。我国全面启动最严格水资源管理考核问责的“三条红线”。

2. 建立流域水资源综合管理的法律

由于我国的水资源短缺，水资源浪费和污染严重，因此水资源管理十分重要，而管理必须依法行政。《中华人民共和国水法》有着重大突破，但是对于如何建立“流域管理与区域管理相结合的管理体制”“南水北调的水价、水权以及水市场的建立”等急需解决的重大问题，只能是以“一个流域一部法律”的形式解决，而“流域水资源管理法”会是这种新型管理体制的结果和法律手段。

3. 完善水资源交易制度的法律空白

目前，我国已颁布了一些水利法律法规和规章，但还存在一些法律空白，不能满足流域水权管理的需要，有些不适应市场经济的要求，需修改；有些不完整，需补充。制定水资源市场管理的有关法规，特别是明确规定在水市场交易中如何保护第三者的利益，防止对环境可能造成的负面影响，明确出现水事冲突时的解决办法等，有利于促进水权交易制度健康发展，使水市场不断得到发展和完善，保障交易双方利益。

4. 健全水环境保护的法律支持体系

由于流域的特性，应建立专门的流域性水环境保护法规。有关水环境的法规是实施水环境管理的法律依据，通过立法规范有关各机构、组织和个人的行为。通过立法明确流域管理体制、明确流域内地方政府的职责、流域机构与地方政府的关系，对流域水环境管理的内容、程序等方面也应作出规定。只有通过流域立法，才能保证对流域水环境实施统一管理。

在这一体制中，应当以《中华人民共和国宪法》《中华人民共和国环境保护法》《中华人民共和国水污染防治法》等基本法律为依据，并在《中华人民共和国水污染防治法》的框架下制定具体的实施条例，如《主要流域水污染防治条例》《一般流域水污染防治条例》《水污染纠纷处理条例》《环境影响评价条例》《排污总量控制条例》等。我国水环境影响评价的发展方向应由项目层次扩展至流域层次。在流域环境现状评价的基础上，根据总目标，确定流域水环境容量和流域水污染物最大允许排放量及削减量，并依据流域经济发展规划，确定流域水环境容量开发利用计划或污染物削减计划，选择最佳的污染控制方案。应对开征生态价值补偿费作出原则性规定，从而为水资源生态价值补偿机制的建立奠定基础。

4.1.2 水资源管理体制

根据我国国情和水资源的流动性及多功能性等特点，国家对水资源实行统一管理与分级、分部门管理相结合的体制，如图 4.1－1 所示。《中华人民共和国水法》规定，国务院水行政主管部门负责全国水资源的统一管理工作；国务院及其他有关部门按照国务院规定的职责分工，协同国务院水行政主管部门，负责有关的水资源管理工作。县级以上地方人民政府水行政主管部门和其他有关部门，按照同级人民政府规定的职责分工，负责有关的水资源管理工作。根据国家经济体制和政治体制改革的主体走向，水资源管理体制改革的总体目标是要逐步建立能适应社会主义市场经济体制的管理体系，加强机构的能力建设，提高科学管理水平，确保水资源的可持续开发利用，以满足社会经济持续发展和人民生活水平不断提高而增长的合理用水需求，并产生最大的社会效益、环境效益和经济效益。

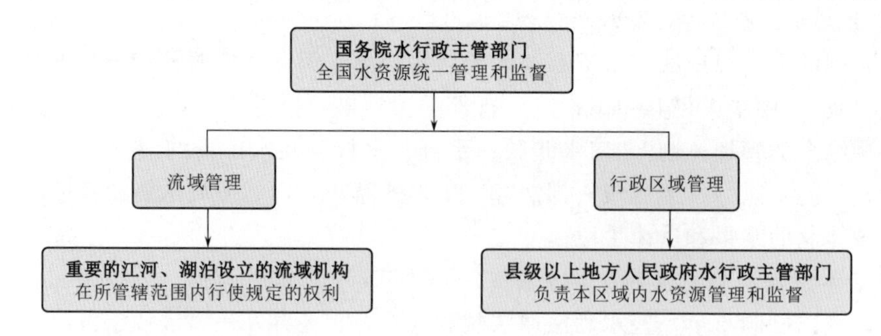

图 4.1－1 现状水资源管理体制示意图

4.1.3 水资源产权制度

1. 建立合理的水资源产权制度

产权制度是制度体系中的核心制度，必须按照资源资产化，资产产权化的思路，建立起水资源产权明晰、政资分开、权责明确、流转顺畅的水资源产权制度。水权制度的核心是水权的界定，应当根据水资源特点将水资源所有权、使用权、经营权、配置权、收益权分设。根据大流域、小流域、江、河、湖、库、沟渠、塘堰等特点分设多级产权，最后形成流转顺畅的可交易产权的水权。这需要协调水权主体的关系，完善公众参与机制，建立合理的水权分配制度。

政府作为公共管理者，参与水资源管理规则的制定，统一协调管理水权。因此，在水权制度中，中央政府以外的各级政府一般不应成为水权的主体。否则，政府既是水权的拥有者（“运动员”），又是水权管理者（“裁判员”），将不利于保障水权制度的公平性。应充分发挥区域和用户协商机制的作用，由公众授权成立用水者协会，从而避免出现政府既管水又用水的局面。基层用水组织的建立，有利于反映用户愿望和观点，促使供水单位改善服务，促进政府与用户特别是农民的沟通有利于政策的制定，管理的改进，工程的规划建设和维护有利于各项改革措施更易于为用户和公众接受。

2. 建立适合国情的公众参与制度

公众参与是我国水资源管理中一个薄弱环节。流域管理的传统规划通常是从工程的角度出发的，而且大部分规划者不是来自流域地区，流域内的居民往往被忽略掉，结果导致在这些前提下制定的流域管理规划的失败。而实际上，人们一旦作为流域资源合法的使用者，参与到有关水问题的立法和管理过程中将提高水管理的效率。这是我国流域管理中许多问题存在的根源，也是今后流域管理工作的重点。

3. 建立合理的水权分配制度

水权分配制度是一项关乎社会、经济、环境、生态各系统，直接涉及各方面的十分复杂的系统工程，要在一定的前提下，遵循一定的方法和原则分配。政府配水要体现公开、公正、民众参与、民众监督的原则，应有专家委员会，评价委员会和由政府相关部门组成的水资源委员会。市场机制配水要体现竞争、有序、效率优先原则。政府配水也要充分运用市场手段。配水要因地、因时、因事制宜。出台相应法规，确定配水轻重缓急优先顺序，如生活用水、生态用水、农业用水、工业用水等。

4.1.4 水权水市场制度体系

水资源市场制度就是要既建立水资源的全国统一市场和区域、流域市场，又要建立水资源的一级市场和二级市场，还要建立清洁水市场和污水市场以及建立和资本市场、其他要素市场联姻的互动的水资源市场。市场的作用集中体现在市场价格信号上，水价应是灵活、多样的。根据水的不同商品属性、供求关系、可持续原则确定价格类别。市场定价，随行就市，政府定价应召开听证会。实施用水阶梯价递增、时段价、错峰错时价和调节价。用水价导向，引导产业结构调整，限制高耗水的行业，引导农业结构调整，限制洗浴洗车等耗水企业。

1. 完善水市场交易秩序

水市场交易制度建设的核心是确立交易规则，具体包括定价规则和竞争规则。市场竞争的有序，首先表现为价格有序，即价格竞争切实反映供求规律，切实具有调节水资源配置，实现供求均衡的功能。完善水市场交易秩序要处理好三个方面的问题：一是关于市场主体的资格、权利、责任的一系列制度。一般情况下，下列三类主体不能进入水权市场进行水权交易，政企不分的企业、权利与责任不对称的企业和根本无责任能力的企业。二是必须在制度上坚决杜绝“第三方付款”的普遍发生。所谓“第三方付款”是指在市场交易中买卖双方均不付出代价，价格由买卖双方以外的第三方支付，比如额外的水价由政府补贴。这样，在体制上便不能使水权交易者接受市场价格硬约束，不可能使其成本和预算纳入市场制约，使价格水平不能反映真实的供求，导致整个市场水价的扭曲和市场交易秩序的破坏。三是必须加强市场管理，严肃市场管理制度。维护市场交易秩序必须依法管理市场，对于欺行霸市、哄抬水价、强买强卖等不法行为必须严肃整治，才可能保证市场秩序的尊严。

2. 推进水利设施运营公司化或商业化

水利设施属于基础设施，一般由国家投资兴建，由政府部门直接经营。长期在计划经济模式下运作，以及对国家补贴的依赖，造成了水利设施管理业绩不佳、维修不足、损坏严重，常常不能满足使用者的需求。在市场转型过程中，政府水行政主管部门不应再身兼“裁判员”和“运动员”两种角色，水利设施兴建应逐步实行“政企分开”，水行政主管部门不再是直接投资者和经营者，转而成为制订标准和监督管理的宏观调控者，应积极推进水利设施运营公司化或商业化。对于国家集资兴建水利设施需要做重大改革，例如工程设计、施工、设备制造安装进行公开招标，强化预算约束，由第三方实行监理等。水利设施建成后，政府水行政主管部门不再直接参与运营管理，对其经营运作的激励机制作出相应调整，包括运用商业化原则经营公用事业、引入竞争和广泛的用户参与、改革收费办法等等。实现政府转变职能，使政府更经常地作为促进者、协调者和公共利益保卫者行事，而不是作为直接经营者。

4.1.5 新型的水资源价格管理机制

1. 深化水价改革，加大污水处理费和水资源费（税）的征收力度

当前，我国的水价制度比较单一，基本上是实行政府制定的单一计量水价，不利于节约用水，更不利于水资源的优化配置与合理使用。必须按照“补偿成本、合理盈利”的原则逐步将城市供水和水利工程供水价格提高到合理水平，并根据市场供求和成本变化及时调整。同时，要按照有利于生态系统的改善和水污染防治的原则，加大污水处理费的征收力度，逐步将征收标准提高到补偿污水处理的合理水平。此外，地下水资源费（税）标准和收取率偏低，造成地下水过度开采，对地质环境和地下水资源环境造成了严重破坏。因此，要在加大地下水资源费（税）征收力度的同时，适度提高地下水资源费（税）标准，促进地表水资源的合理利用和限制地下水资源的过度开采。

2. 建立节水型水价制度

首先，可根据国家的产业政策，实行分类水价政策。如水利工程向农业供水价格，一方面要体现国家对农业的保护，按保本原则制定；另一方面在农业内部又要体现对农业种植结构调整的指导方向，区别传统高耗水农业与高效旱作农业、粮食作物与经济作物、大水漫灌方式与滴灌、微灌方式，制定不同的用水价格城镇供水价格尤其是工业用水价格分类要进一步细化，以更好地体现国家的产业政策，尤其是对浪费、污染严重的企业要制定较高的水价和污水处理费标准，以限制用水量和污水排放量。其次，制定合理的地区和季

节差价。为了加强水资源的宏观调控，合理使用有限的水资源，要在水资源充足与水资源短缺地区的水价之间保持合理的地区差价，同时，根据历年的气象资料和水文资料，正确划分流域丰水期和枯水期，在此基础上制定合理的丰枯季节差价，使水价在补偿成本的基础上，进一步体现水资源的供求关系，充分发挥价格杠杆对水资源的调节作用。再次，实行计划用水，对超计划用水实行加价制度。水资源的需求弹性很大，从目前各类用户的耗水量上看，节约的潜力还很大。

4.2 地下水资源管理制度

关于地下水管理，我国从国家层面和各级地方政府的管理制度，正在逐步完善。但是由于地下水问题的复杂性，使得这些宏观上的政策在落实的时候经常会遇到困难。地下水问题的复杂性很大程度上体现于地下水要素的空间差异性。由于地下水许多要素在空间上的差异，容易造成地下水管理制度在落实的过程中实施难度大、监督考核难、成效不显著，甚至造成失误等问题。因此，为了更好地落实有关地下水管理制度，必须根据地下水的空间差异制定完善的实施细则。

4.2.1 地下水要素的空间差异性

地下水的空间差异主要体现在以下三个方面：水文地质条件的差异、地下水开发利用的差异、地下水环境问题的差异。

1. 水文地质条件的差异

在漫长的地质历史中，山东大地经历了多次构造运动及区域变质和混合岩化作用，形成了复杂的基底和盖层建造。不同构造单元、不同地层岩性组合，造成地下水的形成分布、赋存运移、富水程度以及水化学特征都差别很大。总体上山东省可划分为鲁中南、鲁东、鲁西北三大水文地质区，含水层类型可划分为松散岩类孔隙含水层、岩溶裂隙含水层、基岩裂隙含水层等三类。由于地形地貌的差异、基岩裂隙及岩溶裂隙发育程度的差别、松散层颗粒大小及分布的不同、降水量及地表水源的不同、含水层埋藏的深浅等因素，造成山东省水文地质条件复杂多样。

2. 地下水开发利用的差异

受水文地质条件的限制，以及经济社会发展需求的影响，不同地区地下水的开发利用情况也不同。包括开采井的类型和开采深度、分散开采还是集中开采、连续开采还是阶段性开采、供给农业灌溉还是供给生活与工业，这些在不同的地区往往存在明显差异。

3. 地下水环境问题的差异

地下水的不合理开发利用可造成许多环境问题，包括：地下水位下降，含水层疏干，开采条件恶化；地面沉降和地裂缝；地面塌陷；河道断流、泉水干枯；海（咸）水入侵；地下水污染加剧；地下水开发利用程度低，地下水埋深浅，存在渍涝和次生盐碱化的风险，等等。上述地下水环境问题也存在明显的地区性差异。比如海（咸）水入侵的问题只在沿海或原生咸水与淡水交界的地区才可能发生。

由于地下水要素存在显著的空间差异性，地下水管理制度在落实的时候经常会遇到难操作或误操作的问题，下面分别从地下水初始水权分配、地下水双控管理、超采区治理等三个方面加以说明。

4.2.2 地下水空间差异在水权水市场制度实施工作中产生的难题

建立水权水市场制度是我国正在推行的一项水资源管理制度。2016年4月水利部印发了《水权交易暂行办法》。同年12月山东省水利厅也印发了《山东省水权交易管理实施办法（暂行）》。

水权水市场制度的建立实施有时会遇到地下水空间差异性所带来的难题。下面通过两个实例加以说明。

1. 跨行政区域的水文地质单元初始水权分配问题

一个完整的岩溶水水文地质单元通常包括补给径流区和径流排泄区，一般情况下补给径流区富水性弱，地下水开采条件差，而径流排泄区富水性强，地下水开采条件好。如果一个岩溶水水文地质单元跨两个行政区，其补给径流区主要在上游行政区，下游行政区包含的主要是径流排泄区，这种情况下，即使下游行政区所包含的岩溶水水文地质单元面积不大，但是却可以开采出大量的来自上游的地下水。这种情况下如何进行初始水权分配就不是一个容易解决的问题。

2. 同区域分层地下水开采与不同用水户初始水权分配的问题

大多数情况下平原区浅层孔隙含水层的地下水以垂向循环为主，即主要接受大气降水与当地地表水体的入渗补给，以潜水蒸发或人工开采为主要排泄方式。这类地下水的初始水权一般可以按照地下水可开采模数和土地面积比例分配给土地所属的地下水用户，比如井灌区的分散农户。如此，平原区浅层孔隙含水层的水权分配似乎比较简单，但是有时也会因水文地质条件的差异而出现比较复杂的问题，比如在山东省桓台县。

桓台县地处泰沂山区北麓淄博盆地北缘的山前倾斜平原，总面积499km^2。地势南高北低，由西南向东北缓倾，地面坡降1/700～1/2000，高程6.5～29.5m。

当地地下水含水层主要为松散岩类孔隙含水层，地下水富水性较强，是该地区主要的供水水源。

根据孔隙水的埋藏条件和水力性质，当地孔隙水含水层大致分为三层：50m以上为潜水、微承压水含水层（组）；50～80m为富水性较弱的相对隔水层；80m以下为深层承压孔隙水含水层（组）。

浅层孔隙水含水层（组）主要补给源是大气降水和地表水入渗，单井涌水量一般为30～40m^3/h。农田灌溉主要开采该层地下水，开采方式以空间分布相对均匀的分散式开采为主，开采井的影响范围小[84]。

深层孔隙水含水层（组）主要补给源有浅层地下水垂向补给和侧向径流补给。该层地下水主要用于工业和生活，开采方式是集中开采，开采影响范围大。

由于开采方式的不同、用水户性质的差异，以及浅层含水层（组）与深层含水层（组）的补排关系及径流特征的不同，带来了地下水初始水权分配的空间差异问题。首先，由于深层地下水的开采会袭夺浅层地下水，而这种袭夺在空间上和时间上是不均匀分布的，从而打破了浅层孔隙水在空间上相对均匀分布的特征。其次，地下水对农业灌溉、工业生产、生活供水的供水优先顺序是不一样的，而且随着供水水源的调整，地下水对上述用水户的供水优先顺序也会发生改变。因此，地下水的初始水权显然不能简单按照地下水可开采模数和土地面积比例进行分配，而要统筹考虑地下水补径排关系的自然因素，与不同用水户供水优先顺序的社会因素，综合制定科学合理的初始水权分配方案。

4.2.3 空间差异性对地下水双控管理工作的要求

实行地下水取水总量与地下水位双控管理是我国地下水管理的一项基本制度，在国家及部分省的地下水管理条例中都有明确要求。山东省在 2017 年发布的《山东省水资源条例》第二十六条也做出了明确规定。

近些年我国北方一些省市也都进行了双控管理的实践。比如山东省除了严格执行水资源开采总量控制制度以外，2016 年制定了地下水位管理考核制度，规定以被考核市平原区浅层孔隙水为目标含水层，考核期前三年的平均水位作为年度考核的目标水位。根据年末行政区平均地下水位与目标水位的对比确定地下水管理年度考核的成绩[85]。

这些年的实践表明，地下水开采总量控制制度相对易于实施，而水位控制在实践中则出现了一些问题，现在多数省份已暂时取消了以地下水位作为地方政府政绩考核的指标。主要的原因之一就是地下水要素的空间差异性显著，各地情况复杂多样。制定宏观上统一的考核标准，一方面造成不同行政区之间的对比考核可能会有失公允，另一方面一些重点的环境敏感地区的地下水位得不到应有的关注。因此，地下水位的控制应该因地制宜，制定细则，细化不同类型区地下水位控制指标[85]。

比如防治海（咸）水入侵，对于入侵锋面沿线控制水位的高低、控制范围的远近都要有明确详细的规定，而这些控制目标通常是与所在行政区面上综合的地下水位控制目标并不一致；再比如名泉保护，除了泉眼处制定警戒水位以外，还应该在泉域的不同位置，不同季节制定相应的管理水位，才能更好地保证泉水持续喷涌；另外，防止地面沉降、防治地下水污染、防止次生盐碱化等，都需要因地制宜，细化地下水控制目标，才能保证双控管理制度的有效落实[85]。

4.2.4 地下水空间差异在超采区治理工作中的体现

超采区治理是当前地下水管理工作中的一项重要任务。国家高度重视，有关地方政府都下大力气进行综合整治，许多地方已取得了明显成效。但是由于对地下水的差异性认识不到位，有些地方在超采区治理工作中仍存在偏颇。

例如，在一些黄泛平原地区存在较严重的深层承压水超采现象，深层承压水水位多年持续下降，造成了地面沉降、地裂缝等地质灾害。这些地区的超采区治理是水资源管理的一项重要工作。而同样在这些地区，有些地方属于引黄灌区，引黄灌溉条件优越，浅层地下水开发利用程度低，地下水埋深浅。所以这些地区的超采区治理应该是压减深层承压水的开采量，适当增加浅层地下水的开发利用量。这样一方面可以适当降低浅层地下水水位，减轻渍涝盐碱的潜在风险；另一方面，节省下来的地表水资源可作为压采深层承压水的替代水源，从而促进超采区治理工作的开展，而不是不分深层和浅层地下水都进行压采。

4.3 水利工程管理制度

4.3.1 农田水利工程管理制度

为了加快农田水利发展，提高农业综合生产能力，保障国家粮食安全，制定了《农田水利条例》，由国务院第 131 次常务会议通过，自 2016 年 7 月 1 日起实行。

（1）规范了农田水利规划的编制实施、农田水利工程建设和运行维护、农田灌溉和排水等活动。明确各级农田水利规划内容、批复程序、规划实施情况的评估、工程建设管理、竣工验收、工程运行维护、灌溉排水管理等，明确不同工程项目的申报主体、建设责任主体、工程产权主体和管理主体。

（2）农田水利规划方面的规定：国务院水行政主管部门负责编制全国农田水利规划，征求国务院有关部门意见后，报国务院或者国务院授权的部门批准公布。县级以上地方人民政府水行政主管部门负责编制本行政区域农田水利规划，征求本级人民政府有关部门意见后，报本级人民政府批准公布。下级农田水利规划应当根据上级农田水利规划编制，并向上一级人民政府水行政主管部门备案。

（3）农田水利工程建设方面的规定：县级人民政府应当根据农田水利规划组织制定农田水利工程建设年度实施计划，统筹协调有关部门和单位安排的与农田水利有关的各类工程建设项目。乡镇人民政府应当协调农村集体经济组织、农民用水合作组织以及其他社会力量开展农田水利工程建设的有关工作。农田水利工程建设应当符合国家有关农田水利标准。农田水利工程建设单位应当建立健全工程质量安全管理制度，对工程质量安全负责，并公示工程建设情况。政府投资建设的农田水利工程由县级以上人民政府有关部门组织竣工验收，并邀请有关专家和农村集体经济组织、农民用水合作组织、农民代表参加。社会力量投资建设的农田水利工程由投资者或者受益者组织竣工验收。政府与社会力量共同投资的农田水利工程，由县级以上人民政府有关部门、社会投资者或者受益者共同组织竣工验收。

（4）工程运行维护方面的规定：政府投资建设的大中型农田水利工程，由县级以上人民政府按照工程管理权限确定的单位负责运行维护，鼓励通过政府购买服务等方式引进社会力量参与运行维护；政府投资建设或者财政补助建设的小型农田水利工程，按照规定交由受益农村集体经济组织、农民用水合作组织、农民等使用和管理的，由受益者或者其委托的单位、个人负责运行维护；农村集体经济组织筹资筹劳建设的农田水利工程，由农村集体经济组织或者其委托的单位、个人负责运行维护；农民或者其他社会力量投资建设的农田水利工程，由投资者或者其委托的单位、个人负责运行维护；政府与社会力量共同投资建设的农田水利工程，由投资者按照约定确定运行维护主体。农村土地承包经营权依法流转的，应当同时明确该土地上农田水利工程的运行维护主体。

（5）灌溉排水管理方面的规定：县级以上人民政府水行政主管部门应当加强对农田灌溉排水的监督和指导，做好技术服务。农田灌溉用水实行总量控制和定额管理相结合的制度。灌区管理单位应当根据有管辖权的县级以上人民政府水行政主管部门核定的年度取用水计划，制定灌区内用水计划和调度方案，与用水户签订用水协议。农田灌溉用水应当符合相应的水质标准。省、自治区、直辖市人民政府水行政主管部门应当组织做好本行政区域农田灌溉排水试验工作。

4.3.2　供水与水权相关政策与法规

4.3.2.1　国家层面

目前有关水权、水权交易的法律法规很少。没有法律条文规定区域水权的转换，也没有机制专门管理这种交易。水利部制定的《水权交易管理暂行办法》所指的交易水权，也是指合理界定和分配水资源使用权。水利部于2016年4月公布《水权交易管理暂行办法》（水政法〔2016〕156号），办法共分为6章32条。

我国现阶段水权制度建设的重点包括两个方面：一是区域以及行业之间的水资源配置；二是用水户层次的基于取水许可的水权制度建设。

1. 取水许可的制度要求

（1）取用水资源的单位和个人，都应当申请领取取水许可证，并缴纳水资源费（税）。

（2）要求申请取水许可证，需对水资源进行综合论证，这样允许的取水总量不会超出水资源可利用量或当地水量分配方案。通过水资源论证对水资源数量和质量有关参数进行测量、收集和分析的过程，目的是更好地开发和管理水资源。

（3）实施取水许可必须符合水资源综合规划、流域综合规划、水中长期供求规划和水功能区划，遵守依照规定批准的水量分配方案；尚未制定水量分配方案的，应当遵守有关地方人民政府间签订的协议。根据需求制定不同水平年的详细水量分配方案。

（4）实施取水许可应当坚持地表水与地下水统筹考虑，开源与节流相结合、节流优先的原则，实行总量控制与定额管理相结合。

（5）流域内批准取水的总耗水量不得超过本流域水资源可利用量。

取水许可制度由2006年颁布的《取水许可与水资源费征收管理条例》实施。任何单位和个人取水都要求办理取水许可证，除法律规定的例外，如农村地区养殖和生活用水，农村集体组织从集体所有的水塘和水库中取水等。取水许可证的有效期限一般是5～10年，期限届满可申请延期。取水许可应包含水量水质状况，取水用途，取水量；退水地点、退水量和退水水质要求；用水定额及计量设施的要求。

2. 水权相关法规

水权交易主要包括区域水权交易、取水权交易、灌溉用水户水权交易。《水权交易管理暂行办法》对可交易水权的范围和类型、交易主体和期限、交易价格形成机制、交易平台运作规则等作出了具体的规定。其中用水户层面到水权交易和取水许可有着密切关系。因此水权交易的转让方必须在取水许可范围之内进行。

2016年7月，中国水权交易所发布了《中国水权交易所水权交易规则（试行）》，共八章83条。

4.3.2.2　地方层面

各省也在国家水权相关法规政策基础上，颁布了地方政策法规。山东省水利厅2016年颁布了《山东省水权交易管理实施办法（暂行）》（鲁水规字〔2016〕3号），对区域水权交易、工业和服务业水权交易、农业水权交易、水权交易的监督检查等进行了规定。山东省水利厅2017年颁布了《关于加快水权水市场建设的意见》（鲁水资字〔2017〕13号），强化水资源产权制度建设，培育完善水市场，并开展了水权建设试点，选择部分基础条件好、积极性高的市县开展了水权水市场相关试点，并取得初步成效。加快水资源使用权确权登记、水权交易流转和相关制度建设；以县域为单元，针对不同行业、功能开展全域性确权，重点加强农业用水确权；充分发挥市场机制作用，增强市场在配置水资源的决定性作用，逐步实现水资源配置效益最大化和效率最优化。

河北省人民政府办公厅于2016年颁布了《关于实施约束性资源使用权交易的意见》（冀政办字〔2016〕172号），为推动约束性资源使用权有序流动和高效配置，促进全省产业优化升级，加快发展动能转换，就用能权、用煤权、工业水权和钢铁产能使用权交易提出相关意见，要求实施总量严控，减量出售，超量购买，通过科学分配区域指标、合理确定企业"红线"、严格总量目标控制等实现总理控制，并推动推动交易有序开展。

陕西省水利厅2017年颁布了《陕西省水权确权登记办法》（陕水发〔2017〕3号）、《陕西省水权交易管理办法》（陕水发〔2017〕4号），也对水权交易进行了相关政策和管理规定。

4.4 农田灌溉制度

4.4.1 农田灌溉工程管理制度

4.4.1.1 涉水部门职责

国务院主要有以下四个部门涉及水资源管理，它们是水利部、农业农村部、生态环境部、住房和城乡建设部。四个部门之间既有分工也有合作，承担的相应职责各不相同。

水利部主要负责保障水资源的合理开发利用。总量控制和定额管理是水利部确定的水资源管理基本制度。规范用水定额编制，加强定额监督管理，是各级水行政主管部门的重要职责，是提高用水效率，促进产业结构调整的主要手段。2020年年初，水利部发布《农业灌溉用水定额：小麦》，是国家层面第一个农业灌溉用水定额。2021年3月和11月，水利部陆续印发了苜蓿、番茄、黄瓜、大白菜、棉花、玉米、水稻、甘蔗、油菜、花生、马铃薯、柑橘、苹果等主要农作物的灌溉用水定额，全面夯实农业节水管理基础，为开展农业用水总量配置、水资源论证、取水许可审批、节水评价、灌溉排水工程规划与设计等提供重要依据，这些重要的基础性工作，将有力促进各行业用水效率的提升和节水灌溉技术的进步。

农业农村部承担农业综合开发项目、农田整治项目、农田水利建设项目管理工作。农业农村部把节水农业作为方向性、战略性大事来抓，继续大力支持发展节水农业，提高水资源利用效率。进一步优化高标准农田项目布局，优先在永久基本农田和"两区"实施，集中力量加快小麦、稻谷生产功能区高标准农田建设，提升口粮绝对安全保障水平。

生态环境部主要负责保护水资源的质量流域污染防治规划和饮用水水源地环境保护规划制定水体污染防治管理制度并组织实施，会同有关部门编制并监督实施重点区域、流域、海域、饮用水水源地生态环境规划和水功能区划等工作。

住房和城乡建设部负责市政公用事业、供水、节水、排水、污水处理等方面的管理。

4.4.1.2 农田灌溉工程管理存在的问题

在农田水利灌溉发展过程中，管理方面存在着以下主要问题。

（1）农田水利灌溉管理制度不健全。在新农村的建设背景下，灌溉用水管理政策与制度还不完善，如：灌区的用水体制方面还没有进行完善，体制不够健全，灌溉区域不具备相应的经营管理自主权，所以在水资源的收入方面主要是依靠灌区的水费。为了获取经济效益，有些地区提倡多使用的概念，导致一定水资源的浪费。

（2）配套设备不完善，缺少建后维护。在水利灌溉工程建设中，只重视枢纽工程的建设，忽视配套工程，严重影响灌溉效益。部分工程因建后缺少维护，年久失修，只能满足基本的灌溉需求。有些工程因建设标准较低，缺少维护，在旱季到来之际基本失去了灌溉能力，从而严重降低了农田水利工程的使用效率，对农民的生产、生活也会带来不同程度的影响。

（3）对节水灌溉行为缺乏有效监管。在农田水利灌溉工程管理过程中，对节水灌溉行为缺乏有效的监管也是影响农业发展的原因。随着我国经济的不断发展与变化，在节能减排方面出台了相应的法律规定，然而在节水灌溉方面的法律法规依然相对较少，这也是导致节水灌溉行为缺乏有效监管的原因之一；在日常节水灌溉管理工作过程中相关单位内部的管理方式存在一定的问题，很多员工并未意识到节水灌溉的重要性，进而使监管力度不够，最终使节水灌溉很难发挥最大的作用与价值。

（4）工程缺乏资金与高科技的投入。农村水利工程作为我国农业发展过程中的重要构成部分，其稳固发展势必需要大量的人力、资金以及高科技，然而在实际管理过程中由于缺乏一定的工程资金与技术，这也使得我国农业灌溉工程的发展速度变得缓慢。根据我国目前的经济状况来看，资金投入能力较为有限，使得农业灌溉工程很难顺利运用，除此之外，在节水灌溉的过程中由于缺乏一定的技术，使得我国灌溉技术明显落后于其他相对发达的国家。

4.4.1.3 农田灌溉工程管理措施

针对工程建设中水利灌溉工程管理存在的问题，各地应该按照新农村建设的基本要求，采取针对性的措施，切实提高水利灌溉管理水平。

（1）完善管理体制和运行机制。按照“谁投资、谁管理、谁受益、谁负担”的原则，实行用水户参与式管理。适宜承包和租赁的小型农田水利工程，应由工程所有权单位提出合理的承租底价条件，在工程所有权不变的前提下，公开竞价出租或承包，承租期内可依法继承、转让，但转让时必须征得工程所有权单位的同意，并办理变更登记手续，转让期不得超过原合同期限。对新建农田水利工程，除投资较大的重点社会公益性工程外，均可采取个体、联户或股份合作制方式兴建，其所有权归投资者所有。

创新农业用水管理的组织形式、运作模式和农田水利工程运行机制，为农业水价综合改革机制长期发挥作用、农民持久享受政策普惠创造条件。组建具有持续自我发展能力的农村基层用水组织，作为农业用水协商定价、计量收费、水权转让的实施主体。对农业发展进行合理灌溉管理，不断完善现代水费计收制度，结合收费制度管理水资源，对农民实施多用水就得多交钱的方式能彻底地增强他们的节水意识，达到节水的目的。

(2) 做好建后管理工作。水利灌溉工程的价值体现在为农业服务上，要做好工程建后管理工作，提升水利工程的利用效率，水利管理部门应积极探索，因地制宜，制定切实可行的建后管理制度，建立一套能够保证工程长期发挥效益的好机制、好办法。同时积极发展农民用水户协会，充分发挥协会的作用，严格执行水源地保护的有关规定，建立健全突发事件应急预案。

(3) 加大灌溉监管力度。为了解决节水灌溉行为缺乏有效监管的问题。一是应当完善节水灌溉相关的法律法规或者管理办法，使农田水利灌溉工程作用得到法律的有效保障，改变农民节水意识普遍不强，且占有欲望强于节约意识，用水无节制的局面。二是应对内部的管理人员加强训练，明确职责，使其意识到管理岗位的重要性，并积极投入到日常水利灌溉管理工作中，进而使农田水利灌溉工程发挥最大的作用与价值。

(4) 加大资金与科技投入。针对在农田水利灌溉工程管理过程中存在的问题，应当采取：一是应当加大资金与技术投入力度，二是应加强高科技的投入力度。为了保障水利灌溉工程能够健康稳固发展，积极借鉴国际上的先进经验以及科技，制定出最符合我国国情的水利灌溉管理模式，使我国农田水利灌溉工程能够健康稳固地发展下去。

4.4.2 非工程措施的激励政策

4.4.2.1 水资源产权制度与农田灌溉节水

初始水权的分配是水权交易的基础。因此，需要对初始水权进行明确的界定[86]。目前，我国水资源开发利用实行取水许可制度，水资源使用权的表现形式即为取水权。目前，我国水权的初始分配采用行政配置方式自上而下进行，包括三个层次：一是按照国家水资源战略规划，由国务院主持，各省、直辖市、自治区参加，把国家水权分为流域水权，实现流域之间和国际河流的宏观调控；二是按照流域水资源综合规划，由国务院主持，流域内的各省市自治区参加，把流域水权分为区域水权，完成水权的宏观初始分配；三是按照区域水资源综合规划，各省、直辖市、自治区把区域水权逐级分配到市、县、水企业、用水户，实行注册登记制度，完成水权的微观分配。从农业初始水权的取得方式来看，我国农业初始水权的取得：一是通过水行政主管部门代表国家行使水量分配方案取得的水资源使用权；二是通过取水许可证制度取得的用水权。由此可以看出农业初始水权的概念并不是说每个用水者拥有多少固定数量的水资源，而是各级用水者获得水资源的一种权利，它是一个变化的数值，但是其取水量占实际来水量的比例却是固定的。

《中华人民共和国水法》规定“农村集体经济组织的水塘和由农村集体经济组织修建管理的水库中的水，归当地农村集体经济组织使用”。在水资源所有权归国家所有的情况下，农村集体经济组织享有由其投资的水利工程所蓄积的水资源使用权。

(1) 鼓励通过用水者协会充当中介组织促进农户间的水权交易。用水者协会一方面承担村级水资源管理的责任，另一方面也可以使其成为农户水权流转中介组织。用水者协会参与农户间的水权流转可以扩大水权交易的半径，打破目前农户间水权流转仅仅发生在“熟人”间的局限性，降低水权流转发生的事前信息收集成本，谈判成本和缔结合同的成本，以及事后的违约成本。用水者协会在提供中介服务时，可以适当收取一定的报酬作为其服务的补偿。

(2) 灌区水权交易。灌区是农业水资源配置的重要主体，其配置水资源行为的有效性制约着农业水资源的利用方式和使用效率。灌区管理机构可以将面向农户提供灌溉用水和灌溉技术服务的经营部门转制为供水企业，实现水资源的终极所有权与灌区法人财产权的分离，努力提高管理效率。通过水权交易，灌区可以获取一定的收入，要确保灌区将水权转让获得的资金应用于灌区的节水改造工程。但是灌区转让的水权必须是来自灌区内农户节约用水所获得的水权。否则，原有农户不节水或节水较少，新用户又大量增加用水，这种情况下的水权转让只会加剧当地水资源的短缺状况，造成事与愿违的结果。同时，要防止灌区管理机构受到经济利益的驱使，侵犯灌区范围内农户原有的用水权力，引发严重的水事冲突。

(3) 增强灌区内农户初始水权分配的透明度。灌区管理机构应充分发挥各种媒体的作用，定期向灌区范围内的农户公布当年的实际来水量与预测来水量之间的差值，增强农户对灌区管理机构的监督，充分保障农户的知情权，实现水权分配的公开化、透明化，防止灌区管理机构少数工作人员借水权分配“寻租”的行为发生，提高农户参与水资源管理的积极性。通过水量公布制度，让农户能够清楚地知道今年自家的可用水资源总量，有利于农户合理利用水资源，防止因担心得不到充足的水资源，而造成水资源的过度使用。

4.4.2.2 农用水资源需求管理的激励与运作机制

1. 农用水资源需求管理的激励机制

要实现农用水资源需求管理的控制和减少农用（灌溉）水资源需求（消耗）量的目标，首先应该有一种或多种激励机制，激发起广大用水户的节水积极性。根据前文分析，主要的激励机制应该包括：水权激励机制、价格激励机制。

农用水资源需求管理的水权激励机制具体包括水权界定激励机制和水权流转激励机制。其中，水权界定激励机制，就是要尽可能清晰地界定水资源产权，建立起能够充分排他的水权制度，将水资源取用的全部成本和收益完整地归于用水户。所谓产权流转激励机制，就是要在培育水权转让市场的基础上，允许和鼓励多节余水权特别是通过采取节水措施而形成的节余水产权的流转变现，激励用水户在追求节余水产权流转收益的诱因下，节约使用农用水资源。

农用水资源需求管理的价格机制，就是运用价格杠杆调节农用水资源的需求量，就是在农用水资源需求价格弹性系数足够高的情况下，提高农用水资源价格，以减少农用水资源需求量。

2. 农用水资源需求管理的运作机制

培育起了农用水资源需求管理（控制和减少农用水资源需求量）的激励机制，还必须拥有相应的技术经济手段。不难设想，空有节水之理念而无节水之手段，控制和减少农用水资源需求量的农用水资源需求管理目标也根本无法实现。

在水价足够高的条件下，用水户减少用水量的途径或方式有两种：一是减少单位灌溉面积的用水量；二是减少灌溉（水浇地）面积。减少单位灌溉面积用水量的途径或方式同样有两种：一是不惜减少农作物产量而单纯地减少用水量；二是推行节水灌溉技术，在不影响农作物正常生长发育、不影响农作物产量的前提下，减少单位灌溉面积的用水量。减少灌溉面积的途径或方式也有两种：一是在原有的农业种植结构下，放弃对部分农地和农作物的灌溉，让原本享受人工灌溉的农田和农作物重新回到天然雨养状态，当然，这样做，在干旱年份可能会损失部分产量；二是调整农业种植结构，即减少高耗水作物面积、增加低耗水（旱作）作物面积，使农业种植结构与降低农用水资源耗用总量的新要求相适应，建立一种新的平衡。

3. 农用水价格提高的运作形式

多元价格体系为了降低大幅度提价策略的实施难度同时改进提价策略的实施效果，在具体运作中，可以采取多种多样的运作形式，推行多元价格体系，其中包括“超定额累进加价制度”“季节性梯度水价制度”和“用水项目差别水价制度”，等等。

超定额累进加价制度是指为了激励各用水户节约用水，事先制定用水定额，根据用水定额和各用水户的用水总量，分段计价收费-定额内用水低价收费，超定额用水累进加价收费。

季节性梯度水价制度是指根据不同地区不同作物的生长阶段，制定适合该作物该阶段生长所需水分条件下与灌溉定额相一致的灌溉用水价格，不同阶段不同价格，更简单说就是“枯水季节定高价，丰水季节定低价”。

用水项目差别水价制度就是根据用水项目的收益水平确定水价，对低收益项目（如粮食作物）定低价，而对高收益项目（如蔬菜和果树）可定高价。

4. 实施农业用水精准补贴与节水奖励政策

结合机井灌区超采区实际，制定具体的农业用水精准补贴和节水奖励办法，调动农民参与改革、实施节水的积极性，有效破解不提价难以实现节约用水和工程良性运行、提价农民难以接受的农业水价改革“两难”问题。

实施农业水价综合改革，很多人一说水价改革就说是“一提一补”，从字面上就会出现认识误区，以为给农民提价，又补回去，多此一举，自找麻烦，很多人存在认识误区。这个事情的宣传尤为重要。水价改革，不一定就是提高灌溉水的价格，而补贴奖励也不是农民用多少水，就奖补多少水的量，数量是不对等的。

应该让农民认识到水价改革后，定额内的用水水价真正反映了水的价值，水是商品是需要花钱买的，超过水权的水是要花高价向国家或别人购买，没有就不能用的；但在定额内的用水节约了要进行奖励，不灌溉或故意少灌溉没有节水奖励。

（1）探索农业灌溉精准补贴政策，保护和鼓励低收入农民种粮积极性，保障粮食安全和农民增产增收国家鼓励农民农业种植积极性和保障粮食安全，鼓励农民大搞节水灌溉，在定额内灌溉用水，就像种子、农机等补贴一样，探索农民种粮成本精准补贴政策，让农民种粮不赔本，有效益，从而为减少成本促进节约用水。

（2）探索农业灌溉节水奖励机制，促进农民灌溉节水用水，减低超采区灌溉用水量和灌溉开采量，缓解地下水漏斗区的发展。

建立易于操作、用户普遍接受的奖励机制，对积极推广应用工程节水、农艺节水、调整种植结构，取得明显节水成效的农业用水主体给予奖励。

（3）奖励对象及程序。奖励对象为积极推广应用工程节水、农艺节水、调整优化种植结构等实现农业节水的用水主体，重点奖励农村基层用水组织、新型农业经营主体和种粮大户等。奖励标准要综合考虑节水水量、水权交易、回购等因素。对于未发生实际灌溉，因种植面积缩减或者转产等非节水因素引起的用水量下降，不予奖补。节水奖励按照申请、审核、批准、兑付的程序实施。结合各自农业用水实际选择适宜的奖励方式，可以给予资金奖励、物质奖励，也可以采取节水回购方式给予奖励。

4.5　吸引社会资本投资水资源行业的政策

2014年，国家发展改革委出台了《国务院鼓励社会资本投资水利等7大领域》（发改农经〔2015〕488号）文件，提出了鼓励社会投资的指导意见，其中指出要鼓励社会资本投资运营农业和水利工程，培育农业、水利工程多元化投资主体，保障农业、水利工程投资合理收益，通过水权制度改革吸引社会资本参与水资源开发利用和保护，完善水利工程水价形成机制。

由于水资源项目具有准公益性的特点，企业对政府财政支持的信心不足和对投资环境的疑虑，致使部分社会资本投资信心不足。大规模的工程建设投资仅靠政府投资是难以承担的，如何采用市场化的投资运行模式，动员社会资本投资水资源行业是当前迫切需要研究的一个重要问题。

4.5.1　政府与社会资本的关系

水利工程具有公益性强、投资规模大、盈利能力弱、建设期长等特点，仅依靠水利工程自身收益难以吸引社会资本投资。政府应积极宣传，采用投资引导、财政补贴、税收优惠等方面给予扶持和优惠。

（1）为吸引社会资本，政府在水利工程建设用地、工程贷款等方面给予优惠政策，提高社会资本投入水利工程建设的积极性。

（2）水利工程社会公益性较强，工程的社会效益远大于工程经济效益。对防洪减灾等社会效益比较明显的重大水利项目，政府应给予适当补贴。财政补贴的规模和方式，可以依据工程项目的实际运行成本费用、绩效等动态确定。

（3）提高融资能力，拓宽还贷资金来源。政府为建设项目提供长期稳定的低利息资金支持，允许以项目自身收益、借款人其他经营性收入作为建设项目贷款还款来源。

（4）改革供水价格形成机制。目前农业灌溉水价较低、难以回收资金补偿成本费用。建议由项目投资经营主体与用水户协商定价，既要考虑成本回收，又考虑用水户经济与心理承受能力。对于近期供水价格确实难以调整到位的供水工程，建议由政府部门对运营单位进行合理补偿，以保证水利工程的正常运行。

（5）发挥政府主导引领作用。考虑到水利工程的公益性，建议政府负责基础投资和建设，形成的资产产权归政府所有，不参与工程收益的分配，从而吸引社会资本参与水利工程建设。

4.5.2　社会资本投资水资源行业的方式

按照工程资产所有权的归属，社会资本投资水资源行业的方式可以被分为两类：一是公共所有权；二是非公共所有权。社会资本投资水资源行业的方式有特许权、BOOT 和 PPP 模式等。

特许权合同是指政府将长期合同租给投资者，由投资者对资本的投资、运营和维护全面负责，在特许权期间资产所有权归公共当局所有。获得特许权的投资者对资产拥有的相应的使用权，并对供水工程的运行和维护完全责任。

BOOT 是指建设项目的“建设—运营—拥有—移交”的英文缩写，是国际上通行的一种基础设施建设投资方式。工程在运营期间，项目公司拥有项目的所有权和经营管理权，工程约定期满之后，项目所有权无偿移交给政府。BOOT 合同一般适用于新建项目，在水利行业，BOOT 合同比较适合自来水厂或污水处理厂。

政府和社会资本合作的 PPP 模式是政府与社会资本为提供公共产品或服务而共同建立的公私合营的一种投资模式。PPP 模式适用于工程建设规模较大，具有稳定的现金流，建设项目可以建立长期的合同关系，如供水和供电等工程项目。PPP 模式一般分为两种支付方式：一是政府付费购买基础设施提供的服务；二是使用者付费购买基础设施提供的服务。

4.5.3 社会资本参与水利项目的风险承担

随着国家投融资政策的调整，国家鼓励有条件的水利工程建设运营面向社会资本开放，优先考虑由社会资本参与水利工程的建设和运营。

建立健全政府和社会资本合作（PPP）机制，鼓励社会资本以特许经营、参股和控股等多种形式参与水利工程建设运营。工程项目设计、建设和运维等风险由社会资本承担，法律和政策风险由政府承担，工程不可抗力风险由政府和社会资本合理共担。

4.5.4 农村水利建设项目融资机制与运行模式

目前我国的农村大中型水利工程建设主要以国家为投资主体，小型农业水利项目存在投资主体缺失、建设资金不足和发展滞后等问题。结合国外农村水利建设项目融资经验及我国现行政策，提出以下建议。

（1）加强投融资法律法规及管理制度建设。加强水利投融资的法律法规建设，强化政府工作职责，明确不同投资主体之间的投资利益分摊比例。探索农业保险、费用补贴、风险补偿以及投资基金等方式，增强家庭农场、专业大户和农民合作社的融资和抗风险能力，降低投资风险，吸引更多的社会资本参与到水利工程建设中来。

（2）建立多元有效的融资机制。我国农村水利工程项目建设存在着融资方式单一、融资渠道不畅的问题。结合我国实际情况，建议鼓励和吸引不同形式的投资者参与我国的农村水利工程建设；积极吸纳社会资本，建立以政府为主导的农村小型水利工程建设基金，同时鼓励农民合作社、家庭农场、专业大户等参与水利工程融资。

（3）吸引社会资本投资。国家发展改革委、财政部、水利部出台了关于鼓励和引导社会资本参与重大水利工程建设运营的实施意见，明确重大水利工程建设运营一律向社会资本开放。对现有重大水利工程国有资产，选择一批工程通过整合改制、委托运营等方式，吸引社会资本参与工程建设。

（4）推进水权制度改革。我国对水资源实现最严格水资源管理，并进行水资源的确权。结合地区水资源的具体情况，开展水资源确权和登记，规范水权交易市场，探索水权交易方式，鼓励用水户间的水权交易，允许各地通过水权交易满足新增合理用水需求，通过水权制度改革吸引社会资本参与水资源开发利用和节约保护。对依法取得取水权的单位或个人节约的水资源，在取水许可有效期和取水限额内，经原审批机关批准后，允许依法有偿转让，农业水权的跨行业转让须进行充分论证。

（5）探索投资主体构成。进一步探索多元的农田水利工程投资主体构成。投资主体可以是中央政府，也可以是地方政府或者私人投资者，同时投资者也可以是中央政府与地方政府、企业或私人投资者，或者是农民用水协会通过签订股东协议成立农田水利工程项目公司，各类社会投资主体以及政府通过持股等方式参与农田水利工程建设。项目公司可通过抵押获得贷款，以水利工程项目自身收益和其他经营性收入等作为还款来源，国家政府可以为公司提供水利工程的融资保障和资金政策支持，用水协会的农户可以出工、出力，实现农田水利工程的顺利建设和良性运行。

4.6 可持续发展政策

4.6.1 广义可持续发展目标

2015 年 9 月，多国领导人在联合国召开会议，通过了可持续发展目标。联合国可持续发展目标，又称 Sustainable Development Goals，是一系列新的发展目标，指导 2015—2030 年的全球发展工作。该目标共含 17 项（见图 4.6－1）。其中目标 6 明确提出：为所有人提供水和环境卫生并对其进行可持续管理。

图 4.6－1 可持续发展目标

4.6.2 狭义可持续发展目标

狭义可持续发展目标包括以下 7 个方面：

（1）人人享有适当和公平的环境卫生和个人卫生，杜绝露天排便，特别注意满足妇女、女童和弱势群体在此方面的需求。

（2）通过以下方式改善水质：减少污染，消除倾倒废物现象，把危险化学品和材料的排放减少到最低限度，将未经处理废水比例减半，大幅增加全球废物回收和安全再利用。

（3）所有行业大幅提高用水效率，确保可持续取用和供应淡水，以解决缺水问题，大幅减少缺水人数。

（4）在各级进行水资源综合管理，包括酌情开展跨境合作。

（5）保护和恢复与水有关的生态系统，包括山地、森林、湿地、河流、地下含水层和湖泊。

（6）扩大向发展中国家提供的国际合作和能力建设支持，帮助它们开展与水和卫生有关的活动和方案，包括雨水采集、海水淡化、提高用水效率、废水处理、水回收和再利用技术。

（7）支持和加强地方社区参与改进水和环境卫生管理。

从社会可持续发展角度进行水资源综合管理，达到水资源可持续开发利用，即供需平衡、用水总量、质量（洁净）减少污染、水生态平衡、提高用水效率、公共参与等多目标控制来保障社会可持续发展的大目标实现。

4.6.3 可持续发展视角下的水资源管理策略

1. 水资源可持续利用的制度建立

我国目前水资源法律体系已基本建立，我国坚持走水资源可持续利用道路是历史的必然选择，水资源立法必须以可持续发展思想为指导，从法律层面探索水资源可持续利用的法律制度，才能最终实现社会经济、资源和环境的协调发展。

2. 严格“三条红线”落实追究制度

“三条红线”虽然也有考核制度，但在执行中尤其在严重缺水地区，地方政府一般从当地社会经济发展和农业粮食生产用水需求考虑更多，“三条红线”落实不严。

良好的责任追究机制是最严格水资源管理制度落实的保障措施，最严格水资源管理“三条红线”指标执行不利，就要承担法律责任，因而完善责任追究能够激励执法人员发挥能动性去实现有效的管理。行政责任追究明确了权力行使者违法或不当行使造成损害所要受到的惩罚，因而起到了约束作用。

3. 构建节水型社会

节水型社会从节约用水的观念发展而来，并且有充分的法律依据，其发展从“节水灌溉”“节水农业”到“节水型工业”“节水型城市”再引申发展为“节水型社会”经历了几十年的历史，其内涵极其丰富，且直到现在仍然处于不断发展完善的过程当中，其重要的理论基础是可持续发展理论，节水型社会建设其实质就是实现水资源的可持续发展。

节水型社会建设遵循的基本原则：以人为本原则、因地制宜原则、环境友好型原则与可持续发展原则。

构建节水型社会的方法：借鉴国外先进的节水经验，如先进的节水和水循环利用经验、雨水利用经验，等等；进一步加强节水型社会建设的管理水平，如深化节水管理体制改革、加快节水法规建设与充分发挥政府和市场两方面的力量；提高公众参与节水型社会建设的意识，同时增加资金投入与科技产品的应用。

立足各地区实际情况，加快节水型社会的建设，是确保全社会经济和社会可持续发展的重要策略。

4. 水权水市场建立

通过制度或法律来清晰界定水权，并作水权市场的制度安排，就既可大大降低政府管制的成本，也使人们按照水权范围自觉遵循节约用水，同时还可通过市场机制来调节用水，实现用水效率的提高。因为在人们的用水权利是明确的前提下，用水者只能在其自身的权利范围内用水，如果超出这个范围，就需要支付额外的费用，于是人人就会自觉遵循节约原则。当水权可以转让和交易时，效益较低用水户就会尽量压缩自己的用水需求，将自己节约的水权转让给效率高的用水者以换取更高的收益。

水权水市场在资源和技术既定的情况下，既使个人利益最大化，也促进了公共利益的最优化。其制度体系对规范用水行为、实现自觉节水起到促进作用。交易水权观念在水资源管理领域已逐渐被接受，并在实践中开始探索应用，但是应用区域范围有限。

通过开展本项研究首先在山东缺水严重地区（桓台县）创新实施，总结经验，再推向全省乃至全国应用。

5. 鼓励非常规水开发利用

在水资源严重缺乏地区，要实现水资源可持续利用和社会可持续发展，除建立节水型社会和发挥水市场经济杠杆作用外，还要大力发展非常规用水。

6. 发挥协会作用

农民用水者协会组织参与灌溉管理是水资源可持续利用的管理措施和组织手段。做好这项工作，发挥协会作用，增加水价、水量、水费透明度，调动广大用水户的积极性，提高水资源管理水平。农民用水者协会作为一种先进的灌溉管理模式应发挥其积极推动作用。但据调查，不少农民用水者协会却没有发挥应有的功能、未达到预期效果。

若想协会维护稳定持续发展，发挥应有作用，必须做到：

（1）协会组织机构必须充分吸纳广大的用水户，要有一定比例的德高望重人士参与，才足以使协会得以持续发展。

（2）增强公共参与意识。组建农民用水者协会要体现民主意识，充分发挥农民建设水利的积极性，有利于维护好正常的用水秩序，有利于减少水资源的浪费，提高利用率。

（3）解决用水户问题不应该只依赖政府，要使用水户直接参与灌溉管理。

7. 奖励机制

各地方主管单位和部门建立奖励机制，对于运行管理好农民用水者协会，有积极推动作用。对于运作好的协会以奖励的形式，将奖金奖励给协会用于其持续发展。

4.7 本章小结

依据国内的水资源管理、社会发展、农业水价、农业灌溉技术、节水技术、水资源信息管理技术和协会管理等方面的法律、法规、政策的制定进行了深入分析。为下一步在以上各方面出台新的政策提供了可参考依据。

（1）总结了我国水资源现行的管理体系及框架，提出了水资源产权方面存在的制度缺陷及水权水市场方面建立制度的可行性和必要性。

（2）在落实地下水管理政策，特别是进行地下水水位、水量双控管理的过程中要高度重视地下水特征的空间差异性，做到因地制宜，避免“一刀切”造成的失误。

（3）我国农田水利立法，明显滞后于农田水利建设和管理发展需要。在政策制定和管理方面，应规范小型农田水利工程建设项目立项程序和建设管理，明确中央与地方农田水利事权划分，继续加强中央对农田水利的统一指导并承担主要责任，完善灌溉面积保护制度、建立农田有效灌溉面积控制红线，合理确立农田水利工程产权主体和管护主体，并依此确立农田水利工程管理体制，推进改革和尊重传统相结合，细化农民用水合作组织管理机制。

（4）分析了目前农田灌溉管理中存在的相关问题，提出了农田灌溉工程管理措施与非工程激励政策相结合的解决思路，其中工程管理措施包括完善管理体制和运行机制、做好建后管理工作、加大灌溉监管力度和加大资金与高科技投入；非工程激励政策包括农用水资源需求管理的激励机制、农用水资源需求管理的运作机制、农用水价格提高的运作形式以及实施农业用水精准补贴与节水奖励政策。

（5）由于水资源项目具有准公益性的特点，大规模投资仅靠政府投资是难以承担的，如何采用市场化的投资方式，动员社会资本投资水资源行业是当前迫切需要研究的一个重要问题。通过分析政府与社会资本的关系、社会资本投资水资源行业的方式与风险，提出了农村水利建设项目融资机制与运行模式的建议，包括加强投融资法律法规及管理制度建设、建立灵活有效的融资机制、吸引社会资本投资、推进水权制度改革和探索多元化投资主体。

（6）从广义和狭义两方面说明了可持续发展目标，总结了可持续发展视角下的水资源管理策略包括的内容，包括水资源可持续利用的制度建立、严格“三条红线”落实追究制度、构建节水型社会、水权水市场建立、鼓励非常规水的开发利用。

5 农业灌溉定额设置

5.1 山东省基本情况

1. 地形地貌

山东省境内中部山地突起，西南、西北低洼平坦，东部缓丘起伏，形成以山地丘陵为骨架、平原盆地交错环列其间的地形大势。境内地貌复杂，大体可分为中山、低山、丘陵、台地、盆地、山前平原、黄河冲积扇、黄河平原和黄河三角洲9个基本地貌类型。境内主要山脉集中分布在鲁中南山区和胶东丘陵区。鲁中南山区主要由片麻岩、花岗片麻岩组成；胶东丘陵区由花岗岩组成。

2. 土壤植被

因受生物、气候和地域等因素影响，山东省土壤呈多样化，共有15个土类、36个亚类、85个土属和257个土种，适宜于农田和园地的土壤主要有潮土、棕壤、褐土、砂姜黑土、水稻土和粗骨土6个土类的15个亚类，其中尤以潮土、棕壤和褐土的面积较大，分别占耕地的48%、24%和19%。

3. 水文气象

山东的气候属暖温带季风气候类型。降水集中，雨热同季，春秋短暂，冬夏较长。年平均气温11～14℃，山东省气温地区差异东西大于南北。全年无霜期由东北沿海向西南递增。山东省光照资源充足，光照时数年均2290～2890h，热量条件可满足农作物一年两作的需要。年平均降水量一般为550～950mm，由东南向西北递减。降水季节分布很不均衡，全年降水量的60%～70%集中于夏季，易形成涝灾，冬、春及晚秋易发生干旱，对农业生产影响最大。山东省年平均气温空间分布如图5.1-1所示，年降水量空间分布如图5.1-2所示。

4. 土地利用

如图5.1-3所示，2018年山东省土地利用类型按面积顺序排序为：耕地>居民用地>水域>林地>草地>未利用土地。耕地面积持续下降，为100441km^2，占山东省总面积的64.3%。土地利用情况如图5.1-4所示。

5. 水资源供需情况

(1) 水资源总量。全省多年平均地表水资源量198.15亿m^3，浅层地下淡水（$M\leqslant$

2g/L）资源量 171.65 亿 m^3，重复计算量 67.01 亿 m^3，水资源总量 302.79 亿 m^3，人均水资源量 298m^3。全省地表水资源可利用量 101.27 亿 m^3，多年平均地下水可开采量 126.59 亿 m^3/年，当地降水形成的水资源可利用总量 180.77 亿 m^3，水资源可利用率 59.7%。全省黄河干流及支流引水指标为 70 亿 m^3，南水北调东线一期工程分配的调水指标为 14.67 亿 m^3。

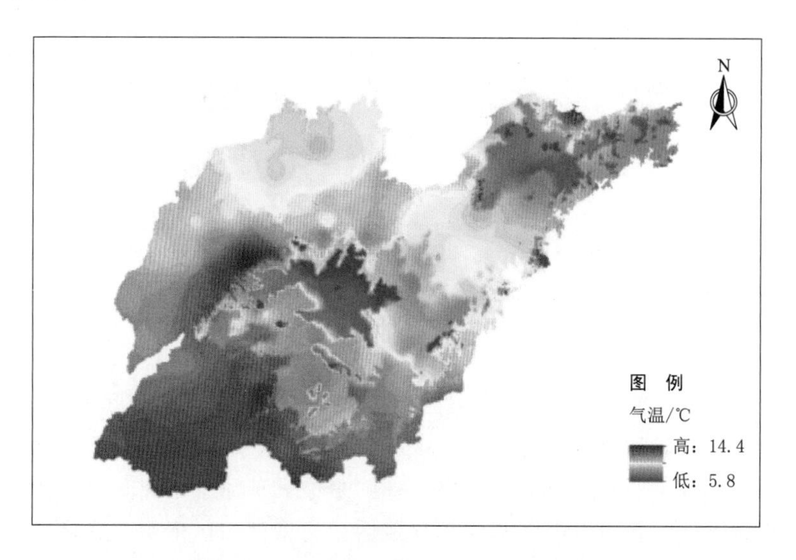

图 5.1-1 山东省年平均气温空间分布

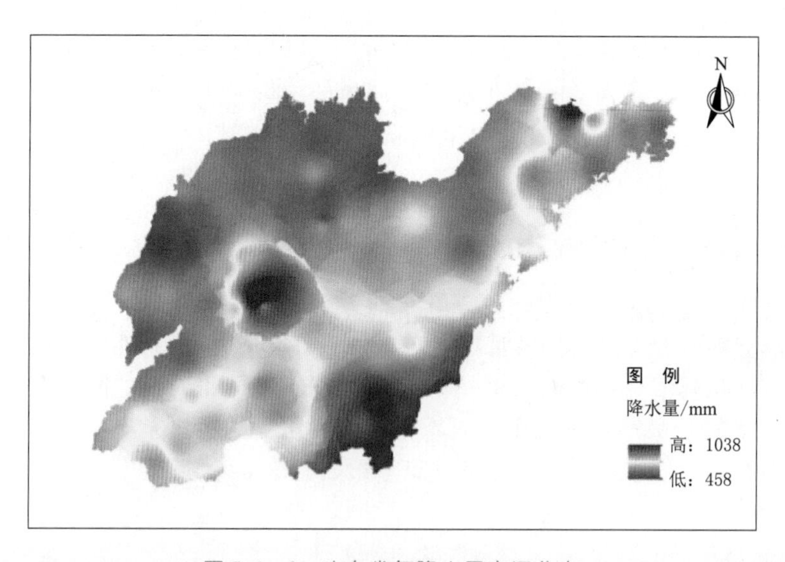

图 5.1-2 山东省年降水量空间分布

（2）供水量。供水量指各种水源工程为用户提供的输水量的总和。供水量按取水水源分为地表水源供水量、地下水源供水量和其他水源供水量等三种类型。2016—2020 年全省年均总供水量为 217.40 亿 m^3。其中，地表水源、地下水源、其他水源分别为 129.32 亿 m^3、77.66 亿 m^3 和 10.41 亿 m^3，分别占总供水量的 59%、36%和 5%；地表水供水

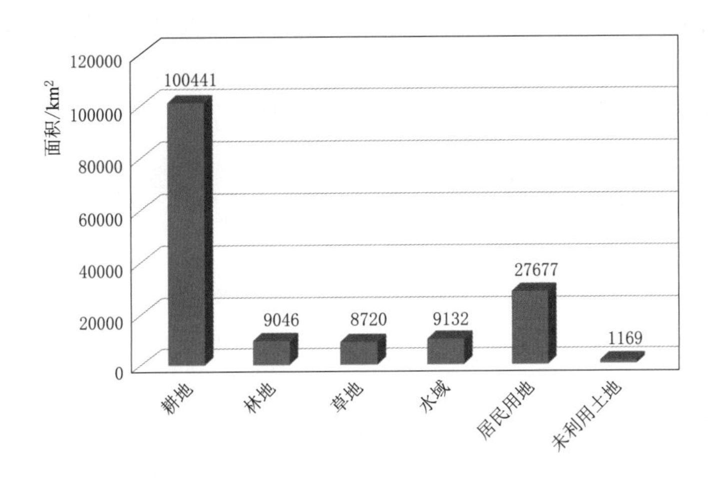

图 5.1-3 2018 年山东省土地利用类型统计

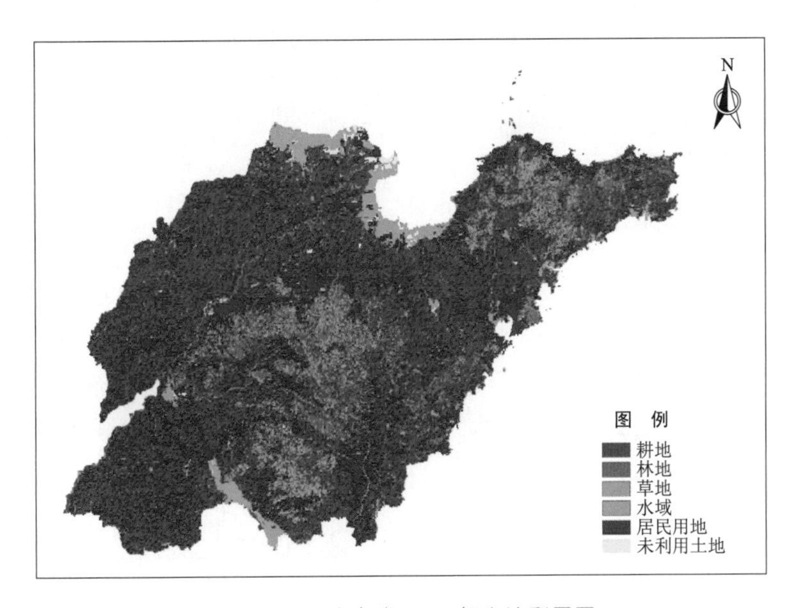

图 5.1-4 山东省 2018 年土地利用图

量中外省区调入水量为 69.93 亿 m^3，占总供水量的比例为 32%。

(3) 用水量。用水量是指包括输水损失在内的人类取用水量的总和。农田灌溉、林牧渔畜、工业、城镇公共、居民生活和生态环境年均用水量分别为 114.13 亿 m^3、20.66 亿 m^3、31.47 亿 m^3、8.04 亿 m^3、28.52 亿 m^3 和 14.59 亿 m^3，分别占总用水量的 52%、10%、14%、4%、13%和 7%。缺水是基本省情，随着区域发展战略的实施，工业化、信息化、城镇化和农业现代化的同步推进，水资源供需矛盾将进一步加剧。

6. 水利工程现状

山东省现有各类水库 5893 座（其中大型水库 37 座、中型水库 217 座和小型水库 5639 座），总库容达到 181 亿 m^3；各类水闸 5197 座（大型水闸 139 座、中型水闸 794 座和小型水闸 4264 座），修建加固各类堤防 3 万余 km；省级骨干水网工程达到 1459km，年调水能力突破 20.4 亿 m^3；保障农村供水工程铺设主管网 2 万余 km、村级管网 11 万余 km，全省农村自来水普及率达到了 97%；改造大中型灌区骨干渠道 1977km，新增、恢复和改善灌溉面积 1047 万亩，节水灌溉面积达到 5200 万亩。经过多年的发展，全省工程防洪抗旱减灾能力、供水保障能力明显提升，河湖生态环境显著改善，省级骨干水网体系基本形成。

7. 水资源供需态势

根据《山东省水安全保障规划》，2030 年正常年份山东省总需水量达 356.6 亿 m^3，枯水年份、特枯年份需水量达 364.2 亿 m^3，均超出国家下达山东省的用水总量控制指标。据此测算，到 2025 年，正常年份、枯水年份和特枯年份全省可供水总量分别为 273.1 亿 m^3、257.1 亿 m^3 和 247.5 亿 m^3，需水总量分别为 284.0 亿 m^3、291.6 亿 m^3 和 291.6 亿 m^3，缺水率分别为 3.8%、11.8% 和 15.1%，水资源供需矛盾十分突出。因此，为有效缓解未来水资源供需矛盾，需要依据区域水资源条件，合理高效利用当地地表水与地下水，积极利用区域外调水，扩大非常规水利用途径，全面加强水资源管理与保护，不断提高水资源集约节约安全利用水平，以水资源的高水平管理支撑经济社会高质量发展。

5.2 山东省农业灌溉分区

农业灌溉分区的目的是揭示研究区域农业用水特征的空间差异，有助于研究区农业水资源的高效利用和管理，可作为农业节水总体规划科学编制的依据，并协调水资源、农业、社会之间的关系，保障农业可持续发展。考虑山东省各地区的自然条件、流域特点、农业生产条件及其他影响农业灌溉用水的因素，结合水资源综合利用和现有的行政分区，对农业划分不同灌溉分区（见表 5.2－1）。

表 5.2－1　山东省农业灌溉分区结果

类别	分区命名	行政单位
Ⅰ区	鲁西南	菏泽市、济宁市
Ⅱ区	鲁北	德州市、聊城市、滨州市、东营市、济南市、淄博市
Ⅲ区	鲁中	济南市、济宁市、滨州市、泰安市、淄博市、潍坊市
Ⅳ区	鲁南	临沂市、潍坊市、枣庄市、日照市
Ⅴ区	胶东	烟台市、青岛市、威海市

桓台县位于鲁中山区和鲁北平原的结合地带，是江北地区第一个吨粮县。按照山东省地方标准《山东省农业用水定额》（DB37/T 3772—2019）的分区，项目区属于鲁中区（Ⅲ区）。本区在农业结构方面粮食作物播种面积比例较大，高耗水的瓜果蔬菜作物种植在各分区中比例最高，人均 GDP 在各分区也较高，属于各分区中较发达地区。在水资源方面，该区是一般缺水地区，灌溉方式以井灌为主。

5.3 农业用水定额分析

5.3.1 生育期内的降水

降水储存于作物根区后可以有效地用于作物的蒸散过程，从而减少作物的灌溉需水量。但当降水强度超过土壤的入渗能力或降水超过土壤储水能力时，降水量中将有一部分形成地表径流流走，或形成深层渗漏流出作物根区，从而不能被作物利用。对于旱作物，有效降水指的是可以用于满足作物蒸发蒸腾需要的那部分降水量。它不包括地表径流和渗漏至作物根区以下的部分，同时也不包括淋洗盐分所需要的降水深层渗漏部分。

国内学者在科学研究或工程设计中，一般规定次降水量小于某一数值时为全部有效，大于某一数值时用次降水量乘以某一有效利用系数值确定。在多数情况下都没有考虑阶段需水量和下垫面的土壤储水能力，其计算公式的形式为

$$P_e = \alpha P_t \tag{5.3-1}$$

式中 P_e——有效降水量，mm；

P_t——降水量，mm；

α——降水入渗系数或有效降水系数，其值与一次降水量、降水强度、降水延续时间、地面覆盖、土壤性质及地形有关系，也与前期土壤水分、计划湿润层深度有关。在同一地区 α 往往还与上一次的降水特性及这一时段的作物蒸发蒸腾强度存在直接关系。

冬小麦生育期内有效降水量 P_e 是指冬小麦整个生长期内的有效降水量之和。北方地区，在冬小麦生长期内，一次降水事件发生，降水量都不大，只要雨强不是特别大，基本上都能被储蓄在田间土壤中，一般不会产生径流或深层渗漏，因此降水量均为有效。所以冬小麦生长期内的有效降水量可用式（5.3-2）估算：

$$P_e = P \tag{5.3-2}$$

式中 P——冬小麦生育期内的降水量，mm。

北方地区夏玉米生育期内次有效降水系数可用式（5.3-3）估算[87]：

$$\alpha = \begin{cases} 0 & P \leqslant 5\text{mm} \\ 1 & 5\text{mm} < P \leqslant 30\text{mm} \\ 0.7 & 30\text{mm} < P \end{cases} \tag{5.3-3}$$

5.3.2 作物需水量的研究

5.3.2.1 作物需水量的计算方法

作物需水量由植株蒸腾量、棵间蒸发量和组成植株体的水量三部分组成。作物需水量或作物耗水量中的一部分靠降水供给，另一部分靠灌溉供给。农田水分消耗的途径主要有植株蒸腾、株间蒸发和深层渗漏。其中植株蒸腾和株间蒸发合称为腾发，两者消耗的水量合称腾发量，通常把没有水分亏缺的作物腾发量称为作物需水量。作物需水量的大小与气象条件、土壤含水状况、作物种类及其生长阶段、农业技术措施、灌溉排水措施等有关。

在生产实践中，一般是通过田间试验的方法直接测定作物需水量或采用计算的方法确定作物需水量。

1. 直接计算需水量

直接计算需水量一般是先从影响作物需水量的诸因素中选择几个主要因素（例如水面蒸发、气温、湿度、日照和辐射等），再根据试验观测资料分析这些主要因素与作物需水量之间存在的数量关系，最后归纳成某种形式的经验公式。目前常见的这类经验公式主要有 α 值法和 K 值法。

（1）α 值法。α 值法又称以水面蒸发为参数的需水系数法或蒸发皿法，其计算公式为

$$ET=\alpha \cdot E_0 \tag{5.3-4}$$

或

$$ET=\alpha \cdot E_0+b \tag{5.3-5}$$

式中 ET——某段时间内的作物需水量，以水层深度 mm 计；

E_0——ET 同时段的水面蒸发量，一般采用 80cm 口径蒸发皿的蒸发值，以水层深度 mm 计；

α——需水系数，或称蒸发系数，为需水量与水面蒸发量的比值；

b——经验常数。

由于 α 值法只要水面蒸发资料，易于获得且比较稳定，所以该法在我国水稻地区被广泛采用，但应注意非气象因素对 α 值的影响，否则会使计算成果产生较大误差。

（2）K 值法。作物产量是太阳能的累积与水、土、肥、热、气诸因素的协调及农业措施的综合结果。因此，在一定的气象条件下和一定范围内，作物田间需水量将随产量的提高而增加，但是需水量的增加并不与产量成比例。当作物产量达到一定水平后，要进一步提高产量就不能仅靠增加水量，而必须同时改善作物生长所必需的其他条件。作物总需水量的表达式为

$$ET=KY \quad 或 \quad ET=KY_n+c \tag{5.3-6}$$

式中 ET——作物全生育期内总需水量，m^3/亩；

Y——作物单位面积产量，kg/亩；

K——以产量为指标的需水系数，对于 $ET=KY$ 公式，K 代表单位产量的需水量，m^3/kg；

n、c——经验指数和常数。

公式中的 K、N、c 值可通过试验确定。对于旱作物，在土壤水分不足而影响高产的情况下，需水量随产量的提高而增大，用此法推算较可靠。但是对于土壤水分充足的旱田以及水稻田，需水量主要受气象条件控制，产量与需水量关系不明确，用此法推算的误差较大。

在生产实践中，过去常习惯采用所谓模系数法估算作物各生育阶段的需水量，即先确定全生育期作物需水量，然后按照各生育阶段需水规律，以一定比例进行分配，即

$$ET_i=K_i\frac{1}{100}\cdot ET \tag{5.3-7}$$

式中 ET_i——某一生育阶段作物需水量；

K_i——需水量模比系数，即生育阶段作物需水量占全生育期作物需水量的百分数，可以从试验资料中取得。

然而这种按模比系数法估算作物各生育阶段需水量的方法存在较大的缺点。例如，水稻整个生育期的需水系数 α 值和总需水量的时程分配即模比系数 K_i 均不是常量，而是各年不同。所以按一个平均的 α 值和 K_i 值计算水稻各生育阶段的需水量，计算结果不仅失真，还导致需水时程分配均匀化而偏于不安全。因此，近年来，在计算水稻各生育阶段的需水量时，一般根据试验求得的水稻阶段需水系数 α_i 直接加以推求。

上述直接计算需水量的方法，虽然缺乏充分的理论依据，但是我国在估算水稻需水量时尚有采用，因为方法比较简便，水面蒸发量资料容易取得。

2. 通过计算参考作物蒸发蒸腾量来计算作物需水量

近代需水量的理论研究表明，作物腾发耗水是通过土壤-作物-大气系统的连续传输过程，大气、土壤、作物三个组成部分中的任何一部分的有关因素都影响需水量的大小。根据理论分析和试验结果，在土壤水分充分的条件下，大气因素是影响需水量的主要因素，其余因素的影响不显著。在土壤水分不足的条件下，大气因素和其余因素对需水量都有重要影响。目前对需水量的研究主要是研究在土壤水分充足条件下的各项大气因素与需水量之间的关系。普遍采用的方法是通过计算参照作物的需水量来计算实际需水量，相对来说理论上比较完善。参考作物蒸发蒸腾量是一种假想的参考作物（高度为 0.12m，固定的叶面阻力为 70.0s/m，反射率为 0.23 的蒸发蒸腾速率，非常类似于表面开阔、高度一致、生长旺盛、完全覆盖地面且不缺水的绿色草地的蒸发蒸腾量）。有了参照作物需水量，然后再根据作物系数 k_c 对 ET_0 进行修正，即可求出作物的实际需水量 ET，作物需水量则可根据作物生育阶段分段计算。由于 Penman - Monteith 公式理论比较严密、应用比较方便、计算精度比较高，因而是目前世界上公认计算 ET_0 的标准方法。FAO 推荐的 Penman - Monteith 公式最新修正式为

$$ET_0=\frac{0.408\Delta(R_n-G)+\gamma\dfrac{900}{T+273}u_2(e_s-e_a)}{\Delta+\gamma(1+0.34u_2)} \tag{5.3-8}$$

式中　ET_0——参考作物蒸发蒸腾量，mm/d；

T——2m 高处日平均气温，℃；

Δ——温度-饱和水汽压关系曲线在 T 处的斜率，kPa/℃；

R_n——作物表面净辐射，MJ/(m^2 · d)；

G——土壤热通量，MJ/(m^2 · d)；

γ——为湿度表常数，kPa/℃；

u_2——2m 高处风速，m/s；

e_s——为饱和水汽压，kPa；

e_a——实际水汽压，kPa。

式（5.3-8）中涉及的各变量具体计算公式如下：

$$\Delta=\frac{4098e_s}{(T+237.3)^2} \tag{5.3-9}$$

$$e_s=0.61\exp\left(\frac{17.27T}{T+237.3}\right) \tag{5.3-10}$$

$$R_n = R_{ns} - R_{nl} \tag{5.3-11}$$

式中 R_{ns}——净短波辐射，MJ/(m² · d)；

R_{nl}——净长波辐射，MJ/(m² · d)。

$$R_{ns} = 0.77(0.25 + 0.5n/N)R_a \tag{5.3-12}$$

式中 n——实际日照时数，h；

N——最大可能日照时数，h；

R_a——大气边缘太阳辐射，MJ/(m² · d)。

$$N = 7.64W_s \tag{5.3-13}$$

式中 W_s——日照时数角，rad。

$$W_s = \arccos(-\tan\omega\Phi \times \tan\delta) \tag{5.3-14}$$

式中 Φ——地理纬度，rad；

δ——日倾角，rad。

$$\delta = 0.409\sin(0.0172J - 1.39) \tag{5.3-15}$$

式中 J——日序数（如1月1日序号为1，逐日增加）。

$$R_a = 37.6d_r(W_s\sin\varphi\sin\delta + \cos\varphi\cos\delta\sin W_s) \tag{5.3-16}$$

式中 d_r——日地相对距离的倒数。

$$d_r = 1 + 0.033\cos(0.0172J) \tag{5.3-17}$$

$$R_{nl} = 2.45 \times 10 - 9\left(\frac{0.9n}{N} + 0.1\right)(0.34 - 0.14\sqrt{ea})(T_{ks}^4 + T_{kn}^4) \tag{5.3-18}$$

$$e_a = \frac{e_a(T_{\min}) + e_a(T_{\max})}{2} = \frac{1}{2}e_s(T_{\min})\frac{RH_{\max}}{100} + \frac{1}{2}e_s(T_{\max})\frac{RH_{\min}}{100} \tag{5.3-19}$$

式中 $T_{\min}$——日最低气温，℃；

$T_{\max}$——日最高气温，℃；

$e_a(T_{\min})$——$T_{\min}$ 时实际水汽压，kPa；

$e_a(T_{\max})$——$T_{\max}$ 时实际水汽压，kPa；

$e_s(T_{\min})$——$T_{\min}$ 时饱和水汽压，可将 $T_{\min}$ 代入式（5.3-10）求得，kPa；

$e_s(T_{\max})$——$T_{\max}$ 时饱和水汽压，可将 $T_{\max}$ 代入式（5.3-10）求得，kPa；

$RH_{\max}$——日最大相对湿度，%；

$RH_{\min}$——日最小相对湿度，%；

T_{ks}——最高绝对温度；

T_{kn}——最低绝对温度。

$$T_{ks} = T_{\max} + 2732.15 \tag{5.3-20}$$

$$T_{kn} = T_{\min} + 2732.16 \tag{5.3-21}$$

若资料不符合式（5.3-19）的要求或计算较长时段的 ET_0，也可采用式（5.3-22）计算 e_a：

$$e_a = RH_{\text{mean}} / \left[\frac{50}{e_s(T_{\min})} + \frac{50}{e_s(T_{\max})}\right] \tag{5.3-22}$$

式中 RH_{mean}——平均相对湿度，%。

$$RH_{mean}=(RH_{max}+RH_{min})/2 \quad (5.3-23)$$

在最低气温等于或十分接近露点温度时，也可采用式（5.3－24）计算 e_a：

$$e_a=0.611\exp\left(\frac{17.27T_{min}}{T_{min}+237.3}\right) \quad (5.3-24)$$

5.3.2.2 作物系数和作物需水量

1. 作物系数

已知参照作物需水量 ET_0 后，则采用作物系数 k_c 对 ET_0 进行修正，即得作物需水量 ET：

$$ET=k_c\cdot ET_0 \quad (5.3-25)$$

式中 ET——作物需水量；

k_c——作物系数；

ET_0——参考作物蒸发蒸腾量。

根据各地的试验，作物系数 k_c 不仅随作物而变化，更主要的是随作物的生育阶段而异。生育初期和末期的 k_c 较小，而中期的 k_c 较大。

2. 作物系数 k_c 的确定

作物系数 k_c 是指大田作物在水分条件充分满足时的不同发育期中的最大可能蒸散量与参考作物蒸发蒸腾量的比值。它反映了作物种类、作物本身的生物学特性、产量水平、土壤水肥状况以及田间管理水平等对农田蒸发蒸腾量的影响。联合国粮农组织（FAO）推荐了作物系数的计算方法和标准状态下（白天平均最低相对湿度 45%，平均风速 2.0m/s，半湿润气候条件下）各类作物的作物系数参考数值。

作物在不同生育期作物系数 k_c 不同，FAO 建议作物的生育期划分为 4 个阶段，即初期、发育期、中期和后期，由田间作物的实际生长状况，确定其各生长发育期及长度，各个生育期对应一个 k_c 值[88]。参照段爱旺编写的《北方地区主要作物灌溉作物用水定额》可得代表点冬小麦和夏玉米不同生育阶段的作物系数[89]。

5.4 灌溉定额的确定

5.4.1 灌溉定额的影响因素

影响灌溉定额的因素很多，包括作物种类、各地的降水条件、水资源条件和地域等。除此，还有灌溉方式等硬影响因素和管理水平等软影响因素，如图 5.4－1 所示。

1. 硬影响因素

（1）地域。影响灌溉定额的基本因素还包括地域：一是山东省地形地貌复杂多样；二是各地区的降水状况不同；三是各地区农业节水发展也不平衡。因此，制订灌溉定额，以山东省为单元范围太大，难以具有普遍性；以县为单元，范围太小，且为每个县制订不同的灌溉定额是不现实的。因此，自然条件对灌溉定额的影响可以通过分区的方法加以解决。在省内进行灌溉定额分区，以分区的范围较为合适。

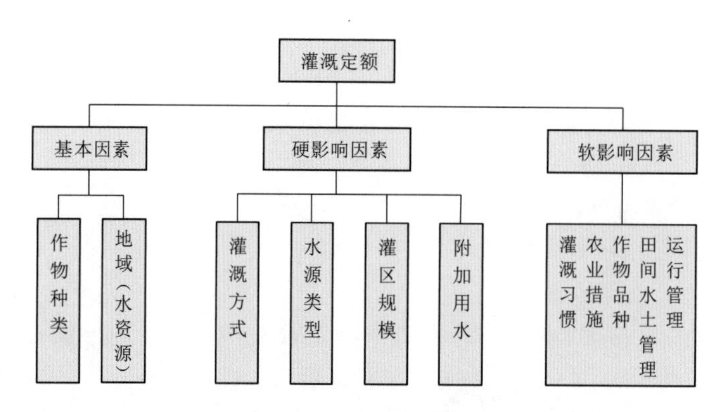

图 5.4-1 灌溉定额影响因素

（2）水资源条件。每个地区的水资源条件决定了可利用水资源状况。在各地区农业水资源短缺不断加剧的情况下，水资源条件是应该考虑的因素。地区的水资源利用条件可以改善，例如通过发展节水灌溉可提高水资源承载能力等。节水需要投入，且有经济效益的回报，不同地区、不同条件下水资源的投入和效益不同。因此，在水资源紧缺但经济相对发达的地区可采用较低的灌溉定额，以利于农业用水适当转移到用水效益高的行业和部门；在水资源丰富但经济相对落后的地区可以在一定时期内采用较高的灌溉定额，逐步提高水资源利用效率和利用效益，以减轻当前发展农业的经济压力。

（3）现状灌溉方式。灌溉用水需要一定的灌溉运输系统输送至根区才能最后成为作物可利用的水分。灌溉方式对作物灌溉定额的影响主要体现在灌溉水利用率上，在灌溉过程中不可避免地要损失部分水量，因此不同灌溉方式的灌溉水利用率是不同的。目前山东省以地面灌为主，即通过渠道或低压管道系统将水分输至田间，然后通过畦或沟分配至整个田块。在水资源短缺地区因地制宜地发展节水灌溉，故在制定灌溉定额时应以现状灌溉方式作为硬影响因素予以考虑，同时又要按照地区规划，适度超前，制定有利于引导节水灌溉健康发展的灌溉定额。

（4）灌区规模和水源类型。尽管灌区规模无法任意选择，具有基本因素的属性，但如果合理确定灌溉定额的考核位置，灌区规模的影响可以降低和控制。井灌、渠灌也因考核位置到田间距离不同，在一定程度上影响灌溉用水量，但区别不应太大。综合以上分析，灌区规模和水源类型的影响应列入硬影响因素，以调整系数的方法予以适当考虑。

（5）附加用水。灌溉用水除在一定程度上满足作物需水外，有时还应考虑附加用水需求，例如耕地盐碱化或有盐碱化威胁时，需要定期增加灌溉水量淋洗盐分，故附加用水也作为硬影响因素予以考虑。

2. 软影响因素

农产品是农业活动的产物，不同作物的播种时间不同，生育期间不同，作物需水量也不同，决定了作物种类是制定灌溉定额的基本因素。不同作物种类的影响可采用按各类作物制定灌溉定额的方法解决。区域内种植作物种类多，首先选择播种面积大的作物制订灌溉定额。

灌区运行管理、农艺措施、作物品种、田间水土管理和传统灌溉习惯等也在一定程度上影响灌溉用水量，但是消除、控制这些影响一般不需要大的投入，同时也属于生产、管理的正常工作，故制定灌溉定额时要求把这些影响控制在统一且相对合理的范围内，不单独考虑其影响。

5.4.2 灌溉定额的计算

农田水分消耗的途径主要有植株蒸腾、棵间蒸发和深层渗漏。其中，植株蒸腾和棵间蒸发合称腾发量，通常腾发量又称作物需水量。作物需水量是农业用水的主要组成部分。农作物消耗的水量主要来自灌溉、降雨和地下水补给。按照这个思路，作物灌溉定额可以通过以下几个步骤来确定。

(1) 确定正常生长条件下作物需水量。

$$ET_c = ET_0 \cdot k_c \tag{5.4-1}$$

式中 ET_c——作物需水量，mm；

ET_0——参考作物需水量，mm；

k_c——作物系数。

(2) 确定自然状态下作物缺水量。净灌溉定额是指需要用灌溉等方式来满足作物正常生长的水量。在假定土壤水分不变的条件下，净灌溉需水量等于作物需水量减去有效降水量及作物直接耗用的地下水量，即

$$I_n = ET_c - P_e - Q_r - WS_a \tag{5.4-2}$$

式中 I_n——净灌溉定额，mm；

P_e——有效降水量，mm；

Q_r——地下水补给量，与地下水位、土壤地理等因素有关，mm；

WS_a——非工程措施的节水量，mm。

(3) 确定田间灌溉水量。灌溉水从天然状态到被作物吸收并形成产量，有两大环节：第一环节是通过灌溉输配水系统将水引至田间形成土壤水分，这一环节依靠工程措施和田间管理措施实现；第二环节是作物将水分吸收形成干物质，此环节由作物本身的生理实现。这两个环节都存在水分消耗现象，尤其是在第一环节。

由于在输水过程中有水的浪费现象，农业灌溉所需的水量要多于净灌溉水量。毛灌溉定额可利用净灌溉定额的各个环节的水分利用率求得，即

$$I_g = I_n / \eta \tag{5.4-3}$$

式中 I_g——田间入水口处的灌溉定额，mm；

η——田间水的利用系数，与各级渠道的大小、长度、流量、渠道工程状况和灌溉管理水平等有关。

在不考虑附加灌溉需水量的情况下，田间入水口处的灌溉定额可用式（5.4-4）表示：

$$I_g = (ET_0 \cdot k_c - P_e - Q_r - WS_a) / \eta \tag{5.4-4}$$

5.4.3 地下水利用量

地下水利用量是指地下水借土壤毛细管作用上升至作物根系吸水层而被作物利用的水

量，大小与地下水埋深、土壤性质、作物种类及耗水强度等因素有关。其值计算非常复杂，涉及的因素众多，而且对作物的生长影响较大。一般按照式（5.4－5）计算：

$$D_i = ET \cdot a \tag{5.4-5}$$

式中：当地下水埋深小于1.0m时，a取0.5；地下水埋深为1.0～1.5m时，a取0.4；地下水埋深为1.5～2.0m时，a取0.3；地下水埋深为2.0～3.0m时，a取0.2；3.0～3.5m时，取0.1；3.5m以下不再补给。

5.4.4 非工程节水措施及节水潜力

节水措施可分为工程节水措施和非工程节水措施。工程节水措施是指以工程形式达到节水目的的灌溉措施，如渠道衬砌、管道输水灌溉、低压管道灌溉、喷灌和微喷灌等。

非工程节水措施可划分为五大类：保墒节水措施、节水栽培措施、化学调控措施、节水灌溉管理措施和非工程节水综合措施，是提高农田水分利用效率的重要措施之一。同节水措施相比非工程节水措施投资少、见效快、易于实施和推广。

秸秆覆盖是指利用农业副产物如茎秆、落叶、糠皮或以绿肥为材料进行的地面覆盖，主要适用于小麦、玉米等作物，可以起到保墒、保温、促根和培肥的作用。冬小麦和夏玉米秸秆覆盖的保墒节水措施是在山东省范围内最为广泛的非工程节水措施。

参照山东省水利科学研究院于1998年10月至1999年10月在桓台县唐山镇郭家村进行的冬小麦夏玉米轮作秸秆粉碎还田试验，冬小麦秸秆覆盖需水保墒措施节水量值为60mm，夏玉米秸秆覆盖需水保墒措施节水量为40mm。因此，对冬小麦秸秆覆盖需水保墒措施节水量统一取值为60mm，夏玉米秸秆覆盖需水保墒措施节水量统一取值为40mm。

5.5 实施高效节水灌溉的技术体系

地下水漏斗区一般发生在平原井灌区，一方面，由于平原地区地表水拦蓄困难，工农业发达，地表水利用率高，地下水补源水量少，地下水开采严重，地下水位逐年下降，形成漏斗区；另一方面，由于平原区优越的地形条件和土壤环境，地下水开采保证率高，一直是我国的粮食高产区和农业发达区。种植业的发展得益于精耕细作、优越的水肥条件，造成农业用水的普遍浪费，用水量大，是水资源形势危急的主要因素，同时也是节约用水的潜在大户。

目前，山东省机井灌区灌溉发达，机井深度一般在10～80m，出水量为10～200m^3/h，机井控制面积为30～100亩，大多采用水泵提水渠道灌溉、管道灌溉和少量的喷灌微灌形式，但是灌溉定额仍然很大，造成了节水灌溉工程不节水反而灌溉用水量增加的奇怪现象。可见靠单一的建设节水灌溉工程已无法实现真正的农业节水，必须发展农业综合节水，实现农业用水增产高效。

机井灌区农业综合节水包括高效节水灌溉工程、农艺和管理节水，形成系统的高效节水技术体系。

5.5.1 高效节水灌溉工程体系

根据机井平原区土壤特点、作物种植结构状况、水源禀赋和社会经济发展能力，因地制宜地选择高效节水灌溉工程体系。

平原机井灌区高效节水灌溉工程的形式主要有管道输水灌溉、喷灌、微灌等工程形式。

1. 机井灌区管道输水灌溉工程

管道输水系统通常由地埋管道、给水栓和地面移动闸管组成，采用低压输水。在井灌区，可利用井泵余压解决输水所需的工作压力，因此在我国北方井灌区推广很快。在自流灌区，可采用大口径低压管道代替明渠输水。

井灌区管道埋入地下替代土渠之后可增加1%的耕地面积；渠灌区输水流量大，渠系较复杂，各级渠道占用耕地更多，所以在渠灌区实现管道输水灌溉后，减少渠道占用耕地的优点尤为突出。对于我国土地资源紧缺，人均耕地不足1.5亩的现实来说，管道输水灌溉具有显著的社会效益和经济效益。

管道输水灌溉系统由水源与取水工程部分、输水配水管网系统和田间灌水系统三部分组成。

2. 喷灌技术

喷灌适用于各种地形和土壤，具有节水、省力、灌水均匀和保持水土等优点。采用这种技术可控制土壤不产生地面径流和深层渗漏，地面湿度均匀，不造成土壤板结，可以根据作物在不同生长时期的需水状况，适量地供水，灌溉水的利用率达92%。宜在蔬菜、果树和经济作物等连片种植的地区推广使用。

喷灌系统由水源工程、水泵和动力机、管道系统、喷头及附属设施和附属工程组成，在有条件的地区、喷灌系统还设有自动控制设备。喷灌机主要机型如图5.5-1所示。

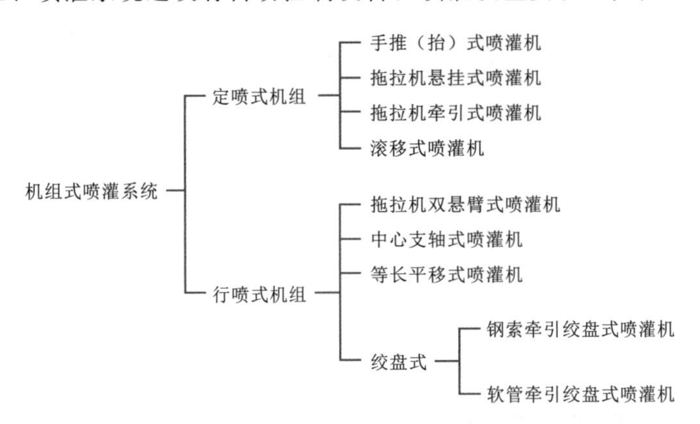

图5.5-1 喷灌机主要机型

3. 微灌技术

微灌包括滴灌、渗灌、微喷和涌泉等灌溉技术，具有省水、节地、节能、省工和适应性强等优点，比喷灌节水15%～20%。以灌溉果树、蔬菜、花卉和药材等经济作物为主。

通过实施农业节水工程技术提高了灌溉水有效利用系数，缓解新增农业用水与其他用水部门之间的竞争。淄博市灌溉水有效利用系数0.699，高于全国平均水平0.565（《2020年中国水资源公报》），但与其他发达国家相比仍有较大差距，以色列、美国等国的灌溉用水有效利用系数为0.7～0.8。因此，应尽快完善灌排体系，鼓励节水灌溉，加大中低产田改造力度，提高有效灌溉面积，同时大力推进小型农田水利工程建设和节水农业，扩大旱涝保收高产稳产田建设规模。建立小型农田水利工程经常性管护资金财政补助机制，发挥农民参与灌溉水管理的积极性，同时增加科技与资金的投入对节水抗旱作物和节水技术的研究开发和推广，以保证实现粮食增产的战略目标。

另外，要设定农业用水红线。在各种用水部门竞争日益激烈的情况下，用水效益较低的农业用水部门将处于弱势地位，而且农业用水向非农业用水部门转移已经成一种必然趋势。未来农业用水仍然存在不同程度的缺口，因此，有必要提出一个农业用水的最低需求，以保障粮食安全。

在水资源日益短缺的情况下，发展节水型农业，采用现代节水灌溉技术改造传统灌溉农业，实现适时适量的“精细灌溉”等节水方式是节约水资源、提高水资源利用率的有效途径，是缓解当前农业用水紧缺的必由之路。

5.5.2 节水农业管理技术措施

1. 节水灌溉制度

节水灌溉制度是把有限的灌溉水量在作物生育期内进行最优分配，以提高灌溉水向作物可吸收根层储水的转化，以及光合产物向经济产量转化的效率。可采用非充分灌溉、抗旱灌溉和低定额灌溉等，限制对作物的水分供应，巧灌关键水，增加有效降水的利用，加大土壤调蓄能力，同时对作物进行抗旱锻炼，采用“蹲苗”“促控”等技术，降低田间腾发量，提高作物对农田水的利用效率。一般采用低定额灌溉可节水30%～40%，而对产量无明显影响。

2. 多种作物间灌溉水量优化分配

在一个灌区内，往往种植若干种作物，且各种作物在不同生育阶段对缺水引起的减产敏感程度不同。在灌区总灌溉水量不足的条件下，应将有限的水量最优地分配给不同的作物。各种作物在获取一定灌溉水量后，又应将它在不同生育阶段进行合理的分配，从而确定最优配水过程，以使灌区总效益最大。这个灌溉水的优化分配问题可分解为多种作物在全生长期及生长期内的各个时段进行水量分配的两级分配问题。

3. 土壤墒情监测与灌溉预报技术

用先进的科学技术手段，如张力计、中子法和电阻法等监测土壤墒情，数据经分析处理后配合天气预报，对适宜灌水时间、灌水量进行预报，可以做到适时适量灌溉，有效地控制土壤含水量，达到节水又增产。

墒情的监测和预报是作物增产灌溉和适时适量节水技术应用和研究的基础和前提，监测墒情并与当时当地的作物需水量相结合是精确管理田间用水量的直接办法。墒情模拟和预报也是防旱抗旱工程规划和实施的基础，可以为国家及政府部门制定抗旱减灾与救灾的决策提供科学依据。通过在一定区域布设适当的墒情监测站对墒情进行实时监控，同时利用现代网络和信息技术建设防旱抗旱信息系统，从而实现科学地制定灌溉计划和较准确地调控田间土壤水分的目的。这样既达到了节水的目的，又实现了增产的目的。

4. 水资源的政策管理

水资源的政策管理是指以水资源配置、节约和保护为重点，强化用水需求和用水过程管理，通过健全制度、落实责任、提高能力、强化监管，严格控制用水总量，全面提高用水效率，推动经济社会发展与水资源、水环境、水承载能力相适应。

5. 农艺节水技术措施

抗旱节水品种的选育与应用技术、耕作保墒、覆盖保墒技术、非充分灌溉技术、植物抗旱剂、作物布局调整及抗旱新品种应用等。重视农艺节水措施，加强农艺节水措施与工程节水技术的结合，在提高灌溉水的利用率的同时，注重提高水分生产率。充分利用天然降水，在合适的地区推广旱地农业增产技术，减少水资源紧缺的压力，提高水资源的利用率，促进区域水资源的可持续开发利用和经济发展，建设节水型的高产、优质、高效农业。

6. 灌区信息化管理

灌区信息化就是充分利用现代信息技术，深入开发和广泛利用灌区管理的信息资源，包括信息的采集、传输、存储和处理等，大大提高信息采集和加工的准确性以及传输的时效性，做出及时、准确的反馈和预测，为灌区管理部门提供科学的决策依据，提高管理效率，降低管理成本。我国大型灌区完成节水改造与续建配套为灌区信息化建设奠定了良好的基础，灌区信息化建设已取得初步成效，表现在建立和完善了实时雨水情信息的基本站网和传输体制，初步实现了应用计算机进行信息的接收、处理、监视和洪水预报等。但是山东省灌区信息化建设仅处于试点阶段，从总体上讲还处于比较低的水平，实现起来有相当的难度。

7. 建立完善的农业用水水价体系

水价问题是一个十分复杂的问题。制定切实可行的水价和水价的管理体系，有利于农业节水的健康发展。确定合理的水价不仅可以通过经济杠杆促进农业节水事业的发展，还有利于工程的良性运行。对不同的地区、不同的水源，可以制定不同的水价，建立起科学、合理、灵活的农业用水水价体系，建立科学的节水激励机制。

8. 提高农民节水灌溉的意识

应加大对节水灌溉技术的宣传力度，使农民了解因实施节水灌溉技术而带来的直接收益和间接收益。农民是节水灌溉设施的最直接接触者，在节水灌溉工程的建设、管理及运营中都起着至关重要的作用，一切技术和措施的实施都要通过农户的实践来实现。因此，政府应明确农民在节水灌溉技术推广应用中所扮演的角色，结合当地的资源及经济水平，以实施节水灌溉为目的，以提高农民收益为导向，加大对农民素质教育的投资力度，使他们清楚节水灌溉技术中每个环节的具体内容，以激发农民实施节水灌溉技术的主观能动性，让农民充分认识因实施节水灌溉技术而带来的现实利益及长远收益。

应用上述节水农业技术措施时，应根据当地具体情况因地制宜地选用，将各种适宜的技术措施组装配套，形成技术体系，以充分发挥这些技术措施的综合节水增产效益。

5.6 本章小结

（1）在分析山东省各地区自然条件、流域特点、农业生产条件及其他影响农业灌溉用水因素的基础上，结合水资源综合利用和现有行政分区，划分了不同的农业灌溉分区，进而提出了桓台县示范区所在区域的节水灌溉措施。

（2）确定合理的灌溉定额是示范区推广高效节水灌溉的前提，也是制定水权交易制度的基础。通过计算参照作物的需水量来计算实际的作物需水量，根据作物需水量以及生育期内有效降水量、地下水补给量以及非工程措施的节水量，确定示范区的合理灌溉定额。

（3）形成了典型井灌区农业综合节水灌溉的技术体系，高效节水灌溉工程体系（水源与取水工程部分、输水配水管网系统和田间灌水系统）、农艺节水技术措施（抗旱节水品种的选育与应用技术、耕作覆盖保墒技术、非充分灌溉技术、植物抗旱剂及作物种植结构调整等）和节水农业管理技术措施（节水灌溉制度、作物灌溉水量优化分配、土壤墒情监测与灌溉预报技术、水资源的政策管理、灌区信息化管理、建立完善的农业用水水价体系以及提高农民节水灌溉的意识）。该体系的提出为示范区建立节水灌溉技术提供了依据。

6

水权确定与交易

水是粮食生产的要素。灌溉水权的确立和实施离不开制度安排、界定和转让。

农业水权是指有关农业水资源开发利用的一切权利的总和。水权的初始分配是水权理论的重要部分。按照所有权与使用权分离的原则，水权实质上是对一定量水资源在一定时段内的使用权配置初始水权，从不同方面理解为以下含义。

6.1 从水权本质概念方面

6.1.1 水权的基本定义

6.1.1.1 水权的界定

在广义上讲，水权是有关水资源权利的总和，是一组权利束。在水权发展历史上，水权有“一权说”“两权说”“三权说”和“四权说”。“一权说”仅指水资源使用权；“两权说”指水资源的所有权和使用权；“三权说”包括水资源的所有权、经营权和使用权；“四权说”就是水资源的所有权、占有权、支配权和使用权等组成的权利束。

《中华人民共和国水法》第三条规定：“水资源属于国家所有。水资源的所有权由国务院代表国家行使。农村集体经济组织的水塘和由农村集体经济组织修建管理的水库中的水，归各该农村集体经济组织使用。”水的使用权又包括生活用水权、生产用水权和生态用水权；经营权从本质上来说也是一种使用权，是从使用权中派生出的一种权利，可细化为供水权、售水权等。狭义的水权，就是指使用权[90]。

可见，我国实施的是共有水权制度，其中又以国有水权制度为主国务院是法定的国有水权代表。由于我国地域广阔，水资源条件差别大，国务院集中管理水权的成本非常高，作出了“国家对水资源实行流域管理与区域管理相结合的管理体制”的规定。

取水许可制度是我国实施水权管理的重要手段。由取水许可证确定的取水权实际上是水资源使用权。

6.1.1.2 水权的转让

我国现有水权制度下的水权转让可以分为两个层次：第一层次是中央或地方政府、流域机构等水资源所有权人代表以行政分配手段或取水许可形式将水资源使用权转让给用水单位或个人，实现水资源所有权和使用权的分离；第二层次是取水许可证在不同用水单位和个人之间的转让。

总体来说，我国处于不完全开放的水资源转让机制。在进行市场配置水资源使用权之前，水权（水量）售出方必须拥有自己的水权，须先进行行政配置，即初始水权分配。从水权的类型来看，包括生活用水水权、生产用水水权和生态用水水权。水利部《水权交易管理暂行办法》所指的交易水权也是指合理界定和分配水资源使用权。

6.1.2 农业初始水权分配方案

6.1.2.1 我国水权制度建设思路

1. 准确界定水权概念

首先，必须在法律中提出完整的水权概念，包括水资源所有权、使用权、收益权和转让权等多项权利的一组权利束，而不仅仅是水资源所有权。

其次，要明晰水权主体。

2. 实现水权的初始分配

水权的分配方案不仅要考虑技术上可行、经济上合理，更重要的是还要考虑分配方案实施后对政治、经济、文化和环境等因素的影响。

应该由国家授权的所有权代表——国家水行政主管部门，在充分考虑地区差异、历史用水习惯、经济发展重点、生态用水需求等因素的基础上确定用水数量、优先次序等，按照国家宏观控制指标及具体的微观定额制定出的分配方案及合法程序来进行分配。此外，水权的初始分配还应留有一定份额的多余水量，以便在必要时进行调节。

水权的初始分配是水权理论的重要部分，我国水权配置的一般原则为：①基本需求和生态环境需求优先原则；②保障社会稳定和粮食安全原则；③时间优先原则；④地域优先原则；⑤承认现状原则；⑥合理利用原则；⑦公平与效率兼顾，公平优先原则；⑧留有余量原则。

水行政主管部门根据以上原则和农业水价综合改革的有关要求，利用用水总量控制指标和有效灌溉面积，核定亩均水权，在保障合理灌溉用水的基础上，按照适度从紧的原则，分配给工程单元或终端用水主体，明确其获得的农业初始水权。

3. 建立可转让的水权制度

（1）在水权初始分配的基础上，通过发放取水许可证的形式对水资源进行分配，从而将所享有的水权进行量化。

（2）对目前取水许可制度中有关规定进行修订，允许许可证持有人在不损害第三方合法权益和不危害水环境状况的基础上，依法转让取水权。

（3）建立水市场，通过有条件的许可证转让，实现水权转让。

4. 加强对水权转让的监督和管理

通过水权转让的登记、审批、公示制度来限定水权转让双方的资格、确定水权转让范围、约束水权购买者的用水行为，以及保证市场公平交易的秩序，最大限度地减少或消除水权交易对国家和地区发展目标、环境目标的影响。

6.1.2.2 分解农业用水总量控制指标

1. 用水总量控制

用水总量确定：利用扣除法对区域农业灌溉可供水量进行计算。用区域水资源量，扣除生活、生态、工业、农业养殖用水量后，再扣除预留一定比例的水量，作为本区域农业灌溉可供水量[91]。

2. 初始水权分配

各乡镇、村集体、农村基层用水组织、终端用户等用水主体的水权等于亩均水权与各用水主体控制有效耕地面积的乘积。

6.1.2.3 明确农业初始水权

水行政主管部门根据用水总量控制指标和有效灌溉面积，核定亩均水权，在保障合理灌溉用水的基础上，按照适度从紧的原则，分配给工程单元或终端用水主体，明确其获得的农业初始水权。县级以上水行政主管部门向用水单位或个人颁发水权证书，注明水源、水量、用途、期限和转让条件等，明确用水权利和义务。水权证书应采取动态管理、定期核定，期间因许可水量发生变化、土地流转或土地用途发生变化而导致农业水权转移变化的，须经发证单位批准并重新核发。

对于未纳入用水总量控制的再生水等非常规水源用于农业灌溉的，也要按照相同办法从供水水源总量开始进行水权分配。

农业初始水权确定分配后，实施动态管理，根据农业灌溉定额的减小、有效面积的扩大、种植结构的调整对农业水权实施重新分配，通过行政文件给予确权。

农业水权一般直接分配到户，向农民用水户协会或者用水户发放水权证。

6.1.2.4 建立水权交易制度

将水权直接落实到农民用水户，实行水权转让、水权交易是节约用水的一项重要经济措施。实行水权转让公示登记制度，使水权转让公开、公平，保护水权双方拥有者的用水权利。村民水权转让是水权范围内的水量，由于农民用水户所拥有的水权量较小，水权转让实行双方协商形成转让价格。基于当地水资源承载能力，实行严格的总量控制和定额管理。

规定实行转让的水量不作为原用水户的节约水量。

1. 水权交易基本条件

关于农业水权交易做出如下基本规定：

（1）必须是明晰的水权，包括水量、水质、可靠性使用期限和输送能力等内容。

（2）必须是没有争议的水权，是通过合法程序取得的水权。

（3）必须是符合转让原则的安全水权，其交易不会对第三方和环境造成损坏或造成的损害小于潜在的收益。

（4）必须是经过水权管理机关登记注册的水权。

（5）通过“供水分配”方式和政府补偿方式无偿或者低价取得的水权应排除在外。

2. 水权交易制度的具体内容

政府或其授权的水行政主管部门、灌区管理单位可予以回购；在满足区域内农业用水前提下，推行节水量跨区域、跨行业转让。县级以上水行政主管部门负责制定本行政区域内农业水权交易规则并监督实施，其中，跨行政区域的农业水权交易由上一级水行政主管部门负责监督管理。制定水权交易制度，做到水权交易有章可循。

（1）成立水权交易管理部门。水权交易管理部门责任职能，包括汇总用水资料，发布水资源供求动态信息，发现潜在的需求方，促进水权交易；监管全区域水权交易活动，保障水权转让方、接受方和第三方的利益，保证水权转让活动的顺利实施；在具备必要的蓄水和输水设施后，建立水银行制度，促进水权交易在更大范围内开展。

（2）明确交易原则。

1）自愿原则。水权转让是水权交易双方的一种互动行为，应体现出交易双方的意愿，水权转让要出于自愿而非强制。

2）平等交易原则。水权转让是一种市场经济行为，应当遵循市场经济运行规则，无论是在信息披露、操作程序，还是在市场监管方面，都应本着公平、公开、公正和互利的原则进行。

3）生态保护原则。良好的生态环境是经济社会可持续发展的前提和基础条件，水权转让应有利于防治水污染，注重生态环境的保护和改善，不损害生态系统。在水权转让中，水权买方的污水排放应达到规定标准。

4）节约用水原则。水权转让应坚持节约用水的原则，鼓励人们节约用水，优化水资源配置，使水资源发挥更高的经济效益，以促进节水型社会建设。

（3）建立交易者资格审查制度。水权交易双方要经过资格审查，符合条件才能进行水权交易。

（4）建立第三方影响的评估和补偿制度。考虑对第三方的影响主要有三个方面：①上游用水对下游的影响；②向水体排放污染物对水体的其他使用者的影响；③对地区经济发展和就业的间接影响。

（5）规范交易方式。水权可采取“协商”与“拍卖”两种方式进行交易：①双方协商。这种方式的水权交易可以是买卖双方的协商，也可以是人民政府授权的管理单位（水务局）三方共同参加的协商；②拍卖。这种方式是一种完全意义上的市场行为，体现市场的公平和合理。

（6）制订交易程序：①水权持有者和购买者分别向水权交易管理部门提交水权转让申请书和水权购买申请书；②水权交易管理部门对申请书进行登记并依据交易原则进行资格审查和影响评估；③审查合格、评估通过后，发正式批文，水权转让双方方可实施交易行为。

（7）规范交易成本与交易价格。按照市场经济运行规则，水权交易价格应该主要是根据市场行情、交易带来的潜在收益及当地的具体持点，由交易双方协商确定。考虑的因素应包括水资源的稀缺程度、地区经济发展水平、人们的认识水平、政府的管理能力、自然条件、政策、组织以及技术等方面。

3. 水权证

水量分配完成以及水权主体确定后，由政府授权的水行政部门按照用水总量控制指标，核发水权证，使用水户都清楚地了解自己拥有的水权。

涉及农民用水者协会，每个协会发放水权证 1 个，每个水权主体 1 个，水权证的发放，为落实“总量控制、定额管理”两套指标，促进节约用水发挥了重要作用。

水权证的主要内容包括用途、总量、期限、可转让水量、转让条件等。

每本水权证都明明白白地标明每个水权主体每年可使用多少水资源。通过水权交易，激发农民树立起水资源商品观念，也推动了农村经济结构调整和农民的农田管理意识，同时有效平衡了农村用水。通过水权交易，农民能够在用水季节及时买到要用的水，改变了以前农村缺水与浪费并存的现象。实行水权制度，可增强农户关心水、珍惜水的意识，形成了户户明确总量、人人清楚定额的局面。

6.1.3 现行水权制度存在的问题

（1）水权界定不明确。这是我国现行水权制度中最突出的问题，直接影响到水权分配、转让、监督和管理等一系列工作。

（2）水权分配和转让制度不合理。我国水资源的再次分配基本由国家控制。政府对水资源的无偿或低价供给造成水资源价格严重扭曲，致使用水粗放，浪费严重，既缺乏效率又失公平。

（3）取水许可制度存在许多不确定性。

（4）缺乏完善的水资源收益补偿机制。

6.2 从作物灌溉方面

6.2.1 作物-水模型

作物水分生产函数是非充分灌溉研究中的核心内容，对于非充分灌溉应用于生产实际具有非常重要的现实指导意义。对作物生长的各个阶段进行合理的水量分配以使其成长效果最好，将进一步增加在水量不足情况下作物的经济效益。作物不同生长阶段所发生的水分亏缺对其产量有不同的影响，对于这一问题已有了较富成效的研究结果，水分亏缺度可用相对腾发量表示，常用的两大类作物水分函数数学模型是相加（Black）模型和相乘（Jensen）模型（张展羽，1993）。比较而言，相加模型较适合半干旱和半湿润等地区的籽粒产量计算，而相乘模型较适合气候干旱和半干旱、地下水埋深较大、无灌溉则无农业或无高产高效农业的缺水地区，本研究选用相乘模型。Jensen 模型用相对腾发量作自变量与相应阶段敏感指数表征。

$$\frac{Y_a}{Y_m}=\sum_{i=1}^{n}\left(\frac{ET_a}{ET_m}\right)_i^{\lambda_i} \tag{6.2-1}$$

式中 Y_a——作物实际产量，kg/hm^2；

Y_m——作物最大产量，kg/hm^2；

ET_m——作物最大腾发量，mm；

ET_a——作物实际腾发量，mm；

λ_i——作物不同阶段缺水对产量的敏感指数（幂指数型）；

i——生育阶段分序号，$i=1，2，\cdots，n$。

由于 $ET_a/ET_m \leqslant 1.0$，一般 $\lambda_i > 1.0$，故 λ_i 愈大，将会使连乘后的 Y_a/Y_m 愈小，即表示对产量的影响愈大；反之，λ_i 愈小，即表示对产量的影响愈小。

参考黄静[92] 对山东省不同分区冬小麦、夏玉米灌溉定额和灌溉制度的研究结果，利用桓台县冬小麦、夏玉米各生育期需水量及水分敏感指数，获得桓台县主要农作物冬小麦、夏玉米的灌溉制度优化制定的相关参数，见表 6.2-1 和表 6.2-2。

表 6.2-1　冬小麦灌溉制度优化制定基本参数

生育阶段	敏感指数	ET_0（50%）/mm	降水量/mm
苗期	0.128	188.91	63.9
越冬期	0.037	202.2	0.8
返青期	0.167	87.71	0.7
拔节期	0.245	85.91	19.0
抽穗期	0.350	97.96	32.2
灌浆期	0.175	82.13	71.8

表 6.2-2　夏玉米灌溉制度优化制定基本参数

生育阶段	敏感指数	ET_0（50%）/mm	降水量/mm
苗期	0.076	173.04	102.5
拔节期	0.292	121.76	96.9
抽穗吐丝期	0.441	39.09	76.9
灌浆期	0.238	170.91	121.6

可以看出，冬小麦的缺水敏感期为拔节期、抽穗期和乳熟期，夏玉米的缺水敏感期为拔节期和抽穗吐丝期。因此在这两个阶段要给作物充足的水分才能保证其后期产量。由于水资源时空分布存在不确定性，以及河道来水的季节性与作物生长需水在时空上存在矛盾，因此，在不同降水年型中，不同的灌溉制度条件下产生不同的产量和相应的水分利用效率。根据冬小麦生育期降水频率分析和河道来水过程分析，参照典型年降水量，分 $P=50\%$ 和 $P=75\%$ 两种水文年型考虑，制定典型年冬小麦节水灌溉的推广模式。在 50%水文年型时，冬小麦灌水模式为：播前灌、冬灌、返青灌、拔节灌 4 水。在 75%水文年型时，冬小麦灌水模式为：播前灌、冬灌、返青灌、拔节灌、灌浆灌 5 水。

对于夏玉米，根据试验所得的夏玉米生育期对水分需求的规律和当地常年雨量分布特点，灌区夏玉米全生育需要灌溉 2～3 次，为使计划层土壤含水量保持占孔隙率的 50%～65%，每次灌水定额以 520～670m^3/hm^2 为宜，超过这个定额将形成浪费。灌溉时期应为夏玉米抽穗期和乳熟期。

6.2.2　水权与农业灌溉

我国农业灌溉用水受到了来自供给与需求的双重压力。在供给方面，由于人均水资源量少、南北分布不均、水污染突出、生态系统退化等问题，水资源短缺已成为社会经济发展的重要制约因素。与此同时，工业和生活用水需求的快速增长与农业灌溉用水形成激烈的竞争，灌溉用水的供给量大为减少。灌溉用水的短缺在北方干旱的海河流域和黄河流域最为严峻。在黄河水资源供给日益短缺的情况下，用水需求却不断增加，年均总耗水量由20世纪50年代的122亿 m^3 增加到2010年的230亿 m^3。面对水资源短缺问题，政府所采取的应对措施是利用政策工具提高水资源分配效率。鉴于在水资源供给管理改革方面，改革的步伐非常缓慢，解决水资源短缺的根本出路在于从供给管理转变到需求管理。需求管理的政策工具包括水权交易和水价政策。水权交易是近年来兴起的一种促进水资源有效分配的政策工具，然而由于涉及产权的初始分配，实施起来难度较高。有效缓解水资源危机的关键归根到底在于充分合理利用价格杠杆，建立科学合理的有偿分配方式。

在这样的前提下，水价政策重担在身，始终被政府与灌溉管理部门寄予厚望。我国从20世纪80年代起，黄河上游地区进行了一系列水价调整，农业水价一直处于上升趋势，但目前总体而言仍然无法起到价格杠杆的作用，普遍存在水资源短缺与浪费并存现象。水价低廉导致农户缺乏节水意识，同时也导致灌区处于严重的亏损经营状态，灌溉渠道维护管理投入经费不足，渠道漏水渗水严重，没有为用水户带来应有的效益，反而严重影响了他们缴纳水费的积极性，从而形成供水系统管理不善的恶性循环。因此只有提高水价，才能改善供水系统的管理，并提高农户投资农田水利、节约用水的积极性。

（1）初始取水权分配应当遵循以下原则：

1）尊重现状的原则。现状是各类因素的综合影响结果，以现状取水为基础，可以避免产生诸多不必要的纠纷。

2）可持续发展的原则。取水要注意把维护生态环境良性循环放到突出位置，实现经济社会的可持续发展。所以在分配取水量之前，要预留相应的生态取水量。

3）优先权原则。取水权分配要建立在基本需求和生态环境优先、社会稳定和粮食安全优先的原则基础之上。

4）留有余量原则。人口的增长和异地迁移会对水资源产生新的基本需求，流域水资源配置要适当留有余量，其取水权由水资源管理部门持有并管理。

5）公平与效率原则。取水既要体现公平，又要体现效率，要把水资源优先配置到边际产出较高的地区或产业。

（2）取水权初始分配过程：

1）确定取水总量。在这个环节中，政府根据多年水资源流量和存量的变动，从可持续发展的角度扣除基本用水量、生态用水量以及预留水量，从而核算可分配交易用水总量，并据此制订可交易取水许可数量。为便于实施，在河流、湖泊等区域，根据水文特征以及取水原则，在沿岸确定取水点数量，并确定取水设施的取水规模。在地下水流域根据地下水存量，确定取水点数量和取水规模，比如可以规定机井的口径、机井深度、抽水设施的功率等，为取水许可的初始分配做好基础。

2）取水权初始分配。如何把允许的取水权取水许可分配给各供用水主体、以什么标准进行分配、哪些供用水主体可以参加分配等问题是相对困难的。从现有实践来看，取水权的初次分配方法有三种：一是无偿分配，即政府管理部门根据各供用水主体的用水需求，采取行政手段，按一定比例分派取水限额；二是出售，即政府管理机构向供用水主体出售所允许的取水限额，可以采取公开拍卖等形式；三是采取双轨制，即无偿分配一部分，同时也出售一部分。分配标准的确定，在灌溉用水方面，可以主要以需要灌溉的土地面积为准，如澳大利亚，考虑到不同农作物的耗水系数不同，也可根据不同的作物进行折算，如园艺作物灌溉的用水限额可适当加大，大田作物灌溉的用水限额可适当减小。参加取水权分配的用水户范围，应以水源地周围的用水户为主，远距离、跨流域的取水权分配，要经过更严格的可行性论证和程序审查。

6.3 从作物节水灌溉方面

按照最严格水资源管理制度和水资源用途管制政策，以县域为单元，科学合理地分配农业水权，建立起水权交易制度，让农民成为通过转让节余水量获得收益的主体，最大限度地释放农业水价综合改革的活力。

县级水行政主管部门要依据本区域用水总量控制指标，确定农业用水总量控制指标并逐级进行分解。要将农业用水总量控制指标分解到灌区斗渠或农渠、泵站、机井等工程单元，分解到乡镇、村集体、农村基层用水组织等用水主体，具备条件的可分解到具体用水户或地块，明确农业用水主体的用水总量控制指标。

农业水价综合改革的初始水权：区域水资源可利用（可供）总量，在扣除生活、环境、工业、农业养殖等用水量作为农业灌溉用水的多年平均值，预留一定比例的水量（作为新增面积或其他应急用水等）后，以此除以有效灌溉面积，得到的亩均水量可以为农业水价综合改革的亩均初始水权。鉴于水资源的特点，农业水价综合改革的初始水权是使用权不是所有权。

根据最严格水资源管理制度区域用水总量控制指标要求，各县分配给各地、各区域的农业灌溉水资源量和上述水资源分析得到的量进行比较，确定该区域的农业灌溉水量，按有效灌溉面积分配给单位工程或管护组织或农户，作为农业灌溉的初始水权。

由于水资源紧缺，大部分县的用水总量控制指标都小于灌溉多年平均用水量。但对于某些局部区域来说，也存在水资源相对丰富的情况，因此对于水资源较为丰沛的区域，当区域分配的水量指标大于区域灌溉多年平均用水量时，可以区域灌溉多年平均用水量作为水权分配的控制量；对于水资源相对匮乏的区域，当区域分配的水量指标小于区域灌溉多年平均用水量时，需以区域分配的水量指标量作为水权分配的控制量。

6.4 从地下水资源管理方面

6.4.1 地下水资源开发利用

地下水是我国北方地区主要的供水水源，在经济社会发展中起着十分重要的作用。

2016 年山东省总供水量 213.99 亿 m^3，其中当地地表水供水量 56.62 亿 m^3，外调水总供水量 66.64 亿 m^3（其中引黄供水量 65.41 亿 m^3，引江水 1.23 亿 m^3），地下水供水量 82.34 亿 m^3，其他水源供水量 8.39 亿 m^3[93]。

可见，无论从可利用量还是实际开发利用情况看，地下水都是山东省第一供水水源。

2016年山东省不同水源供水比例见图6.4-1。

在2016年，地下水开采量82.34亿m^3，其中：浅层水开采量78.49亿m^3，深层承压水开采量3.60亿m^3，微咸水0.25亿m^3[93]。

在78.49亿m^3浅层水开采量中，工业用地下水量9.72亿m^3，占12.34%；农业（农林牧渔畜）用地下水量52.60亿m^3，占66.79%；生活（城镇公共、居民生活）用地下水量15.64亿m^3，占19.86%；生态环境用地下水量0.80亿m^3，占1.01%[93]。2016年山东省不同行业利用浅层地下水比例见图6.4-2。

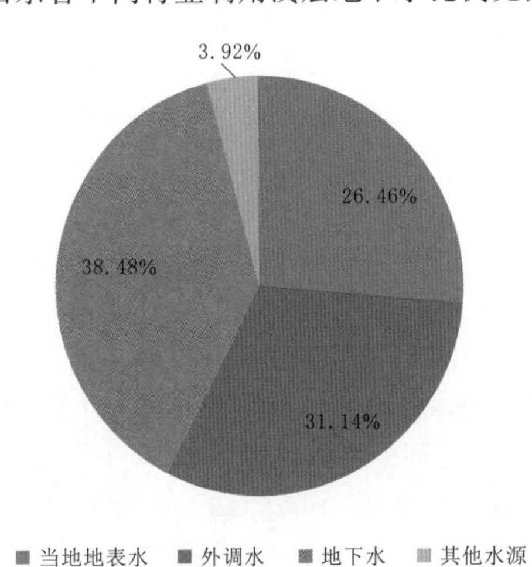

图6.4-1　2016年山东省不同水源供水比例图

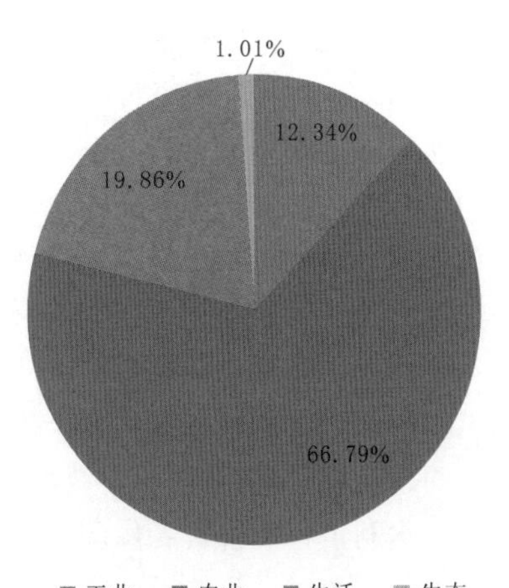

图6.4-2　2016年山东省不同行业利用浅层地下水比例图

6.4.2　地下水开发利用管理有关问题

经济社会发展对地下水有着巨大的依赖，同时由于不合理的开发利用，也会给地下水造成破坏，带来地下水环境问题，影响地下水资源的可持续利用。

地下水不合理开发利用的问题概括起来主要包括以下几个方面：

(1) 地下水超采。地下水超采会带来一系列问题，包括：①地下水位下降，含水层疏干，开采条件恶化。随着超采区地下水位的不断下降，使浅层地下含水层厚度相应减少，导致单井出水量减少，甚至使机井报废；②地面沉降和裂缝；③河道断流、泉水干枯；④海咸水入侵；⑤湿地萎缩、湖泊干涸；⑥地下水污染加剧等。

(2) 地下水开发利用程度低。在山东省一些引黄灌区，由于引水灌溉条件好，农民对开发利用地下水的积极性不高，地下水开发利用程度低，地下水埋深浅。这种情况一方面造成水资源的浪费，另一方面增加了渍涝和次生盐碱化的风险。

(3) 地下水利用效率不高，行业兼顾不足。地下水不像地表水易于大量长距离输送调配，基本上以当地利用为主。这样容易造成在地下水丰沛的地区，人们节水意识或节水动力差，水资源的高效利用程度低；另外，一般情况下地下水水质相对较好，如何使优质的地下水优先供应水质要求高的生产企业，或者生活用水，即水资源的优质优用在许多地方还做得不够。

6.5 从水利工程权属方面

6.5.1 水利工程供水权

水资源水权与水利工程供水权实质上是水权的两个方面。水利工程供水权是所有者的财产权利。

《中华人民共和国水法》第三十四条规定："使用供水工程供应的水，应当按照规定向供水单位缴纳水费。"国务院1985年专门制定发布了《水利工程水费核订、计收、管理办法》(以下简称《水费办法》)，其中第一条规定："工业、农业和其他一切用水户，都应按规定向水利工程管理单位交付水费。"由此我们可以看出：

(1) 一切用水户都应交付水费，说明水利工程供水是一种销售和购买关系。

(2) 水费的"交付"与水资源费的"征收"在经济学概念上有质的区别。一是商品的交易关系，是财产权利的体现；二是国家有偿征纳关系，是国家权力的体现。

(3) 水费向供水单位交付，而不是交给各级代表国家行使权力的水行政主管部门，说明水利工程所供之水的所有权，属于供水的水利工程管理单位这一由于投资而形成的实体。供水单位的所有权，从1993年财政部颁布的《水利工程管理单位财务管理办法》中，已明确规定属于水利工程的投资者，即属于对水利工程管理单位投资的国家、法人、个人、外商和投劳（折资）的群众等。因此说水利工程供水的所有权属供水工程的投资者[94]。

6.5.2 水权交易

水权交易是以"水权人"为主体。水权人可以是水使用者协会、水区、自来水公司、地方自治团体、个人等，凡是水权人均有资格进行水权的买卖。水权交易所发挥的功能是使水权成为一项具有市场价值的流动性资源，通过市场机制，诱使用水效率低的水权人考虑用水的机会成本而节约用水，把部分水权转让给用水边际效益大的用水人，使新增或潜在用水人有机会取得所需的水资源，从而达到提升社会用水总效率的目的。

6.6 从社会发展方面

6.6.1 水权确立对社会发展的促进作用

在水资源国家所有的背景下，考虑水权具有不同于一般商品的特殊性，需要政府的参与：在初始水权分配阶段，政府是主体，主要由上一级政府完成对下一级地方水权的确认；在终端用水户间的水权交易阶段，政府需要控制水权总量，界定初始水权。对于交易过程中出现的交易信息不透明、垄断、投机等"市场失灵"问题时，政府有必要通过建立水权交易制度，维持交易秩序，通过采取一些经济技术手段和必要的行政干预措施，保障水权交易在安全、有序的环境中进行。

1. *初始水权分配体系建设应遵循的原则*

要达到取水权和谐分配的效果，必须以人水和谐理念为指导，综合考虑区域经济社会条件和自然条件的空间差异性来确定分配方案。人水和谐理念倡导公平性、尊重现状、高效性和可持续性四个基本原则。

2. 水权确立对社会发展的促进作用

（1）优化和提高水资源配置。在符合最严格水资源管理“三条红线”，总量控制的基础之上。依据人水和谐、公平分配、尊重历史、高效配置和可持续发展等原则，细化水资源的权属结构，对水资源的占有使用权，以及对占有使用权的转让、交易和处置权的清晰界定。根据区域人口、农业、工业等其他行业及其相应的经济发展水平及社会规划，进行较为合理有序的初始水权的分配。

（2）提高水资源利用率。在其初始水权分配的基础上，实施水权制度，激励工农业节水、提高水资源利用效率，通过水权转让获取经济效益，实现政府宏观调控下水资源的优化配置，有效缓解水资源的供需矛盾，促进了地方社会经济的发展；促进了水资源从第一产业向第二、第三产业流转，以投资节水来提高水资源的利用效率，使有限的水资源获得最大的经济效益。

（3）水资源可持续发展。在水权水市场机制的框架下，建立水权交易制度，充分发挥市场配置资源的作用，促进水权合理流转，激励用水户节约用水，提高水资源利用效率与效益，出让方可获得直接收益，而购买水权的一方则获得水资源更好地满足自身需求，创造效益。水权水市场机制的建立，对于水资源的可持续利用具有较大的社会经济利益，对于社会可持续发展具有深远历史意义。

6.6.2 水权、水市场对于社会经济发展的促进作用

（1）水权交易市场的建立有助于改变水资源无序开发状况，确保水资源合理开发利用，为保护生态环境和公共利益提供有效经济保障。

明确工农之间、城乡之间、上下游之间、左右岸之间、干支流之间等各用水户初始水权，用水户必须依法在法定的范围内进行水资源的开发利用，工业不得违法挤占农业用水，生产用水不得挤占生态用水，确保了各用水户的基本用水权利和用水需求[95]。

水权交易市场的建立界定了水权转让范围，明确要求水资源紧缺区、地下水限采区，生态环境用水水权，对公共利益、生态环境或第三方利益造成重大损失的地区水权不得转让，从而有效地保护了生态环境和公共利益。

（2）水权交易市场的建立，有助于解决地区争水矛盾，确保国家整体和局部区域利益兼顾，和各地区平衡、和谐健康稳定的可持续社会发展。明确跨地区河流在流经地区的分配比例，依法保护各用水户的用水权利，实现水量分配的法制化。任何一个地区未经水行政主管部门许可，不得超过规定用水水量，这样就避免了上游地区大量用水导致下游地区用不上水、地区之间争水矛盾时常发生的问题，确保和谐用水、上下游平衡发展[96]。

（3）水权交易市场的建立，有助于解决农业灌溉投入不足问题，提高灌溉效率。农业用水仍然是用水大户，农业用水量约占山东省总用水量的70%。为进一步满足日益增长的工业和城市用水需求，必须将节水灌溉当作一项重大措施来抓，以进一步减少农业用水量。但目前农业节水主要是依靠中央投入，资金有限，远远不能满足大规模的农业节水粮食生产需求。水权与水市场的确立，明确了工农业用水权利。工业可拿出其部分增长产值

用于农业节水，这样就可以有效缓解当前农业灌溉投入不足问题，进一步提高农业用水效率。

（4）水权交易市场的建立，有助于提高工业用水效率，增加中水回用量。山东省以省政府135号令出台了《山东省水资源费征收使用管理办法》，明确要求工业和城市用水必须缴纳水资源费。通过提高水资源费征收标准，可有效解决当前工业用水水平不高、用水浪费严重、污水大量排放的问题，促使工业和城市进一步提高用水水平，增加中水回用量。

（5）水权水市场建立有助于"三条红线"贯彻落实。

（6）水权水市场建立有助于发挥水价格经济杠杆作用。

6.6.3 水权交易市场是缺水区域经济发展强有力管理措施

缺水严重地区，在水资源总量有限而用水需求不断增长的情况下，单靠开源或调水，短期内不可能从根本上解决日益突出的缺水问题。为此，必须实行最严格的水资源管理制度，建设节水型社会，强化需水管理，走内涵式发展道路，严格实施用水总量控制，遏制不合理用水需求；大力发展节水经济，提高用水效率；严格水功能区的监督管理，控制入河排污总量；以水资源管理方式的转变引导和推动经济结构的调整、发展方式的转变和经济社会发展布局的优化。

6.7 从水资源信息管理方面

桓台县水资源管理系统目前尚处于起步阶段，虽然前期建设了部分信息化管理系统，但系统功能和建设标准各不相同，为保障桓台县水资源管理信息系统建设、运行，制定信息化相关管理政策。

制定《桓台县智慧水利云服务技术模板》，对桓台县智慧水利云服务系统的设计、开发和服务内容进行规范化管理，规范桓台县水利信息化系统的服务功能、技术指标、服务接口、数据接入接口和数据流程等。

制定《桓台县机井灌溉控制装置技术模板》，解决农田机井灌溉工程建设过程中机井灌溉控制器功能单一且互不兼容、数据共享困难、应用低效等问题，规范装备功能和技术参数等，提升机井自动化控制水平。主要技术要点包括范围、引用标准、术语和缩略语、机箱及外壳、基本要求、功能和性能、设备验收、设备安装和运行调试等。

6.8 本章小结

目前我国农业水权交易已经取得了初步成果，特别是跨地域的水权交易，对促进水资源向高效率、高效益行业流转，进而提升水资源整体效率和效益，优化了资源配置，起到了较好的作用。本章明确了水权的基本定义、农业初始水权分配方案、分析了现行水权制度存在的问题，从水资源管理、水利工程、灌溉、节水和水资源信息管理等多方面对水权交易、市场设置和法规制定等提出建议。

(1) 通过分析地下水开发利用管理存在的问题，提出实行地下水水权分配与交易制度建设，是一项有效的解决手段。因此，提出在项目示范区积极开展地下水水权分配与交易制度的探索与实践，促进地下水超采漏斗区的治理。

(2) 根据作物-水模型，可以得到作物不同生育期对水分的敏感性，进而对制定限水条件下合理的灌溉制度具有非常重要的意义，不仅可以提高水资源的配置效率，还可以保证水资源和生态环境的可持续发展。通过在示范区建立初始水权分配制度、分类水价形成制度、节水精准补贴制度、农业节水奖励制度以及水利工程产权制度，充分合理利用经济杠杆，建立科学合理的有偿分配方式，激励用水户节水的积极性。

(3) 按照最严格水资源管理制度，以县域为单元，科学合理地分配农业水权，建立起水权交易制度，让农民成为通过转让节余水量获得收益的主体，最大限度地释放农业水价综合改革的活力。提出了农业初始水权的具体分配办法。

(4) 从社会发展方面分析了水权确立对社会发展的促进作用，水权交易市场是缺水区域经济发展强有力管理措施。

(5) 从水资源信息管理方面提出为保障桓台县水资源管理信息系统建设、运行，如制定县级智慧水利云服务技术模板、机井灌溉控制装置技术模板，从而从信息化管理角度规范水权交易、促进水资源的节约、保护和优化配置。

7

水价定制研究

7.1 农业水价测算与定价方案

水价是水资源管理中的主要经济杠杆，水价的高低对水资源的优化配置和管理起着重要的导向作用。居民生活和工业用水价格逐步接近供水成本，而农业作为用水大户，却受农产品价格低、供水计量基础设施差、农民增收困难等一系列因素的影响，农业水价改革面临许多问题。加强农业用水管理，改革农业用水价格，增强农民节水意识，采取有效的水管理政策与措施，对于水资源可持续利用和农业的稳定发展具有重要意义。

7.1.1 水价构成

水资源作为一种商品，水价是水资源价值的体现，水资源的生产成本是供水价格的基础。2003 年 7 月国家发展和改革委员会、水利部颁发的《水利工程供水价格管理办法》规定，提出水利工程供水价格应按照补偿成本、合理收益、优质优价、公平负担原则制定，并根据供水成本、费用及市场供求的变化情况适时调整。水利工程的供水价格由供水生产成本、费用、利润和税金构成，指出水利工程供水实行分类定价，农业用水按照补偿成本、费用的原则核定，不计利润和税金。非农业水价除了补偿成本、费用，还需要计入利润和税金。在水价的具体应用中，成本水价存在三个不同层次的含义：第一层次，水价只收取工程运行维护及管理费；第二层次在第一个层次的基础上，考虑固定资产投资折旧费、工程贷款还本付息，但不考虑物价上涨影响，这是目前我国水价计算中的完全成本水价；第三层次水价计算是在第二个层次的基础上，计入供水生产投资利润和税金，这种水价机制适合于经济发达地区和水价形成机制健全地区。

水利供水工程是由供水、输水和配水各环节组成，因而水利供水工程的成本应包括各个环节的供水成本。在输水过程中，随着水利供水工程沿程输水工程费用的不断增加，供水工程沿程不同取水口的供水水价也不同。

7.1.2 农业水价测算方法

水价是水资源价值的货币表现形式，是使用者为了获得水资源使用权或所有权向水资源所有者支付一定数量的货币额，反映了水资源有偿使用的原则，是水资源的所有者与水资源的使用者之间经济关系的体现。

水价的成本定价方法主要有：水资源的影子价格法、机会成本法、边际成本法、完全成本法。

（1）影子价格法。影子价格是全社会的资源达到最优配置时，某种商品的价格。它反映了有限资源或产品在最佳配置条件下的边际效益。利用影子价格理论可以反映资源的最优配置和合理利用，反映资源的稀缺程度，其基本理论基础是边际效用价值论。

影子价格可以通过求解线性规划获得，但实际操作中由于线性规划涉及面广，数据量大，模型庞大，求解困难。水资源影子价格与水资源需水量、水利工程布局、社会经济等因素密切相关，实际操作中存在困难。

（2）机会成本法。资源的机会成本是指把该资源投入某一特定用途后所放弃的在其他用途中所能够获得的最大利益。以放弃的各类收益机会中单位资源所获得的最大边际收益表征反映水资源的影子价格。

（3）边际成本法。边际成本法认为当市场达到供求平衡状态时，某种商品边际效益等于边际成本。边际成本定价是指每增加单位水量所付出的总成本的增加量，包括直接费用、使用成本和外部费用。该方法的实质是利用经济学来衡量使用资源所付出的代价，强调使用资源必须考虑对周边环境的影响。

（4）完全成本法。完全成本法主要根据水资源价值构成理论来确定水资源价格。水利工程供水是商品，水资源商品的价格应该反映价值构成中的全部社会成本，即资源成本、工程成本和环境成本。

我国的水资源产权归国家所有，工业、农业等各类用水户是水资源的需求方，使用者要向所有者支付一定的费用，补偿所有者的产权收益。水资源产权价值构成了水价格的资源成本，它是非市场调节的，体现了国家对资源所有权的垄断，资源成本可以有效地对水资源开发利用进行保护；水务集团对水资源开发、水利工程维护、水资源输送与处理，使水资源变成产品水，进入市场成为商品水，所花费的所有费用称为工程成本。工程成本可以保证水利工程持续供水能力。人类在开发利用水资源的工程中会对环境产生一定的影响。若过度开发水资源会导致河流水量减少，地下水漏斗形成、地面沉降以及生态环境恶化；同时大量的污水排入河道，导致水质污染，水生物中来减少等。为保护环境、减轻用水过程中的外部环境影响，国家向水资源使用者收取一定的补偿费用，该费用就是水价格中的环境成本。根据水资源价值构成确定的完全成本即由资源成本、工程成本、环境成本组成的全部成本。现行农业水价低于农业供水成本，因而应进一步调整，逐步过渡到供水成本。由于灌溉带来的面污染，其处理成本费用应在水价格中考虑。

完全成本水价是指以水资源在整个社会循环过程中所发生的以所有成本为基础而确定的水价。水资源的社会循环过程包括从自然水体取水、输送、净化、分配、使用、污水收集和处理，直至最后排入到自然水体的整个过程。该过程中发生的所有成本费用就是完全成本，称为完全社会成本，它是全社会为水资源利用而付出的全部真实成本。完全成本水价把水资源作为经济物品，首先应实现完全成本回收。回收完全成本并获得适当利润就能够吸引各类投资主体进入水行业，从而激发水行业竞争、提高供水效率。政府通过适当的价格管制手段，可以把由效率提高带来的福利从生产者转移给用户，提高全社会的福利。

完全成本水价能够激励用水户高效用水和节约用水，促进水资源和水环境保护。同时完全成本法由于价格高会使部分弱势群体用水户承受不起过高的水费，因而需要采取适当的经济补贴政策。确定完全成本水价的关键在于识别完全成本的构成和定量化计算方法。傅平等[97] 从经济学角度考虑，认为完全成本由水资源的机会成本、内部成本和外部成本三部分构成。机会成本是可以用水资源价值来表示，内部成本可以用水利工程建设、运行维护费表示，外部成本是灌溉对周边环境带来的面污染，采取处理措施所需要的费用来表示。完全成本水价计算公式如下：

$$P_t = P_1 + P_2 + P_3 \tag{7.1-1}$$

式中 P_t——完全成本，元/m^3；

P_1——机会成本，元/m^3；

P_2——内部成本，元/m^3；

P_3——外部成本，元/m^3。

7.1.3 农业水价定价方法

（1）区域水资源可持续发展原则。水资源开发利用过程中，要采取合理措施，保护水资源赋存的环境，合理进行水资源的优化配置，采取节约用水等多种措施，共同保护区域水资源的可持续开发利用。农业水价的制定必须有利于促进水资源的长期可持续开发利用，保证水资源可持续再生产。现有的农业水价构成机制不完整，水价远低于成本水价。可持续发展的农业水价的基本前提是基于最严格的水资源管理制度，农业用水进行定额管理，超定额加价；农业水价按照补偿成本、合理收益、优质优价、公平负担的原则确定，以保证水管理单位的正常运营和可持续发展。

（2）公平性、平等性原则。农业是我国的基础产业，农业正常灌溉用水量必须得到满足，不能随便截留或转售农业用水量到其他行业，若进行跨行业水权交易，应进行充分论证。只有这样才能够保证我国的粮食安全。同时农业水价的公平性还体现在农业水价的制定与用水户享受到的服务相一致。既要考虑到保证农田的基本用水量，又要避免超过灌溉定额的水资源浪费，其目的是提高水资源的利用效率，提高用水户的节约用水意识。同时，不同经济水平的用水户具有同等享受农业用水的权利，因而国家应采取相应的补贴机制，对贫困户的农业用水进行相应补贴，建立一个能兼顾各方利益的价格形成机制。

（3）供水成本回收、有偿供水原则。为保证水利灌溉工程和水管理单位的良性运行，必须科学核算灌溉供水成本，确定合理的农业水价。农业用水价格按补偿供水生产成本、费用的原则核定，不计利润和税金。农业供水工程包括水源工程、渠系输水工程等，农业水费是为了回收水利工程基础设施建设和运行维护管理的各种成本，保证供水工程和供水设施的长期正常使用。科学核算供水成本，以供水成本为基础制定农业水价，农业用水按照最严格水资源管理和农业用水定额管理，超定额加价，保证水利工程正常运行。

（4）考虑农民用水户承受能力原则。农业水价涉及农业供水单位、农民用水户、政府等多个利益方，关系到区域农户从事农业经济活动的积极性以及粮食安全、国家经济建设大局、社会公平与稳定。农业水价的制定，必须有利于农业发展，提高农民的种植积极性，提高农民的经济收入，区域水资源的优化配置，区域的生态环境保护和水资源高效利用，实现供水单位的良性运营与农民的增收节支。在制定农业水价时，要充分考虑农民的经济和心理承受能力，切实做到农业水价实施后，农民能够增产增收，这是农业水价改革的基本前提。农业水价，一方面需补偿工程成本和供水单位的运行维护费用；另一方面，充分考虑农户的承受能力，对农业用水实行精准补贴，实现农业水资源的高效利用与配置。

7.1.4 基于长期水权的农业水价模型

对于农业供水工程的成本费用核算，按照补偿成本、合理收益、优质优价、公平负担的原则制定，并根据供水成本、费用及市场供求的变化情况适时调整。农业水价计算中不考虑利润和税金，农业水价计算中全成本费用构成如下。

(1) 水资源税及原水费。水资源税是为了加强水资源保护与管理，促进水资源节约与合理开发利用，国家对直接取用地表水和地下水的单位和个人按照从量计征一定的水资源税。原水费是供水经营者购入原水发生的费用。农业供水成本计算中原水费根据实际情况确定。

(2) 固定资产折旧费。固定资产折旧费是在工程使用年限内逐年均匀或不均匀提取的专款，逐年累积起来，以便在工程使用期末能够进行更新该固定资产的一笔专项基金。其经济含义就是固定资产在使用过程中，由于损耗而转移到产品或成本中的那部分价值。

折旧费计算方法有直线折旧法和年综合折旧率法。

直线折旧法计算公式为

$$C_d=\frac{K_n-S_v}{T} \tag{7.1-2}$$

式中 C_d——年折旧费，元；

K_n——固定资产原值，元；

S_v——固定资产残值，元；

T——固定资产折旧年限，元。

水利建设项目的固定资产应根据其在使用过程中的损耗情况，拟定不同的折旧年限，并据以提取固定资产折旧费，计入项目的总成本费用。在进行折旧费计算时，应将水利工程各部分固定资产进行分类，分别计算其折旧费，再综合求出水利建设项目的折旧费；亦可以按年综合折旧率一次性地求出水利建设项目的折旧费。

(3) 贷款年利息净支出。按照《水利建设项目经济评价规范》(SL 72—2013)，水利建设项目借款按年计息。建设期利息计入固定资产，正常运行期利息计入项目的总成本费用，运行初期的利息根据不同情况分别计入固定资产或项目总成本费用。水利工程投资资金来源于贷款的，需将贷款年利息净支出计入成本费用。由于还贷期间固定资产的年利息净支出是变化的，在测算成本费用时可将还贷各年的利息净支出折算为年均值后，计入供水成本。

$$C_I=\frac{(1+i)^n i}{(1+i)^n-1}I_C-\frac{I_C}{n} \tag{7.1-3}$$

式中 C_I——等额的年利息支出，元/年；

I_C——工程建设期末的贷款本利和，年；

n——工程投产后的还贷期，年；

i——贷款利率。

（4）工程维护费。根据《水利工程单位财务会计制度》规定，水利工程的固定资产大修费、岁修费计入当期成本、费用，包括一般维修费和大修理费，按照固定资产原值（不包括占地淹没补偿费）的一定比率计取。根据《水利建设项目经济评价规范》（SL 72—2013），水利工程维护费率一般不超过固定资产原值的2.5%。

$$C_m = K_n \cdot a \tag{7.1-4}$$

式中 C_m——工程年维修费，元；

K_n——固定资产原值（不包括占地淹没补偿费），元；

a——水利工程维修费率。

（5）管理人员工资及福利费。包括水利工程管理单位生产和管理人员的工资、奖金、津贴和补助以及职工福利费。管理人员工资福利费按定编测算。

$$C_s = m_s w_s \tag{7.1-5}$$

式中 C_s——管理人员工资及福利费，元；

m_s——职工人数，人；

w_s——工资福利费，元。

（6）工程管理费。工程管理费是供水管理部门为组织和生产经营而发生的费用，包括水利工程管理机构的差旅费、办公费、咨询费、审计费等。工程管理费按照规范规定，取职工薪酬的1～2倍。

（7）燃料动力费。燃料动力费对于供水工程而言主要是指抽水电费。对于非自流引水的供水工程，泵站抽水需要消耗大量的电能，抽水电费占成本费用的比重较大。抽水电费计算公式为

$$E = \frac{\alpha H k w}{\eta} \tag{7.1-6}$$

式中 E——抽水电费，元；

α——换算系数，$\alpha = 2.722 \times 10^{-3}$；

H——抽水平均扬程，m；

k——电价，元/(kW·h)；

w——抽水量，m^3；

η——综合效率。

（8）其他费用。其他费用指在供水工程中发生的不可预见的各种费用的总称。

以上几项的费用之和为供水工程的全成本费用。

根据基于水权的农业水价模型应在考虑水权分配的基础上，进行供水价格的计算。一个流域（区域）初始的水资源可利用量就是其初始水权，该水权应在流域（区域）范围内进行合理的分配。

成本水价是制定水价的下限，可承受水价是水价上限，在明确了二者的基础上，充分考虑国家的农业补贴政策，对水价进行充分协调，以求得科学合理的用户终端水价。

7.1.5 基于成本补偿的完全成本水价模型

完全成本法是根据供水服务所要求的资源成本、工程成本和环境成本来确定水资源的价格。在全面考虑了资源、工程及环境的成本，水利工程的供水水价构成包括三个部分，即

$$P_w = P_r + P_e + P_s \tag{7.1-7}$$

式中 P_w——供水水价，元/m^3；

P_r——资源水价，用水者为取得水权而付出的水资源的机会成本，是水价组成中最活跃的部分，元/m^3；

P_e——工程水价，为生产成本和产权收益，是供水经营者通过拦、蓄、引、提等水利工程设施销售给用户的天然水价格，它由供水生产成本、费用、利润和税金构成，相对固定，但同时随工程投资的大小和运行成本的高低而变化，元/m^3；

P_s——环境水价，即用水的污染处理费，经使用的水体排出后污染了他人或公共的水环境，为污染治理和水环境保护所需要付出的代价，元/m^3。

完全成本水价是我国在现行政策体制框架下，人们相对容易接受、实施的定价方法。我国现行水利工程水价、商品水的水价通常按照这种理论制定。

7.1.6 基于水权分配下的农业水价模型

目前研究中，大多学者认为水权是指水资源的所有权、使用权以及与水有关的其他权益。水权按照时段的长短分为长期水权和短期水权。长期水权是多年平均意义下决策实体对一定数量水资源的配置权或使用权。短期水权是指决策实体在一年或者年内时段（例如月或旬）对一定数量水资源的配置权或使用权。与水权的定义相比，长期水权和短期水权是在应用层面上的界定[98]。由于农业灌溉受降水影响较大，不同水文年的可利用水资源量也存在明显差异，因此，在确定农业水权时，不仅需要确定多年平均水权水量，不同水文年也应该确定相对应的水权水量，即在计算农业水权水价时，考虑不同水文年型由于可利用水资源量的不同，水权水量的确定也应进行相应的改变，所以在进行供水工程水价计算时，不仅要考虑长期水权水价，还要考虑短期水权水价，即不同水文年的水权水价应该是不同的。

目前，实行水权分配的地区大多是通过该地区多年平均水资源可利用量，计算多年平均水权水量，即长期水权水量。由于目前农业水价计算中定额内用水量不计水资源税及利润，基于长期水权的农业水价模型如下：

$$P_r = \frac{C_{rw} + C_d + C_i + C_m + C_a + C_s + C_p}{W_r} \tag{7.1-8}$$

式中 P_r——基于长期水权的农业全成本水价，元/m^3；

C_{rw}——原水费，元/m^3；

C_d——农业供水工程折旧费，元；

C_i——农业供水工程贷款利息，元；

C_m——农业供水工程维修费，元；

C_a——农业供水工程管理费，元；

C_s——农业供水工程管理人员工资及福利费，元；

C_p——农业供水工程燃料动力费，元；

W_r——基于水权分配下的长期农业水权水量，m^3。

考虑到不同水文年型水资源可利用量的差异，提出基于短期水权的动态农业水价模型。

$$\begin{cases} P_{rh}=\dfrac{C_{rh}+C_d+C_i+C_m+C_a+C_s+C_{ph}}{W_{rh}} & (P=25\%) \\ P_{rm}=\dfrac{C_{rm}+C_d+C_i+C_m+C_a+C_s+C_{pm}}{W_{rm}} & (P=50\%) \\ P_{rl}=\dfrac{C_{rl}+C_d+C_i+C_m+C_a+C_s+C_{pl}}{W_{rl}} & (P=75\%) \end{cases} \tag{7.1-9}$$

式中 P_{rh}——基于短期水权的丰水年（$P=25\%$）农业灌溉全成本水价，元/m^3；

W_{rh}——丰水年（$P=25\%$）农业灌溉短期水权水量，m^3/亩；

C_{rh}——基于短期水权的丰水年（$P=25\%$）农业供水工程原水费，元；

C_{ph}——基于短期水权的丰水年（$P=25\%$）农业供水工程燃料动力费，元；

P_{rm}——基于短期水权的平水年（$P=50\%$）农业灌溉全成本水价，元/m^3；

W_{rm}——平水年（$P=50\%$）农业灌溉短期水权水量，m^3/亩；

C_{rm}——基于短期水权的平水年（$P=50\%$）农业供水工程原水费，元；

C_{pm}——基于短期水权的平水年（$P=50\%$）农业供水工程燃料动力费，元；

P_{rl}——基于短期水权的枯水年（$P=75\%$）农业灌溉全成本水价，元/m^3；

W_{rl}——枯水年（$P=75\%$）农业灌溉短期水权水量，m^3/亩；

C_{rl}——基于短期水权的枯水年（$P=75\%$）农业供水工程原水费，元；

C_{pl}——基于短期水权的枯水年（$P=75\%$）供水工程燃料动力费，元；

其他符号意义同前。

7.1.7 基于生态环境补偿的农业水价模型

流域水生态环境补偿是一种近年来发展起来的生态保护性措施。它通过对生态保护与建设的激励，以及遏制破坏生态行为的经济手段，有效处理资源环境方面的问题，并合理开发利用环境资源，从而形成保护生态环境以及发展经济之间的“双赢”局面，加快了实现区域的可持续发展。根据《中华人民共和国水法》规定，按照“谁受益，谁补偿，谁受益，谁投资”原则，在水生态环境破坏地区，农业水价计算中应适当考虑为保持区域水资源可持续开发利用而进行的环境补偿投资。

目前我国研究者对流域水环境生态补偿普遍认为“受益者补偿，破坏者治理”，由国家政府机关支持，通过资金补偿、政策优惠、制度完善等方式，保护流域生态系统服务功能，保证流域水量及水质，保证区域水资源的可持续开发利用。

在确定区域农业水价时，要考虑是否需要支付与水生态环境治理相关的费用，用生态环境补偿费来表示。其具体的水价模型如下：

$$P_w = \frac{1}{W_r}(C_w + E) \tag{7.1-10}$$

式中 P_w——考虑生态环境补偿的农业水价，元/m^3；

C_w——水资源开发利用完全成本，元；

E——考虑生态环境恢复的补偿费用，元；

W_r——基于长期水权分配原则下的农业用水量，m^3。

模型中考虑生态环境的恢复补偿费用 E 的测算可参考生态保护与建设成本法。生态保护与建设成本法，指的是对流域水源地植树造林、水土保持、生活治污设施、生态移民等产生的成本之和，通过系数校正，得到水生态环境恢复费用。

基于生态保护与建设成本法并结合本次示范区的基本情况，提出一种方法来测算生态环境的恢复补偿费用 E，公式如下：

$$E = C_e K_b K_v \tag{7.1-11}$$

$$K_v = \frac{W_a}{W_T} \tag{7.1-12}$$

式中 E——生态环境的恢复补偿费用，元；

C_e——区域内各生态治理工程建设成本总和，元；

K_b——农业生态效益修正系数；

K_v——水量分摊系数；

W_a——研究区农业用水量，m^3；

W_T——研究区所在区域农业总用水量，元/m^3。

农业生态效益修正系数 K_b 用来反映生态治理工程产生的效益在不同行业内的分布情况，计算方法如下：

$$K_b = \frac{B_a}{B_T} \tag{7.1-13}$$

式中 B_a——农业灌溉效益或生态效益，元；

B_T——区域内各生态治理工程总效益，元。

7.1.8 考虑和不考虑时间价值的成本水价模型

(1) 水价计算中，考虑不同年份工程投资以及工程运行期间运行费的时间价值。进行水价计算时选取计算基准年，将所有供水工程的费用流量折算到基准年，以供水工程基准年总费用等额年值与水权分配下农业多年平均供水量的比值，计算供水价格水价。计算公式为

$$P_D = \frac{A_c}{W_r} \tag{7.1-14}$$

$$A_c = A_{c1} - A_{c2} + A_{c3} + A_{c4} + A_{c5} + A_{c6} + A_{c7} \tag{7.1-15}$$

$$A_{c1} = C_i(A/P, i, N) \tag{7.1-16}$$

$$A_{c2} = C_r(A/F, i_c, N) \tag{7.1-17}$$

$$A_{c3}=C_f(A/P,\ i_c,\ N) \tag{7.1-18}$$

式中 P_D——计算基准年农业水价，元/m³；

A_c——供水工程年成本，元；

W_r——水权分配下的农业水权水量，m³；

A_{c1}——供水工程贷款等额还本付息费用年值，元；

A_{c2}——供水工程年残值，元；

A_{c3}——供水工程固定资产年折旧费，元；

A_{c4}——供水工程年管理费，元；

A_{c5}——供水工程年维修费，元；

A_{c6}——供水工程管理人员年工资及福利费用，元；

A_{c7}——供水工程年燃料动力费用，元；

C_i——供水工程贷款费用，元；

C_r——固定资产寿命期末固定资产残值，元；

C_f——供水工程除去贷款的固定资产原值，元；

N——工程经济寿命，年；

i——银行贷款利率；

i_c——水利行业财务基准收益率。

（2）不考虑资金时间价值的静态成本水价模型。静态成本水价模型，是指在水价计算时不考虑建设期工程投资、运行期的年运行费和设备更新改造投资的时间价值，采用静态方法计算供水水价。目前水价计算常采用该模型，其水价计算公式为

$$P_S=\frac{A_c}{W_r} \tag{7.1-19}$$

$$A_c=C_1+C_2+C_3+C_4+C_5+C_6+C_7 \tag{7.1-20}$$

$$C_1=P_1W_r \tag{7.1-21}$$

$$C_2=P_2W_r \tag{7.1-22}$$

$$C_7=\frac{K_n-C_r}{T} \tag{7.1-23}$$

式中 P_S——计算基准年的农业水价，元/m³；

W_r——水权分配下的农业年均可供水量，m³；

A_c——年供水成本（包括运行管理费和折旧费），元；

C_1——每年的水资源税，按有关规定缴纳的水资源税，元；

C_2——每年的原水费，从其他的水利工程调水支付的费用，元；

C_3——供水生产过程中每年耗费的燃料动力费，元；

C_4——每年的工资及福利费，是指从事水利工程供水运行人员的工资、奖金、津贴、补贴以及福利费，元；

C_5——每年其他直接费，指供水生产中直接用水供水的各项费用，如水文观测、

水质监测、灌溉试验、供水计量、供水临时设施等费用，元；

C_6——工程养护修理费，为维护工程正常供水而发生的日常维护养护费和大修理费，元；

C_7——固定资产折旧费，元；

K_n——相应于水价测算基准年的固定资产原值，元；

C_r——固定资产寿命期末固定资产残值，元；

T——固定资产折旧年限，年；

P_1——水资源税标准，元/m^3；

P_2——原水费标准，元/m^3；

N——指水利工程经济寿命，年。

动态水价模型将供水工程计算期内各年的费用全部折算到计算基准年，然后将基准年费用现值折算为等额年费用，依据水权分配下农业可用水量计算供水水价。该模型考虑了资金的时间价值，理论意义明确。但在实际水价计算中，不同时期的供水成本费用不具有可比性，使模型的应用受到一定的限制。静态水价计算模型由于概念直观，资料易于获取，实际计算是常被用来计算供水价格。

7.1.9　基于用水奖惩激励机制的农业水价模型

水资源短缺、水环境恶化等问题已经成为制约世界各国社会和经济发展的主要因素。国内外水资源管理经验显示，建立科学的水价机制是解决水资源问题的重要途径之一，合理调控农业灌溉用水的水价可有效减少农业水资源的浪费。因此农业水价激励机制的研究和实施，对实现农业节水和农业增产具有重要的指导意义。

国务院办公厅 2016 年印发了《关于推进农业水价综合改革的意见》[99]，2018 年 6 月国家发展改革委、财政部、水利部、农业农村部联合发布的《关于加大力度推进农业水价综合改革工作的通知》[100] 指出，要建立农业用水精准补贴和节水奖励机制，多渠道筹集精准补贴和节水奖励资金，建立与节水成效、调价幅度、财力状况相匹配的农业用水精准补贴机制和易于操作、用户普遍接受的节水奖励机制。对于地下水超采区，研究基于激励机制的农业水价模型，对于区域的农业节水、生态环境保护及水资源可持续开发利用具有重要意义。

农业供水价格的主要影响因素有区域的自然禀赋因素、水利工程因素以及社会经济发展水平因素等。自然禀赋因素中区域水资源的存储量、丰枯情况和不同水源水质等；水利工程因素中的工程灌溉成本对农业水价产生影响，包括农业灌溉模式、灌溉取水方式和工程规模等；工程灌溉模式、取水方式以及投资规模影响农业水价的成本费用。社会经济发展水平高低将影响农业灌溉工程的投资规模及管理人员工资，影响灌溉成本；研究区农民的经济水平决定农民的经济承受能力，农民水价承受能力的高低将直接影响研究区农业供水价格；农业供水的政策因素主要包括研究区农业用水的补贴政策和节水奖惩机制，通过农业用水补贴可以调节水价，使其调整后的水价不超过农民的心理和经济承受能力，同时定额内的用水奖励机制和超定额累积加价制度可以激发农民的节水意识，鼓励农民节约用水。

可见，影响农业水价模型的因素有工程投资、工资及福利费、维修费、管理费，农民经济承受能力、农民心理承受力、工程贷款利息、国家和地方的农业灌溉补贴政策。

农业水价模型可表示为灌溉成本水价与灌溉奖惩项水价之和。灌溉成本水价由农业各项灌溉供水成本的构成，分析区域多年平均和不同水文年的灌溉成本水价。奖惩项水价是在考虑当地农民水价承受能力的基础上，分析超定额或者超水权水量水价的上浮比例，同时考虑灌溉定额或灌溉水权定额内政府的补贴，并将其作为奖励项，计入水价，以此促进农民灌溉用水的节水积极性，提高农民的节水意识。

农业水价模型建立的基本原则是在考虑农民的经济和心理承受能力的基础上，既不增加农民负担时，又能够实现农业灌溉节水效果，实现灌区的良性运行和农民灌溉节水意识的提高。

农民水价经济承受能力，即农民对农业灌溉用水消费的支付能力。我国目前一般取水费在生产成本中所占的比例来分析农民的承受能力，大多认为该比例为20%～30%较为合理。因而可采用农民水价承受能力为农业生产成本的20%～30%。

在农业水价激励模型中，用水量的奖补范围为定额内农业用水，在实行水权分配的地区奖补范围为水权定额内农业用水；定额内用水的农户享受国家提供的奖补政策，即优惠用水政策；超过灌溉定额的农业用水实行超定额累进加价，即不享受用水补贴，而是受到用水超定额惩罚。这是激励水价模型制定的基本原则。

目前研究中，一般将农业用水量分为三个阶梯分别给予梯级定价。在没有实行水权分配的地区，将用水量三个阶梯定为：第一个阶梯为用水量为0至当地作物理论需水量；第二个阶梯为当地作物理论需水量至灌溉用水定额；第三个阶梯为超过灌溉用水定额的用水量。对这三个水量阶梯分别进行定价。模型计算中，不考虑农业灌溉工程的生产利润及税金，全成本农业水价模型形式如下：

$$P_j=\begin{cases}P_1\\P_2\\P_3\end{cases}=\begin{cases}P-P_S\\P\\(1+\lambda)P\end{cases}=\begin{cases}\dfrac{C_1+C_2+C_3+C_4+C_5+C_6+C_7}{W_2}-P_S, & 0<W\leqslant W_1\\[2ex]\dfrac{C_1+C_2+C_3+C_4+C_5+C_6+C_7}{W_2}, & W_1<W\leqslant W_2\\[2ex](1+\lambda)P\,\dfrac{C_1+C_2+C_3+C_4+C_5+C_6+C_7}{W_2}, & W>W_2\end{cases} \tag{7.1-24}$$

式中 P_j——农业灌溉奖惩激励机制阶梯全成本水价，元/m³；

P_1——农户用水量小于当地作物理论需水量时（享受补贴）的灌溉水价，元/m³；

P_2——农户用水量介于当地作物为理论需水量至灌溉用水定额之间时（不享受补贴）的灌溉水价，元/m³；

P_3——农户用水量超过灌溉用水定额时的水价，元/m³；

P——基于灌溉用水定额的农业全成本水价，元/m³；

P_S——政府补贴，元/m³；

C_1——基于当地主要作物灌溉用水定额的原水费，元/m³；

C_2——农业供水工程折旧费，元；

C_3——农业供水工程贷款利息，元；

C_4——农业供水工程维修费，元；

C_5——农业供水工程管理费，元；

C_6——农业供水工程管理人员工资及福利费，元；

C_7——基于当地主要作物灌溉用水定额的农业供水工程抽水电费，元；

λ——水价在成本水价的基础上提高的比例；

W——灌溉用水量，m^3/亩；

W_1——当地主要作物生长期理论需水量，m^3/亩；

W_2——当地主要作物灌溉用水定额，m^3/亩。

当 P_1、P_2、P_3 高于农户可承受水价时，农业水价取农户可承受水价。

考虑到农业用水水权问题，由于我国水权制度还没有全面实施，我国北方地区降水量较少，干旱情况较南方地区更为频繁，水资源较为匮乏，节水灌溉迫在眉睫，因此，在我国北方实行了农业水权分配的地区，将三个阶梯定为：第一个阶梯为用水量为0至分配给当地的农业灌溉水权水量；第二个阶梯为分配给当地的农业灌溉水权水量至当地农业灌溉用水定额；第三个阶梯为超过当地农业灌溉用水定额。对这三个水量阶梯分别进行定价。模型计算中不考虑农业灌溉工程的生产利润及税金，全成本农业水价模型形式如下：

$$P_{jr}=\begin{cases}P_{r1}\\P_{r2}\\P_{r3}\end{cases}=\begin{cases}P_r-P_S\\P_r\\(1+\lambda)P_r\end{cases}=\begin{cases}\dfrac{C_{rw}+C_d+C_i+C_m+C_a+C_s+C_p}{W_r}-P_S，0<W\leqslant W_r\\[2ex]\dfrac{C_{rw}+C_d+C_i+C_m+C_a+C_s+C_p}{W_r}，W_r<W\leqslant W_e\\[2ex](1+\lambda)\cdot\dfrac{C_{rw}+C_d+C_i+C_m+C_a+C_s+C_p}{W_r}，W>W_e\end{cases}\tag{7.1-25}$$

不考虑投资成本，基于奖惩激励机制的农业灌溉工程的年运行成本水价模型如下：

$$P'_{jr}=\begin{cases}P'_{r1}\\P'_{r2}\\P'_{r3}\end{cases}=\begin{cases}P'_r-P_S\\P'_r\\(1+\lambda)P'_r\end{cases}=\begin{cases}\dfrac{C_{rw}+C_i+C_m+C_a+C_s+C_p}{W_r}-P_S，0<W\leqslant W_r\\[2ex]\dfrac{C_{rw}+C_i+C_m+C_a+C_s+C_p}{W_r}，W_r<W\leqslant W_e\\[2ex](1+\lambda)\dfrac{C_{rw}+C_i+C_m+C_a+C_s+C_p}{W_r}，W>W_e\end{cases}\tag{7.1-26}$$

式中　C_{rw}——基于长期水权的原水费，元/m^3；

C_d——农业供水工程折旧费，元；

C_i——农业供水工程贷款利息，元；

C_m——农业供水工程维修费，元；

C_a——农业供水工程管理费，元；

C_s——农业供水工程管理人员工资及福利费，元；

C_p——基于长期水权的农业供水工程燃料动力费，元；

P_{jr}——基于奖惩激励机制的农业灌溉全成本阶梯水价（水权分配情况下），元/m^3；

P_{r1}——用户用水量小于当地的农业灌溉水权水量（享受补贴）的全成本灌溉水价，元/m^3；

P_{r2}——用户用水量介于当地的农业灌溉水权水量至当地农业灌溉用水定额之间时（不享受补贴）的全成本灌溉水价，元/m^3；

P_{r3}——用户用水量超过当地农业灌溉用水定额时的全成本灌溉水价，元/m^3；

P_r——基于长期水权的农业灌溉全成本水价，元/m^3；

P'_{jr}——基于奖惩激励机制的农业灌溉运行成本阶梯水价（水权分配情况下），元/m^3；

P'_{r1}——用户用水量小于当地的农业灌溉水权水量（享受补贴）的运行成本灌溉水价，元/m^3；

P'_{r2}——用户用水量介于当地的农业灌溉水权水量至当地农业灌溉用水定额之间时（不享受补贴）的运行成本灌溉水价，元/m^3；

P'_{r3}——用户用水量超过当地农业灌溉用水定额时的运行成本灌溉水价，元/m^3；

P'_r——基于长期水权的农业灌溉运行成本水价，元/m^3；

P_S——政府补贴，元/m^3；

λ——水价在成本水价的基础上提高的比例；

W——实际灌溉用水量，m^3/亩；

W_r——基于水权分配下的农业长期水权水量，m^3/亩；

W_e——农作物额定用水量，m^3/亩。

在北方地区，水价在成本水价的基础上提高的比例 λ 一般取 0.4～0.5，在一些缺水地区，有时会取到 0.5～0.7。基于奖惩激励机制的两类农业水价模型，分别适用于农业水权还没有推广实施的地区和农业水权已经实行的地区。

7.1.10 基于短期水权的动态协调农业水价模型

在单一灌溉情况下制定的农业水价不能反映水资源可利用量和农户实际灌溉用水量的年际差异。在丰水年，水资源充沛，可利用水资源量较多，因此分配的水权水量理论上应该较多。但由于降水丰富，农民的实际灌溉用水量会降低，并且农民的收益一般情况下会有所提高，农户可承受水价也会相应有一定幅度的提升；在枯水年，可利用水资源量较少，因此分配的水权水量理论上应该是减少，但是为了保证作物的生长需求，农民的实际用水量会升高，同时农民的收益会降低，农户可承受水价也会相应有一定幅度的下降。

在目前推广水权和水市场的背景下，基于分配的农业水权水量计算出的农业成本水价，与水权水量呈反比关系，即丰水年水权水量提高，水价降低，枯水年反之；另外不同水文年农户的承受力水价也是动态变化的，农户承受力水价随着不同水文年的用水定额、农户的亩均产值、效益等因素发生变化，因此基于水权分配的农业水权计算出的水价与农民可承受水价在不同水文年的变化趋势并不一致，为了达到节水目的，同时又保证农民的利益，既考虑农业水价的奖惩激励机制，又考虑到农户的经济承受力随着水文年的变化而变化，将奖惩激励水价模型与动态的农户经济承受力进行耦合，提出了基于水权分配和奖惩激励机制的农业动态协调水价模型，其全成本水价计算模型见公式7.1-27。

$$\begin{cases} P_h(P=25\%)=\begin{cases}\min(P_{rh},P_{bh})-P_s, & 0<W\leqslant 0.8W_{rh}\\ \min(P_{rh},P_{bh}), & 0.8W_{rh}<W\leqslant W_{rh}\\ \max(P_{rh},P_{bh}), & W_{rh}<W\leqslant W_{eh}\\ (1+\lambda)\max(P_{rh},P_{bh}), & W>W_{eh}\end{cases}\\ P_m(P=50\%)=\begin{cases}\min(P_{rm},P_{bm})-P_s, & 0<W\leqslant 0.8W_{rm}\\ \min(P_{rm},P_{bm}), & 0.8W_{rm}<W\leqslant W_{rm}\\ \max(P_{rm},P_{bm}), & W_{rm}<W\leqslant W_{em}\\ (1+\lambda)\max(P_{rm},P_{bm}), & W>W_{em}\end{cases}\\ P_l(P=75\%)=\begin{cases}\min(P_{rl},P_{bl})-P_s, & 0<W\leqslant 0.8W_{rl}\\ \min(P_{rl},P_{bl}), & 0.8W_{rl}<W\leqslant W_{rl}\\ \max(P_{rl},P_{bl}), & W_{rl}<W\leqslant W_{el}\\ (1+\lambda)\max(P_{rl},P_{bl}), & W>W_{el}\end{cases}\end{cases} \tag{7.1-27}$$

式中 P_h——丰水年（$P=25\%$）农业灌溉动态协调全成本水价，元/m^3；

P_{rh}——基于短期水权的丰水年（$P=25\%$）农业灌溉全成本水价，元/m^3；

P_{bh}——丰水年（$P=25\%$）农业灌溉用户承受力水价，元/m^3；

W_{rh}——丰水年农业灌溉短期水权水量，m^3/亩；

W_{eh}——丰水年（$P=25\%$）农作物用水定额，m^3/亩；

P_s——农业用水奖补，元/m^3；

P_m——平水年（$P=50\%$）农业灌溉动态协调全成本水价，元/m^3；

P_{rm}——基于短期水权的平水年（$P=50\%$）农业灌溉全成本水价，元/m^3；

P_{bm}——平水年（$P=50\%$）农业灌溉用户承受力水价，元/m^3；

W_{rm}——平水年农业灌溉短期水权水量，m^3/亩；

W_{em}——平水年（$P=50\%$）农作物用水定额，m^3/亩；

P_l——枯水年（$P=75\%$）农业灌溉动态协调全成本水价，元/m^3；

P_{rl}——基于短期水权的枯水年（$P=75\%$）农业灌溉全成本水价，元/m^3；

P_{bl}——枯水年（$P=75\%$）农业灌溉用户承受力水价，元/m^3；

W_{rl}——枯水年农业灌溉短期水权水量，m^3/亩；

W_{el}——枯水年（$P=75\%$）农作物用水定额，m^3/亩；

λ——水价在成本水价的基础上提高的比例；

q——农户实际灌溉用水量，m^3。

由式（7.1-27）可以看出，最终农业水价根据农户实际灌溉用水量的多少来确定。对于频率为75%的枯水年，当农户实际用水量低于75%的农业短期水权水量的80%时，政府对农户给予一定的奖励补贴，农业水价取枯水年农业灌溉短期水权全成本水价与枯水年农户承受力水价的最小值减去水价奖励补贴；当农户实际用水量介于75%的农业短期水权水量的80%～100%时，农业水价取枯水年农业灌溉短期水权全成本水价与枯水年农户承受力水价的最小值；当农户实际用水量介于75%的农业短期水权水量和农业灌溉用水定额水量之间时，农业水价取枯水年农业灌溉短期水权全成本水价与枯水年农户承受力水价的最大值；当农户实际用水量高于75%的农业灌溉用水定额水量时，农业水价取枯水年农业灌溉短期水权全成本水价与枯水年农户承受力水价的最大值的（1+λ）倍。同理可以确定50%的平水年和25%的丰水年的农业全成本阶梯水价。

不考虑投资成本，基于水权分配和奖惩激励机制的农业动态协调运行成本水价模型如下：

$$\begin{cases} P'_h(P=25\%)=\begin{cases}\min(P'_{rh},\ P_{bh})-P_s, & 0<q\leqslant 0.8W_{rh}\\ \min(P'_{rh},\ P_{bh}), & 0.8W_{rh}<q\leqslant W_{rh}\\ \max(P'_{rh},\ P_{bh}), & W_{rh}<q\leqslant W_{eh}\\ (1+\lambda)\max(P'_{rh},\ P_{bh}), & q>W_{eh}\end{cases}\\ P'_m(P=50\%)=\begin{cases}\min(P'_{rm},\ P_{bm})-P_s, & 0<q\leqslant 0.8W_{rm}\\ \min(P'_{rm},\ P_{bm}), & 0.8W_{rm}<q\leqslant W_{rm}\\ \max(P'_{rm},\ P_{bm}), & W_{rm}<q\leqslant W_{em}\\ (1+\lambda)\max(P'_{rm},\ P_{bm}), & q>W_{em}\end{cases}\\ P'_l(P=75\%)=\begin{cases}\min(P'_{rl},\ P_{bl})-P_s, & 0<q\leqslant 0.8W_{rl}\\ \min(P'_{rl},\ P_{bl}), & 0.8W_{rl}<q\leqslant W_{rl}\\ \max(P'_{rl},\ P_{bl}), & W_{rl}<q\leqslant W_{el}\\ (1+\lambda)\max(P'_{rl},\ P_{bl}), & q>W_{el}\end{cases}\end{cases} \tag{7.1-28}$$

式中 P'_h——丰水年（P=25%）农业灌溉动态协调运行成本水价，元/m^3；

P'_{rh}——基于短期水权的丰水年（P=25%）农业灌溉运行成本水价，元/m^3；

P_s——农业用水奖补，元/m^3；

P'_m——平水年（P=50%）农业灌溉动态协调运行成本水价，元/m^3；

P'_{rm}——基于短期水权的平水年（P=50%）农业灌溉运行成本水价，元/m^3；

P'_l——枯水年（P=75%）农业灌溉动态协调运行成本水价，元/m^3；

P'_{rh}——基于短期水权的枯水年（P=75%）农业灌溉运行成本水价，元/m^3；

λ——水价在成本水价的基础上提高的比例；

q——农户实际灌溉用水量，m^3；

其他符号意义同前。

由模型可以看出，对于频率为75%的枯水年，当农户实际用水量75%的农业短期水权水量的80%时，政府对农户给予一定的奖励补贴，农业水价取枯水年农业灌溉短期水权运行成本水价与枯水年农户承受力水价的最小值减去水价奖励补贴；当农户实际用水量介于75%的农业短期水权水量的80%～100%时，农业水价取枯水年农业灌溉短期水权运行成本水价与枯水年农户承受力水价的最小值；当农户实际用水量介于75%的农业短期水权水量和农业灌溉用水定额水量之间时，农业水价取枯水年农业灌溉短期水权运行成本水价与枯水年农户承受力水价的最大值；当农户实际用水量高于75%的农业灌溉用水定额水量时，农业水价取枯水年农业灌溉短期水权运行成本水价与枯水年农户承受力水价的最大值的（1+λ）倍。同理可以确定50%的平水年和25%的丰水年的农业运行成本阶梯水价。

在农业水权分配地区，采用激励机制农业水价模型，既考虑了农户的动态承受力，又考虑了农业水价激励机制对农户节水意识的影响，相对其他水价模型，更能够反映农户的实际灌溉情况，体现农户的实际经济承受力，模型计算更加合理，据此制定的农业动态协调水价能够促进区域的农业节水灌溉和水资源可持续发展。

7.2 供水计量体系建设方案

结合山东省县级各部门的农田水利基本建设，针对不同地区、各类灌区工程设施短板，突出重点，建设末级渠道（管道）和田间配套工程，畅通农田灌溉“最后一公里”。配套的计量设施是推进农业水价综合改革的前提条件，没有完善的计量设施，就无法实行用水总量控制、定额管理和计量收费，相关机制就无法发挥作用。考虑到各地农田水利条件不一，既有新建工程计量设施如何同步配套建设问题，又面临已建工程计量设施不完善，需要补充的问题。根据实际情况安排县域新建、改建、扩建农田水利工程的总体布局，包括工程的覆盖面积、工程类型、分布区域和工程地点等。依托末级渠系节水改造、节水灌溉配套工程建设和农业结构调整，推广应用各类农业节水技术措施，实现农业用水精细化管理。

（1）井灌区突出优化机井布局和机井配套建设。大田作物区，推广应用无井房射频卡控制管道输水灌溉；经济作物区，积极引进先进节水设备，发展喷灌、微灌等现代高效精准灌溉。

（2）水库灌区重点配套建设输水渠系及节水灌溉工程。地势高差较小的水库灌区，重点做好灌区泵站提水，配套输水管道及田间管网；地势高差较大的水库灌区，大力建设输水干、支管道体系，推广自流管道灌溉，田间增配软管或喷灌、微灌等高效节水灌溉设施；水库灌区下游，推广井渠双灌，科学布局渠系和机井，实现灌区地表水与地下水的联合调度。有条件的灌区，可以把渠道输水改为管道灌溉，提高农田灌溉用水效率。

（3）引河（湖）灌区重点提升拦蓄和引水能力。优化拦河闸坝、提水泵站等布局，配套建设输水管道，合理建设以橡胶坝为主的拦河蓄水工程，实现河道梯级开发，积极拦蓄利用雨洪资源。对于灌排结合泵站，要兼顾灌排需求，尽可能地降低运行成本。

（4）小水源灌区突出小水源开发并配套建设灌溉设施。对于分散的小水源工程，推广多水源联合调度管道化灌溉；山地丘陵区，选择适宜区域建设高位蓄水池或雨水集蓄工程，推广提水管道输水灌溉和自流管道输水灌溉。探索“以奖代补、先建后补”等有效途径和方法，引导社会资本和农民自筹资金参与建设包括小水窖、小水池、小塘坝、小渠道、小泵站以及小型引水堰和机电井等各类小型农田水利工程。

7.2.1 供水计量体系建设方案

按照经济适用、满足取用水管理和计量收费需要的原则，合理确定供水计量控制层级，采用群众易于接受的测水量水方式和方法，加快计量体系建设。

7.2.2 计量单元划分

综合考虑灌溉计量、水价测算、建设成本和管理要求，合理确定供水计量控制层级和计量单元，最好结合供水单元来确定层级。根据各类工程的规模、水源类型及管理方式，科学合理地划分计量单元。按照水源工程和灌溉工程情况进行单元划分。

（1）井灌区：计量到井口，有条件的计量到户。计量设备一般为水表；有条件的地区，可采取“水电双控”；不具备按方计量的，可按时或者以电折水计量等。

（2）水库灌区、引河（湖）灌区：对于具有国有骨干工程的，骨干工程与末级管道的分界点必须设置供水计量设施，末端计量到斗渠口。一般为固定计量设施。

（3）小型水源工程：在输水主管道上设置计量设施，还未管道化的，可暂时按照末级渠系设置供水计量设施。设置固定、半固定、或移动式量水设施，不具备按方计量的，可按电计量，以电折水。

7.2.3 计量设施配套方案

公共财政投资建设的农田水利工程都要配套建设供水计量设施，新建、改扩建工程要同步建设计量设施，尚未配备计量设施的已建工程要通过改造补足配齐，严重缺水地区和地下水超采地区限期配套完善。

在划分计量单元的基础上，合理设置计量设施，实现精确计量。大中型灌区骨干工程与末级渠系的分界点必须设置供水计量设施，末端计量到斗渠口；小型灌区和末级管道细化计量到用水单元；小型水源工程要因地制宜设置固定、半固定或移动式计量设施；使用地下水灌溉的要计量到井，有条件的地方可计量到户。

大中型灌区骨干工程一般由管理机构负责供水计量，末级管道控制范围可由基层水管单位或农村基层用水组织计量。对于田间用水计量，各地可结合水费计收的要求，因地制宜灵活采用当地群众易于接受的测水量水方式和方法。

7.3 农户水价承受能力分析和模型

农业水价改革关系到灌区农民的切身利益，制定的农业水价要使农户在经济上能够承受，心理上愿意缴纳，这是水价改革成功实施的基础。因此，准确把握农民经济承受力和心理承受能力是关系到农业水价改革成败的关键。一般来说，农民对水价的实际承受能力是由经济承受能力和心理承受能力共同决定的，其中农民的经济承受能力是基础，对心理承受能力会产生决定性的影响。水价改革必须同农村经济发展的实际情况和农民的承受能力相适应，农民心理承受能力决定他们对待农业水价的态度，农民是否愿意缴纳水费是农民心理承受能力对水价做出的有效反应。农民年均纯收入是区域经济发达程度的一个综合性指标，是研究农民经济承受能力的一个重要依据。另外水价的制定还需要考虑超低收入群体的承受能力，以保证制定的水价能够为所有用水户所接受。

合理水价的机制应在水权分配后，综合分析供水成本和充分考虑农户的承受能力的基础上制定。目前农民的经济承受能力采用水价数学模型分析，农民的心理承受能力采用农户农业原材料支出（如化肥、农药、种子等）占农民收入的比例与农民收入增长速度、水价提价速度的对比关系，分析农户的心理承受能力，最后综合分析得到农户的可承受水价。

7.3.1 经济承受能力分析和模型

（1）农户承受力水价计算模型。目前多采用多因素综合控制模型分析用户经济承受能力，即

$$P=\frac{R\varepsilon}{e} \tag{7.3-1}$$

式中 P——农户承受力水价，元/m³；

R——农业水费支出占农户生产成本、亩均产值或净收益的比值；

ε——农户生产成本、亩均产值或净收益，元；

e——农业灌溉用水定额，m³/亩。

之所以称为多因素综合控制模型，是因为式（7.3-1）中综合反映了用户的物质承受能力、心理影响和节约用水等因素。R 的选取比较复杂，对于不同用途用水的取值也不同。但此模型未考虑年际降水差异对农业灌溉的影响，有研究表明在计算农民可承受水价时应采用动态定价模式[101]，但在确定农户承受力水价的控制因素时，采用的是多年平均值，本研究认为要想更准确地反映出农民承受能力的动态变化规律，选取的控制因素应随水文年型的变化而存在差异，农户动态承受力水价模型如下：

$$\begin{cases} P_{bh}=\min\left(\dfrac{C_h\varepsilon_c}{W_{eh}},\ \dfrac{V_h\varepsilon_v}{W_{eh}},\ \dfrac{R_h\varepsilon_r}{W_{eh}}\right) & (P=25\%) \\ P_{bm}=\min\left(\dfrac{C_m\varepsilon_c}{W_{em}},\ \dfrac{V_m\varepsilon_v}{W_{em}},\ \dfrac{R_m\varepsilon_r}{W_{em}}\right) & (P=50\%) \\ P_{bl}=\min\left(\dfrac{C_l\varepsilon_c}{W_{el}},\ \dfrac{V_l\varepsilon_v}{W_{el}},\ \dfrac{R_l\varepsilon_r}{W_{el}}\right) & (P=75\%) \end{cases} \tag{7.3-2}$$

式中 P_{bh}——丰水年（P=25%）农业灌溉用户承受力水价，元/m³；

C_h——丰水年（P=25%）农户年生产成本，元/亩；

V_h——丰水年（P=25%）农户亩均净收益，元/亩；

R_h——丰水年（P=25%）农作物亩均产值，元/亩；

W_{eh}——丰水年（P=25%）农作物用水定额，m³/亩；

P_{bm}——平水年（P=50%）农业灌溉用户承受力水价，元/m³；

C_m——平水年（P=50%）农户年生产成本，元/亩；

V_m——平水年（P=50%）农户亩均净收益，元/亩；

R_m——平水年（P=50%）农作物亩均产值，元/亩；

W_{em}——平水年（P=50%）农作物用水定额，m³/亩；

P_{bl}——枯水年（P=75%）农业灌溉用户承受力水价，元/m³；

C_l——枯水年（P=75%）农户年生产成本，元/亩；

V_l——枯水年（P=75%）农户亩均净收益，元/亩；

R_l——枯水年（$P=75\%$）农作物亩均产值，元/亩；

W_{el}——枯水年（$P=75\%$）农作物用水定额，m^3/亩；

ε_c——农户水费支出占农户年生产成本的比重；

ε_v——农户水费支出占农户亩均净收益的比重；

ε_r——农户水费支出占农作物亩均产值的比重。

国内研究表明，农业水费占农业生产成本的比例以20%～30%为宜；水费占亩产值比例为5%～15%较合理；水费占灌溉增产效益的比例以30%～40%较合理；水费占亩均净收益的比例以10%～20%为宜。多因素综合控制模型计算的承受能力水价，反映了用水户经济承受能力，不同地区综合计算取值不同。

（2）水费最大承受能力法。农业水费最大承受能力法是目前农业水费承受能力的常用方法，该方法比较简单，容易计算确定。农民水费承受能力是以水费占亩均产值的比例或占亩均纯收益的比例作为判断的依据。一般认为农业水费占农业产值5%～15%或占纯收益的10%～20%是可以接受的。根据这个范围取值，农民水费承受能力可以用下列公式进行计算。

$$C=\max(VR,\ Br) \tag{7.3-3}$$

式中 C——农民水费承受能力测算值，元/亩；

V——亩均产出值，元/亩；

B——亩均净效益，元/亩；

R——农民亩均水费承受能力占亩均产出值的百分比；

r——农民亩均水费承受能力占亩均净效益的百分比。

农民水费承受能力测算值作为水价极限值，区域制定阶梯式水价应不大于农民水费承受能力测算值。

7.3.2 心理承受能力的纵向横向发展对比模型

农业用水户对水价的心理承受能力，可通过纵向和横向发展对比模型来进行分析。只有当农户从心理上能够接受制定的农业水价，他们才会愿意缴纳水费，才能够保证水费工作的顺利收取。

（1）纵向发展对比模型。纵向发展对比模型是通过水费支出增长速度与农民家庭年均收入增长速度对比，来分析农户对水价提升速度的心理承受能力。若水价提升速度小于收入年均增长速度，则认为水价在心理上可以接受；若水价提升速度大于收入年均增长速度，则认为水价在心理上不可以接受。纵向对比模型的计算公式为

$$\gamma_w=\left(\frac{P_w}{P_0}\right)^{\frac{1}{N-n}}-1 \tag{7.3-4}$$

$$\gamma_i=\left(\frac{D_w}{D_0}\right)^{\frac{1}{N-n}}-1 \tag{7.3-5}$$

式中 γ_w——水价年均提升速度，%；

γ_i——可支配收入年均增长速度，%；

P_w——工程计算期水价，元/m^3；

P_0——选定的基准年水价，元/m^3；

N——供水工程规划设计水平年；

n——选定的基准年；

D_w——工程计算期农民人均可支配收入，元；

D_0——基准年农民人均可支配收入，元。

(2) 横向发展对比模型。水、化肥、种子和农药都是农业生产的必需品，是粮食生产过程中必不可少的支出，计算农户每年水费、购买种子和农药化肥各项支出占农户年均可支配农业收入的比重，对比分析农户对每一种支出的心理承受能力，从而分析水价在农户心中的提升空间。该法进行横向比较的前提是各项费用要具有可比性。横向发展对比法的计算公式为

$$\gamma_w = \frac{P_w}{I} \tag{7.3-6}$$

$$\gamma_e = \frac{P_e}{I} \tag{7.3-7}$$

$$\gamma_g = \frac{P_g}{I} \tag{7.3-8}$$

式中 γ_w——水费占农户年均可支配农业收入的比重,%；

γ_e——购买种子和农药费用占农户年均可支配农业收入的比重,%；

γ_g——购买化肥费用占农户年均可支配农业收入的比重,%；

P_w——农户的年农业水费，元/亩；

P_e——农户购买种子和农药的年费用，元/亩；

P_g——农户购买化肥的年费用，元/亩；

I——农户年均可支配农业收入，元/亩。

根据心理承受力的纵向发展模型和横向发展模型，计算农户的心理承受能力。将农业水费占农户年均可支配收入的比例与农户的经济承受力和心理承受力进行对比，以判别农户对农业水价的心理接受程度。

7.4 农业节水精准补贴机制和节水奖励机制

2017年12月26日，山东省水利厅、山东省财政厅联合印发了《关于印发〈山东省农业水价综合改革奖补办法（试行）〉》（鲁水农字〔2017〕43号）的通知。《山东省农业水价综合改革奖补办法（试行）》规定了精准补贴和节水奖励的对象、方式、奖补资金的来源、分配使用与监督管理等。

7.4.1 农业节水精准补贴机制

(1) 补贴对象。

1) 精准补贴对象为从事粮食作物种植的用水主体，或者小型灌排设施管护组织，适度适时考虑经济作物种植用水主体。

2）暂不给予补贴的情形：①农业水价未调整到位；②农业用水超出灌溉定额；③用水台账不健全，组织管理不规范；④其他不宜补贴的情形。

（2）补贴标准。精准补贴标准主要依据改革前后定额内用水的提价幅度并结合灌溉成本变化情况、农民承受能力等综合确定。

（3）补贴方式。采取直接与间接相结合的方式实施农业用水精准补贴。可以按标准直接补贴到用水主体；也可以按标准补贴给供水组织，相应抵顶部分应收水费。

（4）补贴程序。农业用水补贴，一般按照申请、审核、公示、批准、兑付等程序实施。当年末或灌溉期末，一般由用水主体或供水组织向乡（镇）人民政府提出申请；乡（镇）进行审核，并依据补贴资金额度等情况确定补贴方案；审核结果在镇、村两级公示不少于五个工作日；公示无异议后，由县级水行政主管部门批准，财政部门兑付。对于管理范围跨乡（镇）的用水主体或供水组织，也可直接向县级水行政主管部门提出申请。

7.4.2 建立节水奖励机制

（1）奖励对象。

1）节水奖励对象为积极推广应用工程节水、管理节水、农艺节水、调整优化种植结构等实现农业节水的用水主体或供水组织，重点奖励家庭农场、新型农业经营主体和种粮大户等。

2）不得给予奖励的情形：①未发生实际灌溉；②因种植面积缩减或者转产等非节水因素引起的用水量下降；③用水台账不健全，组织管理不规范；④其他不宜奖励的情形。

（2）奖励标准。奖励标准主要依据节水量、规模、成效等因素综合确定，按节水方量核定并作为执行标准。

（3）奖励方式。采取资金与实物相结合的方式实施节水奖励。可以给予直接的资金奖励；也可以给予节水设备、计量设施等实物奖励；有条件的，还可以对节水量实施回购。

（4）奖励程序。农业节水奖励参照精准补贴程序实施。

7.4.3 奖补资金来源及办法

（1）资金来源。精准补贴和节水奖励资金来源，通过优化各级财政农田水利和农业奖补资金支出结构，加大用于精准补贴和节水奖励的支持力度，以及超定额累进加价水费分成收入、地下水提价分成收入、高附加值作物或非农业供水分成利润、水权转让分成收入、社会捐赠等多种渠道筹集。

（2）奖补资金管理办法。农业用水精准补贴和节水奖励资金逐级分配管理。省、市水利、财政部门一般按因素法分配财政奖补资金。县级水行政主管部门会同级财政部门统筹所辖乡（镇）农业水价综合改革需求、主体（组织）申请等情况，及时将补助、奖励资金分配到乡（镇）或跨乡（镇）供（用）水组织（主体），各乡（镇）负责进一步分配至辖区内独立的供（用）水组织（主体）；各供（用）水组织（主体）将兑付、使用证明材料建档，跨乡（镇）的报县水行政主管部门存管，不跨乡（镇）的报所在乡（镇）存管。

县级水行政主管部门负责确定奖补对象、方式、环节、标准、程序；县级财政部门负责奖补资金管理、监督。直接兑付的补贴、奖励由相应的被补贴、奖励对象支配使用，其他形式发放的补贴、奖励按有关规定使用。补贴资金原则上用于补偿定额内用水运行维护支出，奖励资金原则上用于补偿农业节水支出或继续扩大节水规模投资。

各补贴、奖励申请主体（组织）应建立用水管理、水费收支、维修养护支出、奖补管理资金等台账，不断提高综合用水管理水平和财务管理能力，主动配合各级水利、财政等部门的监督和检查。

7.4.4 法律责任

任何单位和个人不得虚报、冒领、截留、挪用农业水价综合改革精准补贴和节水奖励资金，对违反财经纪律行为的，依照有关规定追究其法律责任。

7.5 本章小结

（1）参照现有的农业水权分配，对农业灌溉水权水量进行分析研究，提出了长期水权和短期水权的概念，并对长期水权水量和短期水权水量进行了研究。

（2）考虑到不同因素对农业水价的影响，建立了基于水权分配下的农业水价模型。随着农业水权分配制度在全国各地的推广和实施，水权分配情况下农业水价模型日益受到关注。从多个角度，分别建立了基于长期水权和短期水权相对应的农业水价模型。考虑到成本补偿，建立了基于成本补偿的长期水权和短期水权的全成本水价和运行成本水价模型；考虑到生态环境治理对农业水价的影响，建立了基于生态环境补偿的长期水权农业水价模型；考虑到资金的时间价值，建立了考虑资金时间价值和不考虑资金时间价值的农业水价模型；考虑到奖励和惩罚激励对农户节水行为的影响，建立了基于奖惩激励机制的农业水价模型；同时考虑到农户承受力动态变化，建立了农户承受力动态水价模型，并结合短期水权与农户动态承受力建立了动态协调农业水价模型。

（3）按照山东省农业水价综合改革的要求，提出了农业节水精准补贴机制和节水奖励机制，包括奖补对象、奖补标准、奖补资金来源与责任，为示范区奖补资金的制定、分配提供了制度基础。

应　用　篇

说　明

本研究示范区分为两个：一个是位于山东省地下水超采漏斗区的平原机井灌区桓台县，主要以种植冬小麦、玉米等粮食作物为主，是山东省的粮仓和“吨粮田”县；另一个是位于山东省滨海平原地下水超采漏斗区的机井灌区寿光市，主要以种植大棚蔬菜为主。项目县的主要矛盾是地表水紧缺、地下水超采，种植的作物耗水量大，造成区域水环境恶化，现状农业发展不可持续。因此在这两个县（市）设立研究示范区进行农业节水示范研究，提出相应的节水措施和节水模式，对于指导该类地区农业生产和农业可持续发展，遏制地下水水位下降，非常有必要。

8 桓台县应用实例

8.1 桓台县自然条件

8.1.1 地理位置与行政区划

桓台县位于东经117°49′～118°00′、北纬36°54′～37°04′，属山东省淄博市辖县，地处泰沂山北麓，黄河下游南侧，位于小清河和济青高速公路之间。北与高青县相望，南与张店区接壤，东傍临淄区，西邻邹平市，西南与周村区接界，东北毗连博兴县。县境南北延伸24.4km，东西相距27.3km，总面积509km^2。

8.1.2 地形、地貌

桓台县境内地势平坦，系山前洪冲积平原和黄泛平原交接地带，地势南高北低，自西南向东北缓倾，境内最高高程29.5m，最低高程6.5m。地面起伏不大，略呈微波状。

地貌形态主要有两种：第一种是山前微起伏冲洪积平原区，分布于孝妇河、南干渠、西分洪以南，呈东西向带状展布，微向东北倾斜；第二种是冲洪积湖沼堆积平原区，分布于南干渠、西分洪以北至小清河沿岸，由槽状交接洼地和缓平坡地构成，受自然变迁及人为活动影响，洼地内形成了沟渠纵横，台畦相间的独特地貌景观。

8.1.3 土壤与植被情况

（1）土壤。境内土壤共分为褐土、砂姜黑土、潮土3个土类，褐土、潮褐土、潮土、盐化潮土、湿潮土、砂姜黑土6个亚类，11个土属，33个土种。

（2）植被。境内植被属暖温带落叶阔叶林地带，属鲁北滨海平原植被区和鲁西北平原植被区的一部分。由于桓台县农垦历史悠久，自然植被破坏严重，境内农业植被面积占可利用面积的93.1%。自然植被以草本植物为主。

8.1.4 地质与水文地质

桓台县地处泰沂山区北麓，为山前洪冲积平原和黄泛平原交接地带，地势南高北低，由西南向东北缓倾。小清河沿岸属于湖沼堆积平原区，自桓台县南干渠西分洪以北至小清河沿岸的北部地区，由槽状交接洼地和缓平坡地构成，是桓台县面积比较大的地貌类型。北部小清河沿岸及西北部马桥一带发育了深度各异、厚度不一的咸水层。咸水层由南向北厚度变大，顶板变浅，底板变深，使深、浅淡水层较薄。咸水矿化度大于2g/L，高者可达5g/L以上。

8.1.5 水文气象

桓台县属北温带大陆性季风区，特点是光照充足，四季分明，雨热同期。多年均降雨量541.7mm，且年际间变化较大，年内各季降水量多寡悬殊，降水变率大，稳定性差。境内多年均蒸发量为893.6mm。年平均气温12.5℃，最高气温40.9℃，最低气温−22.7℃。光热资源较丰富，多年均日照时数2832h，大于0℃，积温4777.5℃，平均无霜期198天，最大冻土层厚44cm。灌溉季节多为南风，风力2～3级，风速3～4m/s。

8.1.6 河流水系

桓台县境内有天然河道9条，包括小清河、东猪龙河、涝淄河、乌河、杏花河、孝妇河、预备河、胜利河、西猪龙河，是季节性泄洪河流，地表客水匮乏。工农业用水基本靠提取地下水源，局部地区已形成降落漏斗。为了实现地下水回补，在县境北部开挖了引清济湖总干渠、南干渠、北干渠，南部疏挖了大寨沟，东接乌河，西联西猪龙河，实现了东水西调，西水东引的引渗回灌网络，兴建了跨区远距离引黄补源工程，实现了北水南调，逐步配套完善了四级回灌沟渠，基本实现了灌、排、引、蓄四级回灌工程体系，年引水能力达到1.2亿m^3。

8.1.7 水利工程

1. 水源工程建设

桓台县的灌溉水源主要为地下水，全县共有机井11081眼，小清河沿岸提取小清河河水进行灌溉，境内无作为灌溉水源工程的水库。

2. 节水灌溉工程建设

近年来，桓台县结合当地地形和种植结构，积极发展管道输水灌溉、喷灌、微灌等节水灌溉工程，全县耕地面积40.35万亩、有效灌溉面积39.35万亩、高效节水灌溉面积23.89万亩；灌溉用水有效利用系数0.70。

3. 亚行贷款地下水漏斗区域综合治理示范工程

桓台县利用亚行贷款地下水漏斗区修复示范工程总投资31750.26万元，主要实施水系连通工程、湿地补水工程和控制性建筑物工程，主要工程内容包括：

（1）水系连通工程。

1）河道疏浚。涉及引黄北干渠、引黄南干渠等16条河道，总治理长度163.77km。

2）护岸工程。护岸工程采取三种护岸型式：植物护岸、生态混凝土＋植物护岸、C25钢筋混凝土悬臂式挡墙＋生态混凝土护岸，长度分别为234.92km、1.35km和6.15km。

3）道路工程。道路工程采取三种路面型式：沥青混凝土路面、混凝土路面和沥青路面，长度分别为74.57km、2.00km和10.80km。

（2）湿地补水工程。对十字架沟等15条支沟进行清淤扩挖，对流经村庄的沟渠段进行护砌。在湿地内水系交汇处构建1处水生植物塘。对马踏湖湿地内河道及坑塘种植相应的湿生植物、挺水植物和沉水植物。

（3）控制性建筑物工程。新建7处建筑物，分别为倒虹吸工程、分水闸和节制闸。

8.2 社会经济状况

1. 人口

桓台县下辖8个镇、1个街道办事处、2个省级经济园区，总人口50.41万人。桓台县浅层地下水超采区涉及田庄镇、新城镇、唐山镇、果里镇和马桥镇，人口39万人，面积311.8km^2。

2. 国民经济和社会发展现状

2016年桓台全县实现生产总值545.67亿元，其中，第一产业总值19.73亿元，第二产业总值326.38亿元，第三产业总值199.56亿元。全体居民人均可支配收入30205元，其中城镇居民人均可支配收入38051元，农村居民人均可支配收入18221元。全体居民人均消费支出19718元，其中城镇居民人均消费支出24780元，农村居民人均消费支出11804元。金诚集团、汇丰集团入围“中国企业500强”和“山东企业100强”。泰宝防伪制品有限公司居“中国防伪行业十强”首位。

3. 农业和农村经济社会发展现状

桓台县经济条件优越，交通方便，农业机械化程度较高，建筑业发展起步较早。富裕了的桓台县农民群众经济基础好，科技意识高，接受新事物快，农民对节水工程的投资积极性高，同时也具备一定的经济实力。

4. 基础设施情况

山东省桓台县沟渠纵横，有9条季节性天然泄洪河道。为增大地下水容量，实现了东水西调、西水东引的蓄水回灌网络；兴建了跨流域远距离引黄补源工程，实现了北水南调；逐步配套完善了四级回灌沟渠，实现了灌、排、引、蓄调节自如的水资源合理配置。全县共开挖配套沟渠129条，总长1768.6km，配套建筑物800余座，新建扬水站2座。建有农灌井10551眼，配套提水机具15321套，配套各类防渗管道灌渠2100km。

8.3 农业生产现状

1. 人口劳动力情况

桓台县乡村人口42.7万人，其中乡村从业人员23.7万人，能够为农业生产提供充足的劳动力。

2. 农作物种植结构

桓台县是典型的平原井灌县，农田灌溉以机井提水灌溉为主，北部小清河沿岸采用引小清河水灌溉。桓台县域内除了中部湖区外，其余耕地全部连片。小麦和玉米平均亩产分别为505.87kg和520.5kg，小麦单产连续6年全省第一，农机化综合作业水平97.87%。

3. 农业机械

农业机械总动力达60.8万kW，其中农用灌排机械25.5万kW，联合收割机2359台。全年农村用电量2472万kW·h，化肥使用量2.2万t。

8.4 水资源开发利用现状及存在问题

8.4.1 供用水状况

桓台县主要供水水源为地表水和地下水两部分。主要用水行业分为农业用水、林牧渔畜用水、工业用水、城镇公共用水、居民生活用水及生态环境补水六大类型。根据《淄博市2016—2020年水资源公报》，桓台县2016—2020年供用水情况如下。

桓台县2016—2020年平均供水量为18777.40万m^3，其中地下水源平均供水量为8747.00万m^3（包括浅层水7941.40万m^3、深层水1211.00万m^3、微咸水563.40万m^3），占总供水量的46.58%，见表8.4-1。随着引黄供水量的不断增加，开采利用地下水呈逐年下降的趋势。符合淄博市“优先利用客水，合理利用地表水，控制开采地下水，积极利用雨洪水，推广使用再生水，大力开展节约用水”的用水方略。引黄客水量平均为8788.40万m^3，占总供水量的46.80%，呈增加趋势；引提地表水1242.00万m^3，占总供水量的6.61%。

桓台县主要用水行业分为农田灌溉用水、林牧渔畜用水、工业用水、城镇公共用水、居民生活用水及生态与环境补水，2016—2020年平均总用水量18777.40万m^3，其中农田灌溉用水8220.60万m^3，占总用水量的43.78%；林牧渔畜用水54.80万m^3，占总用水量的0.29%；工业用水7807.20万m^3，占总用水量的41.58%；城镇公共用水186.20万m^3，占总用水量的0.99%；居民生活用水1024.20万m^3，占总用水量的5.45%；生态与环境补水1484.40万m^3，占总用水量的7.91%，见表8.4-2。

表8.4-1　桓台县2016—2020年供水量统计表　单位：万m^3

年份	地下水源供水量				地表水源供水量			其他水源	合计
	浅层水	深层承压水	微咸水	小计	提水	引黄	小计		
2016	7451.00	1211.00	840.00	9502.00	1600.00	7944.00	9544.00	0.00	19046.00
2017	8485.00		505.00	8990.00	1300.00	8154.00	9454.00	0.00	18444.00
2018	8139.00		482.00	8621.00	1000.00	8988.00	9988.00	0.00	18609.00
2019	8104.00		490.00	8594.00	1210.00	9015.00	10225.00	0.00	18819.00
2020	7528.00		500.00	8028.00	1100.00	9841.00	10941.00	0.00	18969.00
均值	7941.40	1211.00	563.40	8747.00	1242.00	8788.40	10030.40	0.00	18777.40

表 8.4-2　　桓台县 2016—2020 年年用水量统计表　　单位：万 m^3

年份	农田灌溉用水量	林牧渔畜用水量	工业用水量	城镇公共用水量	居民生活用水量	生态与环境补水量	合计
2016	9139.00	52.00	7335.00	185.00	943.00	1392.00	19046.00
2017	8437.00	57.00	7565.00	180.00	991.00	1214.00	18444.00
2018	7813.00	45.00	7903.00	170.00	972.00	1706.00	18609.00
2019	8221.00	45.00	7859.00	200.00	1117.00	1377.00	18819.00
2020	7493.00	75.00	8374.00	196.00	1098.00	1733.00	18969.00
均值	8220.60	54.80	7807.20	186.20	1024.20	1484.40	18777.40

8.4.2　水资源开发利用存在的问题

（1）地下水超采严重，供需矛盾尖锐。淄博市经济发达，生产和生活需水量大，但水资源分布的不均匀性，使得该市水资源供需矛盾十分突出。据统计，自 1991 年以来，平均每年超采地下水近 1.6 亿 m^3，地下水位急剧下降，形成多处大面积降落漏斗，取水成本逐年增加，严重影响了工农业生产和人民正常的生活。

（2）地表径流拦蓄利用水平较低。一方面，工程拦蓄能力小，汛期大量河川径流不能被蓄积利用；另一方面，由于工程质量和调度等原因，达不到设计运行指标，使实际供水量更小。全市地表水供水量较小，尚有较大开发潜力。

8.5　示范区农业灌溉（节水）技术

8.5.1　农业灌溉现状和排水条件

示范区位于桓台县新城镇的城西村、乔北村、西贾村和东贾村 4 个行政村，涉及 69 户村民，属于小型农田水利重点县建设项目区，区内东西最大长度约 1.60km，南北最大宽度约 0.75km，总面积 1596.72 亩，见图 8.5-1。区域内配套机井 46 眼，单井出水量 20～30m^3/h。示范区地貌上位于鲁西北堆积平原区（Ⅰ）—冲积洪积平原亚区（Ⅱ），为山前冲洪积平原地貌。地形南高北低，地面坡度约 2‰，示范区地势平坦，地面标高 15.3～17.0m。示范区土地利用类型以农用地为主，大部分为耕地，主要种植大田冬小麦、玉米，一年两作。

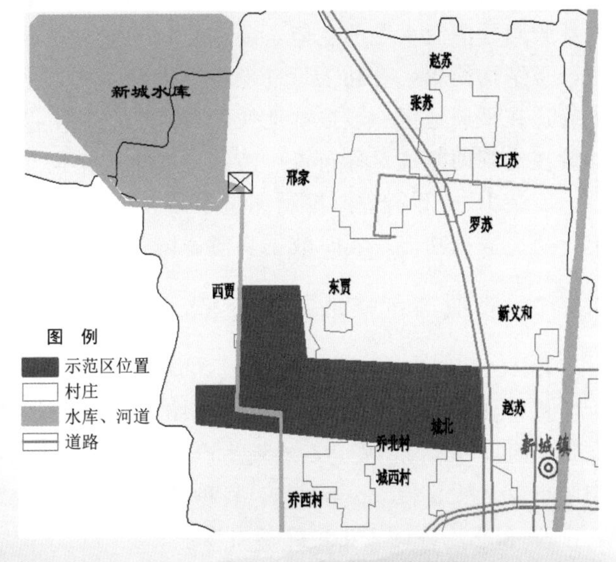

图 8.5-1　桓台县示范区位置图

8.5.2 示范区内农业节水现状

（1）示范区内的田间节水灌溉形式。示范区灌溉模式为管灌、卷盘式喷灌机，区内39眼机井配套低压管道灌溉、7眼机井配套卷盘式喷灌机灌溉。管道排列形式为类“丰”字形。管道灌溉保证率75%以上；喷灌工程灌溉保证率90%以上。

（2）现状节水灌溉及农业节水的效果。示范区自20世纪90年代结合政府财政资金项目，陆续建设了管道输水灌溉工程。机井提水管道输水灌溉工程，可以实现管道输水，采取田间窄畦灌水，田间输水效率较高，但是由于农民传统的灌溉习惯，每次灌溉必须将地浇透，用水量大，深层渗漏严重，水肥渗漏损失造成面源污染和深层土壤、地下水肥化污染。虽有节水工程但不节水。急需对节水工程配套运行管理和农艺节水机制，以提高节水节肥效率，遏制地下水位下降和土壤、水环境污染。

8.5.3 示范区地下水管理现状

示范区农业用水主要集中在3月和9月，浅层地下水开采强度长期以来较大，造成浅层地下水位持续下降。井群工作时，场区内暂时形成降落漏斗，导致漏斗中间位置地下水补给量减小。工程管理较为原始，实行井长制，具体管理方式为：井长负责组织机井和灌溉工程的维修，所属农户对每年的维修和大修费根据面积分摊，农户个人去电业局缴纳电费，充值电卡。

8.5.4 农业灌溉工程规划与建设

示范区现状采用管灌和喷灌对作物进行灌溉，因此灌溉工程主要集中于管网的布局，田间管网的优化主要包括管网优化设计和优化布局，管网优化设计又可分为田间管网的优化设计和干管管网的优化设计，而田间管网的优化设计又包括田间布局优化和管径优化，管网的优化主要由布局优化和管径优化两部分组成[102]。

管网是灌溉系统的主体，要适应作物的种植结构、满足其生长期各阶段适量的需水要求，且结构简单，有利于管理操作，安全运行，主要管路短，投资省、效果好。灌溉系统的管道在平原地区一般根据地块的形状布设干、支管，将支管与斗管布置成“丰”字形，斗管在支管两侧成对称布置，特殊地块也可单向布置。

安装IC卡智能灌溉控制测量设备46套，开发手机APP，实现手机登录、开关泵功能、历史数据功能、实时数据功能、统计功能。

8.5.5 农业节水技术需求分析

1. 农业种植结构调整趋势

桓台县是平原井灌区，气候、土壤等自然条件适宜作物生长，农民种植习惯是大田粮食作物，而且当地经济发达，农业生产产出在农民收入中的占比越来越小，示范区传统种植大田冬小麦、夏玉米，一年两作，较种植其他作物省时省力，种植结构短期内不会变化。

2. 土地流转现状及发展预测

示范区土地肥沃，农作物种植主要以大田粮食为主，土地归属目前主要是一家一户责任田形式为主，1596.72 亩示范区，有 19 眼机井控制区域是种粮大户种植，种植的作物也是冬小麦、夏玉米一年两作，其余的土地均为一家一户种植。由于示范区农业灌溉发展了机井提水、射频卡控制的管道输水灌溉工程，农民灌溉比较省力，劳动强度较低，目前在农村种植土地主要是老年劳力和妇女，这个群体不能外出打工，只能在农村守候，所以近期土地流转的可能性比较低。

3. 拟引进节水灌溉工程形式、面积及推广区域

（1）节水灌溉工程模式、农艺节水形式、新技术选择。桓台县示范区通过实施“山东省桓台县利用亚行贷款地下水漏斗区域综合治理示范项目高效节水示范工程（IC 卡）”项目后，区内主要灌溉工程形式为机井提水射频卡控制管道输水灌溉工程形式全覆盖。根据示范区调查，示范区是冬小麦、玉米传统种植区，农民种植技术经验丰富，精耕细作，产量高稳。对现状的灌溉工程使用熟练。但由于管道输水灌溉从本质上来看还是地面灌溉，灌溉成本较高，水的利用率低。对于种粮大户、家庭农场、合作社形式的规模化种植灌溉输水灌溉方式，已不适用。

通过对国外、国内和山东省的农业节水进行研究分析，在总结成功经验和失败教训的基础上，提出平原机井灌区农田灌溉工程模式，在 1596.72 亩示范区进行了试验。

平原机井灌区农田灌溉工程模式如下：

1）对于一家一户土地经营的零散土地，面积小于 30 亩的家庭农场等小规模经营：采用机井提水＋自控控制卡（射频卡、水电双控、手机遥控）＋管道输水灌溉工程。

2）对于 30 亩以上的种粮大户、家庭农场、合作社形式的规模化种植区：采用机井提水＋卷管绞盘式喷灌机；也可采用机井提水＋管道灌溉配套田间地面滴灌、喷水带喷灌等模式。

农艺节水形式、新技术选择如下：在工程措施的基础上田间推广种植抗旱品种、农作物秸秆还田、深耕打破犁底层松土保墒等农艺措施；在机井口配套自动控制设备，包括射频卡控制、水电双控、手机遥控的自动计费控制技术，实现水电控制用水；在滴灌、喷水带喷灌、滴灌区配套水肥一体化设备等。

（2）节水灌溉工程示范。示范区 1596.72 亩耕地中，由 46 眼机井控制，其中 19 眼机井控制的灌溉面积是由种粮大户承包，其余的 27 眼机井控制的灌溉面积，仍是由一家一户的农户进行经营。

种粮大户承包的 7 眼机井控制的耕地，采用“机井提水＋管道输水＋卷管绞盘式喷灌机喷灌”的灌溉模式，12 眼机井采用“机井提水＋管道输水”的灌溉模式。

一家一户经营土地，采用“机井提水＋管道输水”的灌溉模式。

示范区示范工程建成后，对田间管道输水灌溉、田间喷灌工程区的农户的灌溉情况、用水量和产量情况进行了调查分析，对桓台县土地流转企业经营的万亩大田冬小麦滴灌工程进行了调查。

根据调查分析，示范区采取“机井提水＋自控控制卡（射频卡、水电双控、手机遥控）＋管道输水灌溉工程”模式的示范区用户产量分别为 498kg/亩、500kg/亩和 550kg/亩，田间施肥和管理措施基本一致，对应的生育期灌溉水量分别为 $40m^3$/亩、$39.2m^3$/亩和 $40.4m^3$/亩。

示范区采用“机井提水＋管道输水＋卷管绞盘式喷灌机喷灌”模式的示范区用户产量为 460kg/亩，田间施肥和管理措施基本一致，对应的生育期灌溉水量为 $26.5m^3$/亩。

8.5.6 示范区农业节水技术模式效益效果分析

示范区耕地1596.72亩，在其中部分区域进行了田间管道输水灌溉工程、管道输水+卷管绞盘式喷灌机喷灌工程两类工程模式试验，并针对两种灌溉模式提供了参考的灌水定额、灌水次数和灌水时间等灌溉制度。冬小麦灌溉要求一般年份：管道输水地面灌3次（越冬水或出苗水40m³/亩、拔节水50m³/亩、灌浆水40m³/亩，干旱时随时加灌溉次数）；田间喷灌工程根据土壤墒情确定灌溉次数（越冬水或出苗水20～26m³/亩、返青—乳熟期次灌水25～30m³/亩，根据墒情灌溉）。

上述资料可以看出，示范区2018年冬小麦只灌了一次出苗水，以后没有灌水。

根据示范区和桓台县土地流转企业经营的万亩大田冬小麦滴灌工程的灌溉、产量情况，结合示范区灌溉水量分析，由于农民、种植大户、合作社以及土地流转企业农业灌溉没有按照这些高效节水灌溉工程要求的节水灌溉制度进行灌溉，地面灌等模式，其亩次灌水量基本为按传统的地面灌水的习惯水量进行灌溉，次灌水量为37～40m³/亩，喷灌由于采用了卷管绞盘式喷灌机喷灌，次灌水量可以控制最大为26.5m³/亩。可以看出，喷灌水量小，后期结合墒情没有灌溉，冬小麦产量达到460kg/亩；管道灌溉的冬小麦产量498kg/亩、500kg/亩和550kg/亩，平均为516kg/亩。

可以看到虽然发展了喷灌和管道输水灌溉，由于没有按照相应的灌溉工程配套相应的灌水技术，一直沿用传统的灌水理念，导致节水灌溉工程没有发挥出相应的节水效果。

8.6 示范区水价

8.6.1 农业初始水权分配

8.6.1.1 明确农业初始水权

桓台县水务局根据《山东省农业水价综合改革实施方案》的要求。用水总量控制指标和有效灌溉面积，核定亩均水权，在保障合理灌溉用水的基础上，按照适度从紧的原则，分配给工程单元或终端用水主体，明确其获得的农业初始水权。

（1）按照淄博市给各县市区的水资源分配量确定桓台县本县域用水总量。

（2）桓台县水务局依据最严格水资源管理制度区域用水总量控制指标，扣除生活、生态、工业、建筑业和第三产业等其他部门用水总量得到农业灌溉用水总量控制指标。

（3）根据最严格水资源管理制度区域用水总量控制指标要求，得到的农业灌溉水资源量与水资源分析得到的量进行比较，取小者为桓台县的农业灌溉用水总量。

（4）调查现状年桓台县不同种植作物的净灌溉定额，并根据近几年节水灌溉工程建设后灌溉水利用系数的变化趋势，计算各类作物的一般毛灌溉定额和节水毛灌溉定额。

（5）根据桓台县农业灌溉用水总量和有效灌溉面积确定亩均水权。

（6）桓台县各乡镇，村集体、农村基层用水组织、终端用户等用水主体的水权等于亩均水权与各用水主体控制有效灌溉面积的乘积。

(7) 由于频率年的不同，根据亩均水权和种植结构的变化，定期动态调整各乡镇的初始水权分配，对村、农户、地块相应的初始农业水权进行调整。

示范区分配的可利用的水资源总量是预留 5% 水资源量后可利用的水资源量。经调研，桓台县近三年的农业水权水量为 209.60m³/亩，示范区 1596.72 亩耕地的初始水权为 33.47 万 m³。示范区内各农户初始水权见表 8.6-1。

表 8.6-1 示范区内各农户初始水权

村名	机井编号	取水户姓名	有效灌溉面积/亩	初始水权/m³
乔北村	乔北村 1 号井	王绍峰	9.20	1900
		王绍宽	2.50	500
		耿加东	4.20	900
		小计	15.90	3300
	乔北村 2 号井	胡翠贞	7.60	1600
		耿加东	2.50	500
		耿双	6.60	1400
		唐启水	23.00	4800
		王绍河	7.50	1600
		小计	47.20	9900
	乔北村 3 号井	王绍禄	2.80	600
		王绍祥	15.50	3200
		王绍缙	1.70	400
		张凤云	3.30	700
		小计	23.30	4900
	乔北村 4 号井	耿双	14.60	3100
		王绍松	3.40	700
		王胜迁	3.40	700
		张祥	2.10	400
		小计	23.50	4900
	乔北村 5 号井	耿双	3.20	700
		小计	3.20	700
	乔北村 6 号井	张树祥	3.50	700
		耿现忠	4.60	1000
		王绍贵	8.00	1700
		王绍富	4.30	900
		王绍收	3.00	600
		张本明	5.20	1100
		耿加东	2.30	500
		小计	30.90	6500

续表

村名	机井编号	取水户姓名	有效灌溉面积/亩	初始水权/m^3
乔北村	乔北村7号井	王绍辉	5.90	1200
		王绍贵	4.10	900
		耿加东	3.30	700
		小计	13.30	2800
	乔北村8号井	刘屹涵	64.00	13400
		小计	64.00	13400
	乔北村9号井	王家东	23.50	4900
		王世迎	3.40	700
		张小波	22.00	4600
		小计	48.90	10200
	乔北村10号井	王克家	3.60	800
		王圣锋	3.00	600
		张小波	5.70	1200
		小计	12.30	2600
	乔北村11号井	张树民	12.20	2600
		王盛歧	6.70	1400
		王克民	3.40	700
		耿双	20.00	4200
		王圣堂	3.10	600
		小计	45.40	9500
	乔北村12号井	胡秀华	16.70	3500
		小计	16.70	3500
	合计		344.60	72200
东贾村	东贾村2号井	张鸿民	11.60	2400
		小计	11.60	2400
	东贾村3号井	王立财	15.30	3200
		董淑明	2.00	400
		董淑新	4.50	900
		小计	21.80	4600
	东贾村5号井	董淑亮	6.10	1300
		小计	6.10	1300
	合计		39.50	8300
西贾村	西贾村1号井	郝之举	8.00	1700
		小计	8.00	1700

续表

村名	机井编号	取水户姓名	有效灌溉面积/亩	初始水权/m^3
西贾村	西贾村 3 号井 西贾村 12-23 号井	耿静波	658.50	13800
		小计	658.50	13800
	西贾村 4 号井	郝新	4.80	1000
		小计	4.80	1000
	西贾村 5 号井	王希庆	8.30	1700
		郝进	6.70	1400
		小计	15.00	3100
	西贾村 6 号井	郝连	6.80	1400
		郝铁	8.00	1700
		郝之亮	3.80	800
		郝东	2.60	500
		白永祥	7.80	1600
		小计	29.00	6100
	西贾村 7 号井	郝文明	10.40	2200
		郝建平	6.00	1300
		郝雷	6.60	1400
		郝瑞之	4.00	800
		郝之友	5.60	1200
		小计	32.60	6800
	西贾村 8 号井	郝怀勤	6.80	1400
		郝东	6.60	1400
		郝为农	26.40	5500
		小计	39.80	8300
	西贾村 9 号井	罗可祥	4.70	1000
		罗可山	11.40	2400
		王立刚	4.10	900
		罗可水	5.40	1100
		刘良伟	6.30	1300
		王立生	8.20	1700
		王立增	4.00	800
		刘良信	8.60	1800
		耿静波	11.50	2400
		罗可玉	5.80	1200
		小计	70.00	14700

续表

<table>
<tr><th>村名</th><th>机井编号</th><th>取水户姓名</th><th>有效灌溉面积/亩</th><th>初始水权/m³</th></tr>
<tr><td rowspan="11">西贾村</td><td rowspan="5">西贾村10号井</td><td>郝之忠</td><td>5.50</td><td>1200</td></tr>
<tr><td>刘红</td><td>10.60</td><td>2200</td></tr>
<tr><td>郝之春</td><td>2.70</td><td>600</td></tr>
<tr><td>郝勇</td><td>4.00</td><td>800</td></tr>
<tr><td>小计</td><td>22.80</td><td>4800</td></tr>
<tr><td rowspan="3">西贾村11号井</td><td>郝为农</td><td>18.90</td><td>4000</td></tr>
<tr><td>郝东</td><td>26.40</td><td>5500</td></tr>
<tr><td>小计</td><td>45.30</td><td>9500</td></tr>
<tr><td rowspan="2">西贾村12号井</td><td>郝磊</td><td>2.00</td><td>400</td></tr>
<tr><td>小计</td><td>2.00</td><td>400</td></tr>
<tr><td colspan="2">合　　计</td><td>927.80</td><td>194500</td></tr>
<tr><td rowspan="2">城西村</td><td>城西村1-7号井</td><td>霍洪源</td><td>284.82</td><td>59700</td></tr>
<tr><td colspan="2">合　　计</td><td>284.82</td><td>59700</td></tr>
<tr><td colspan="3">示范区合计</td><td>1596.72</td><td>334700</td></tr>
</table>

8.6.1.2 建立水权交易制度

桓台县农业水价综合改革区将水权落实到农民用水者协会和村委会，实行水权转让、水权交易，是节约用水的一项重要经济措施。桓台县实行水权转让公示登记制度，使水权转让公开、公平，保护水权双方拥有者的用水权利。村民水权转让是水权范围内的水量，由于农民用水户所拥有的水权量较小，水权转让实行双方协商形成转让价格。基于当地水资源承载能力，实行严格的总量控制和定额管理。

桓台县规定实行转让的水量不作为原用水户的节约水量。

(1) 水权交易基本条件。桓台县关于农业水权交易做出如下基本规定：

1) 必须是明晰的水权，包括水量、水质、可靠性使用期限和输送能力等内容。

2) 必须是没有争议的水权，是通过合法程序取得的水权。

3) 必须是符合转让原则的安全水权，其交易不会对第三方和环境造成损坏或造成的损害小于潜在的收益。

4) 必须是经过水权管理机关登记注册的水权。

5) 通过“供水分配”方式和政府补偿方式无偿或者低价取得的水权应排除在外。

(2) 水权交易制度的具体内容。政府或其授权的水行政主管部门、灌区管理单位可予以回购；在满足区域内农业用水前提下，推行节水量跨区域、跨行业转让。县级以上水行政主管部门负责制定本行政区域内农业水权交易规则并监督实施，其中，跨行政区域的农业水权交易由上一级水行政主管部门负责监督管理。制定水权交易制度，做到水权交易有章可循。

1) 桓台县成立水权交易管理部门。

2) 明确交易原则：①自愿原则；②平等交易原则；③生态保护原则；④节约用水

原则。

3）建立交易者资格审查制度。水权交易双方要经过资格审查，符合条件才能进行水权交易。

4）建立第三方影响的评估和补偿制度。包括：①上游用水对下游的影响；②向水体排放污染物对水体的其他使用者的影响；③对地区经济发展和就业的间接影响。

5）规范交易方式。水权可采取“协商”与“拍卖”两种方式进行交易。

6）制订交易程序。①水权持有者和购买者分别向取水权交易管理部门提交取水权转让申请书和取水权购买申请书；②取水权交易管理部门对申请书进行登记并依据交易原则进行资格审查和影响评估；③审查合格、评估通过后，发正式批文，水权转让双方方可实施交易行为。

7）规范交易成本与交易价格。

（3）水权证。水量分配完成以及水权主体确定后，由桓台县水务局按照用水总量控制指标，核发水权证。水权证的主要内容包括用途、总量、期限、可转让水量、转让条件等。涉及农民用水者协会和村委会，每个协会和村委会发放水权证 1 个，每个水权主体 1 个，水权证的发放，为落实“总量控制、定额管理”两套指标，促进节约用水发挥了重要的作用。

8.6.2　示范区定额的确定

8.6.2.1　示范区作物需水量计算

1. 生育期内的降水

（1）冬小麦和夏玉米生育期内降水。冬小麦和夏玉米是桓台县的主要经济作物。以冬小麦和夏玉米为对象制定桓台县作物的需水量。冬小麦和夏玉米生育期起止时间见表 8.6-2。冬小麦和夏玉米生育期内降水的统计特征如图 8.6-1 和图 8.6-2 所示。

表 8.6-2　冬小麦和夏玉米生育期起止时间

冬小麦生育期阶段起止时间						
生育期	苗期	越冬期	返青期	拔节期	抽穗期	灌浆期
起止时间	10 月 5 日—12 月 10 日	12 月 11 日至次年 2 月 28 日	3 月 1 日—3 月 31 日	4 月 1 日—4 月 26 日	4 月 27 日—5 月 10 日	5 月 11 日—6 月 5 日

夏玉米生育期阶段起止时间				
生育期	苗期	拔节期	抽穗期	灌浆期
起止时间	6 月 1 日—6 月 25 日	6 月 26 日—7 月 23 日	7 月 24 日—8 月 3 日	8 月 3 日—9 月 20 日

对冬小麦和夏玉米生育期内的降水量进行排频，降水 P-Ⅲ型曲线如图 8.6-3 和图 8.6-4 所示。

（2）冬小麦和夏玉米生育期内有效降水。由式（5.3-2）计算出冬小麦生育期内的有效降水量，见表 8.6-5 和表 8.6-6。由式（5.3-1）结合式（5.3-3），计算出夏玉米次有效降水量，按照生育阶段进行整理，见表 8.6-5 和表 8.6-6。

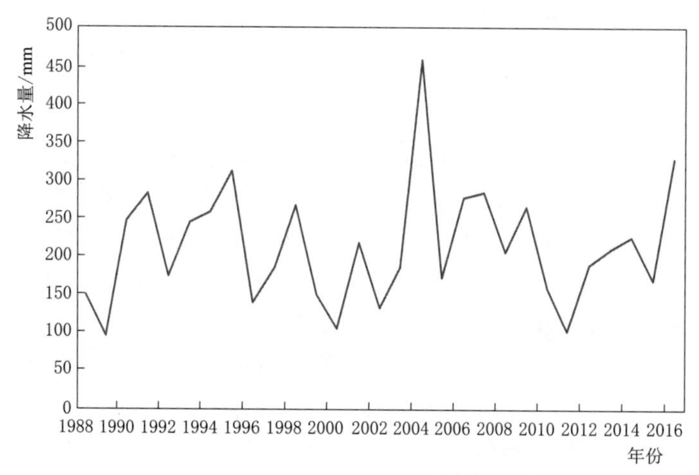

图 8.6-1 冬小麦生育期内降水量

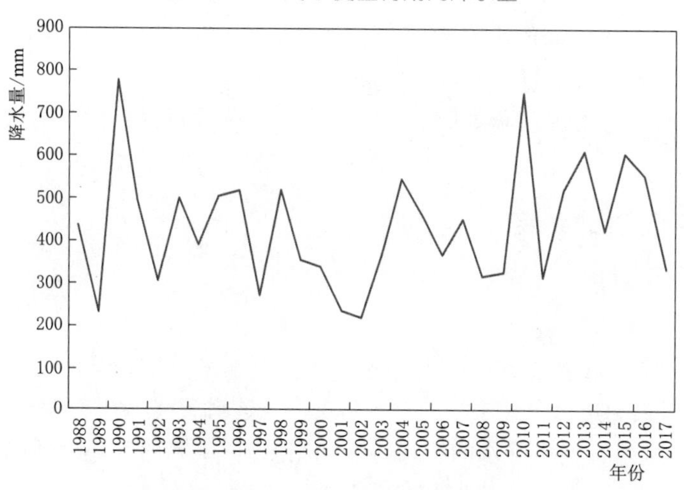

图 8.6-2 夏玉米生育期内降水量

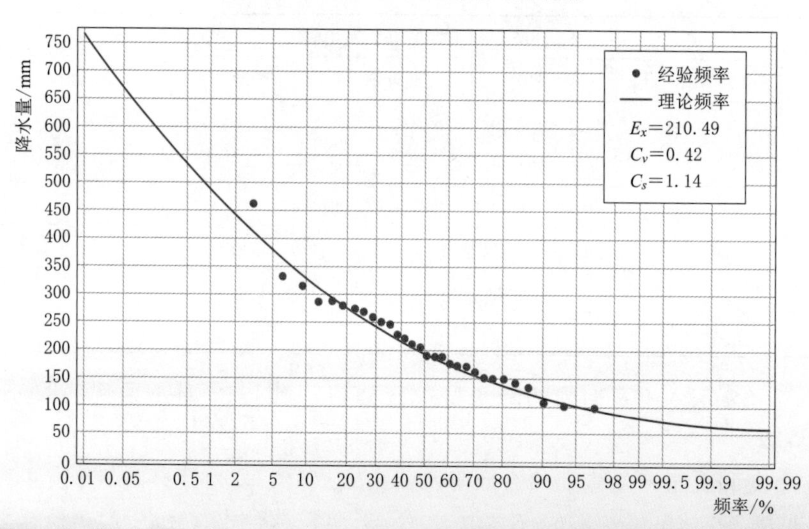

图 8.6-3 冬小麦生育期内降水频率曲线

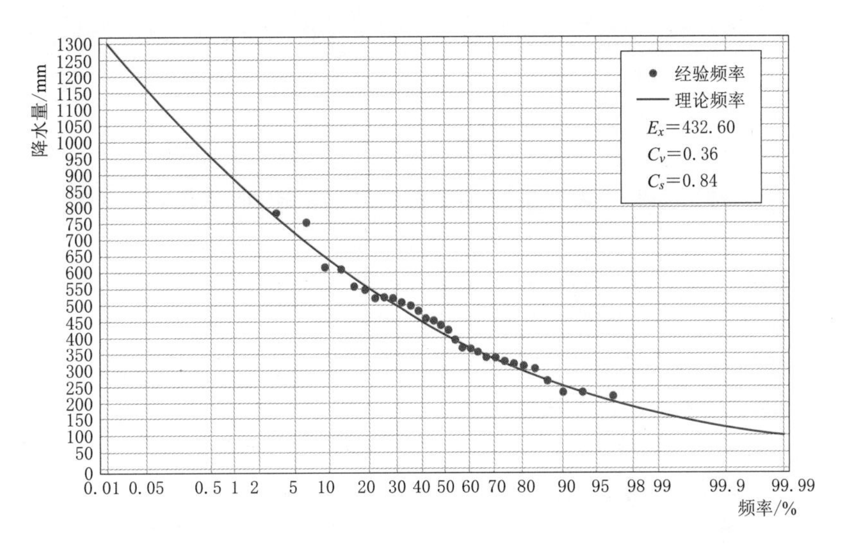

图 8.6-4 夏玉米生育期内降水频率曲线

表 8.6-3 冬小麦不同频率年生育期内降水量 单位：mm

生育阶段	频率		
	25%	50%	75%
苗期	20.50	33.20	39.10
越冬期	11.40	10.50	11.90
返青期	6.40	16.70	5.70
拔节期	55.00	50.90	27.50
抽穗期	81.10	36.30	29.80
灌浆期	90.80	65.10	34.60
合计	265.20	212.70	148.60

表 8.6-4 夏玉米不同频率年生育期内降水量 单位：mm

生育阶段	频率		
	25%	50%	75%
苗期	24.70	102.50	67.00
拔节期	340.40	122.10	116.90
抽穗期	96.80	76.90	66.40
灌浆期	33.60	121.60	49.90
合计	495.50	423.10	300.20

表 8.6-5 冬小麦不同频率年生育期内有效降水量 单位：mm

生育阶段	频率		
	25%	50%	75%
苗期	20.50	33.20	39.10
越冬期	11.40	10.50	11.90
返青期	6.40	16.70	5.70
拔节期	55.00	50.90	27.50
抽穗期	81.10	36.30	29.80
灌浆期	90.80	65.10	34.60
合计	265.20	212.70	148.60

表 8.6-6 夏玉米不同频率年生育期内有效降水量 单位：mm

生育阶段	频率		
	25%	50%	75%
苗期	24.70	72.38	52.31
拔节期	242.11	102.55	108.20
抽穗期	87.58	71.80	58.00
灌浆期	25.28	108.05	46.00
合计	379.67	354.78	264.51

2. 代表点的参照作物蒸发蒸腾量的计算

搜集代表点冬小麦和夏玉米生育期内降水量25%、50%、75%水平年逐日气象资料，包括最高气温、最低气温、平均气温、相对湿度、风速和日照时数等，编制 Penman－

Monteith 公式，计算年逐日参考作物蒸发蒸腾量，计算过程见表 8.6-7～表 8.6-10，计算结果如图 8.6-5～图 8.6-10 所示。仅列出各代表点 50%水平的冬小麦和夏玉米生育期内逐日参考作物蒸发蒸腾量。

从图 8.6-5～图 8.6-10 可以看出，各代表点逐日 ET_0 的变化比较剧烈，并表现出一定的随机性。年内 3—11 月为非冻结期，ET_0 在非冻结期变化较大，数值也较大，最大值一般出现在 5—7 月，为 8.90～10.35mm/d，最小值一般出现在 12 月，大概在 1.05～1.10mm/d 之间。ET_0 的这种变化特点是温度、辐射和风速等因素影响的共同结果。受辐射和温度两个周期性很强的气象因素影响，ET_0 表现出两头小、中间大；受风速等随机性较强的因素影响，ET_0 又表现出一定的随机性（胡庆芳，2005）。冬小麦生育期内，10—12 月变化较小，12 月至翌年 2 月为冻结期，这段时期内 ET_0 的变化稍为平缓，且 ET_0 数值较小，为 0～2mm/d；3—6 月，ET_0 变化剧烈，为 2～8mm/d。夏玉米生育期内，6—9 月，ET_0 变化随机性较大，为 1～10mm/d。

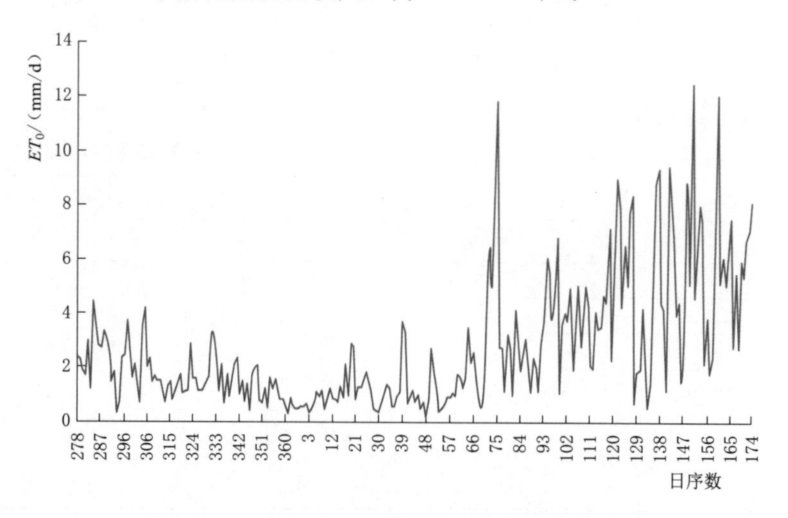

图 8.6-5　冬小麦 25%逐日参考作物蒸发蒸腾量

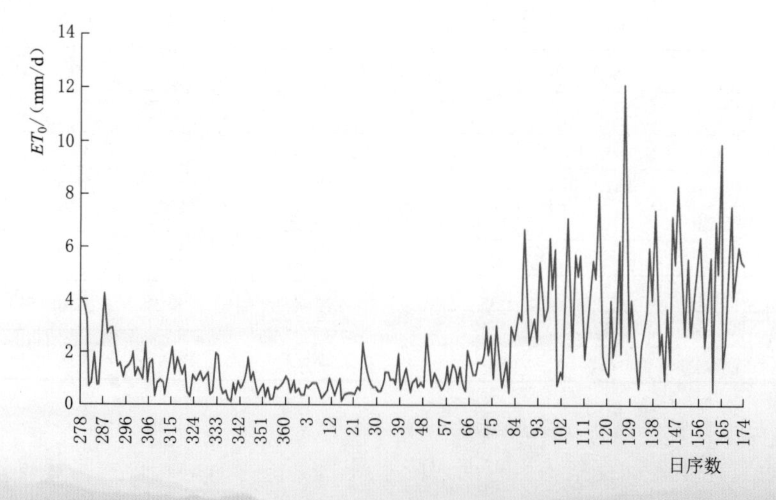

图 8.6-6　冬小麦 50%逐日参考作物蒸发蒸腾量

表 8.6-7 冬小麦逐日参考作物蒸发蒸腾量计算过程 1

月	日	日序	平均气压/kPa	最高气压/kPa	最低气压/kPa	平均气温/℃	最高气温/℃	最低气温/℃	平均相对湿度/%	最小相对湿度/%	最大相对湿度/%	降水量/mm	平均风速/(m/s)	日照时数/h	纬度/(°)	ψ
10	5	278	1.0143	1.0184	1.0113	17.3	23.6	12.6	62	43	81	0	2.6	7.2	37.3	0.65
10	6	279	1.0170	1.0187	1.0133	17.1	23.9	10.9	64	28	100	0	2.2	10.1	37.3	0.65
10	7	280	1.0175	1.0193	1.0152	17.5	25.2	10.8	72	46	98	0	2.2	8.4	37.3	0.65
10	8	281	1.0172	1.0194	1.0153	19.7	26.7	14.5	61	33	89	0	2.0	9.2	37.3	0.65
10	9	282	1.0176	1.019	1.0160	17.4	21.0	15.4	76	61	91	0	1.2	0	37.3	0.65
10	10	283	1.0221	1.0232	1.0190	15.9	19.9	13.3	88	54	122	0	1.2	0	37.3	0.65
10	11	284	1.0226	1.0250	1.0198	15.4	23.3	8.6	73	27	119	0	1.3	8.5	37.3	0.65
10	12	285	1.0172	1.0213	1.0146	17.0	20.5	13.8	78	57	99	0.1	0.9	0	37.3	0.65
10	13	286	1.0124	1.0159	1.0101	15.2	18.2	13.5	82	64	100	1.9	1.8	0.6	37.3	0.65
10	14	287	1.0106	1.0118	1.0098	14.6	21.3	10.5	67	21	113	0	2.7	9.3	37.3	0.65
10	15	288	1.0092	1.0106	1.0080	14.3	20.1	8.4	52	24	80	0	3.4	9.9	37.3	0.65
10	16	289	1.0124	1.0145	1.0100	15.1	23.3	10.1	52	28	76	0	2.4	9.8	37.3	0.65
10	17	290	1.0209	1.0228	1.0145	13.7	21.2	5.8	67	31	103	0	1.9	9.6	37.3	0.65
10	18	291	1.0226	1.0249	1.0204	14.6	22.6	8.9	70	41	99	0	2.4	9.5	37.3	0.65
10	19	292	1.0212	1.0228	1.0189	16.1	23.1	11.3	72	37	107	0	2.0	8.5	37.3	0.65
10	20	293	1.0199	1.0218	1.0178	15.6	23.0	11.2	66	29	103	0	1.4	5.7	37.3	0.65
10	21	294	1.0186	1.0202	1.0166	13.6	22.5	7.0	80	35	125	0	1.2	9.5	37.3	0.65
10	22	295	1.0168	1.0184	1.0147	14.5	22.3	7.5	82	44	120	0	0.7	6.9	37.3	0.65
10	23	296	1.0170	1.0206	1.0148	14.6	17.2	11.6	89	82	96	6.5	2.0	0	37.3	0.65
10	24	297	1.0264	1.0279	1.0207	8.6	13.8	4.9	64	27	101	2.4	2.4	9.8	37.3	0.65

续表

月	日	日序	平均气压/kPa	最高气压/kPa	最低气压/kPa	平均气温/℃	最高气温/℃	最低气温/℃	平均相对湿度/%	最小相对湿度/%	最大相对湿度/%	降水量/mm	平均风速/(m/s)	日照时数/h	纬度/(°)	ψ
10	25	298	1.0291	1.0316	1.0266	9.1	16.0	1.0	54	22	86	0	1.3	9.6	37.3	0.65
10	26	299	1.0247	1.0271	1.0226	10.0	15.1	4.0	58	36	80	0	2.0	3.0	37.3	0.65
10	25	298	1.0291	1.0316	1.0266	9.1	16.0	1.0	54	22	86	0	1.3	9.6	37.3	0.65
10	26	299	1.0247	1.0271	1.0226	10.0	15.1	4.0	58	36	80	0	2.0	3.0	37.3	0.65
10	27	300	1.0233	1.0247	1.0213	12.1	17.4	9.1	73	50	96	0	1.7	7.8	37.3	0.65
10	28	301	1.0239	1.0256	1.0225	12.0	18.0	7.1	76	44	108	0	1.5	4.0	37.3	0.65
10	29	302	1.0214	1.0235	1.019	10.5	18.6	3.1	80	39	121	0	1.0	7.6	37.3	0.65
10	30	303	1.0211	1.0221	1.020	11.2	17.9	6.5	85	62	108	0	1.1	5.8	37.3	0.65
⋮	⋮	⋮	⋮													
5	27	148	1.0065	1.0075	1.0045	26.4	32.3	19.7	54	26	82	0	3.2	12.5	37.3	0.65
5	28	149	1.0111	1.0135	1.0069	27.1	33.3	21.7	55	29	81	0	2.9	11.7	37.3	0.65
5	29	150	1.0110	1.0121	1.0101	23.3	27.8	20.3	57	43	71	0.2	3.2	0	37.3	0.65
5	30	151	1.0137	1.0150	1.0100	21.6	27.5	16.3	61	25	97	0.5	1.6	11.1	37.3	0.65
5	31	152	1.0155	1.0180	1.0123	21.6	28.0	12.9	54	19	89	0	2.2	12.2	37.3	0.65
6	1	153	1.0106	1.0139	1.0081	21.8	25.5	17.0	68	33	103	0.3	1.7	0	37.3	0.65
6	2	154	1.0094	1.0116	1.0067	22.4	28.6	17.5	77	49	105	1.8	2.1	7.1	37.3	0.65
6	3	155	1.0056	1.0083	1.0029	25.0	29.7	19.6	55	37	73	0	2.4	4.6	37.3	0.65
6	4	156	1.0044	1.0063	1.0023	26.2	31.9	20.0	47	30	64	0	2.6	11.4	37.3	0.65
6	5	157	1.0031	1.0048	1.0015	27.7	33.4	21.3	48	26	70	0	2.4	11.1	37.3	0.65

表 8.6-8 冬小麦逐日参考作物蒸发蒸腾量计算过程 2

Z /m	e_s /kPa	Δ /(kPa/℃)	W_s /rad	d_r	R_a /[MJ/(m^2·d)]	e_a /kPa	N /h	R_{nl} /[MJ/(m^2·d)]	R_{ns} /[MJ/(m^2·d)]	R_n /[MJ/(m^2·d)]	G /[MJ/(m^2·d)]	λ /(MJ/kg)	P /kPa	γ	ET /mm
11.7	1.98	0.12	1.78	1.0023	38.89	1.46	13.57	9.68	32.55	22.87	1.63	2.46	101.16	0.07	5.46
11.7	1.95	0.12	1.73	1.0028	37.06	1.30	13.22	13.59	39.77	26.18	1.56	2.46	101.16	0.07	6.41
11.7	2.00	0.13	1.68	1.0034	34.98	1.30	12.83	11.22	31.60	20.37	1.71	2.46	101.16	0.07	5.21
11.7	2.30	0.14	1.63	1.0040	32.67	1.65	12.43	10.89	30.93	20.05	2.55	2.45	101.16	0.07	4.99
11.7	1.99	0.13	1.57	1.0045	30.21	1.75	12.02	0.55	5.82	5.27	1.67	2.46	101.16	0.07	1.07
11.7	1.81	0.12	1.52	1.0051	27.69	1.53	11.62	0.58	5.33	4.75	1.10	2.46	101.16	0.07	1.11
11.7	1.75	0.11	1.47	1.0057	25.18	1.12	11.22	10.34	20.68	10.35	0.91	2.46	101.16	0.07	2.79
11.7	1.94	0.12	1.42	1.0062	22.79	1.58	10.83	0.57	4.39	3.82	1.52	2.46	101.16	0.07	0.81
11.7	1.73	0.11	1.37	1.0068	20.60	1.55	10.47	1.11	4.82	3.70	0.84	2.47	101.16	0.07	0.87
11.7	1.66	0.11	1.33	1.0073	18.69	1.27	10.14	9.69	15.22	5.54	0.61	2.47	101.16	0.07	1.73
11.7	1.63	0.11	1.29	1.0079	17.12	1.10	9.86	10.36	14.32	3.96	0.49	2.47	101.16	0.07	1.87
11.7	1.72	0.11	1.26	1.0084	15.95	1.24	9.64	9.93	13.01	3.08	0.80	2.47	101.16	0.07	1.30
11.7	1.57	0.10	1.24	1.0090	15.21	0.92	9.50	10.26	12.07	1.81	0.27	2.47	101.16	0.07	1.28
11.7	1.66	0.11	1.24	1.0095	14.90	1.14	9.44	9.65	11.68	2.03	0.61	2.47	101.16	0.07	1.20
11.7	1.83	0.12	1.24	1.0101	15.05	1.34	9.46	8.31	10.88	2.57	1.18	2.46	101.16	0.07	1.01
11.7	1.77	0.11	1.25	1.0106	15.65	1.33	9.58	5.85	8.65	2.80	0.99	2.46	101.16	0.07	0.88
11.7	1.56	0.10	1.28	1.0111	16.68	1.00	9.77	10.32	13.42	3.10	0.23	2.47	101.16	0.07	1.18
11.7	1.65	0.11	1.31	1.0117	18.12	1.04	10.03	7.79	11.76	3.97	0.57	2.47	101.16	0.07	1.16
11.7	1.66	0.11	1.35	1.0122	19.94	1.37	10.34	0.59	3.84	3.25	0.61	2.47	101.16	0.07	1.00

续表

Z /m	e_s /kPa	Δ /(kPa/℃)	W_s /rad	d_r	R_a /[MJ/(m^2·d)]	e_a /kPa	N /h	R_{nl} /[MJ/(m^2·d)]	R_{ns} /[MJ/(m^2·d)]	R_n /[MJ/(m^2·d)]	G /[MJ/(m^2·d)]	λ /(MJ/kg)	P /kPa	γ	ET /mm
11.7	1.12	0.08	1.40	1.0127	22.07	0.87	10.69	11.22	19.49	8.28	−1.67	2.48	101.16	0.07	2.21
11.7	1.16	0.08	1.45	1.0133	24.43	0.66	11.07	12.17	21.82	9.66	−1.48	2.48	101.16	0.07	2.75
11.7	1.23	0.08	1.50	1.0138	26.95	0.81	11.46	4.22	11.30	7.09	−1.14	2.48	101.16	0.07	2.23
11.7	1.41	0.09	1.55	1.0143	29.53	1.16	11.87	9.53	23.72	14.19	−0.34	2.47	101.16	0.07	3.29
11.7	1.40	0.09	1.61	1.0148	32.09	1.01	12.28	5.58	16.57	10.99	−0.38	2.47	101.16	0.07	2.83
11.7	1.27	0.08	1.66	1.0153	34.52	0.76	12.68	11.03	28.59	17.56	−0.95	2.48	101.16	0.07	4.28
11.7	1.33	0.09	1.71	1.0158	36.76	0.97	13.07	8.34	25.46	17.12	−0.68	2.47	101.16	0.07	4.06
11.7	1.52	0.10	1.76	1.0163	38.75	1.02	13.44	10.77	32.89	22.12	0.08	2.47	101.16	0.07	5.24
⋮	⋮	⋮													
11.7	3.44	0.20	1.28	0.9727	16.19	2.30	9.80	9.98	16.20	6.21	5.09	2.44	101.16	0.07	2.00
11.7	3.59	0.21	1.32	0.9724	17.61	2.60	10.06	8.77	17.07	8.29	5.36	2.44	101.16	0.07	2.10
11.7	2.86	0.17	1.36	0.9721	19.38	2.38	10.38	0.47	3.73	3.26	3.91	2.45	101.16	0.07	0.64
11.7	2.58	0.16	1.40	0.9718	21.44	1.85	10.73	10.75	20.97	10.22	3.27	2.45	101.16	0.07	2.48
11.7	2.58	0.16	1.45	0.9715	23.71	1.49	11.11	13.52	25.77	12.25	3.27	2.45	101.16	0.07	3.61
11.7	2.61	0.16	1.51	0.9712	26.12	1.94	11.51	0.53	5.03	4.49	3.34	2.45	101.16	0.07	0.98
11.7	2.71	0.16	1.56	0.9709	28.57	2.00	11.92	7.52	21.44	13.92	3.57	2.45	101.16	0.07	3.45
11.7	3.17	0.19	1.61	0.9707	30.98	2.28	12.33	4.82	17.55	12.72	4.56	2.44	101.16	0.07	3.20
11.7	3.40	0.20	1.67	0.9704	33.26	2.34	12.73	11.54	38.24	26.69	5.02	2.44	101.16	0.07	7.02
11.7	3.72	0.22	1.72	0.9702	35.35	2.53	13.12	10.98	40.76	29.77	5.59	2.44	101.16	0.07	7.89

表 8.6-9 夏玉米逐日参考作物蒸发蒸腾量计算过程 1

月	日	日序	平均气压/kPa	最高气压/kPa	最低气压/kPa	平均气温/℃	最高气温/℃	最低气温/℃	平均相对湿度/%	最小相对湿度/%	最大相对湿度/%	降水量/mm	平均风速/(m/s)	日照时数/h	纬度/(°)	ψ
6	1	152	1.0069	1.0089	1.0046	24.3	33.0	13.5	57	36	78	0	2.0	12.9	37.3	0.65
6	2	153	1.0035	1.0059	1.0004	27.1	33.7	21.2	44	25	63	0	5.0	11.3	37.3	0.65
6	3	154	1.0030	1.0053	1.0009	26.1	29.1	19.6	42	29	55	0.2	3.0	2.4	37.3	0.65
6	4	155	1.0070	1.0094	1.0034	23.9	30.7	17.0	54	24	84	0	2.5	8.3	37.3	0.65
6	5	156	1.0111	1.0130	1.0096	21.7	29.1	17.2	76	36	116	0	3.3	9.3	37.3	0.65
6	6	157	1.0094	1.0112	1.0067	24.5	31.6	17.9	67	36	98	0	2.0	10.7	37.3	0.65
6	7	158	1.0076	1.0089	1.0058	25.0	28.6	21.2	60	43	77	0	3.8	7.4	37.3	0.65
6	8	159	1.0073	1.0085	1.0057	24.6	30.4	18.0	59	42	76	0	2.0	11.1	37.3	0.65
6	9	160	1.0073	1.0092	1.0049	25.6	30.6	19.2	59	38	80	0	2.8	11.5	37.3	0.65
6	10	161	1.0042	1.0060	1.0012	26.6	32.4	19.8	54	32	76	0	3.3	12.1	37.3	0.65
6	11	162	1.0026	1.0039	1.0000	27.9	32.8	22.7	47	33	61	0	4.8	11.1	37.3	0.65
6	12	163	1.0032	1.0041	1.0013	25.9	31.4	19.8	51	24	78	0	3.0	9.2	37.3	0.65
6	13	164	1.0055	1.0073	1.0030	25.2	31.6	17.5	57	35	79	0	3.3	11.7	37.3	0.65
6	14	165	1.0053	1.007	1.0031	27.1	33.7	18.0	51	29	73	0	1.8	12.8	37.3	0.65
6	15	166	1.0037	1.0052	1.0018	28.3	35.9	18.8	52	20	84	0	2.0	13.9	37.3	0.65
6	16	167	1.0039	1.0054	1.0022	28.8	34.9	21.6	53	34	72	0	3.0	5.9	37.3	0.65
6	17	168	1.0037	1.0048	1.0019	28.5	35.3	23.3	48	23	73	0	3.0	12.6	37.3	0.65
6	18	169	1.0047	1.0058	1.0032	28.0	36.0	18.4	48	20	76	0	2.3	13.8	37.3	0.65
6	19	170	1.0075	1.0094	1.0049	27.4	34.4	20.4	55	27	83	0	3.8	12.2	37.3	0.65

续表

月	日	日序	平均气压/kPa	最高气压/kPa	最低气压/kPa	平均气温/℃	最高气温/℃	最低气温/℃	平均相对湿度/%	最小相对湿度/%	最大相对湿度/%	降水量/mm	平均风速/(m/s)	日照时数/h	纬度/(°)	ψ
6	20	171	1.0082	1.0104	1.0055	28.8	34.4	22.0	46	31	61	0	2.0	11.4	37.3	0.65
6	21	172	1.0067	1.0081	1.0051	26.6	31.0	23.4	55	36	74	0	2.5	1.2	37.3	0.65
6	22	173	1.0044	1.0065	1.0016	23.8	29.8	20.1	62	36	88	0	4.3	11.0	37.3	0.65
6	23	174	1.0029	1.0046	1.0004	26.4	32.6	19.8	68	53	83	0	2.0	7.1	37.3	0.65
6	24	175	1.0008	1.0062	0.9979	26.9	32.5	19.9	80	55	105	33.4	2.3	11.0	37.3	0.65
6	25	176	0.9942	0.9986	0.9905	21.4	29.6	19.0	88	62	114	39.2	4.8	1.7	37.3	0.65
6	26	177	0.9959	0.9966	0.9947	26.0	31.4	19.3	68	47	89	0	4.0	11.9	37.3	0.65
6	27	178	1.0004	1.0017	0.9950	27.1	30.7	23.1	77	63	91	0	2.0	6.8	37.3	0.65
6	28	179	1.0032	1.0050	1.0019	29.3	34.2	24.8	79	55	103	0	2.0	7.8	37.3	0.65
6	29	180	0.9985	1.0025	0.9952	26.4	30.4	23.9	89	77	101	9.1	2.3	0	37.3	0.65
6	30	181	0.9961	0.9970	0.9953	22.5	24.9	20.4	92	84	100	0	2.3	0	37.3	0.65
⋮	⋮	⋮	⋮	⋮												
9	13	256	1.0201	1.0216	1.0187	19.1	26.4	11.2	59	27	91	0	2.3	12.0	37.3	0.65
9	14	257	1.0200	1.0221	1.0188	19.0	25.9	10.6	60	33	87	0	2.3	11.1	37.3	0.65
9	15	258	1.0200	1.0212	1.0187	18.8	25.9	11.8	70	31	109	0	2.0	11.0	37.3	0.65
9	16	259	1.0174	1.0204	1.0147	18.5	25.7	11.7	78	42	114	0	1.0	8.6	37.3	0.65
9	17	260	1.0101	1.0152	1.0071	19.6	26.9	14.9	69	34	104	0	1.8	10.4	37.3	0.65
9	18	261	1.0044	1.0081	1.0015	20.6	28.1	12.8	61	34	88	0	2.0	11.6	37.3	0.65
9	19	262	1.0053	1.0074	1.0020	19.1	25.1	15.8	63	28	98	0.7	2.5	9.0	37.3	0.65
9	20	263	1.0110	1.0122	1.0074	17.6	25.2	11.3	69	31	107	0	1.3	8.6	37.3	0.65

表 8.6-10 夏玉米逐日参考作物蒸发蒸腾量计算过程 2

Z /m	e_s /kPa	Δ /(kPa/℃)	W_s /rad	d_r	R_a /[MJ/(m^2·d)]	e_a /kPa	N /h	R_{nl} /[MJ/(m^2·d)]	R_{ns} /[MJ/(m^2·d)]	R_n /[MJ/(m^2·d)]	G /[MJ/(m^2·d)]	λ /(MJ/kg)	P /kPa	γ	ET /mm
11.7	3.04	0.18	1.45	0.9715	23.71	1.55	11.11	14.55	26.98	12.43	4.29	2.44	101.06	0.067	3.73
11.7	3.59	0.21	1.51	0.9712	26.12	2.52	11.51	9.93	27.44	17.50	5.36	2.44	102.06	0.067	5.09
11.7	3.38	0.20	1.56	0.9709	28.57	2.28	11.92	2.67	10.89	8.22	4.98	2.44	103.06	0.067	2.40
11.7	2.97	0.18	1.61	0.9707	30.98	1.94	12.33	9.29	26.87	17.58	4.14	2.44	104.06	0.067	4.75
11.7	2.60	0.16	1.67	0.9704	33.26	1.96	12.73	10.46	32.37	21.91	3.31	2.45	105.06	0.067	5.41
11.7	3.08	0.18	1.72	0.9702	35.35	2.05	13.12	12.20	39.53	27.33	4.37	2.44	106.06	0.067	7.13
11.7	3.17	0.19	1.76	0.9699	37.20	2.52	13.48	7.46	31.64	24.18	4.56	2.44	107.06	0.067	5.88
11.7	3.09	0.18	1.81	0.9697	38.76	2.06	13.82	13.12	46.67	33.55	4.41	2.44	108.06	0.067	8.78
11.7	3.28	0.19	1.85	0.9695	40.01	2.23	14.11	13.19	50.51	37.32	4.79	2.44	109.06	0.067	9.80
11.7	3.48	0.20	1.88	0.9693	40.95	2.31	14.33	13.88	54.72	40.84	5.17	2.44	110.06	0.067	10.87
11.7	3.76	0.22	1.90	0.9691	41.55	2.76	14.49	11.13	52.07	40.94	5.66	2.44	111.06	0.067	10.53
11.7	3.34	0.20	1.91	0.9689	41.82	2.31	14.56	10.76	45.00	34.25	4.90	2.44	112.06	0.067	8.98
11.7	3.21	0.19	1.90	0.9687	41.76	2.00	14.55	14.91	54.91	40.01	4.64	2.44	113.06	0.067	10.68
11.7	3.59	0.21	1.89	0.9685	41.36	2.06	14.45	16.08	58.40	42.33	5.36	2.44	114.06	0.067	11.64
11.7	3.85	0.22	1.87	0.9683	40.63	2.17	14.26	16.92	60.96	44.04	5.81	2.43	115.06	0.067	12.29
11.7	3.96	0.23	1.83	0.9682	39.58	2.58	14.02	6.40	29.21	22.80	6.00	2.43	116.06	0.067	6.30
11.7	3.89	0.23	1.79	0.9680	38.21	2.86	13.71	11.70	50.89	39.20	5.89	2.43	117.06	0.067	10.27
11.7	3.78	0.22	1.75	0.9679	36.54	2.12	13.37	16.05	51.48	35.43	5.70	2.43	118.06	0.067	9.94
11.7	3.65	0.21	1.70	0.9678	34.59	2.40	12.99	12.55	42.82	30.28	5.47	2.44	119.06	0.067	8.33

续表

Z /m	e_s /kPa	Δ /(kPa/℃)	W_s /rad	d_r	R_a /[MJ/(m^2·d)]	e_a /kPa	N /h	R_{nl} /[MJ/(m^2·d)]	R_{ns} /[MJ/(m^2·d)]	R_n /[MJ/(m^2·d)]	G /[MJ/(m^2·d)]	λ /(MJ/kg)	P /kPa	γ	ET /mm
11.7	3.96	0.23	1.65	0.9677	32.43	2.64	12.60	10.51	36.96	26.45	6.00	2.43	120.06	0.067	6.98
11.7	3.48	0.20	1.60	0.9676	30.09	2.88	12.19	1.33	8.70	7.37	5.17	2.44	121.06	0.067	1.31
11.7	2.95	0.18	1.54	0.9675	27.66	2.35	11.78	10.16	28.97	18.80	4.10	2.44	122.06	0.067	4.57
11.7	3.44	0.20	1.49	0.9674	25.21	2.31	11.38	6.74	18.29	11.54	5.09	2.44	123.06	0.067	2.88
11.7	3.55	0.21	1.44	0.9673	22.84	2.32	10.99	9.78	22.60	12.82	5.28	2.44	124.06	0.067	3.38
11.7	2.55	0.16	1.39	0.9672	20.63	2.20	10.61	1.92	6.43	4.50	3.19	2.45	125.06	0.067	1.12
11.7	3.36	0.20	1.34	0.9672	18.66	2.24	10.27	10.08	18.63	8.56	4.94	2.44	126.06	0.067	2.91
11.7	3.59	0.21	1.30	0.9671	17.01	2.83	9.97	4.75	10.88	6.13	5.36	2.44	127.06	0.067	0.95
11.7	4.08	0.24	1.27	0.9671	15.71	3.13	9.72	4.81	10.89	6.07	6.19	2.43	128.06	0.067	0.80
11.7	3.44	0.20	1.25	0.9670	14.82	2.97	9.55	0.39	2.85	2.46	5.09	2.44	129.06	0.067	−0.17
11.7	2.73	0.17	1.24	0.9670	14.34	2.40	9.45	0.46	2.76	2.30	3.61	2.45	130.06	0.067	0.10
11.7	2.21	0.14	1.25	0.9900	15.00	1.33	9.51	11.85	14.19	2.34	2.32	2.46	205.06	0.067	1.29
11.7	2.20	0.14	1.27	0.9905	15.82	1.28	9.67	11.29	14.24	2.95	2.28	2.46	206.06	0.067	1.50
11.7	2.17	0.14	1.30	0.9910	17.05	1.38	9.90	11.12	15.52	4.40	2.20	2.46	207.06	0.067	1.54
11.7	2.13	0.13	1.33	0.9916	18.66	1.38	10.19	9.08	14.37	5.29	2.09	2.46	208.06	0.067	1.34
11.7	2.28	0.14	1.38	0.9921	20.61	1.69	10.52	10.33	18.84	8.51	2.51	2.45	209.06	0.067	2.13
11.7	2.43	0.15	1.42	0.9927	22.83	1.48	10.89	12.68	23.41	10.73	2.89	2.45	210.06	0.067	3.07
11.7	2.21	0.14	1.48	0.9933	25.24	1.80	11.28	9.23	21.75	12.52	2.32	2.46	211.06	0.067	2.97
11.7	2.01	0.13	1.53	0.9938	27.75	1.34	11.68	10.38	23.73	13.35	1.75	2.46	212.06	0.067	3.41

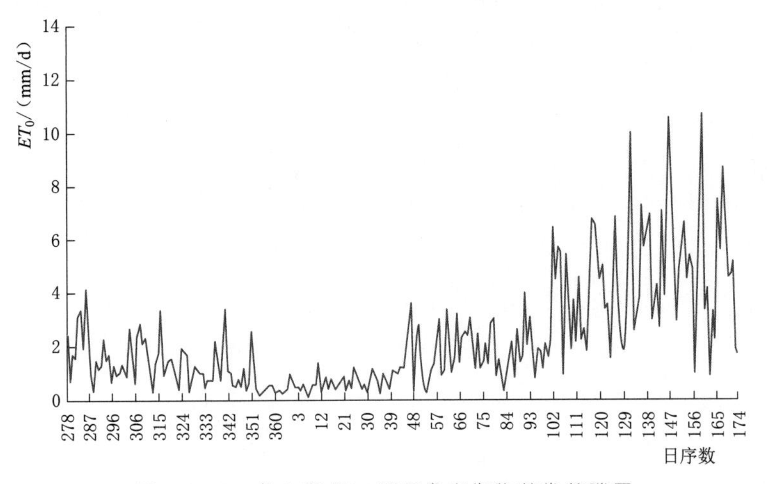

图 8.6-7 冬小麦 75%逐日参考作物蒸发蒸腾量

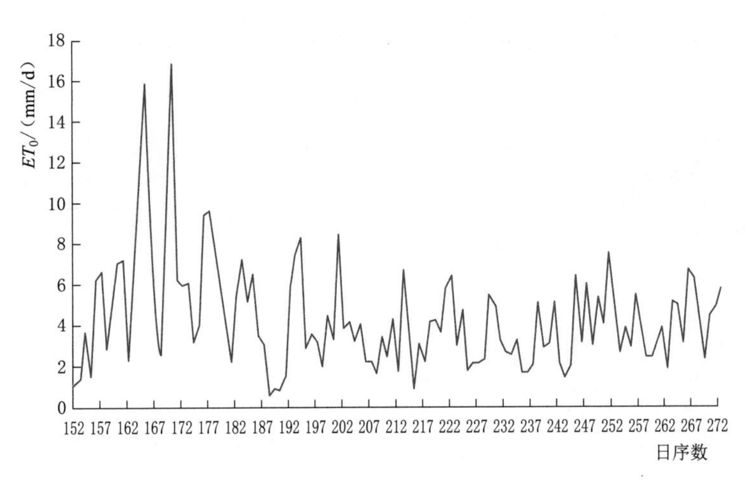

图 8.6-8 夏玉米 25%逐日参考作物蒸发蒸腾量

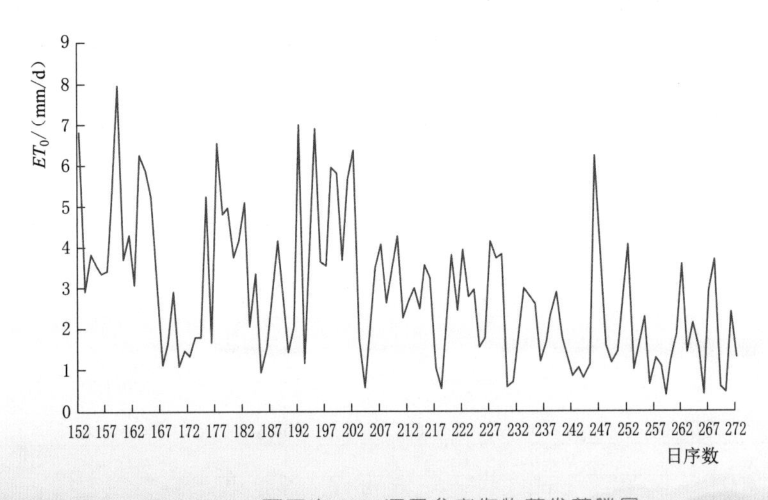

图 8.6-9 夏玉米 50%逐日参考作物蒸发蒸腾量

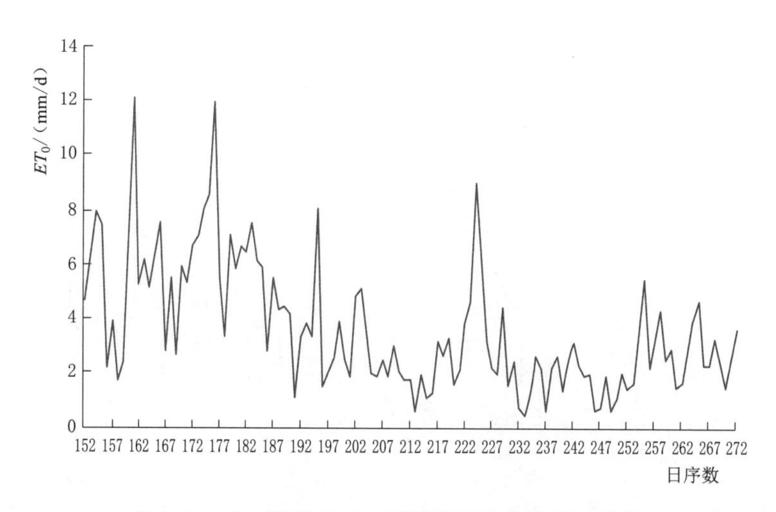

图 8.6-10 夏玉米 75%逐日参考作物蒸发蒸腾量

各代表点的冬小麦和夏玉米生育不同生育阶段的参考蒸发蒸腾量见表 8.6-11 和表 8.6-12。

表 8.6-11 冬小麦生育期内参考蒸发蒸腾量 单位：mm

生育阶段	频率		
	25%	50%	75%
苗期	190.87	188.91	199.52
越冬期	206.50	202.20	205.94
返青期	86.12	87.71	83.57
拔节期	88.86	85.91	74.58
抽穗期	96.44	97.96	93.68
灌浆期	81.93	82.13	94.93
合计	750.70	744.81	752.22

表 8.6-12 夏玉米生育期内参考蒸发蒸腾量 单位：mm

生育阶段	频率		
	25%	50%	75%
苗期	182.58	173.04	173.04
拔节期	126.97	121.76	121.76
抽穗期	32.36	39.09	26.07
灌浆期	172.65	170.91	187.53
合计	514.56	504.80	517.97

3. 作物系数和作物需水量

（1）作物系数取值。根据 5.3 中的取值方法，具体取值见表 8.6-13 和表 8.6-14。

表 8.6-13 冬小麦作物系数表

旬 序	作物系数	旬 序	作物系数
29	0.60	5	0.40
30	0.60	6	0.40
31	0.60	7	0.40
32	0.60	8	0.50
33	0.60	9	0.60
34	0.40	10	0.70
35	0.40	11	0.80
36	0.40	12	1.00
1	0.40	13	1.17
2	0.40	14	1.17
3	0.40	15	1.17
4	0.40	16	0.60

表 8.6-14 夏玉米作物系数表

旬　序	作物系数	旬　序	作物系数
16	0.52	22	1.13
17	0.52	23	1.13
18	0.72	24	1.13
19	0.92	25	0.90
20	1.13	26	0.70
21	1.13	27	0.70

（2）冬小麦和夏玉米生育期内需水量计算。已知参照作物需水量 ET_0 后，则采用作物系数 K_c 对 ET_0 进行修正，即得作物需水量 ET，即式（5.3-25），计算出的冬小麦和夏玉米生育期内的需水量见表 8.6-15 和表 8.6-16。

表 8.6-15 冬小麦生育期内需水量

单位：mm

生育阶段	频　率		
	25%	50%	75%
苗期	107.85	96.96	112.26
越冬期	82.60	80.88	82.38
返青期	56.21	57.71	51.46
拔节期	81.29	78.30	68.08
抽穗期	109.09	111.65	106.09
灌浆期	79.66	76.57	100.04
合计	516.70	502.06	520.32

表 8.6-16 夏玉米生育期内需水量

单位：mm

生育阶段	频　率		
	25%	50%	75%
苗期	99.73	92.63	106.18
拔节期	137.19	131.58	115.94
抽穗期	36.57	44.18	29.46
灌浆期	181.21	178.87	175.30
合计	454.70	447.26	426.87

（3）冬小麦和夏玉米生育期内需水量比较。如图 8.6-11 和图 8.6-12 所示：25%、50%和 75%水平下，各生育期内冬小麦需水量的差值不大，其中苗期和灌浆期的需水差值较大，分别相差 15.00mm 和 13.00mm，其余生育期需水量差值在 5.00mm 左右；因夏玉米生育期集中在雨季，夏玉米需水量的差值较冬小麦大，其中拔节期的差值最大，为 21.00mm。

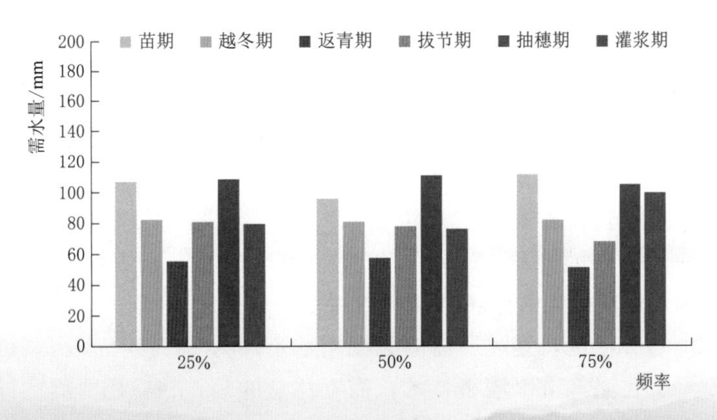

图 8.6-11 冬小麦不同频率年需水量对比

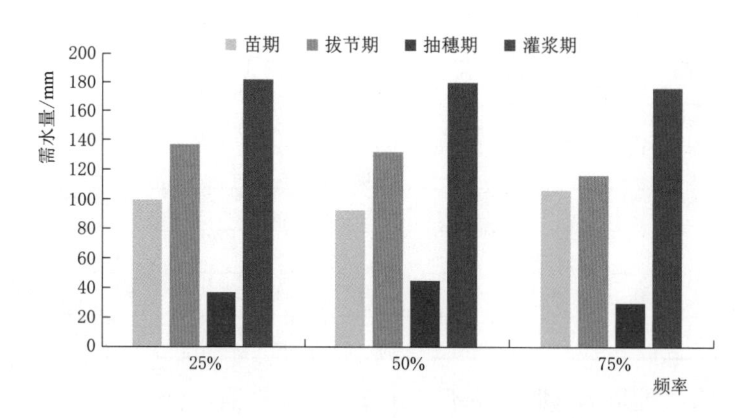

图 8.6-12 夏玉米不同频率年需水量对比

8.6.2.2 冬小麦夏玉米灌溉定额确定

农作物的灌溉净定额可由式（8.6-1）得到，冬小麦和夏玉米的实际灌溉定额单位为mm，转换成 m^3/亩，则需通过以下公式：

$$m_i = 0.667(ET_i - PE - QR - WS_a) \tag{8.6-1}$$

或

$$m_i = 0.667I_n \tag{8.6-2}$$

式中 m_i——分区内某种作物的灌溉用水量，m^3/亩；

ET_i——分区内作物的需水量，mm。

按照式（8.6-1），得到冬小麦和夏玉米灌溉净定额，见表 8.6-17。

表 8.6-17 冬小麦和夏玉米净灌溉定额 单位：m^3/亩

生育阶段	水平年		
	25%	50%	75%
冬小麦	127.73	152.98	207.92
夏玉米	23.36	35.00	81.62

灌溉水利用系数是指灌入田间供给作物需水的水量与渠首引进总水量的比值。得到冬小麦和夏玉米的净灌溉定额后，可用式（8.6-3）得到冬小麦和夏玉米的灌溉定额，结果见表 8.6-18。

$$m_i = m/\eta \tag{8.6-3}$$

式中 m_i——分区内某种作物的灌溉用水量，m^3/亩。

根据《中国主要作物主要需水量与灌溉》，确定冬小麦和夏玉米的灌溉水利用系数，示范区内冬小麦和夏玉米的灌溉方式分为管灌和喷灌，其灌溉水利用系数与灌溉方式有关，分别选取 0.80 和 0.85。由计算结果可以看出，50%水文年（平水年）喷灌所需的灌溉用水定额为 221.00m^3/亩，管灌所需的灌溉用水定额为 235.00m^3/亩。因此，在示范区应该大力推广喷灌、管灌等节水灌溉技术，需要注意的是，在应用管灌的同时应该与改进地面畦灌结合起来，才能达到较好的节水效果。

表 8.6-18 冬小麦和夏玉米灌溉定额（水平年） 单位：m^3/亩

作物	灌溉方式	25%	50%	75%
冬小麦	管灌	160.00	191.00	260.00
	喷灌	150.00	180.00	245.00
夏玉米	管灌	29.00	44.00	102.00
	喷灌	27.00	41.00	96.00
合计	管灌	189.00	235.00	362.00
	喷灌	178.00	221.00	341.00

由作物需水量、生育期内有效降水量、地下水补给量以及非工程措施的节水量，计算示范区冬小麦和夏玉米的25%（丰水年）、50%（平水年）和75%（枯水年）保证率下净灌溉定额，选择不同灌溉方式的灌溉水利用系数，进而得到管灌和喷灌两种灌溉方式下的毛灌溉定额，为桓台县冬小麦和夏玉米不同水文年的灌溉水量提供依据和指导。

8.6.2.3 冬小麦和夏玉米灌溉定额对比分析

对示范区内主要粮食作物冬小麦和夏玉米的用水情况进行实地调查结果表明，目前示范区内部分农户仍然采用田间畦田灌溉的形式进行补充灌溉。在一般平水年份（50%水文年型），冬小麦灌溉制度为“五水”左右，分别为播种水、入冬水、返青水、拔节水、灌浆水5次灌水，每次灌水定额为60.00～80.00m^3/亩；一般平水年份（50%水文年型），夏玉米的灌溉制度为“两水”，分别是播种水和拔节水2次灌水，每次灌水定额为60.00～80.00m^3/亩。示范区内冬小麦和夏玉米轮作合计年灌溉定额为420.00～560.00m^3/亩，这种管理粗放的灌溉方式与政府分配的水资源量计算得到的亩均水权209.60m^3/亩有很大的差距。示范区如果能够采用合理的节水灌溉方式（包括管灌、喷灌等），经过计算（表8.6-18），一般平水年份（50%水文年型），冬小麦灌溉制度由“五水”调减到“四水”，夏玉米灌溉制度由“两水”调减到“一水”，采用管灌的灌溉方式，冬小麦灌溉定额为191.00m^3/亩，夏玉米灌溉定额为44.00m^3/亩，合计年灌溉定额为235.00m^3/亩左右（管灌方式）；采用喷灌的灌溉方式，冬小麦灌溉定额为180.00m^3/亩，夏玉米灌溉定额为41.00m^3/亩，合计年灌溉定额为221.00m^3/亩左右（喷灌方式）。虽然离政府分配的水资源量计算得到的亩均水权仍有11.40～25.40m^3/亩的差距，但是较当地老百姓常用的畦灌方式节约了大量的水资源，考虑到示范区当地的水资源实际情况以及老百姓的接受程度等因素，为了提高农民对示范区限采方案的支持，逐步达到减少地下水超采、节约用水的目的，现提出示范区“亩均限采水量”的概念。平水年管灌、喷灌的冬小麦和夏玉米毛灌溉定额之和分别为235.00m^3/亩、221.00m^3/亩，为了鼓励农户采取更节水的灌溉方式，以平水年管灌的冬小麦和夏玉米毛灌溉定额之和235.00m^3/亩，作为选取“亩均限采水量”的依据。待农户接受限采方案和节水灌溉方式后，逐步将“亩均限采水量”减小到亩均水权以下。“亩均限采水量”是超定额累进加价用水最低量级，也是示范区农业水价奖补措施的依据。是目前发展阶段示范区冬小麦夏玉米的推荐灌溉定额。

随着老百姓逐渐地接受先进的节水灌溉技术和农业节水理念，若将来采用用水效率更高的滴灌方式的话，经过核算（表8.6-19），在一般平水年份（50%水文年型），并且在采用非充分灌溉制度的基础上，冬小麦的灌溉定额为 170.00m³/亩左右（滴灌方式），夏玉米的灌溉定额为 39.00m³/亩左右（滴灌方式），示范区冬小麦和夏玉米轮作合计年灌溉定额为 209.00m³/亩左右（滴灌方式），可以达到政府分配的水资源量计算得到的亩均水权 209.60m³/亩的要求和标准，这也是下一步示范区农业节水的发展方向和最终目标。

表 8.6-19　冬小麦夏玉米灌溉定额对比分析　单位：m³/亩

项目	灌溉方式	灌溉定额		
		冬小麦	夏玉米	综合
现状实际情况	管灌	300.00～400.00	120.00～160.00	420.00～560.00
近期节水灌溉	管灌	191.00	44.00	235.00
	喷灌	180.00	41.00	221.00
远期节水灌溉	滴灌	170.00	39.00	209.00

8.6.3 水价测算与定价方案

8.6.3.1 水价构成

1. 桓台县各行业水价及构成

按照国家发展和改革委员会和水利部 2004 年 1 月施行的《水利工程供水价格管理办法》和《水利建设项目经济评价规范》（SL 72—2013），水利工程供水成本指正常供水过程中发生的直接材料费、员工工资福利费、其他直接支出以及固定资产折旧费、修理费等制造费用。水价制定按照补偿成本、合理收益、优质优价、公平负担的原则制定，并根据供水成本、费用及市场供求的变化情况适时调整。根据调研资料，桓台县目前的用水包括城区居民生活用水、农村居民生活用水、工业用水和农业用水。目前示范区的农村生活用水采用桓台县 2011 年政府 70 号文件，按照基本水价 1.40 元/m³ 执行，桓台县城区居民生活用水水价由基本水价、污水处理费和水资源税三项构成，城区居民生活用水执行阶梯水价，第一阶梯年生活用水量在 0～144m³，按照 2.52 元/m³ 执行；第二阶梯年生活用水量在 144～288m³，按照 3.13 元/m³ 执行；第三阶梯年生活用水量在 288m³ 以上，按照 4.96 元/m³ 执行。工业用水按照非居民用水价格执行，非居民用水价格包括基本水价 1.22 元/m³、污水处理费 1.20 元/m³ 和水资源税 0.90 元/m³ 构成，按照 3.32 元/m³ 执行，见表 8.6-20。目前示范区农业灌溉不收取水费，农户只缴纳抽水电费。

表 8.6-20　现行售水价格一览表

用水类别	分类	水量/m³	综合水价/(元/m³)	基本水价/(元/m³)	污水处理费/(元/m³)	水资源税/(元/m³)	备注
城区居民生活用水	第一阶梯	0～144（含）	2.52	1.22	1.00	0.30	淄价字〔2016〕38 号文件、淄价字〔2005〕245 号文件、桓政办发〔2004〕39 号文件
	第二阶梯	144～288（含）	3.13	1.83	1.00	0.30	
	第三阶梯	>288	4.96	3.66	1.00	0.30	

续表

用水类别	分类	水量/m^3	综合水价/(元/m^3)	基本水价/(元/m^3)	污水处理费/(元/m^3)	水资源税/(元/m^3)	备注
城区	非居民用水（经营、工业）		3.32	1.22	1.20	0.90	桓价字〔2017〕15号文件、桓政办发〔2004〕39号文件
	执行居民用水的非居民		2.72	1.42	1.00	0.30	淄价字〔2016〕38号文件
农村	生活用水		1.40	1.40	0.00	0.00	桓政办发〔2011〕70号文件
	非居民用水（马桥、起凤）		3.32	1.22	1.20	0.90	桓价字〔2017〕25号文件

2. 农业水价构成

由于农业用水按照补偿成本、费用的原则核定，不计利润和税金，本次研究中，示范区水价由供水生产成本、费用构成，即通过计算农业供水工程折旧费、贷款利息、工程管理费、工程维修费、农业供水工程管理人员工资及福利和农业供水工程燃料动力费来计算农业水价。

8.6.3.2 农业水价测算

采用完全成本法测算农业水价。农业水价测算包括全成本水价测算和运行成本水价测算。水价计算规范规定，农业水价不计税金和利润，因而农业水价测算实际是进行农业供水成本的测算，主要包括以下计算内容。

（1）工程折旧费。根据示范区1596.72亩农田灌溉工程建设的基本资料，示范区机井46眼，示范区的机井全部实现信息化管理，包括机井的水电双控终端（含射频卡控制器、供电模板、数据采集模块、GPS数据传输模块实现水电双控功能、玻璃钢一体式控制柜）、卡片式超声波流量计、投入式液位计、流量计仪表井等。示范区信息化设备总投资为70.02万元，示范区的机井中有42眼为农民自己投资建造的，其余4眼井为2009年小农水建设项目所建，每眼机井的建造成本为16000.00元，其中每一眼机井国家补助14000.00元，农户出资2000.00元。示范区1596.72亩的田间管道投资153285.12元，田间管道安装费63868.8元，出水口投资95803.20元，整个工程总投资为106.92万元，加上贷款在5年宽限期内产生的利息4.85万元计入固定资产，整个工程运行初期的固定资产原值为111.77万元。参考《水利建设项目经济评价规范》（SL 72—2013），信息化设备折旧年限取20年，残值率取3%。按平均年限法计提，工程年折旧费为17894.42元。

（2）管理人员工资及福利费。示范区设立用水者协会，聘请7人，其中新城镇水利站2人，工资福利标准按每月600元，临时工1人，每村聘请1位工程管理负责人，4个村共计4人，工资福利标准按每月300.00元，示范区每年管理人员及福利费合计32400.00元。

（3）贷款年利息。项目建设投资中，亚行贷款70.02万元，贷款年限为25年，贷款在第1年年初即到账，宽限期5年，还贷期20年，从第6年年初开始等额偿还本金，贷款利率为1.5%。经计算，平均每年支付利息5900.79元，每年偿还的本利和为43311.00元。

（4）工程管理费。根据《水利建设项目经济评价规范》（SL 72—2013），并参照类似的工程运行情况，管理费按固定资产原值的0.50%提取。因此，示范区灌溉工程的年维修费为5588.70元。

（5）工程维修费。根据《水利建设项目经济评价规范》（SL 72—2013），并参照类似的工程运行情况，维修费按固定资产原值的1.5%提取。因此，示范区灌溉工程年维修费为16766.10元。

（6）燃料动力费。实地调研示范区灌溉现状，示范区农业灌溉用水全部采用地下水。燃料动力费主要是示范区农田机井的抽水电费，抽水电费是用电量与电费单价的乘积。计算公式为

$$C = PW_r K/(Q_1 \eta) \tag{8.6-4}$$

式中 W_r——农业水权水量，m^3/亩；

η——潜水泵效率,%，取67%；

K——潜水泵功率，kW，取5.50kW；

Q_1——单眼井的流量，m^3/h，取30.00m^3/h；

P——电价，元/(kW·h)，取0.54元/(kW·h)。

根据近3年桓台县各镇（街道）农业用水初始水权控制指标分配中的水权水量，预留5%后，示范区农业灌溉用水水权定额为209.60m^3/亩，总灌溉面积为1596.72亩，故示范区年取水量为

$$W_r = 209.6 \times 1596.72 = 334672.5(m^3)$$

示范区农田灌溉年取水量为334672.5m^3，按照电价为0.54元/(kW·h)计算，电费为49451.60元/年。

8.6.3.3 现行水价定价方法

农业水价综合改革是一项复杂的系统工程，涉及供水、用水、管水等环节，资源、价格、产权等领域，工程、技术、政策等措施，政府、社会、农民等方面，需要正确处理当前与长远、公平与效率、政府与市场的关系，寻求兼顾各方利益的最大公约数，形成改革前行的合力[103]。

农业水价改革，必须尊重农民意愿，维护农民权益，促进农民增收，总体上不增加农民负担。水价制定要充分考虑农民承受能力，最大限度地惠及广大农户，让农民在高效用水前提下用得起水，同时积极参与水价改革，共享改革成果。

实行农业用水定额管理，以定额内用水量作为基准，按照“多用水多付费”的原则，确定阶梯和加价幅度，推行超定额累进加价，促进农业节水。供水量或需水量受季节变化影响显著的地区，可以推行丰枯季节水价，有效调节供需矛盾；供水量季度变化较大的地区，农业水价实行丰低枯高；用水量季度变化较大的，农业水价可实行峰高谷低的计价方式[101]。

水价综合改革要求合理运用行政手段、经济手段和必要的法律手段，确保农业水价整

体上处于合理区间、局部之间体现合理差异。各地农业水价原则上应达到运行维护成本水平，水资源紧缺、用水户承受能力强的地区可提高到完全成本水平；水资源紧缺地区、地下水超采区的农业水价要率先调整到位，用水量大或附加值高的经济作物和养殖业要率先调整到完全成本水平[101]。

根据水价改革要求，考虑农户的承受能力，示范区粮食作物用水价格应达到运行维护成本水平。由于示范区是地下水超采区，按照要求地下水超采区的农业水价要达到完全成本水平，考虑到示范区农户的经济承受力较低，农业水价至少应达到农业运行成本水价。

8.6.3.4 农业水价定价方案

示范区目前正进行水权、水价、水市场的改革试点，因而农业水价的制定必须考虑农业水权水量，同时兼顾农户的经济承受力和心理承受力以及农业灌溉定额。目前的农业水权水量是根据研究地区的多年平均水资源可利用量来确定的，实际上不同水文年，水资源的可利用量是不同的，丰水年的水资源可利用量大，枯水年可利用量小，因而不同水文年的水资源水权水量是不同的，农业水费可在每年的年底根据当年的水资源丰枯情况和当年实际的农业供水成本来确定当年的农业水价和农业水费，这样更符合实际，农户更容易接受。因而在确定农业水价定价方案时，需要考虑灌溉供水成本、农户承受力、灌溉水权水量、实际灌水量以及灌溉定额等因素。

8.6.4 供水计量体系建设方案

按照经济适用、满足取用水管理和计量收费需要的原则，采用群众易于接受的测水量水方式和方法，加快计量体系建设。新建、改扩建农田水利工程要按照用水管理需要同步建设计量设施，尚未配备计量设施的已建工程也要通过改造补足配齐。

根据示范区 1596.72 亩农田灌溉工程建设的基本资料，示范区机井 46 眼，示范区的机井全部实现信息化管理，包括机井的水电双控终端（含射频卡控制器、供电模板、数据采集模块、GPS 数据传输模块实现水电双控功能、玻璃钢一体式控制柜）、卡片式超声波流量计、投入式液位计、流量计仪表井等。

采取集中管理的，以行政村为基本单元设立管护组织，以井口为控制层级进行用水计量，具备条件的可建立轮灌制度实现按户或按地块计量。采取分散管理的，由投资者确定管理主体和管护方式，由水行政主管部门实施抽样计量。对于使用潜水泵提水的井灌区，宜采用水电双控方式进行自动化操作（超声波流量计＋互联网＋信息管理平台）。

8.6.5 农业水价模型

8.6.5.1 基于成本补偿的农业水价

1. 基于长期水权的农业全成本水价

农业全成本水价是目前运用最普遍的一种水价计算方法，示范区长期的农业水权水量是根据示范区实行最严格水资源管理制度以来，按照水资源总量控制的原则，示范区分配的可利用的水资源总量，预留 5%水资源量后可利用的水资源量。经调研，桓台县近 3 年选定的农业水权水量为 209.60m^3/亩。

示范区正在推农业用水水权和水价改革，农业灌溉长期用水水权水量为 209.60m^3/

亩，据此水权水量计算出的基于长期水权的农业全成本水价各组成部分见表 8.6－21。

表 8.6－21　　基于长期水权的农业供水工程水价核算表　　单位：元/年

项　目	费　用	项　目	费　用
折旧费	17894.42	工程维修费	16766.10
管理人员工资及福利费	32400.00	燃料动力费	49451.61
贷款本息	43311.02	全成本总费用	165411.85
工程管理费	5588.70	运行成本总费用	147517.43

根据表 8.6－21 中的数据和相应公式进行计算，得到基于长期水权的农业全成本水价为 0.494 元/m^3，基于农业长期水权的农业运行成本水价为 0.441 元/m^3，运行成本水价低于全成本水价，二者相差 0.053 元/m^3。

2. 基于农业用水定额的农业全成本水价

（1）根据《山东省农作物用水定额》（DB37/T 3772—2019），保证率为 75%时，示范区种植小麦和玉米的农作物用水定额为 285.00m^3/亩，计算出的基于农业用水定额的农业全成本水价各组成部分见表 8.6－22。

表 8.6－22　　基于农业用水定额的农业供水工程水价核算表　　单位：元/年

项　目	费　用	项　目	费　用
折旧费	17894.42	工程维修费	16766.10
管理人员工资及福利费	32400.00	燃料动力费	67240.98
贷款本息和	43311.02	全成本总费用	183201.21
工程管理费	5588.70	运行成本总费用	165306.79

根据表 8.6－22 中的数据和相应公式进行计算，得到示范区基于农业用水定额的全成本农业水价为 0.403 元/m^3，运行成本水价为 0.363 元/m^3。运行成本水价低于全成本水价 0.040 元/m^3。

（2）基于亩均限采水量 235.00m^3/亩的农业全成本水价。根据示范区的实际情况，调整农作物用水定额为 235.00m^3/亩，计算得到基于亩均限采水量 235.00m^3/亩的农业全成本水价各组成部分见表 8.6－23。

表 8.6－23　　基于亩均限采水量（235.00m^3/亩）的农业供水工程水价核算表　　单位：元/年

项　目	费　用	项　目	费　用
折旧费	17894.42	工程维修费	16766.10
管理人员工资及福利费	32400.00	燃料动力费	55444.31
贷款本息和	43311.02	全成本总费用	171404.54
工程管理费	5588.70	运行成本总费用	153510.12

根据表 8.6－23 中的数据和相应公式进行计算，得到示范区基于农业用水定额 235.00m^3/亩的全成本农业水价为 0.457 元/m^3，运行成本水价为 0.409 元/m^3。运行成本水价较全成本水价低 0.048 元/m^3。

3. 基于示范区农户实际用水量的农业全成本水价

根据到示范区的实地走访调研，通过调查示范区农户历次农田灌溉电表与水表数据可知，农户一次灌水的抽水量为6.49～8.59m^3/(kW·h)，农户平水年一般灌溉6次，一次灌溉用电10～14kW·h，取其平均值，农户一次灌溉水量基本在90.04m^3/亩左右，由此计算出示范区农户多年平均实际灌溉用水量为540.24m^3/亩，计算得到基于农户实际用水量的农业全成本水价各组成部分见表8.6-24。

表8.6-24　基于实际用水量的农业供水工程水价核算表　单位：元/年

项　目	费　用	项　目	费　用
折旧费	17894.42	工程维修费	16766.10
管理人员工资及福利费	32400.00	燃料动力费	127460.58
贷款本息和	43311.02	全成本总费用	243420.82
工程管理费	5588.70	运行成本总费用	225526.40

根据表8.6-24中的数据和相应公式进行计算，得到示范区基于农户实际用水量的全成本农业水价为0.282元/m^3，运行成本水价为0.261元/m^3。运行成本水价低于全成本水价0.021元/m^3。

4. 基于示范区等权水量的农业全成本水价

根据以上资料，示范区长期水权水量为209.60m^3/亩，农作物灌溉保证率为75%时的用水定额为285.00m^3/亩，农户的多年平均实际用水量为540.24m^3/亩。若认为水权水量、用水定额、实际用水量对农业水价的影响程度相同，将这三种水量等权计算出示范区的等权水量为344.95m^3/亩，则基于等权水量的农业全成本水价各组成部分见表8.6-25。

表8.6-25　基于等权水量的农业供水工程水价核算表　单位：元/年

项　目	费　用	项　目	费　用
折旧费	17894.42	工程维修费	16766.10
管理人员工资及福利费	32400.00	燃料动力费	81385.18
贷款本息和	43311.02	全成本总费用	197345.41
工程管理费	5588.70	运行成本总费用	179450.99

根据表8.6-25中的数据和相应公式计算，得到示范区基于等权水量的全成本农业水价为0.358元/m^3，运行成本水价为0.326元/m^3。运行成本水价较全成本水价低0.032元/m^3。

5. 基于示范区不等权水量的农业全成本水价

根据以上资料，示范区长期水权水量为209.60m^3/亩，农作物灌溉保证率为75%时的用水定额为285.00m^3/亩，农户的多年平均实际用水量为540.24m^3/亩。若认为水权水量、用水定额、实际用水量对农业水价的影响程度不同，制定三种权重分配方案。方案一认为水权水量的影响最大，取权重值为0.5，用水定额的影响程度一般，取权重值为0.3，用户的实际用水情况影响程度最小，取权重值为0.2，将这三种水量按其权重计算出示范区的不等权水量为 298.35m³/亩，基于不等权水量的农业全成本水价各组成部分见表 8.6－26。

根据表 8.6－26 的数据计算，得到示范区基于不等权水量的全成本农业水价为 0.391 元/m³，运行成本水价为 0.354 元/m³。

表 8.6－26　基于不等权水量的农业供水工程水价核算表（方案一）　单位：元/年

项　目	费　用	项　目	费　用
折旧费	17894.42	工程维修费	16766.10
管理人员工资及福利费	32400.00	燃料动力费	70390.69
贷款本息和	43311.02	全成本总费用	186350.92
工程管理费	5588.70	运行成本总费用	168456.50

方案二认为，农业用水定额水量的影响最大，取权重值为 0.5，水权水量的影响程度次之，取权重值为 0.3，用户的实际用水情况影响程度最小，取权重值为 0.2，将这三种水量按其权重计算出示范区的不等权水量为 313.43m³/亩，基于不等权水量的农业全成本水价各组成部分见表 8.6－27。

表 8.6－27　基于不等权水量的农业供水工程水价核算表（方案二）　单位：元/年

项　目	费　用	项　目	费　用
折旧费	17894.42	工程维修费	16766.10
管理人员工资及福利费	32400.00	燃料动力费	73948.56
贷款本息和	43311.02	全成本总费用	189908.80
工程管理费	5588.70	运行成本总费用	172014.38

根据表 8.6－27 的数据计算，得到示范区基于不等权水量的全成本农业水价为 0.379 元/m³，运行成本水价为 0.344 元/m³。

方案三认为，农户实际用水情况的影响最大，取权重值为 0.5，水权水量的影响程度次之，取权重值为 0.3，用水定额影响程度最小，取权重值为 0.2，将这三种水量按其权重计算出示范区的不等权水量为 390.00m³/亩，基于不等权水量的农业全成本水价各组成部分见表 8.6－28。

表 8.6－28　基于不等权水量的农业供水工程水价核算表（方案三）　单位：元/年

项　目	费　用	项　目	费　用
折旧费	17894.42	工程维修费	16766.10
管理人员工资及福利费	32400.00	燃料动力费	92013.97
贷款本息和	43311.02	全成本总费用	207974.21
工程管理费	5588.70	运行成本总费用	190079.79

根据表 8.6－28 中的数据计算，得到示范区基于不等权水量的全成本农业水价为 0.334 元/m³，运行成本水价为 0.305 元/m³。

将计算结果进行汇总，得到基于成本补偿的农业供水工程水价核算表，见表 8.6－29。

依据表8.6-29中的数据绘制农业水价分布图，如图8.6-13所示。由表8.6-29及图8.6-13可以看出，全成本农业水价的变化范围为0.282～0.494元/m³，其中用水量取农业水权水量时，全成本水价最高为0.494元/m³，当用水量取农户实际用水量时，水价最低为0.282元/m³。运行成本水价变化范围为0.261～0.441元/m³，其中用水量取水权水量时，运行成本水价最高为0.441元/m³；用水量取用户实际用水量时，运行成本水价为0.261元/m³。

表8.6-29　基于成本补偿的农业供水工程水价核算表

计算方案	权重				亩均计算水量/(m³/亩)	全成本农业水价/(元/m³)	运行成本农业水价/(元/m³)
	水权水量(209.60m³/亩)	用水定额1(235.00m³/亩)	用水定额2(285.00m³/亩)	实际用水量(540.24m³/亩)			
水权水量	1.00	0	0	0	209.60	0.494	0.441
用水定额1	0	1.00	0	0	285.00	0.403	0.363
用水定额2	0	0	1.00	0	235.00	0.457	0.409
实际用水量	0	0	0	1.00	540.24	0.282	0.261
等权水量	0.33	0	0.33	0.33	344.95	0.358	0.326
不等权水量(方案一)	0.50	0	0.30	0.20	298.35	0.391	0.354
不等权水量(方案二)	0.30	0	0.50	0.20	313.43	0.379	0.344
不等权水量(方案三)	0.30	0	0.20	0.50	390.00	0.334	0.305

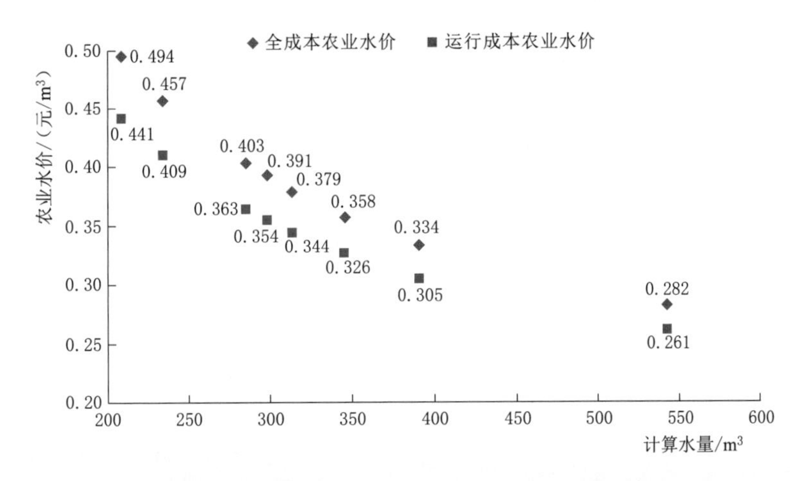

图8.6-13　项目基于成本补偿的农业水价分布图

考虑到示范区农户的经济承受力较低，若贷款本息由政府偿还，采用同样的方法进行计算，得到不计贷款本息的农业全成本水价和运行成本水价，见表8.6-30。

依据表8.6-30中的数据绘制基于成本补偿的农业水价分布图，如图8.6-24所示。

由表 8.6-30 及图 8.6-14 可看出，不计贷款本息的全成本农业水价的变化范围为 0.232～0.365 元/m^3，其中用水量取农业水权水量时，全成本水价最高为 0.365 元/m^3，当用水量取农户实际用水量时，水价最低为 0.232 元/m^3。运行成本水价变化范围为 0.211～0.311 元/m^3，其中用水量取水权水量时，运行成本水价最高为 0.311 元/m^3；用水量取用户实际用水量时，运行成本水价为 0.211 元/m^3。

表 8.6-30　基于成本补偿的农业供水工程水价核算表（不计贷款本息）

计算方案	权重				亩均计算水量/(m^3/亩)	全成本农业水价/(元/m^3)	运行成本农业水价/(元/m^3)
	水权水量 (209.60m^3/亩)	用水定额 1 (235.00m^3/亩)	用水定额 2 (285.00m^3/亩)	实际用水量 (540.24m^3/亩)			
水权水量	1.00	0	0	0	209.60	0.365	0.311
用水定额 1	0	1.00	0	0	285.00	0.307	0.268
用水定额 2	0	0	1.00	0	235.00	0.341	0.294
实际用水量	0	0	0	1.00	540.24	0.232	0.211
等权水量	0.33	0	0.33	0.33	344.95	0.280	0.247
不等权水量（方案一）	0.50	0	0.30	0.20	298.35	0.300	0.263
不等权水量（方案二）	0.30	0	0.50	0.20	313.43	0.293	0.257
不等权水量（方案三）	0.30	0	0.20	0.50	390.00	0.264	0.236

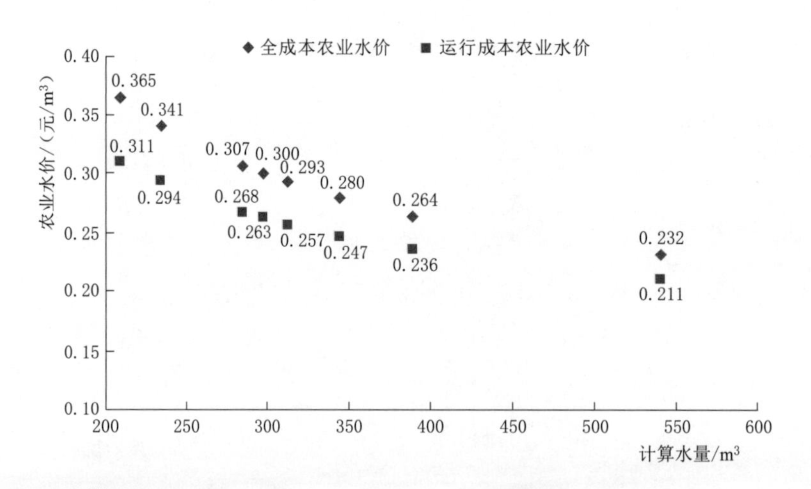

图 8.6-14　基于成本补偿的农业水价分布图（不计贷款本息）

8.6.5.2　基于生态环境补偿的农业水价

根据 2015 年《山东省桓台县利用亚行贷款地下水漏斗区域综合治理示范工程初步设计报告》，由于本项目是具有生态、除涝、灌溉等多功能综合利用的工程，因此工程投资和费用应在生态、除涝、灌溉各部门之间进行分摊。本项目工程静态总投资为31115.30万元，工程生态效益为1050.00万元，分摊投资5577.00万元，占总投资17.92%。根据项目初设报告，工程投资每年总成本费用为1817.00万元，年成本费用为1692万元，总计3509万元。桓台县2016年有效灌溉面积为37.82万亩，示范区占地1596.72亩，灌溉水权水量为334672m³。

考虑生态环境补偿成本，基于长期农业水权水量计算出的全成本农业水价为

$$P_w = P_r + \frac{3509 \times 10^4 \times 17.92\% \times 1596.72 \div (37.82 \times 10^4)}{334672}$$

$$= 0.494 + 0.079 = 0.573(\text{元}/\text{m}^3)$$

基于长期农业水权水量计算出的运行成本农业水价为

$$P_w = P_r + \frac{3509 \times 10^4 \times 17.92\% \times 1596.72 \div (37.82 \times 10^4)}{334672}$$

$$= 0.441 + 0.079 = 0.520(\text{元}/\text{m}^3)$$

在用水量分别取水权水量、用水定额、农户实际用水量及用水量组合情况下基于生态环境补偿的全成本农业水价和运行成本农业水价见表8.6-31。

表8.6-31 示范区基于生态环境补偿农业水价

计算项目	权重				亩均计算水量/(m³/亩)	全成本农业水价/(元/m³)	运行成本农业水价/(元/m³)
	水权水量(209.60m³/亩)	用水定额1(235.00m³/亩)	用水定额2(285.00m³/亩)	实际用水量(540.24m³/亩)			
水权水量	1.00	0	0	0	209.60	0.573	0.520
用水定额1	0	1.00	0	0	285.00	0.482	0.442
用水定额2	0	0	1.00	0	235.00	0.536	0.488
实际用水量	0	0	0	1.00	540.24	0.361	0.340
等权水量	0.33	0	0.33	0.33	344.95	0.437	0.405
不等权水量(方案一)	0.50	0	0.30	0.20	298.35	0.470	0.433
不等权水量(方案二)	0.30	0	0.50	0.20	313.43	0.458	0.423
不等权水量(方案三)	0.30	0	0.20	0.50	390.00	0.413	0.384

依据表8.6-31中数据绘制基于生态环境补偿的农业水价分布图，如图8.6-15所示。由表8.6-31及图8.6-15可看出，全成本农业水价的变化范围为0.361～0.573元/m³，其中用水量取水权水量时，全成本水价最高为0.573元/m³，当用水量取农户实际用水量时，水价最低为0.361元/m³。运行成本水价变化范围为0.340～0.520元/m³。用水量取水权水量时，运行成本水价最高为0.520元/m³；用水量取用户实际用水量时，运行成本水价为0.340元/m³。随着亩均计算水量的增大，基于生态环境补偿的农业全成本水价和运行水价呈现逐渐降低的变化趋势。

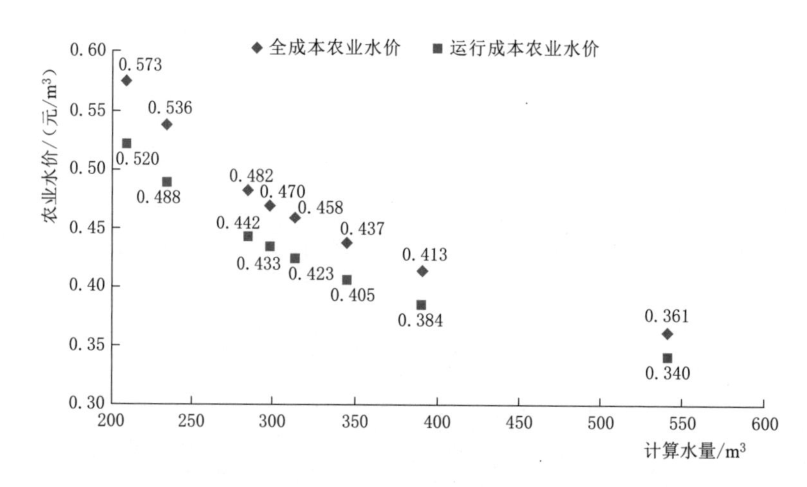

图 8.6-15 示范区基于生态环境补偿的农业水价分布图

考虑到示范区的具体情况，若贷款本息由政府出资偿还，采用同样的方法进行计算，得到不计贷款本息的基于生态环境补偿的农业水价，见表 8.6-32。

表 8.6-32 基于生态环境补偿的农业供水工程水价核算表（不计贷款本息）

计算方案	权重				亩均计算水量/(m^3/亩)	全成本农业水价/(元/m^3)	运行成本农业水价/(元/m^3)
	水权水量(209.60m^3/亩)	用水定额 1(235.00m^3/亩)	用水定额 2(285.00m^3/亩)	实际用水量(540.24m^3/亩)			
水权水量	1.00	0	0	0	209.60	0.444	0.390
用水定额 1	0	1.00	0	0	285.00	0.386	0.347
用水定额 2	0	0	1.00	0	235.00	0.420	0.373
实际用水量	0	0	0	1.00	540.24	0.311	0.290
等权水量	0.33	0	0.33	0.33	344.95	0.359	0.326
不等权水量（方案一）	0.50	0	0.30	0.20	298.35	0.379	0.342
不等权水量（方案二）	0.30	0	0.50	0.20	313.43	0.372	0.336
不等权水量（方案三）	0.30	0	0.20	0.50	390.00	0.343	0.315

依据表 8.6-32 中数据绘制基于生态环境补偿的农业水价分布图，如图 8.6-16 所示。由表 8.6-32 及图 8.6-16 可看出，不考虑贷款本息的全成本农业水价的变化范围为 0.311～0.444 元/m^3，其中用水量取水权水量时，全成本水价最高为 0.444 元/m^3，当用水量取农户实际用水量时，水价最低为 0.311 元/m^3。运行成本水价变化范围为 0.290～0.390 元/m^3。用水量取水权水量时，运行成本水价最高为 0.390 元/m^3；用水量取用户实际用水量时，运行成本水价为 0.290 元/m^3。随着亩均计算水量的增大，基于生态环境补偿的农业全成本水价和运行水价呈现逐渐降低的变化趋势。

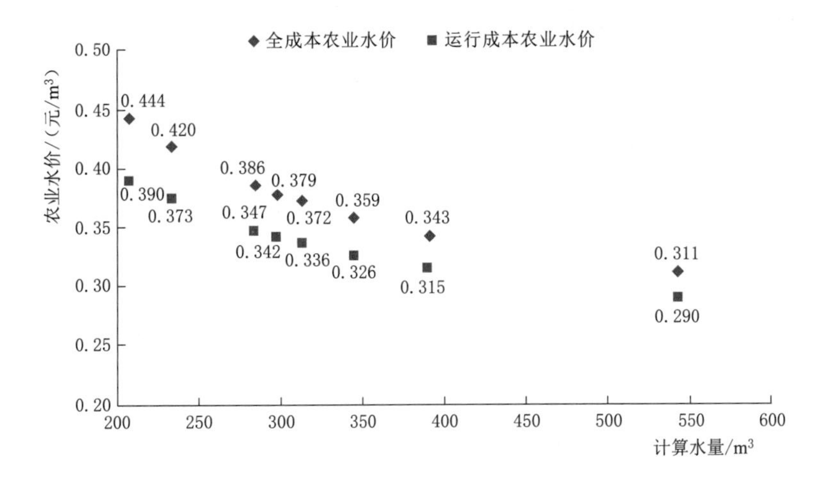

图 8.6-16 示范区基于生态环境补偿的农业水价分布图（不计贷款本息）

8.6.5.3 基于用水奖惩机制的农业水价

国家对农业生产实行一定的补贴政策。示范区农业水价补贴参照桓台县临近地区山东省德州市的农业补贴水价。水价在成本水价的基础上提高的比例 λ 取 0.4，将计算数据代入基于用水奖惩机制的农业水价计算模型公式，计算结果见表 8.6-33。

表 8.6-33 基于用水奖惩机制的农业水价

农户实际用水量 /(m^3/亩)	农业灌溉全成本水价 /(元/m^3)	农业灌溉运行成本水价 /(元/m^3)
0～209.60	0.324	0.271
209.60～285.00	0.494	0.441
＞285.00	0.691	0.617

由表 8.6-33 可看出，不同阶梯的农户实际用水量，农业水价是变化的。阶梯水量越大，农业灌溉水价越高。比例 λ 为经验取值，λ 取值的大小直接影响农业水价的取值。在北方地区，水价在成本水价的基础上提高的比例 λ 一般取 0.4～0.5，在一些缺水地区，有时会取到 0.5～0.7。λ 取值的大小直接影响农业水价的取值。为了进一步探究 λ 的取值对农业水价的影响，分别计算 λ 取值为 0.5、0.6 和 0.7 时，农业全成本阶梯水价和农业运行成本水价，计算结果见表 8.6-34 和表 8.6-35。

表 8.6-34 基于不同 λ 取值的全成本农业阶梯水价

农户实际用水量 /(m^3/亩)	全成本农业水价/(元/m^3)			
	λ=0.4	λ=0.5	λ=0.6	λ=0.7
0～209.60	0.324	0.324	0.324	0.324
209.60～285.00	0.494	0.494	0.494	0.494
＞285.00	0.691	0.741	0.790	0.840

由表 8.6-34 的结果可以看出，当 λ 取值为 0.5、0.6、0.7，且农户实际用水量大于 285.00m³/亩时，全成本农业阶梯水价呈现增加趋势；当农户实际用水量低于 285.00m³/亩时，不同的 λ 取值，农业水价保持不变。可见，λ 取值对水价的影响主要表现为农户亩均用水量大于灌溉定额的灌溉情况。

表 8.6-35　　基于不同 λ 取值的运行成本农业阶梯水价

农户实际用水量/(m³/亩)	运行成本农业水价/(元/m³)			
	λ=0.4	λ=0.5	λ=0.6	λ=0.7
0～209.60	0.271	0.271	0.271	0.271
209.60～285.00	0.441	0.441	0.441	0.441
>285.00	0.617	0.662	0.706	0.750

由表 8.6-35 的结果可以看出，当 λ 取值为 0.5、0.6 或 0.7，农户实际用水量大于灌溉定额 285.00m³/亩时，运行成本农业阶梯水价呈现增加趋势；当农户实际用水量低于 285.00m³/亩时，不同的 λ 取值，农业水价保持不变。

8.6.5.4 考虑和不考虑时间价值的农业水价

1. 考虑时间价值的农业水价

对示范区的灌溉工程考虑资金的时间价值，按照其成本水价模型进行计算，取灌溉工程开工建设的第一年年初作为计算基准点。以供水工程基准年总费用的等额年值与水权分配下农业长期水权水量计算农业水价。经计算供水工程等本还款付息费用年值为 43311.00 元。

供水工程残值年值为

$$A_{c2}=C_r(A/F，I，N)=3.353\times\frac{0.06}{(1+0.06)^{20}-1}=0.0911(万元)$$

供水工程固定资产年回收值为

$$A_{c3}=C_f(A/P，I_c，N)=35.7888\times\frac{0.06\times(1+0.06)^{20}}{(1+0.06)^{20}-1}=3.1202(万元)$$

考虑资金时间价值的动态农业全成本水价各组成部分见表 8.6-36。

表 8.6-36　　考虑时间价值的农业供水工程水价核算表　　单位：元/年

项目	基于水权水量的费用	基于用水定额1的费用	基于用水定额2的费用	基于农户实际用水量的费用	基于等权水量的费用	基于不等权水量的费用(方案一)	基于不等权水量的费用(方案二)	基于不等权水量的费用(方案三)
贷款本利和	43311.00	43311.00	43311.00	43311.00	43311.00	43311.00	43311.00	43311.00
残值	911.00	911.00	911.00	911.00	911.00	911.00	911.00	911.00
折旧费	31202.00	31202.00	31202.00	31202.00	31202.00	31202.00	31202.00	31202.00
管理人员工资及福利费	32400.00	32400.00	32400.00	32400.00	32400.00	32400.00	32400.00	32400.00

续表

项目	基于水权水量的费用	基于用水定额1的费用	基于用水定额2的费用	基于农户实际用水量的费用	基于等权水量的费用	基于不等权水量的费用（方案一）	基于不等权水量的费用（方案二）	基于不等权水量的费用（方案三）
工程管理费	5588.70	5588.70	5588.70	5588.70	5588.70	5588.70	5588.70	5588.70
工程维修费	16766.10	16766.10	16766.10	16766.10	16766.10	16766.10	16766.10	16766.10
燃料动力费	49451.61	55444.31	67240.98	127460.58	81385.18	70390.69	73948.56	92013.97
全成本总费用	177808.41	183801.11	195597.78	255817.40	210043.98	199049.50	202607.40	220672.80
运行成本总费用	146606.41	152599.11	164395.78	224615.40	178841.98	167847.50	171405.40	189470.80

根据表8.6-36的数据，计算得到基于长期水权、农业用水定额、示范区农户实际用水量、示范区等权水量、示范区不等权水量的动态农业全成本水价和动态农业运行成本水价，见表8.6-37。

表8.6-37　　示范区农业动态全成本水价和运行成本水价

计算项目	权重				亩均计算水量/(m^3/亩)	全成本农业水价/(元/m^3)	运行成本农业水价/(元/m^3)
	水权水量(209.60m^3/亩)	用水定额1(235.00m^3/亩)	用水定额2(285.00m^3/亩)	实际用水量(540.24m^3/亩)			
水权水量	1.00	0	0	0	209.60	0.531	0.438
用水定额1	0	1.00	0	0	285.00	0.430	0.361
用水定额2	0	0	1.00	0	235.00	0.490	0.409
实际用水量	0	0	0	1.00	540.24	0.297	0.260
等权水量	0.33	0	0.33	0.33	344.95	0.381	0.325
不等权水量（方案一）	0.50	0	0.30	0.20	298.35	0.418	0.352
不等权水量（方案二）	0.30	0	0.50	0.20	313.43	0.405	0.342
不等权水量（方案三）	0.30	0	0.20	0.50	390.00	0.354	0.304

依据表8.6-37中的数据绘制农业动态全成本水价和运行成本水价分布图，如图8.6-17所示。由表8.6-37及图8.6-17可看出，全成本农业水价的变化范围为0.297～0.531元/m^3，其中用水量取水权水量时，全成本水价最高为0.531元/m^3；当用水量取农户实际用水量时，水价最低为0.297元/m^3。运行成本水价变化范围为0.260～0.438元/m^3，其中用水量取水权水量时，运行成本水价最高为0.438元/m^3；用水量取用户实际用水量时，运行成本水价为0.260元/m^3，这是因为在计算方案中，水权水量数值最小，农户实际用水量数值最大。

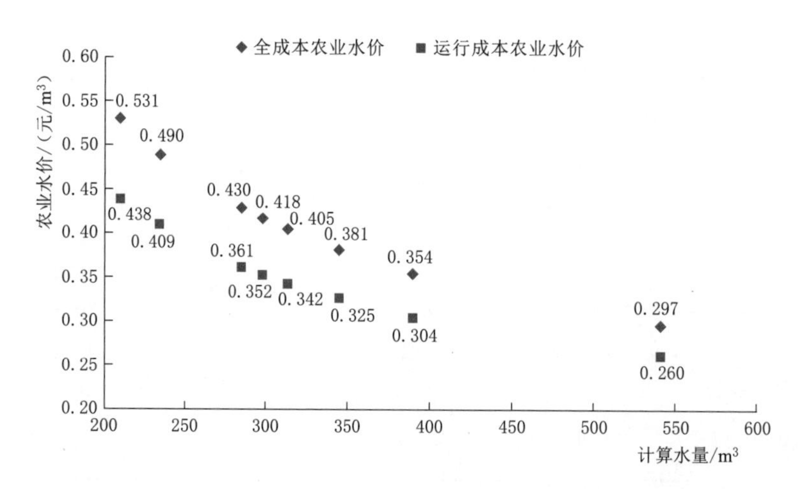

图 8.6-17 示范区农业动态全成本水价和运行成本水价分布图

2. 不考虑时间价值的农业水价

当不考虑时间价值，即不考虑建设期利息和运行期的还贷利息时，农业全成本水价各组成部分见表 8.6-38。

根据表 8.6-38 的数据，计算基于长期水权、农业用水定额、示范区农户实际用水量、示范区等权水量、示范区不等权水量的静态农业全成本水价和静态农业运行成本水价，见表 8.6-39。

表 8.6-38 不考虑时间价值的农业供水工程水价核算表（考虑建设期贷款利息）

单位：元/年

项目	基于水权水量的费用	基于用水定额 1 的费用	基于用水定额 2 的费用	基于农户实际用水量的费用	基于等权水量的费用	基于不等权水量的费用（方案一）	基于不等权水量的费用（方案二）	基于不等权水量的费用（方案三）
折旧费	51856.00	51856.00	51856.00	51856.00	51856.00	51856.00	51856.00	51856.00
工程管理费	5588.70	5588.70	5588.70	5588.70	5588.70	5588.70	5588.70	5588.70
贷款利息	0	0	0	0	0	0	0	0
管理人员工资及福利费	32400.00	32400.00	32400.00	32400.00	32400.00	32400.00	32400.00	32400.00
工程维修费	16766.10	16766.10	16766.10	16766.10	16766.10	16766.10	16766.10	16766.10
燃料动力费	49451.61	55444.31	67240.98	127460.58	81385.18	70390.69	73948.56	92013.97
全成本总费用	156062.40	162055.11	173851.78	234071.40	187996.00	177001.50	180559.40	198624.80
运行成本总费用	104206.40	110199.11	121995.78	182215.40	136140.00	125145.50	128703.40	146768.80

表 8.6-39 不考虑时间价值的示范区农业静态水价

计算方案	权重				亩均计算水量/(m^3/亩)	全成本农业水价/(元/m^3)	运行成本农业水价/(元/m^3)
	水权水量(209.60m^3/亩)	用水定额1(235.00m^3/亩)	用水定额2(285.00m^3/亩)	实际用水量(540.24m^3/亩)			
水权水量	1.00	0	0	0	209.60	0.466	0.311
用水定额1	0	1.00	0	0	285.00	0.382	0.268
用水定额2	0	0	1.00	0	235.00	0.432	0.294
实际用水量	0	0	0	1.00	540.24	0.271	0.211
等权水量	0.33	0	0.33	0.33	344.95	0.341	0.247
不等权水量（方案一）	0.50	0	0.30	0.20	298.35	0.372	0.263
不等权水量（方案二）	0.30	0	0.50	0.20	313.43	0.361	0.257
不等权水量（方案三）	0.30	0	0.20	0.50	390.00	0.319	0.236

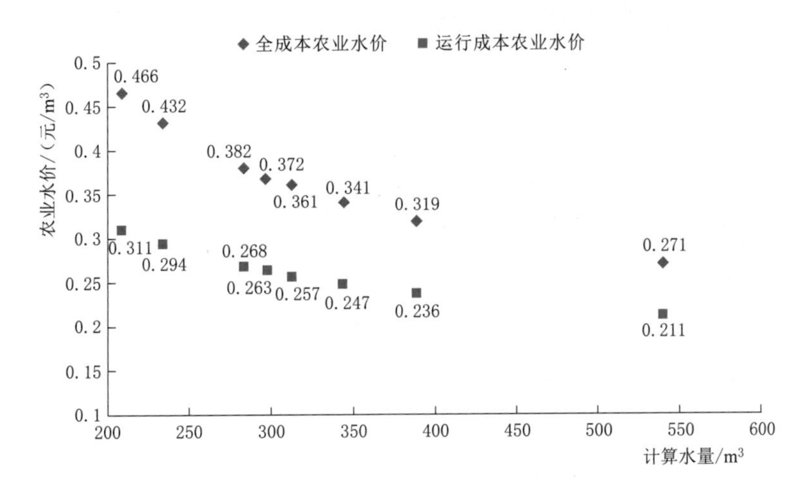

图 8.6-18 示范区静态全成本农业水价和运行成本农业水价分布图

依据表 8.6-39 中的数据绘制静态全成本农业水价和运行成本农业水价分布图，如图 8.6-18 所示。由表 8.6-39 及图 8.6-18 可看出，全成本农业水价的变化范围为 0.271～0.466 元/m^3，其中用水量取水权水量时，全成本水价最高为 0.466 元/m^3；当用水量取农户实际用水量时，水价最低为 0.271 元/m^3。运行成本水价变化范围为 0.211～0.311 元/m^3，其中用水量取水权水量时，运行成本水价最高为 0.311 元/m^3；用水量取实际用水量时，运行成本水价为 0.211 元/m^3。

将上述基于长期水权水量的模型计算出的全成本水价绘制成图，如图 8.6-19 所示。由图 8.6-19 可以看出，基于生态环境补偿的农业全成本水价最高，考虑时间价值的农业动态全成本水价次之，不考虑时间价值的农业静态全成本水价最低。

将基于长期水权水量各模型计算的运行成本水价绘制成图，如图 8.6－20 所示。由图 8.6－20 可以看出，与农业全成本水价变化趋势相同，基于生态环境补偿的农业运行成本水价最高，考虑时间价值的农业动态运行成本水价次之，不考虑时间价值的农业静态运行成本水价最低。

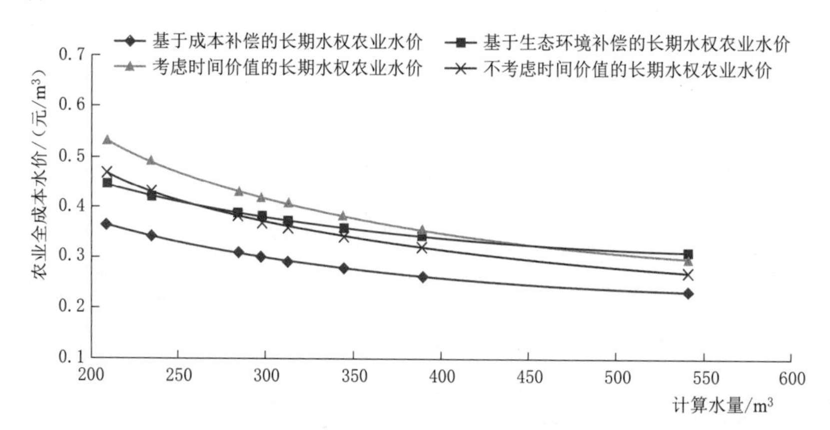

图 8.6－19　基于长期水权水量的示范区农业全成本水价对比图

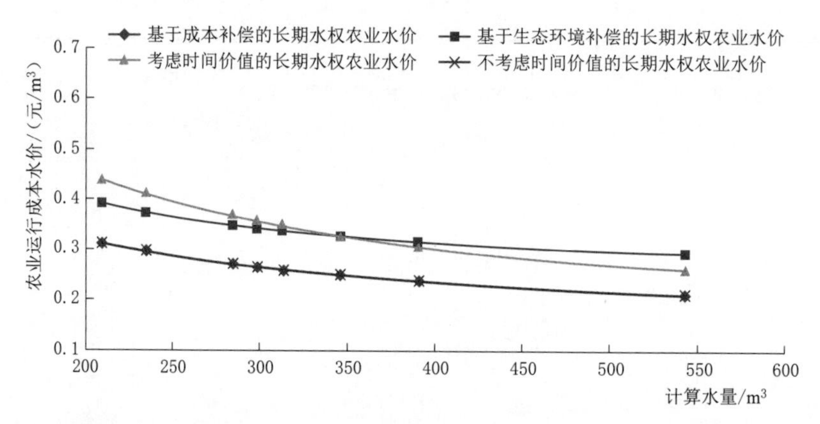

图 8.6－20　基于长期水权水量的示范区农业运行成本水价对比图

8.6.5.5　基于短期水权的农业水价

区域径流量来源于区域降水量，通过对桓台县多年降雨量数据进行频率分析，分析结果如图 8.6－21 所示，得到频率为 25％、50％和 75％时对应的降雨量。桓台县降水量频率曲线如图 8.6－21 所示。

假定降水与径流同频率，按照降水径流同倍比的原则，根据桓台县实行最严格水资源管理以来，近 3 年水权水量分配额 209.60m^3/亩，计算得到不同水文年农业用水短期水权水量值，计算结果见表 8.6－40。

表 8.6－40　示范区短期水权水量

频　率	25％	50％	75％
降水量/mm	661.24	557.93	463.56
短期水权水量/(m^3/亩)	244.12	205.98	141.01

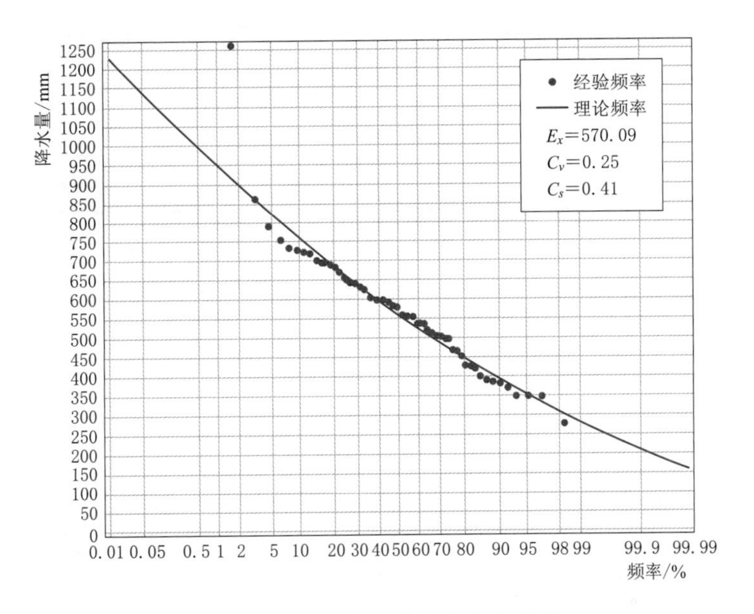

图 8.6-21 桓台县降水量频率曲线

根据表 8.6-40 中的农业短期水权水量，按照农业水价计算公式得到不同水权水量对应的水价成本费用，见表 8.6-41。

表 8.6-41 不同水文年短期水权水量对应的水价成本核算表 单位：元

频率		25%	50%	75%
成本核算	折旧费	17894.42	17894.42	17894.42
	管理人员工资及福利费	32400.00	32400.00	32400.00
	贷款利息	43311.01	43311.01	43311.01
	工程管理费	5588.70	5588.70	5588.70
	工程维修费	16766.10	16766.10	16766.10
	抽水电费	54107.34	45653.78	31254.79
总成本费用	全成本费用	170067.57	161614.02	147215.02
	运行成本费用	152173.15	143719.59	129320.60

根据不同水文年短期水权水量对应的水价成本费用，计算得到基于短期水权的农业全成本水价和运行成本水价，计算结果见表 8.6-42。

表 8.6-42 不同水文年短期水权农业水价 单位：元/m³

频率	25%	50%	75%
全成本水价	0.464	0.523	0.696
运行成本水价	0.416	0.465	0.611

由表 8.6-42 可看出，由枯水年到平水年，再到丰水年，农业短期水权全成本水价由 0.464 元/m³ 上升到 0.696 元/m³，运行成本水价由 0.416 元/m³ 上升到 0.611 元/m³。

若项目的贷款本息由政府偿还，则不同水文年农业短期水权水量对应的水价成本核算见表 8.6－43，不同水文年短期水权农业水价见表 8.6－44。

表 8.6－43　不同水文年农业短期水权水量对应的水价成本核算表（不计贷款本息）

单位：元

频率		25%	50%	75%
成本核算	折旧费	17894.42	17894.42	17894.42
	管理人员工资及福利费	32400.00	32400.00	32400.00
	贷款利息	0	0	0
	工程管理费	5588.70	5588.70	5588.70
	工程维修费	16766.10	16766.10	16766.10
	燃料动力费	54107.34	45653.78	31254.79
总成本费用	全成本费用	126756.56	118303.00	103904.01
	运行成本费用	108862.14	100408.58	86009.59

表 8.6－44　不同水文年短期水权农业水价（不计贷款本息）

单位：元/m^3

频率	25%	50%	75%
全成本水价	0.346	0.383	0.491
运行成本水价	0.297	0.325	0.407

8.6.5.6　小结

本节提出了基于成本补偿的农业水价、基于生态环境补偿的农业水价、基于用水奖惩机制的农业水价、考虑和不考虑时间价值的农业水价、基于短期水权的农业水价的五种农业水价模型，现将基于“亩均限采水量”235.00m^3/s（桓台县示范区实施分档水价的基准用水定额）下的农业水价汇总，见表 8.6－45。

表 8.6－45　示范区农业水价（亩均限采水量情况下）

农业水价模型		全成本水价/(元/m^3)	运行成本水价/(元/m^3)
基于成本补偿	考虑贷款本息	0.457	0.409
	不计贷款本息	0.341	0.294
基于生态环境补偿	考虑贷款本息	0.536	0.488
	不计贷款本息	0.420	0.373
基于用水奖惩机制	$\lambda=0.4$	0.494	0.441
	$\lambda=0.5$	0.494	0.441
	$\lambda=0.6$	0.494	0.441
	$\lambda=0.7$	0.494	0.441
考虑时间价值的农业动态水价		0.416	0.490
不考虑时间价值的农业静态水价		0.370	0.432

续表

农业水价模型			全成本水价/(元/m^3)	运行成本水价/(元/m^3)
不同水文年短期水权农业水价	考虑贷款本息	25%	0.464	0.416
		50%	0.523	0.465
		75%	0.696	0.611
	不计贷款本息	25%	0.346	0.297
		50%	0.383	0.325
		75%	0.491	0.407

8.6.6 农户水价承受能力分析

农户对水价的承受能力包括经济承受力和心理承受力，分别建立相应模型并进行计算。经济承受能力模型包括多因素控制模型法和水费最大承受能力法，心理承受能力模型有纵横向对比和期望值法等模型，从而判断农户在经济和心理能够承受的水价大小及区间范围。

8.6.6.1 经济承受能力分析

1. 多因素控制模型法

多因素控制模型法根据农业的亩均净效益、年生产成本的百分比综合确定农民的经济承受能力。

根据示范区的实地调研和农户走访，示范区农业年均亩均净收益为1200.00～1400.00元，年均亩均生产成本为800～1000.00元，种植小麦的年均亩均产量为450.00～550.00kg，小麦的售价为2.5～2.54元/kg，种植玉米的年均亩均产量为550.00～700.00kg，售价为1.5～1.66元/kg。由于缺少不同水文年亩均净收益、年均生产成本各项计算指标的详细数据，模型计算中按照平均值计算。经过折中考虑，选取的计算数据是：亩均净收益是为1300.00元，亩均生产成本为900.00元，小麦的亩均产值为1260.00元，玉米的亩均产值为1000.00元。承受力水价是根据《山东省农业用水定额》(DB37/T 3772—2019) 农作物灌溉定额考虑到示范区取用地下水，采用管道灌溉，得到示范区小麦和玉米灌溉定额之和分别为201.00m^3/亩、243.00m^3/亩、285.00m^3/亩，据此计算出的现状年农户多项控制因素经济承受力水价见表8.6-46。

表8.6-46　现状年农业可承受水价表　单位：元/亩

项目		用户可承受水费	$P=25\%$	$P=50\%$	$P=75\%$
水费占亩均净收益的10%		130.000	0.647	0.535	0.456
水费占亩均净收益的20%		260.000	1.294	1.070	0.912
水费占亩均生产成本的20%		180.000	0.896	0.741	0.632
水费占亩均生产成本的30%		270.000	1.343	1.111	0.947
水费占亩均产值的5%	小麦	63.000	0.562	0.465	0.396
	玉米	50.000			
水费占亩均产值的15%	小麦	189.000	1.687	1.395	1.189
	玉米	150.000			

众所周知，在我国相对其他产业而言，农业是微利产业，个别年份甚至是“负利”，农户收入较低，经济承载力有限，因而农户承载力水价取各指标比例范围下限，计算得到承载力水价的最小值，作为农户承载力水价，计算结果见表 8.6-47。

表 8.6-47　　现状年农户可承载力水价　　单位：元/m^3

频　率	25%	50%	75%
农户可承受水价	0.562	0.465	0.396

由表 8.6-47 可看出，农户经济承载力水价在不同水文年是变化的而不是一成不变的，枯水年为 0.396 元/m^3，丰水年为 0.562 元/m^3，这主要是因为枯水年因灌溉水量受限，农作物减产，农业收入降低，风调雨顺的年份农业成本降低，收入增加，经济承载力上升。

2. 农业水费最大承受能力法

农业水费最大承受能力取农业水价范围值的最大值，根据表 8.6-46，可得示范区保证率为 50% 和 75% 的农户水价最大承受能力为 1.395 元/m^3 和 1.189 元/m^3。但根据示范区实际情况，这个水价高于农户的最高可承受农业水价，该值不可取。

8.6.6.2　心理承受能力的纵向横向发展对比

1. 纵向发展对比

心理承受力是农户对水价的真实心理反应，是水价改革政策落实的关键。纵向发展模型是将水费增长变化率同居民年均收入增长率对比分析。部分地区出现农户经济承受力能够承受农业水价，但从心理上仍然不能接受，他们认为农民是弱势群体，理应得到国家政府的补贴。通过到示范区的多次调研和走访，示范区为机井灌区，示范区农户目前只上交电费，不交水费，现行的农业收费政策为仅收取灌溉电费，电费折算水价为 0.148 元/m^3。根据不同水量计算得到的农业全成本水价和运行成本与抽水电费相比，其变化幅度明显高于桓台县的非城镇人口收入年增长率 8.16%，这说明农户心理上难以接受全成本农业水价和运行成本水价。结合农户的最低承受力水价 0.396 元/m^3，可以看出农户在经济上基本能够接受运行成本水价和全成本水价。

2. 横向发展对比

根据示范区的实地走访调研，示范区农户每年购买化肥费用约为 230.00 元/亩，购买种子费用约为 60.00 元/亩，购买农药费用约为 50 元/亩，农户年平均农业收入为 1613.46 元/亩。将数据代入横向计算模型，计算得到购买种子和农药的费用占农户年平均农业收入的比例为 6.82%，购买化肥的费用占农户年平均农业收入的比例为 14.30%，农业水费占农户年平均农业收入的比例计算结果见表 8.6-48。不同用水量农业全成本水价和运行成本水价占农业收入比例、种子农药和化肥费用占农业收入比例对比图，如图 8.6-22 和图 8.6-23 所示。

将表 8.6-48 中计算数据绘制成折线图，由图 8.6-22 可看出，各种情况组合下，全成本的农业水费占农户年均收入的 6.42%～9.44%，运行成本的农业水费占农户年均收入的 5.73%～8.74%，均低于化肥占农户收入的比例 14.3%，全成本水费和运行成本水费大部分情况下高于种子和农药费用占农户收入的 6.82%，可以认为农户从心理上不接受全成本水费和运行成本水费。

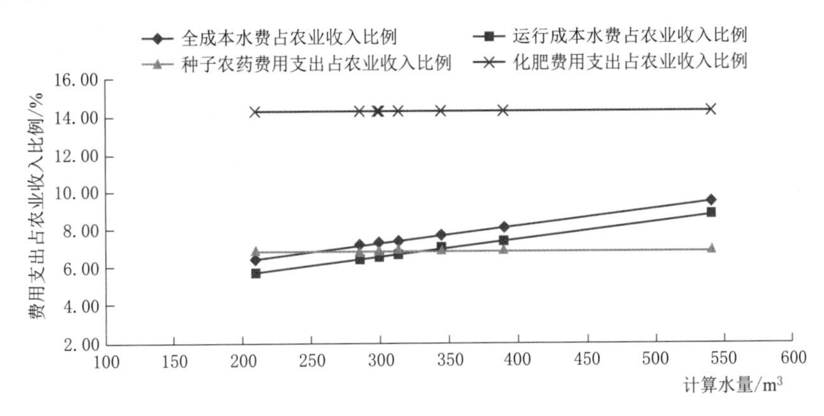

图 8.6-22　农户横向心理承受能力对比图

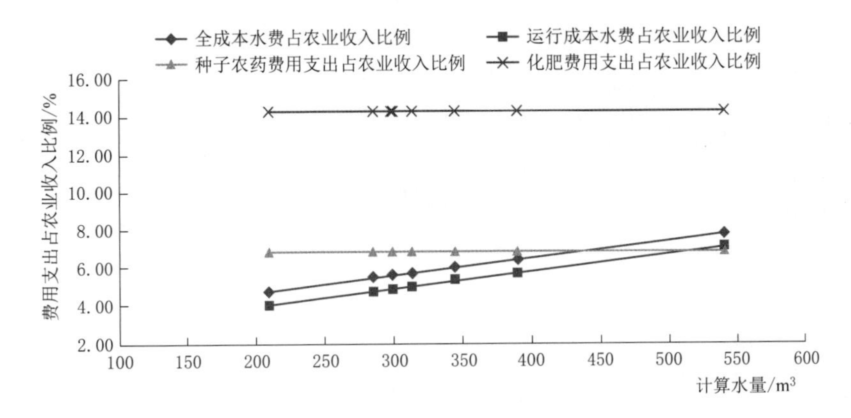

图 8.6-23　农户横向心理承受能力对比图（不计贷款本息）

若贷款本息由政府偿还，计算得到农业水费占农户年平均农业收入的比例见表 8.6-49。将表 8.6-49 中计算数据绘制成折线图，由图 8.6-23 可看出，各种情况组合下，全成本农业水费占农户年均收入的 4.74%～7.77%，运行成本农业水费占农户年均收入的 4.04%～7.06%，均低于化肥占农户收入的比例 14.30%，全成本水费在农户用水量大于 474.19m³/亩的情景下，全成本水费高于种子和农药费用占农户收入的 6.82%；运行成本水费在农户用水量大于 520.87m³/亩的情景下，运行成本水费高于种子和农药费用占农户收入的 6.82%。由此可见在农户亩均用水量不超过 474.19m³/亩的情况下，农户从心理上基本可以接受不计贷款本息的全成本和运行成本农业水费。

农业水价的制定既要考虑农业成本又要考虑农户的经济承受力，同时考虑不同水文年农户的农业成本和经济承受力的动态变化。基于动态水价协调模型，对示范区农业水价进行研究。

当地农户享受的农业水价补贴参照桓台县临近地区山东省德州市的农业补贴水价，政府奖补取 0.17 元/m³。将基于短期水权的农业全成本水价及农户承受力水价的计算数据代入动态协调农业水价计算模型，计算得到基于短期水权的动态协调农业全成本水价，计算结果见表 8.6-50。

表 8.6-48　　农业水费占农户年平均农业收入比例表

项目	权重				亩均计算水量/(m^3/亩)	全成本农业水价/(元/m^3)	全成本农业水费/(元/亩)	全成本农业水费占比/%	运行成本农业水价/(元/m^3)	运行成本农业水费/(元/亩)	运行成本农业水费占比/%
	水权水量（209.60m^3/亩）	用水定额1（235.00m^3/亩）	用水定额2（285.00m^3/亩）	实际用水量（540.24m^3/亩）							
长期水权	1.00	0	0	0	209.60	0.494	103.54	6.42	0.441	92.43	5.73
用水定额1	0	1.00	0	0	285.00	0.403	114.86	7.12	0.363	103.46	6.41
用水定额2	0	0	1.00	0	235.00	0.457	107.40	6.66	0.409	96.12	5.96
实际用水量	0	0	0	1.00	540.24	0.282	152.35	9.44	0.261	141.00	8.74
等权水量	0.33	0	0.33	0.33	344.95	0.358	123.49	7.65	0.326	112.45	6.97
不等权水量（方案一）	0.50	0	0.30	0.20	298.35	0.391	116.65	7.23	0.354	105.62	6.55
不等权水量（方案二）	0.30	0	0.50	0.20	313.43	0.379	118.79	7.36	0.344	107.82	6.68
不等权水量（方案三）	0.30	0	0.20	0.50	390.00	0.334	130.26	8.07	0.305	118.95	7.37

表 8.6-49 农业水费占农户年平均农业收入比例表（不计贷款本息）

项目	权重				亩均计算水量/(m^3/亩)	全成本农业水价/(元/m^3)	全成本农业水费/(元/亩)	全成本农业水费占比/%	运行成本农业水价/(元/m^3)	运行成本农业水费/(元/亩)	运行成本农业水费占比/%
	水权水量（209.60m^3/亩）	用水定额 1（235.00m^3/亩）	用水定额 2（285.00m^3/亩）	实际用水量（540.24m^3/亩）							
长期水权	1.00	0	0	0	209.60	0.365	76.50	4.74	0.311	65.19	4.04
用水定额 1	0	1.00	0	0	285.00	0.307	87.50	5.42	0.268	76.38	4.73
用水定额 2	0	0	1.00	0	235.00	0.341	80.14	4.97	0.294	69.09	4.28
实际用水量	0	0	0	1.00	540.24	0.232	125.34	7.77	0.211	113.99	7.06
等权水量	0.33	0	0.33	0.33	344.95	0.280	96.59	5.99	0.247	85.20	5.28
不等权水量（方案一）	0.50	0	0.30	0.20	298.35	0.300	89.51	5.55	0.263	78.47	4.86
不等权水量（方案二）	0.30	0	0.50	0.20	313.43	0.293	91.83	5.69	0.257	80.55	4.99
不等权水量（方案三）	0.30	0	0.20	0.50	390.00	0.264	102.96	6.38	0.236	92.04	5.70

表 8.6-50 基于短期水权的动态协调农业水价（全成本）

水文年型	用户实际用水量/(m^3/亩)	短期水权水价/(元/m^3)	农户承载力水价/(元/m^3)	农业灌溉水价/(元/m^3)
平水年（$P=50\%$）	0～164.78	0.523	0.465	0.295
	164.78～205.98			0.465
	205.98～243.00			0.523
	>243.00			0.732
枯水年（$P=75\%$）	0～112.81	0.696	0.396	0.226
	112.81～141.01			0.396
	141.01～285.00			0.696
	>285.00			0.974

由表 8.6-50 的计算结果可得，在确定动态协调水价时，平水年的第二阶梯水价取农户承受力水价 0.465 元/m^3，第三阶梯水价取农业全成本水价 0.523 元/m^3；枯水年的第二阶梯水价取农户承受力水价 0.396 元/m^3，第三阶梯水价取农业全成本水价 0.696 元/m^3。

8.6.6.3 动态协调全成本农业水价计算结果分析

（1）随着农户实际取水量的变化，平水年农业全成本水价变化范围为 0.295～0.732 元/m^3，变化幅度为 0.437 元/m^3；枯水年农业全成本水价变化范围为 0.226～0.974 元/m^3，变化幅度为 0.748 元/m^3，平水年水价的变化幅度较小，枯水年水价的变化幅度较大，且枯水年水价的变化幅度明显高于平水年水价的变化幅度，这更有利于促进农户的节水灌溉。

（2）在不同水文年，当农户实际灌溉用水量不超过水权水量时，平水年和枯水年的农业全成本水价都在农户可承受范围之内，低水价可以对农户的节水灌溉行为起到激励作用；当农户实际灌溉用水量超出水权水量时，枯水年水价最高，高水价可以对农户的超水权水量灌溉行为起到约束作用。

将基于短期水权的农业运行成本水价及农户承受力水价的计算数据代入动态协调农业水价计算模型，计算得到基于短期水权的动态协调农业运行成本水价，计算结果见表 8.6-51。

表 8.6-51 基于短期水权的动态协调运行成本农业水价

水文年型	用户实际用水量/(m^3/亩)	短期水权运行成本水价/(元/m^3)	农户承受力水价/(元/m^3)	农业灌溉水价/(元/m^3)
平水年（$P=50\%$）	0～164.78	0.465	0.465	0.295
	164.78～205.98			0.465
	205.98～243.00			0.465
	>243.00			0.651
枯水年（$P=75\%$）	0～112.81	0.611	0.396	0.226
	112.81～141.01			0.396
	141.01～285.00			0.611
	>285.00			0.855

由表 8.6－51 的计算结果可得，平水年前三个阶梯的农业运行成本水价均小于等于农户承受力水价，但枯水年的第三、第四阶梯农业运行成本水价高于农户承受力水价。因此在确定动态协调水价时，平水年的第二阶梯和第三阶梯水价取 0.465 元/m^3；枯水年的第二阶梯水价取农户承受力水价 0.396 元/m^3，第三阶梯水价取农业运行成本水价 0.611 元/m^3。

8.6.6.4　示范区分档水价确定

示范区为机井灌区，根据 8.6 中示范区定额的确定中提出的“亩均限采水量”的概念，综合考虑示范区地下水超采的实际情况以及山东省的农作物灌溉定额，经分析，确定示范区的“亩均限采水量”为 235m^3/亩。示范区的主要农作物为小麦和玉米，农户的年收入较低。项目贷款的本息偿还由政府财政负担，考虑到农户的经济承受力和心理承受能力，农户只承担项目的运行管理费，农业用水价格采用运行维护成本水价作为基本水价。该水价包含的内容有项目管理费、维修费、人员工资、抽水电费四项内容，示范区灌溉工程的贷款的还本付息由政府负担，不计入水价。示范区的农业水权水量为 209.60m^3/亩，目前农户实际灌水量为 540.24m^3/亩，考虑到农户对农业灌溉节水在心理上有一个逐步接受的过程，因而在灌溉保证率 50%情况下，示范区粮食作物的农业分档水价按照《桓台县物价局 桓台县水务局关于公布桓台县农业用水终端指导价格的通知》（桓价字〔2018〕26 号）的规定，结合农业水价分步实施，逐渐接近农业水权水价的原则，确定农业灌溉水量 300.00m^3/亩，作为基本水量，农业水价制定以下四个台阶：

（1）基本水量内用水，农业水价为基本水价。

（2）超过定额 20%（含）以内的水量，按照 1.5 倍基本水价执行。

（3）超过定额 20%以上，40%（含）以内的水量按照 2.0 倍基本水价执行。

（4）超过 40%以上的水量，按照 2.5 倍基本水价执行。

经计算，示范区不计贷款本息的农业运行成本阶梯水价见表 8.6－52。

表 8.6－52　　示范区农业运行成本阶梯水价（不计贷款本息）

用户实际用水量/(m^3/亩)	灌溉定额（300m^3/亩）农业运行成本水价/(元/m^3)	农户承受力水价/(元/m^3)	农业水价/(元/m^3)
0～300.00	0.262	0.396	0.262
300.00～360.00			0.393
360.00～420.00			0.524
>420.00			0.655

由表 8.6－52 可以看出，农作物亩均灌溉用水量在 300.00m^3 以内，农业水价为 0.262 元/m^3，低于农户的承受力水价 0.396 元/m^3，农户可以接受；当农作物亩均灌溉用水量大于 300m^3，农业阶梯水价均超出农户的经济承受力水价。经实地调研，示范区大部农田亩均灌溉水量在 360.00m^3 以下，农业水价不超过农户经济承受力。由于示范区位于地下水超采区，为了涵养和保护地下水资源，当地已采取一系列的节水灌溉措施，包括

节水灌溉方式、农业阶梯水价以及示范区农户的节水培训，通过这些措施，可提高农户的节水灌溉意识，实现区域地下水资源的合理开发利用，保护生态环境。

总之，由计算结果可见看出，农业动态协调运行成本水价整体低于全成本水价，示范区农户从经济和心理上均能够接受不超过灌溉定额的农业运行成本水价，全成本水价农户在经济上能够接受，但是心理上不能够接受，结合农业水价模型计算结果，示范区适宜的农业水价为不计贷款本息的农业运行成本阶梯水价，该水价既考虑了农户的承受力，又考虑了用水的奖惩机制，阶梯水价变化趋势明显。考虑到农户的心理承受能力，研究初期建议执行不计贷款本息的农业运行成本水价，由农业运行成本水价逐渐过渡到农业全成本水价，这样有利于农户从心理上逐步接受农业水价的变化过程。阶梯农业水价的实施能较好地实现示范区用水户对地下水开采量的自我约束，从而实现地下水漏斗区的有效治理。

8.6.7 农业节水精准补贴机制和节水奖励机制

根据《山东省农业水价综合改革奖补办法（试行）》和示范区实际情况，制定示范区奖补措施。

8.6.7.1 农业节水精准补贴机制

1. 补贴对象

（1）精准补贴对象为示范区为亩均限采水量内从事粮食作物（不考虑经济作物）种植的农户。

（2）对于以下情形，暂不给予补贴：①农业水价未调整到位；②农业用水超出亩均限采水量；③用水台账不健全，组织管理不规范；④其他不宜补贴的情形。

2. 补贴标准

精准补贴标准主要依据研究项目实施前后亩均限采水量内用水的提价幅度并结合灌溉成本变化情况、农民承受能力等综合确定。

设补贴额度 A 为：成本水价－执行水价＝0.262－0.148＝0.114(元/m^3)。

精准补贴的数量＝补贴的额度 A×示范区面积×亩均限采水量＝0.114×1596.72×300＝5.46(万元)。

3. 补贴方式

示范区采取直接对田间灌排工程运行维护费给予一定比例的补贴的形式。根据工程运行维护资金缺口和补贴资金情况，对工程维护主体采取按项补贴、据实结算方式兑现补贴。

奖补资金下发给农民用水者协会，协会根据当年奖补资金额度和管理范围内各农户各工程灌溉用水、作物产出效益、工程使用等情况进行综合排序，对各农户进行奖补。

4. 补贴程序

农业用水补贴，一般按照申请、审核、公示、批准、兑付等程序实施。当年末或灌溉期末，一般由用水主体或供水组织向乡（镇）人民政府提出申请；乡（镇）进行审核，并依据补贴资金额度等情况确定补贴方案；审核结果在镇、村两级公示不少于五个工作日；公示无异议后，由县级水行政主管部门批准，财政部门兑付。对于管理范围跨乡（镇）的用水主体或供水组织，也可直接向县级水行政主管部门提出申请。

8.6.7.2 建立节水奖励机制研究

1. 奖励对象

（1）奖励对象为发生实际灌溉且种植面积未减少的农民用水者协会。

（2）对于以下情形，不得给予奖励：①未发生实际灌溉；②因种植面积缩减或者转产等非节水因素引起的用水量下降；③用水台账不健全，组织管理不规范；④其他不宜奖励的情形。

2. 奖励标准

奖励标准主要依据节水量、规模、成效等因素综合确定，按节水方量核定并作为执行标准。

节水奖励额度：[亩均限采水量（亩均水权）－实际亩灌水量]×系数k×灌溉面积×单方水奖励水价。

由于实际亩灌水量到年底才能核算，年初预计年度节水奖励额度时近期以亩均限采水量作为计算上线，远期以亩均水权为计算上线，且实际亩灌水量不能小于作物的节水毛灌溉定额。

单方水节水奖励水价由水利局、财政局根据可支配的奖励资金决定，现以执行水价的n倍（$n>1$）为准进行计算，具体数值到发放奖励资金时根据实际情况再确定。

3. 奖励方式

近期对亩均限采水量与实际亩灌水量内节约的水量进行奖励，远期对亩均水权与实际亩灌水量内节约的水量进行奖励，且实际亩灌水量不能小于作物的节水毛灌溉定额。

4. 奖励程序

农业节水奖励参照精准补贴程序实施。

8.6.7.3 奖补资金来源及办法

1. 资金来源

桓台县示范区补贴资金从县财政资金中支出，由于目前采用“亩均限采水量”超出县亩均水权，暂不进行奖励。

2. 奖补资金管理办法

如当年节水奖补资金中的资金不能满足当年奖补，可将农民用水者协会管理下的农户节水情况进行排名，根据当年资金情况奖励补贴排名靠前的农户。

农业用水精准补贴和节水奖励资金逐级分配管理。新城镇农民用水者协会将兑付、使用证明材料建档，报所在镇存管。

补贴资金原则上用于补偿定额内用水运行维护支出，奖励资金原则上用于补偿农业节水支出或继续扩大节水规模投资。

各补贴、奖励申请主体应建立用水管理、水费收支、维修养护支出、奖补管理资金等台账，不断提高综合用水管理水平和财务管理能力，并主动配合各级水利、财政等部门的监督、检查。

3. 违法责任

任何单位和个人不得虚报、冒领、截留、挪用农业水价综合改革精准补贴和节水奖励资金，对违反财经纪律行为的，依照有关规定追究其法律责任。

8.6.8 对比分析

示范区为机井灌区，示范区农户目前只上交电费，不交水费，电费折算水价为0.148元/m^3。经综合分析，确定目前示范区的灌溉定额为300m^3/亩。示范区的主要农作物为小麦和玉米，农户的年收入较低。考虑到农户的承受力，农户只承担运行管理费，农业用水价格采用运行维护成本水价作为基本水价。该水价包含的内容有项目管理费、维修费、人员工资、抽水电费四项内容，示范区灌溉工程的贷款的还本付息由政府负担，不计入水价。不计贷款本息，不计折旧，示范区基本农业水价为0.262元/m^3。

农作物亩均灌溉用水量在300.00m^3以内，农业运行成本水价为0.262元/m^3（近期，执行水价为0.148元/m^3），亩均灌溉用水量在300～360m^3，农业运行成本水价为0.393元/m^3。由此可见农业运行成本水价均高于电费折算水价。根据目前示范区农户的经济收入，分析得到的农户经济承受力为0.396元/m^3，亩均灌溉水量360m^3以内的农业运行成本水价，农户从经济上可以接受，从心理上基本可以接受，但是考虑到从电费折算水价到农业运行水价的变化，农户心里有一个接受过程，建议示范区农业运行成本水价与电费折算水价的差值由示范区启动经费予以补贴。

8.7 地下水管理与保护

8.7.1 示范区地下水管理基本情况

1. 地下水年度开采量控制目标制定

桓台县主要是通过制定年度开采目标进行地下水的管理。地下水开采年度目标的制定分两个层面：一个是行政区年度开采总量控制目标，另一个是用水户年度取用水计划指标。

根据《山东省用水总量控制管理办法》，由省水行政主管部门下达设区市的年度用水控制指标，对当地地表水、地下水和区域外调水量分别予以明确。县（市、区）年度用水控制指标，由设区市的水行政主管部门在省水行政主管部门下达的年度用水控制指标内确定并下达。

用水户年度取用水计划指标的确定程序是：首先由用水户提出下一年度的取用水计划，根据审批权限分别由县级或市级水行政主管部门对用水户提出的年度用水计划进行审核，对核定后的取用水计划发文批准。

年度取用水计划管理主要是针对具有取水许可证的用水户进行，即主要针对工业企业、城乡居民生活集中供水的取水单位进行。对于分散的农业灌溉和农村生活供水目前还未施行年度取用水计划管理。

2. 地下水开采井统计

根据调查资料，桓台县共有机电井11124眼，其中井深大于等于100m的有1537眼；所有机电井中，工业开采地下水机电井245眼，城镇生活机电井101眼，农村生活机电井

399眼，农业灌溉机电井10379眼[104]。

3. 地下水开采量监测

目前桓台县地下水开采量监测限于工业和城镇生活，及部分集中供水的农村生活取用水的监测，对于农业灌溉和分散的农村生活开采地下水基本上没有直接监测。

对于农业灌溉开采地下水量，通常是根据灌溉定额估算，或者是根据灌溉抽水耗电量推算。

工业和城镇生活用水户地下水开采量的监测，以往都是水资源管理部门定期逐户上门抄表，统计开采量。近几年远程监控技术逐步推广使用，特别是从2017年12月山东省实行水资源费改税试点，山东省水资源税信息管理系统同期运行以来，随着水资源税宣贯工作的逐步深入，工业和城镇生活用水户用水量监测统计范围越来越广，基本能做到工业、生活用水计量全覆盖。

4. 地下水动态监测

桓台县现有地下水动态监测井43眼，其中国家监测站网监测井6眼，省级监测站网监测井37眼。所有地下水动态监测井都进行地下水位监测，同时部分监测井还进行水温和水质监测。桓台县的43眼监测井中，进行水温监测的有11眼，进行水质监测的有6眼。桓台县的43眼监测井中，有19眼实现了自动监测和传输，监测频次是每日六采一发，其他24眼监测井是人工观测，监测频次为每五日监测一次[105]。

8.7.2 桓台县地下水超采漏斗治理实践

1. 桓台县地下水超采情况

根据山东省水利厅公布的评价成果[106]，桓台县地下水超采区面积311.8km^2，涉及的范围包括的田庄镇、新城镇、唐山镇、果里镇、索镇、马桥镇6个乡（镇）。年均超采量836万m^3。

2015年11月，山东省人民政府以鲁政字〔2015〕234号文发布了《山东省地下水超采区综合整治实施方案》。和全省其他县、市、区一样，桓台县2016年年初制定了《桓台县地下水超采区综合整治实施方案》，明确了地下水超采区治理目标，制定了工程措施、体制机制创新措施、保障措施，全面开展了地下水超采区治理和地下水保护行动。

2. 桓台县地下水超采区治理工程措施

桓台县近几年采取的地下水超采区治理工程主要包括水源置换、农艺节水、修复补源等三项[107]。

（1）水源置换工程。水源置换是利用黄河水置换地下水，包括引黄水源置换1号线和引黄水源置换工程2号线。引黄水源置换1号线起点为万鑫电厂西南角的东猪龙河西，终点为贵和集团显星职业公司，总长7.5km，管径1000mm，材质PE100级。工程总投资3484万元。项目完成后封停示范区内11眼机井。形成压采能力120万m^3。引黄水源置换工程2号线，起点为东岳化工厂东北角、跃进河与东猪龙河交叉处，终点为凤镇华沟村山东仁丰特种材料股份有限公司，总长6.2km，管径1000mm，材质PE100级。项目建设周期为2017—2018年，总投资3150万元，完成后形成压采能力376万m^3。

（2）农艺节水工程。该项工程措施为1.5万亩高标准农田水肥一体化滴灌节水项目。

涉及唐山、田庄、新城、索镇、马桥5个乡（镇），32个行政村，投资2250万元。主要工程内容包括：配套机井240眼，安装潜水泵240台套，新建井房210座，改造井房30座，铺设低压电缆27km，铺设直径110mm PVC管道112.8km，直径90mm PE软管100.8km，滴灌管带1.69万km。项目建设周期为2017—2018年，完成升级改造后，每亩用水量约由340m^3/亩降为180m^3/亩，每年可压采地下水240万m^3。

（3）修复补源工程。桓台县计划投资28亿元，建设期4年（2016—2019年），全面完成覆盖全县的"三横五纵两湖六湿地"的大生态园建设（"三横"即引黄北干渠、引黄南干渠、孝妇河水系工程；"五纵"是指乌河、涝淄河、东猪龙河、西猪龙河、大寨沟接长段；"两湖"就是马踏湖、红莲湖；"六湿地"包括乌河入湖口湿地、猪龙河入湖口湿地、孝妇河入湖口湿地、邢家人工湿地、三岔湾人工湿地、乌河河道人工湿地长廊），通过建设引水、生态 河道治理、生态湿地修复和水利信息化等工程，补充地表水，扩大河灌面积，从而压采农灌地下水。

3. 桓台县地下水管理体制机制创新

近年来桓台县在地下水管理与保护工作中开展的体制机制建设创新，主要包括推进农业水价、水权综合改革、严格水资源管理等方面[108-110]。

通过对桓台县2016—2020年地下水位监测，桓台县示范区地下水位由2016年的6.28m抬高到2020年的9.55m。

8.8 示范区数值模拟研究

8.8.1 地下水流模拟的目的和方法

1. 模拟目的

依据研究目的和任务，拟对桓台县地下水漏斗区区域综合治理示范区地下水流数值模拟进行论证，根据示范区所在区域水文地质条件，建立水文地质概念模型，在此基础上，运用GMS软件建立示范区地下水流三维数值模型验证，利用地下水流数值模型进行地下水位预报，分析不同治理措施下地下水位的发展趋势。

2. 模拟软件

目前常用的求解地下水流方程定解问题的方法主要包括有限差分法、有限单元法，GMS软件（Grounder Modeling Systems）是美国杨百翰大学（Brigham Young University）环境模型研究实验室和美国陆军排水工程实验工作站在综合MODFLOW、FEMWATER、MT3DMS、RT3D、SEAM3D、MODPATH等已有地下水模型的基础上开发的一个综合性的用于地下水模拟的图形界面软件。由于其具有良好的操作界面、强大的前后处理功能及优良的三维可视化效果，是国际上广泛应用的地下水模拟软件之一，可以在3D环境下开发、表征以及对地下水状况进行可视化的模拟。本次模拟所用的主要是GMS软件的MODFLOW模块。

3. 模拟方法

建立地下水流数值模型的过程主要包括：对桓台县节水示范区所在区域的水文地质条

件进行分析，建立水文地质概念模型、建立地下水流数值模型、模型应用等。地质条件概化内容主要包括：计算区几何形状的概化、边界类型和边界值的概化、含水层性质的概化与水文地质结构模型、水文地质参数性质的概化和赋值、地下水流场与地下水流动特性的概化、各补给和排泄项的处理与确定、地下水均衡分析等。在上述基础上，形成对应水文地质概念模型的地下水流数学模型。根据建模的目的以及模型类型的不同，结合水资源规划或地下水开采等规划方案，运用该模型预测地下水流场特征及其变化趋势。

8.8.2 区域地质、水文地质条件

1. 地层概况

桓台县在大地构造上属华北地台鲁西台背斜鲁中隆起与辽冀台向斜济阳坳陷的交接地带，属华北型地层。根据区域地质资料及钻孔资料，桓台县境内揭露的地层主要有古生界的奥陶系、石炭系、二叠系，中生界的侏罗系和白垩系，新生界的第三系和第四系。

2. 地质构造

桓台县地处鲁西地块鲁中隆起区“邹平-周村凹陷”与华北拗陷“博兴凹陷”的过渡带。同本区水资源形成、赋存有关的主要区域性构造有淄博向斜、金岭穹隆及断裂构造。

3. 水文地质条件

根据地下水的含水介质性质，可将区内地下水含水层划分为松散岩类孔隙水含水层和碳酸盐岩类岩溶水含水层两大类。前者（新近系、第四系松散岩类）分布范围广，厚度大，其内蕴藏着较丰富的孔隙水，因而也是本区最具供水意义的含水层；后者主要在县内东南部的侯庄一带分布，隐伏于第四系地层之下，分布范围较小，供水意义不大。

区内松散岩类孔隙水含水层可分为浅层、深层两个大的含水层，两个含水层之间为相对隔水层。几个层的形成既有自然因素，也有人为因素。浅层含水层因其水量丰富、分布稳定、易开采，是本区农业灌溉所利用的主要含水层；相对隔水层为具备保护功能的中间层，深层含水层水井往往将其作为止水段；深层含水层水质较好，是生活用水和工业用水的主要水源。

8.8.3 水文地质概念模型

1. 模型范围

本研究示范区位于桓台县西南侧。由于在孔隙介质场地下水流数值模拟中，模型范围通常难以到达天然边界，为了能更好地反映研究区内地下水流运动规律，预测地下水流的演变趋势，可人为划定模型边界。

根据已有资料，本次选择桓台县现有的17眼长观井，根据孔隙水的埋藏条件、水力性质和目前的开采情况等，整个桓台县大致分为三层：70m以上为潜水含水层；70～80m为微承压含水层；80m以下为深层承压孔隙水含水层。17眼机井深度均在30m左右，位于同一层潜水含水层，也是本次研究的目标含水层。长观井位置分布如图8.8-1所示。

利用2017年12月的长观井水位观测数据绘制桓台县地下水等水位线图，如图8.8-2所示。

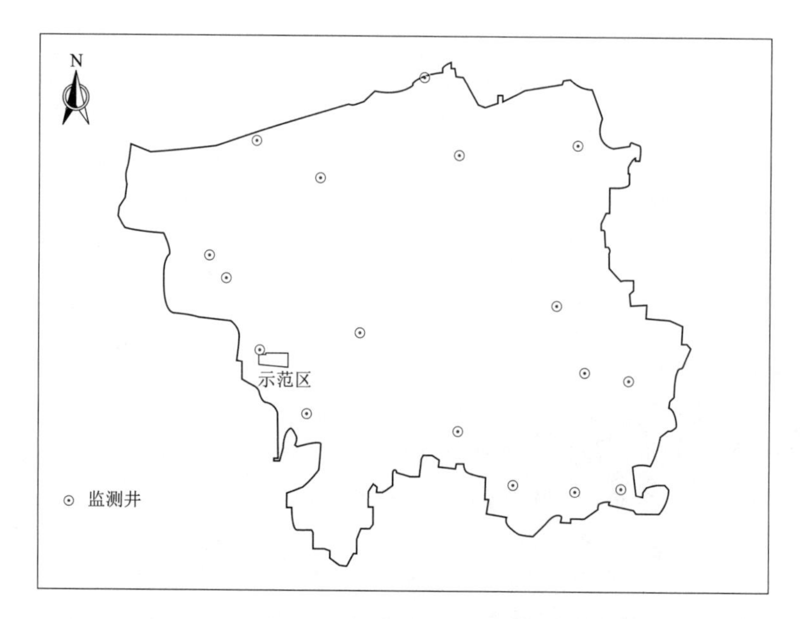

图 8.8-1 桓台县节水示范区及监测井位置示意图

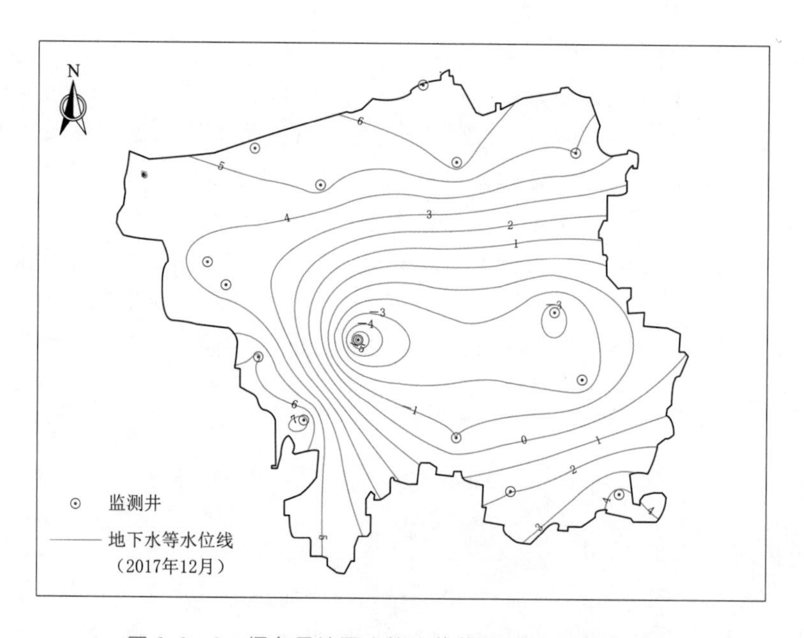

图 8.8-2 桓台县地下水等水位线图（2017 年 12 月）

由于示范区范围较小，根据已有的地质、水文地质勘测资料，为弱化示范区节水措施对边界条件的影响将模型范围向外适当扩充。基于桓台县长观井监测数据绘制的地下水等水位线图（图 8.8-2），根据流场形状确定模型东西边界垂直地下水流向，南北边界平行地下水流向。其中平行于地下水位等水位线方向，可以将该边界概化确定为给定水头边界、定流量边界及通用水头边界；垂直于地下等水位线方向的边界，可以作为隔水边界或者极小流量边界。根据 2017 年 12 月地下水流场确定模型东西边界垂直地下水流向，南北边界平行地下水流向，即平行于地下水位等水位线方向，最终确定本次模型的模拟区范围如图 8.8－3 所示，模拟内 2017 年 12 月和 2020 年 9 月的地下水流场如图 8.8－4 所示。

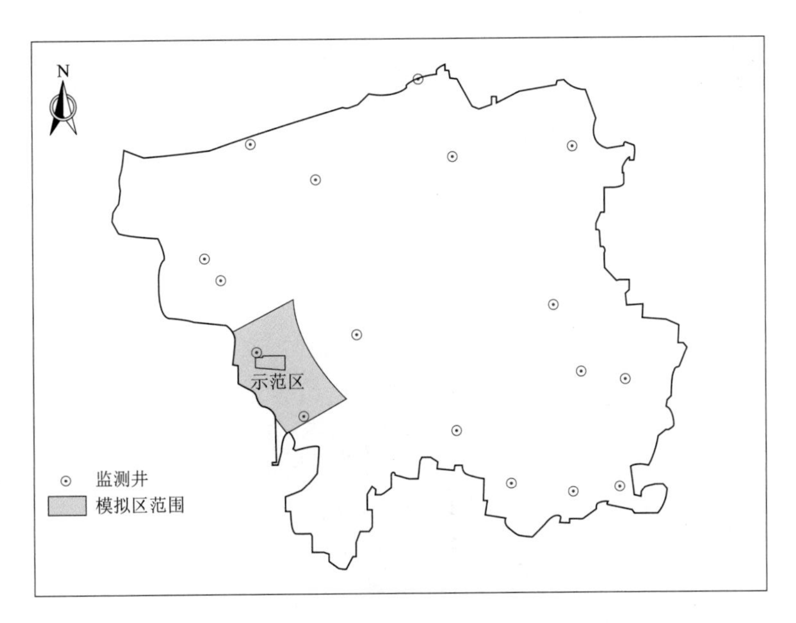

图 8.8－3　模拟区范围示意图

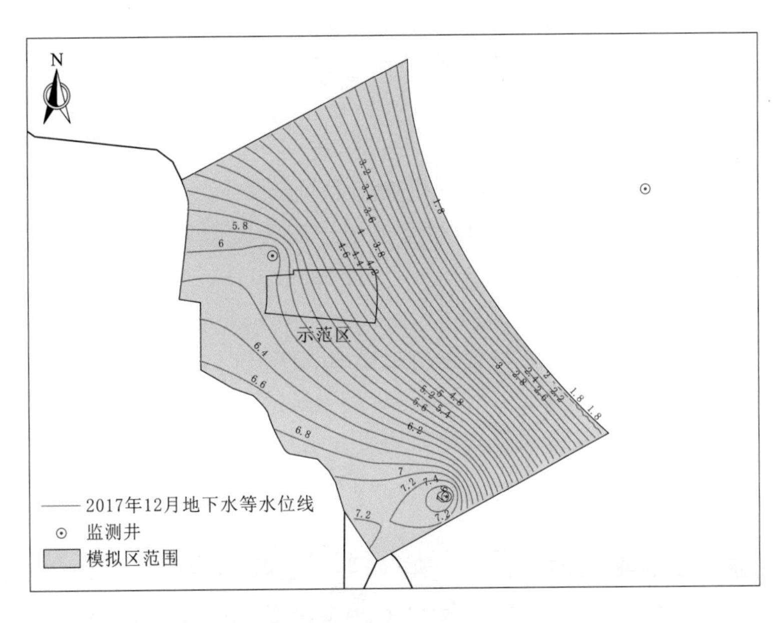

图 8.8－4　模拟区地下水等水位线图（2017 年 12 月及 2020 年 9 月）

2. 边界条件

根据模拟区水文地质条件及地下水流场特征，确定本次模型的边界条件如图 8.8－5

所示。

（1）侧向边界。根据流场形状确定模型东西边界垂直地下水流向，定义为流量边界；南北边界平行地下水流向，定义为隔水边界。

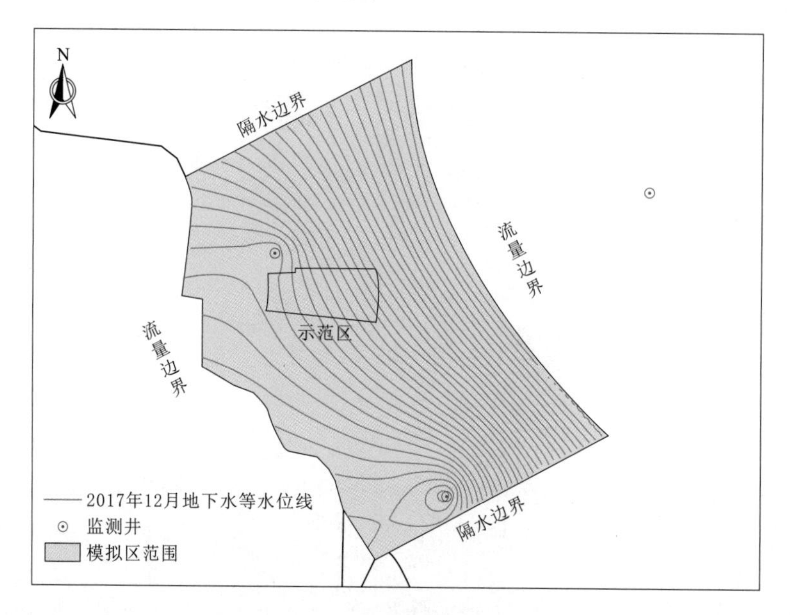

图 8.8-5 模型边界示意图

（2）垂向边界。模型的上边界为潜水含水层的自由水面，通过该边界，潜水含水层主要接受大气降水入渗补给；模型的底部边界是分布较为连续的黏土层，为稳定的区域隔水层，因此将其视为隔水边界，作为模型下边界。

3. 含水层结构

模拟范围位于桓台县西南处，区内水文地质条件受地层岩性、地形地貌及水文气象等因素综合控制。区内地下水类型为第四系孔隙潜水，岩性主要为中细砂、中砂等，含水层厚度约为62.0m；下部为分布较为连续的黏土层，本次模型将第四系孔隙水含水层概化为均质单层结构的潜水含水层。

4. 含水层水力特征

空间上，将地下水运动概化为符合达西定律的三维流；地下水动态因素随时间发生变化，故地下水流为非稳定流；参数在平面上没有明显的方向性，视为平面各向同性；另外，模拟区的面积较小，可将含水层概化为均质含水层。

8.8.4 数学模型的建立与求解

8.8.4.1 地下水流数学模型的建立

根据模拟区的水文地质条件（图 8.8-6）和地下水流特征，建立了计算区内地下水流数学模型，浅层潜水系统地下水运动的数学模型概化为三维非稳定流系统，用如下微分方程的定解问题来描述。

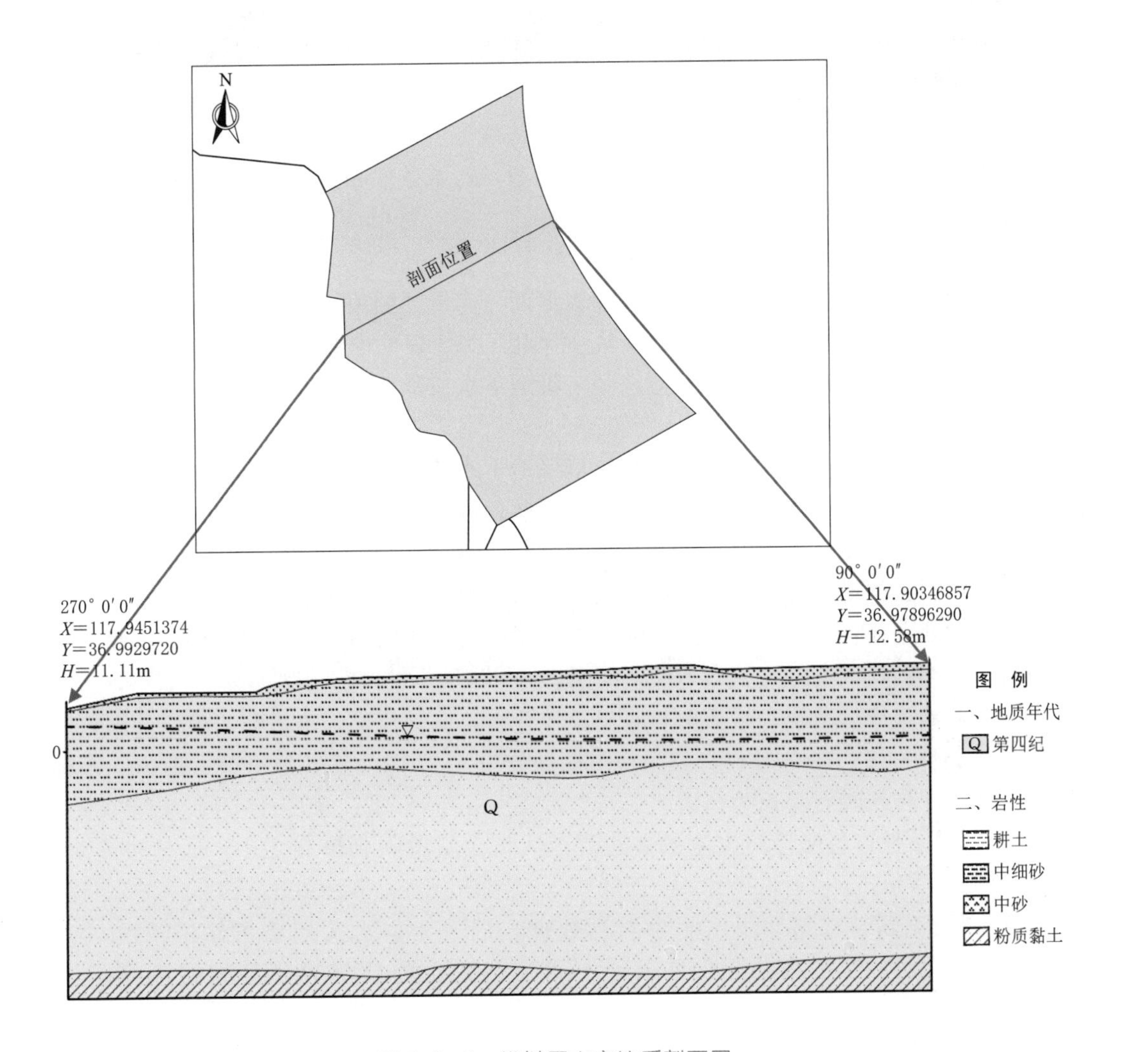

图 8.8-6 模拟区水文地质剖面图

$$
\begin{cases}
\dfrac{\partial}{\partial x}\left[K_x \dfrac{\partial H}{\partial x}\right]+\dfrac{\partial}{\partial y}\left[K_y \dfrac{\partial H}{\partial y}\right]+\dfrac{\partial}{\partial z}\left[K_z \dfrac{\partial H}{\partial z}\right]+\varepsilon = S_s \dfrac{\partial H}{\partial t} & (x,y,z)\in \Omega \\
K_x\left(\dfrac{\partial h}{\partial x}\right)^2+K_y\left(\dfrac{\partial h}{\partial y}\right)^2+K_z\left(\dfrac{\partial h}{\partial z}\right)^2-\dfrac{\partial h}{\partial z}(K_z)=\mu \dfrac{\partial h}{\partial t} & (x,y,z)\in \tau_0 \\
H(x,y,t)\big|_{t=0}=H_0(x,y,t) & (x,y,z)\in \Omega \\
K_n \dfrac{\partial H(x,y,z,t)}{\partial n}\bigg|_{\tau_{1,2}}=q(x,y,t) & (x,y)\in \tau_{1,2}
\end{cases}
\tag{8.8-1}
$$

式中 K_x、K_y、K_z——x、y、z 方向渗透系数，m/d；

S_s——含水层比储水系数；

H_0——含水层初始水头，m；

q——单位面积过水断面补给流量，m^2/d；

ε——源汇项强度（包括开采强度、入渗强度、蒸发强度等），m^3/d；

Ω——渗流区域；

n——渗流区边界的单位外法线方向。

上述偏微分方程，表示潜水含水层数学模型，初始条件和边界条件，共同组成的定解问题。

8.8.4.2 数学模型的求解

数学模型求解方法是在模拟区上采用矩形剖分和线性插值，应用有限差分法将上述数学模型离散为有限差分方程组，本次研究中采用 GMS 软件中的 MODFLOW 模块对模型进行求解，该模块是基于有限差分方法的三维地下水流数值模拟系统。

8.8.4.3 时空离散

桓台县地下水漏斗区区域综合治理示范区地下水流数值模型利用 GMS 软件求解，首先进行网格剖分，对模拟区进行空间和时间离散，输入相应的边界条件、源汇项、初始条件等数据资料，利用有限差分法进行求解。

（1）模拟区网格剖分。此次模拟采用矩形网格对渗流区进行离散化（剖分）。将复杂的渗流问题处理成在考虑到剖分单元内简单的规则的渗流问题。将模拟区剖分为每个单元格规格 50m×50m，垂向上分为 1 层，如图 8.8-7 所示。

（2）初始条件的确定。根据资料收集及地下水位监测情况，本次数值模拟的模拟期为 2018 年 1 月到 2022 年 12 月，将整个模拟期划分为 60 个应力期，每个应力期为一个相应的自然月，计算的时间步长为一天。

1）边界条件：将所计算出来的各边界流入流出量输入到模型之中，通过边界赋值，如图 8.8-8 所示。

2）初始流场：根据地下水水位监测数据，同时考虑水文地质条件相关性与合理性等因素绘制确定 2017 年 12 月末地下水流场，作为数值模型的初始流场，如图 8.8-8 所示。

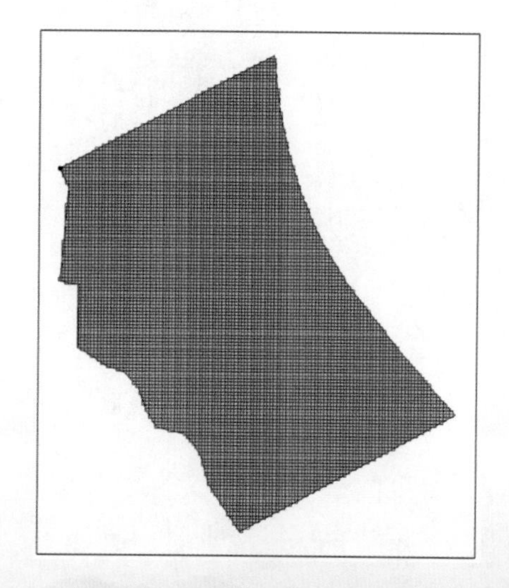

图 8.8-7 模拟区网格剖分图

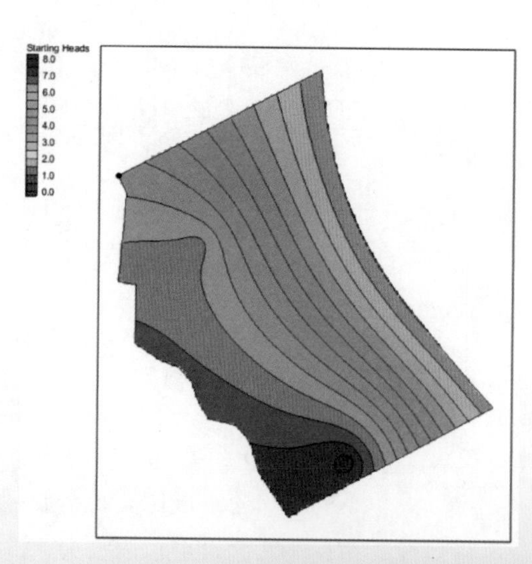

图 8.8-8 模拟区初始流场图

8.8.4.4 水文地质参数获取

水文地质参数作为计算评价地下水的重要数据，是影响评价结果的主要因素。用于地下水流模型的水文地质参数主要分为两类：①用于计算地下水的源汇项参数和经验系数，如大气降水入渗补给系数、灌溉入渗补给系数、蒸发系数等；②含水层的水文地质参数，这一类主要包括潜水含水层的渗透系数（K）、给水度（μ）等。

（1）大气降水入渗补给系数。大气降水入渗补给系数是一定时期内，降水入渗补给地下水的水量与同期内降水量的比值。降落到地表的水，一部分蒸发返回大气，一部分被植物截留或填洼，一部分产生地表径流，剩余部分渗入地下。该值受地形地貌、包气带岩性、地下水埋深、植被及前期土壤含水量等因素变化而变化。可通过动态分析法、水量平衡法、基流分割法、桶测法等确定大气降水入渗补给系数。大气降水入渗补给系数根据以往研究成果，地下水位埋深大于 8.0m 时，不同岩性降水入渗补给系数取值见表 8.8-1。结合模拟区地下水位埋深及包气带岩性组合综合确定，本次模拟区大气降水入渗补给系数为 0.20。

表 8.8-1　大气降水入渗补给系数取值一览表

序号	岩　性	大气降水入渗补给系数	序号	岩　性	大气降水入渗补给系数
1	上粉土粉质黏土、下砂区	0.19～0.27	4	粉土、砂互层	0.20～0.30
2	以砂为主	0.28～0.34	5	上粉土、下砂砾石	0.22～0.30
3	粉土、粉质黏土与砂互层	0.15～0.25	6	粉质黏土、黏土与砂互层	0.12～0.22

（2）灌溉入渗补给系数。灌溉入渗补给系数是田间灌溉水入渗补给地下水的水量与灌溉用水量的比值，表征灌溉用水量对地下水的补给程度。在田间灌溉用水总量中，用来湿润作物根系活动层，供作物利用的水量只占一部分，其余水量都消耗于各种蒸发（水面蒸发和土壤蒸发）和下渗。对地下水的补给量是入渗量的一部分。灌溉水对地下水的补给，主要是经过田面入渗和田间渠道入渗进行的。灌溉水补给地下水的份额取决于灌溉方式，由于示范区实施节水示范工程，主要采用喷灌、管灌方式，渗漏补给地下水量十分有限，结合经验值及相关案例，来确定灌溉入渗系数，其中灌溉入渗补给系数滴灌方式为 0.18，管灌方式为 0.33，喷灌方式为 0.26。

（3）渗透系数（K）。在各向同性介质中，渗透系数为单位水力坡度下的单位流量，表示含水层透水的难易程度，影响 K 值大小的主要因素是地层岩性与地层结构，其经验值见表 8.8-2。

表 8.8-2　不同含水层岩性渗透系数 **K** 值表

岩性	粉砂	粉细砂	细砂
K/(m/d)	0.5～1.0	1～5.0	5～10

结合模拟区内地质条件和经验值，利用平均渗透系数法计算：

$$K_h = 1/H \sum_{i=1}^{n} K_i H_i K_v = H / \sum_{i=1}^{n} \frac{H_i}{K_i} \tag{8.8-2}$$

式中 K_h——水平渗透系数，m/d；

K_v——垂直渗透系数，m/d；

H_i——不同地层厚度，m；

K_i——不同地层渗透系数，m/d。

综合分析确定模拟区水平渗透系数 K_h 为 5.12m/d，垂直渗透系数 K_v 为 0.96m/d。

（4）给水度（μ）。给水度是指地下水位下降一个单位深度时，饱和介质在重力排水作用下可以给出水的体积与多孔介质体积之比，是衡量潜水含水层给水性能大小的指标。给水度大小与含水层的岩性、潜水面深度以及地下水位下降速度等有关。前人在求取研究区含水层给水度及水位变动带的给水度中，常采用室内实验法、抽水试验法、动态资料推求法、水量均衡法等。不同含水层岩性的给水度经验值见表 8.8-3。

表 8.8-3　不同含水层岩性给水度 μ 值表

岩性	μ	岩性	μ
砾石、卵石	0.23～0.3	细粉砂	0.10～0.15
粗砂含砾石	0.20～0.23	粉土	0.06～0.08
粗砂	0.18～0.21	粉土与粉质黏土互层	0.04～0.07
中砂	0.15～0.18	粉质黏土	0.03～0.06
细砂	0.13～0.17	粉质黏土与黏土互层	0.04～0.05
粉砂	0.09～0.13	黏土	0.03～0.04

结合研究区内地质条件及结合经验值，确定模拟区给水度为 0.10。

综上，本次模型所需参数取值情况见表 8.8-4。

表 8.8-4　含水层参数取值

含水层	大气降水入渗补给系数	灌溉入渗补给系数			水平渗透系数/(m/d)	垂向渗透系数/(m/d)	给水度
		滴灌	管灌	喷灌			
潜水含水层	0.20	0.18	0.33	0.26	5.12	0.96	0.10

8.8.4.5 源汇项的确定及处理

通过对上面模型边界条件的分析以及地下水位的埋藏条件，结合研究区内的采补条件，模拟区含水层主要补给项为接受大气降水补给、上游地下水侧向径流补给、灌溉水渗漏补给，排泄项为潜水蒸发排泄、下游地下水径流排泄，以及人工开采。各均衡要素处理如下。

1. 补给项

（1）大气降水入渗补给量。大气降水入渗补给量是模拟区最主要的补给来源之一，是地表入渗补给潜水，其入渗量与降水量、包气带岩性和厚度有关。大气降水入渗补给量采用下列计算公式。

$$Q_r=\alpha FP \tag{8.8-3}$$

式中 Q_r——大气降水入渗补给量，m^3/d；

α——大气降水入渗系数，无量纲；

F——接受降水入渗面积，m^2；

P——计算时段大气降水量，mm/d。

根据桓台县水利局提供的水文资料，大气降水入渗系数按地层岩性及厚度确定，结合经验值确定降水入渗系数为0.20。根据桓台县多年雨型分布，其降水量年际变化过程为丰水年、平水年、枯水年交替，连丰、连枯年时有出现，如图8.8-9所示。

本书采用下述降水丰枯判别标准：

丰水年：

$$(\overline{X}+0.33\sigma)<X_i \tag{8.8-4}$$

平水年：

$$(\overline{X}-0.33\sigma)<X_i\leqslant(\overline{X}+0.33\sigma) \tag{8.8-5}$$

枯水年：

$$X_i\leqslant(\overline{X}-0.33\sigma) \tag{8.8-6}$$

式中 X_i——第i年的降水量，mm；

$\overline{X}$——多年平均降水量，mm；

σ——年降水量标准差，mm。

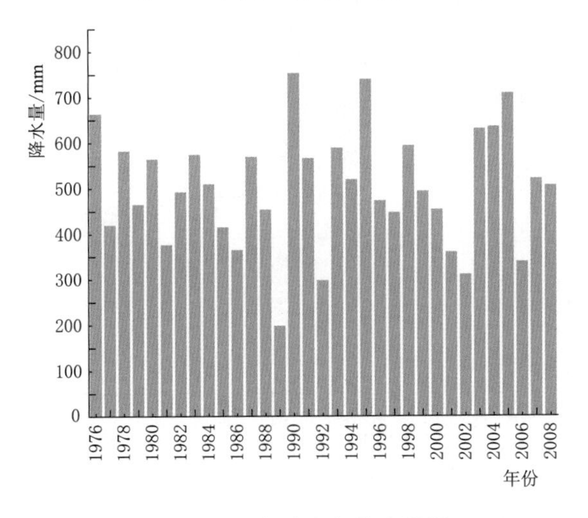

图8.8-9 桓台县年降水量图

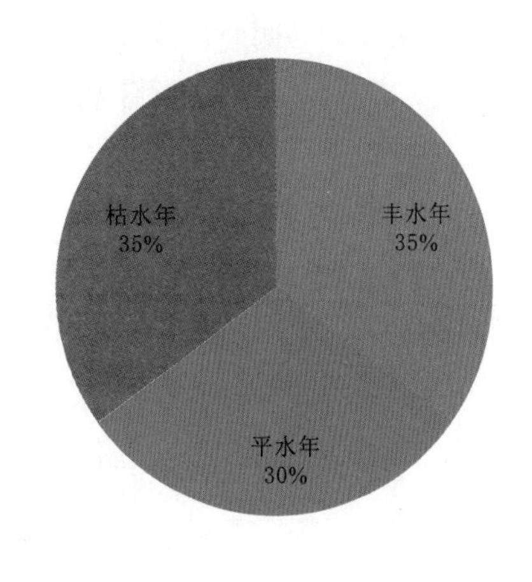

图8.8-10 不同降水年型所占比例

经过计算1952—2008年桓台县降水量，可得$\overline{X}=503.4353$mm，$\sigma=127.7661$。故桓台县丰水年为$X_i>545.6$mm，平水年为461.3mm$<X_i\leqslant546.6$mm，枯水年为$X_i\leqslant461.3$mm。

桓台县1952—2008年的水文丰平枯年型所占比例如图8.8-10所示，桓台县丰水年、平水年、枯水年数占总年数的35%、30%和35%。丰水年、平水年、枯水年三种水文年型出现的频率大致占总降水年的1/3。

2018丰水年为740.5mm，2019丰水年为615mm，2020平水年为531mm。研究区2018—2020年大气降水量如图8.8-11所示，同时选取2018年（丰水年）、2020年（平水年），作为2021—2022年的大气降水量，按日动态系列以面状补给形式加到模型中。

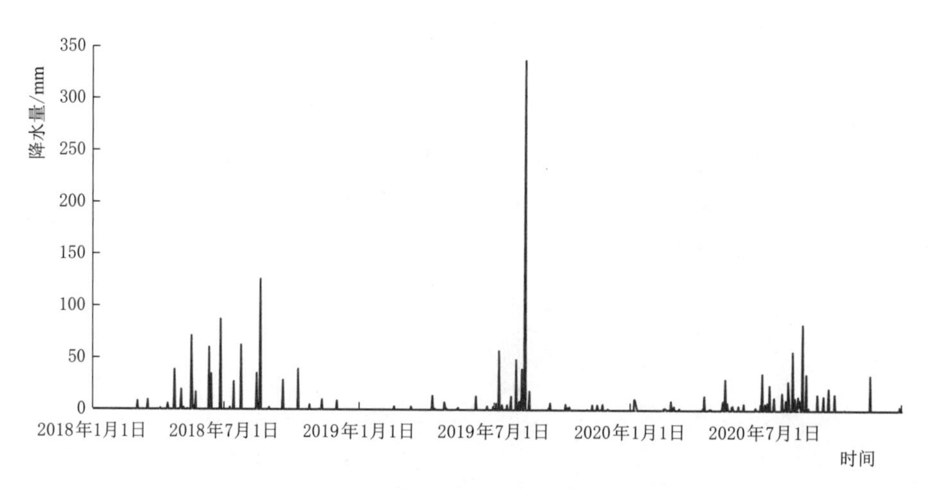

图 8.8-11　桓台县 2018—2020 年降水量统计

（2）侧向径流量补给量。根据研究区地下水流场，在进入模拟区西部边界，存在侧向径流补给量，根据达西定律计算侧向径流补给量为

$$Q_{侧向}=10^{-4}KMIL\Delta t \tag{8.8-7}$$

式中　$Q_{侧向}$——侧向径流补给量，m^3/年；

K——断面附近含水层的渗透系数，m/d；

M——含水层有效厚度，m；

I——垂直于断面的水力坡度，无量纲；

L——侧向补给断面长度，m；

Δt——侧向补给的时间，d。

模拟区的侧向径流补给量如表 8.8-5 和图 8.8-12 所示。

表 8.8-5　　含水层参数取值

参　数	K/(m/d)	M/m	L/m	I	侧向径流补给量/(m^3/d)
潜水含水层	5.12	62	6500	0.0017	3507.71

（3）农业灌溉回渗量。由于模拟区内灌溉机井开采利用方式及程度不同，如图 8.8-13～图 8.8-15，选取乔北 1 号、乔北 2 号、城西 3 号为例，其灌溉方式及所用水量不同，因此其灌溉入渗系数也不同。采用田间灌水管网（低压管道）输水和配水，应用地面移动软管在农田内进行灌水。这种输水损失最小，可避免田间灌水时灌溉水的浪费，而且管理运用方便，也不占地，不影响耕作和田间管理；喷灌具有省水、省工、省地、增产等优点，便于机械化自动化控制和实施灌溉过程，在我国水资源日趋紧张的情况下，推广喷灌技术，是现代节水农业的主要途径之一。喷灌和低压管道灌溉均有效地减少了输水损失和深层渗漏损失，提高了水的利用率。依据相关资料统计分析可得，喷灌节水率为 39%，低压管道灌溉节水率为 34.3%，喷灌的水分利用效率为 1.68kg/m^3，低压管道灌溉的水分利用效率为 1.61kg/m^3。

农业灌溉回渗量计算公式如下：

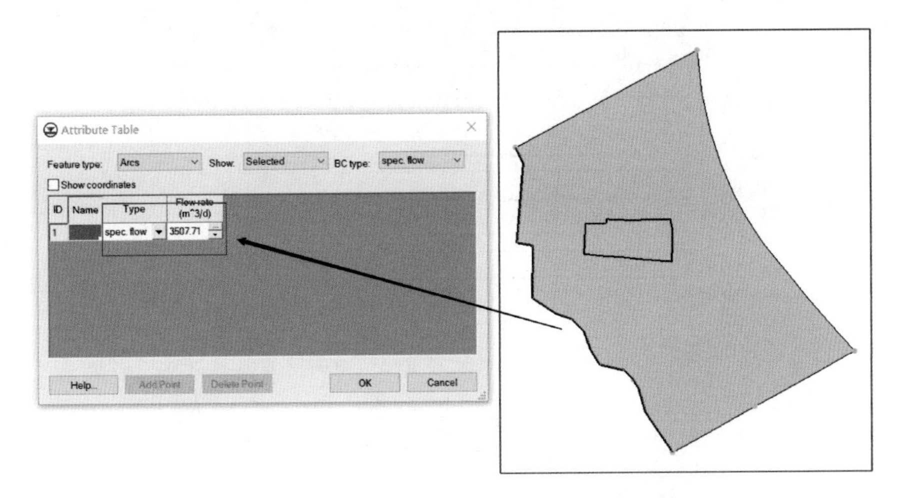

图 8.8-12 模拟区地下水侧向径流补给量设置

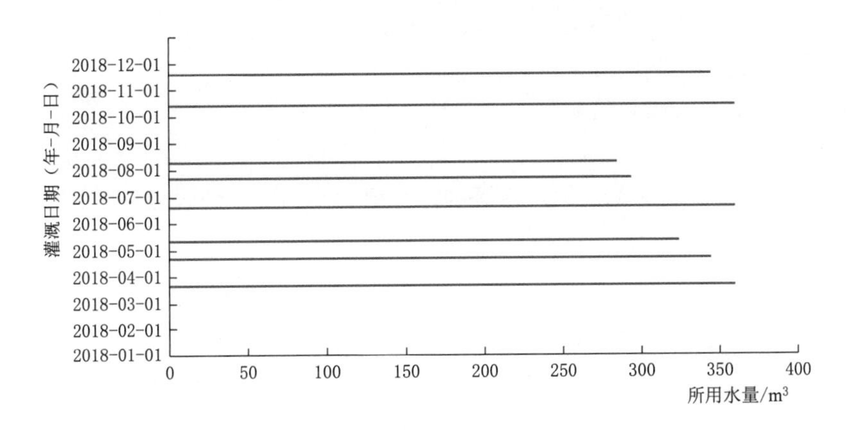

图 8.8-13 乔北 1 号机井地下水开采滴灌用水情况

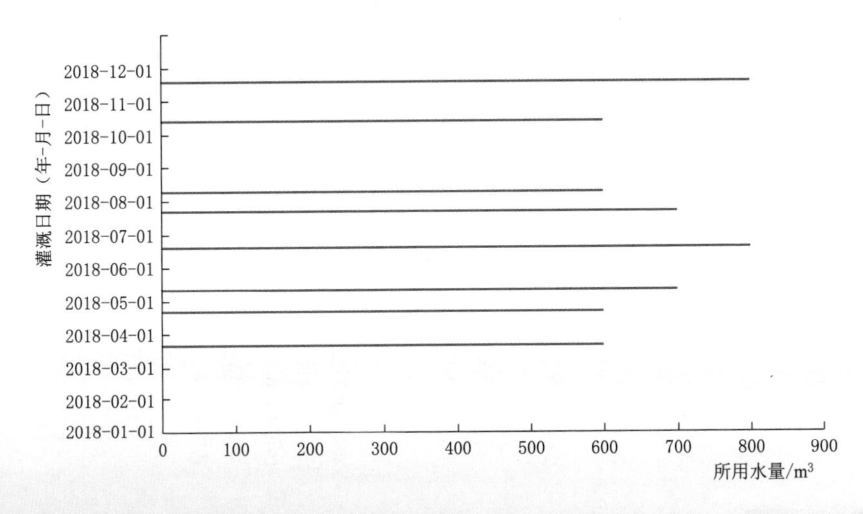

图 8.8-14 乔北 2 号机井地下水开采管灌用水情况

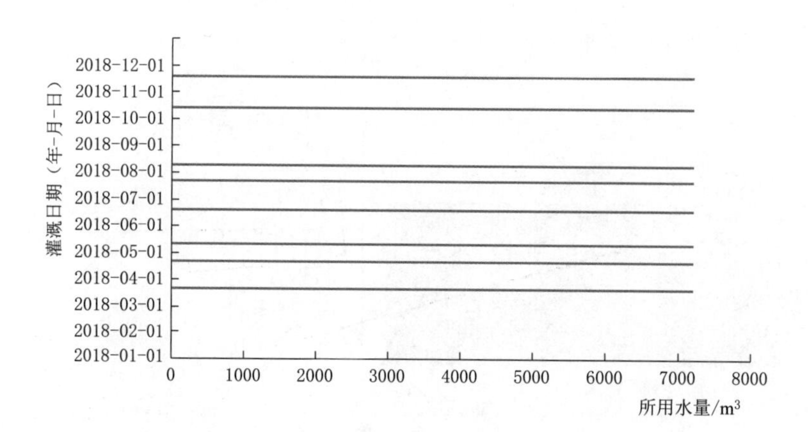

图 8.8-15　城西 3 号地下水开采喷灌用水情况

$$Q_{渗漏量}=Q_{实际开采量}\gamma \tag{8.8-8}$$

式中　$Q_{渗漏量}$——农业灌溉回渗量，m^3/d；

$Q_{实际开采量}$——机井实际的开采量，m^3/d；

γ——灌溉入渗补给系数。

2. 排泄量

(1) 潜水蒸发量。潜水蒸发量是指潜水在毛细管作用下，通过包气带岩土向上运动形成的蒸发量。计算公式如下。

$$Q_{蒸发}=CF\varepsilon_0 \tag{8.8-9}$$

式中　C——潜水蒸发系数；

F——计算区面积，m^2；

ε_0——水面实际蒸发强度，m/年，选取临近地区气象站水面蒸发观测数据（图 8.8-16）乘以折算系数 0.62，转换成 E601 型蒸发皿水面蒸发值。

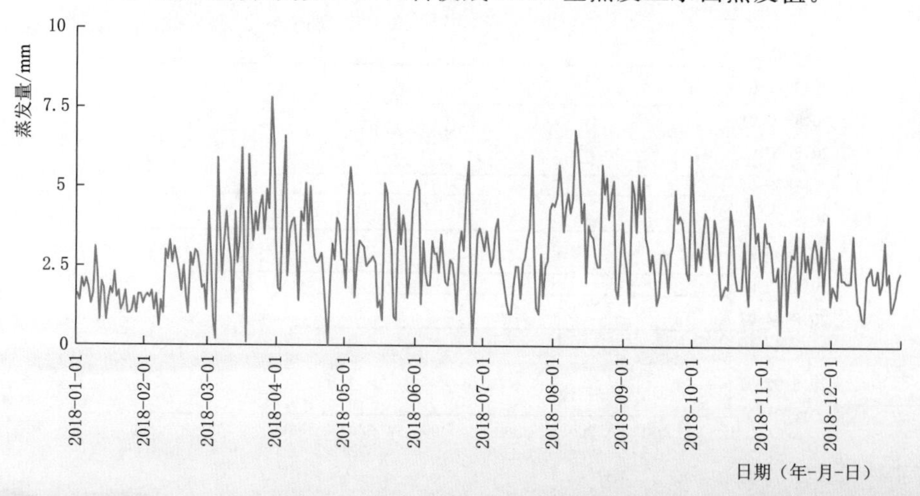

图 8.8-16　桓台县蒸发量观测数据

由于大气降水补给及潜水蒸发排泄均为面状源汇项，故将两者叠加进行计算，如图8.8-17示。

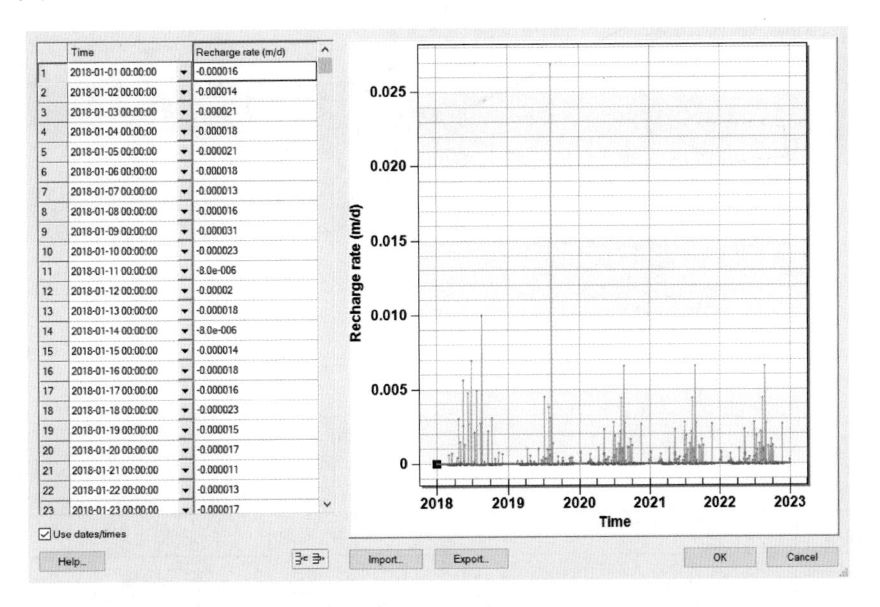

图 8.8-17 模拟区潜水蒸发量

（2）地下水下游径流排泄量：

$$Q_{径流排泄}=KMILT \tag{8.8-10}$$

式中 K——计算断面的加权平均渗透系数，m/d；

M——计算断面的平均含水层厚度，m；

I——计算断面的平均水力坡度，无量纲；

L——计算断面长度，m；

T——排泄时间，d。

根据模拟区流场图，径流排泄边界分为三段进行分别赋值，自北向南长度分别为2400m、1950m和1850m，计算得到水力坡度分别为0.0017、0.0025和0.0016。经计算，侧向径流排泄量为3782.30m^3/d。

（3）农业灌溉开采量。示范区农田面积约1596.72亩，灌溉用水是通过机井抽取的地下水。根据示范区现状，在示范区内设置21眼开采井，模拟该区地下水开采利用。含水层参数取值及计算结果见表8.8-6。示范区地下水侧向径流排泄量设置如图8.8-18所示。示范区机井位置布置如图8.8-19所示。

表 8.8-6 含水层参数取值及计算结果

参数	K/(m/d)	M/m	L/m			I			侧向径流补给量/(m^3/d)
			L_1	L_2	L_3	I_1	I_2	I_3	
潜水含水层	5.12	62	2400	1950	1850	0.0017	0.0025	0.0016	3782.30

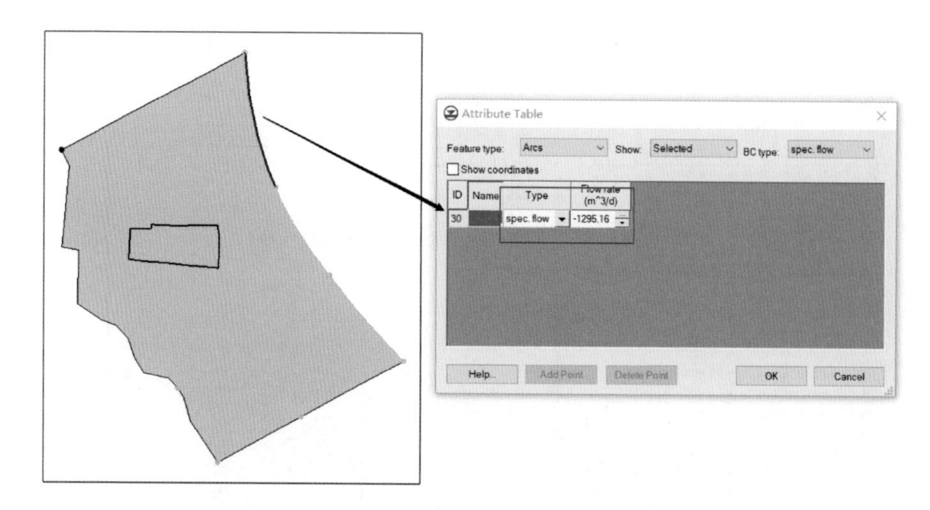

图 8.8-18　示范区地下水侧向径流排泄量设置

表 8.8-7　　机井编号及位置

井　号	X	Y	井　号	X	Y
1	581880.8	4093029	12	582524	4093141
2	581999.8	4093026	13	582407	4092709
3	582137.7	4092955	14	582455	4092565
4	582027.4	4092622	15	582579	4092790
5	582213.6	4093133	16	582528	4092617
6	582237.8	4093083	17	582614	4092510
7	582222.2	4092738	18	582634	4092817
8	582206.7	4092578	19	582683	4093083
9	582317.1	4092997	20	583107	4093000
10	582494.7	4092986	21	583064	4092869
11	582461.9	4093147			

农业灌溉开采量计算公式如下：

$$Q_{开采量}=Q_{实际开采量}(1-\gamma) \tag{8.8-11}$$

式中　$Q_{开采量}$——模拟中设置的机井开采量，m^3/d；

$Q_{实际开采量}$——机井实际的开采量，m^3/d；

γ——灌溉入渗补给系数。

由于不同机井的开采方式及开采量不同，所以根据资料设置开采时间及不同开采灌溉用水量，如图 8.8-20 和图 8.8-21 所示。

8.8.4.6　模型的识别与验证

在整个模型的模拟建立过程中，模型的识别与验证是非常重要的一步。一般来说，为了使模型的模拟效果与实际更加匹配，检验所建立的数学模型和模型参数的可靠性，需要对模型中的各种参数进行反复的修改与调节，方可达到较为理想的拟合结果。模型识别过程中所采用的方法，也称试估-校正法。

通过运行计算程序，可以获得在给定水文地质参数和均衡项条件下的模拟区计算流场，并通过拟合同时期的实测流场，确定识别水文地质参数和其他均衡项，使建立的模型更加符合模拟区的水文地质条件。

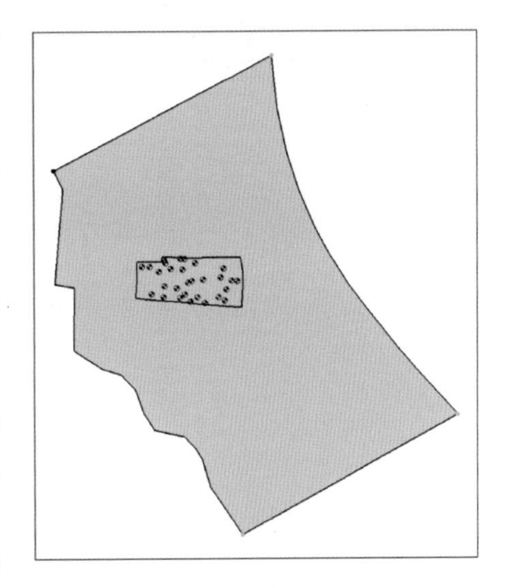

图 8.8-19 示范区机井位置布置图

（1）模型的识别。根据模拟区水位变化特征，每年的灌溉期为 3—7 月，以及 10 月和 11 月，因此选取 2018 年 1 月至 2018 年 12 月作为模型的识别期。根据已有的地下水位观测资料，以一个月为一个应力期。2018 年 2 月和 2018 年 10 月示范区模拟水位与实测水位的拟合情况如图 8.8-22 所示，其中蓝色的线代表实测流场，红色的线代表本次模拟的计算流场。从拟合结果可以看出，实测流场与计算流场基本一致，模型所反映的流场即计算流场和实测的地下水流场拟合程度较好。对示范区西北侧的观测孔水位过程进行拟合，拟合结果如图 8.8-23 和图 8.8-24 所示。结果显示观测孔整体拟合情况较好，模型识别结果可靠。

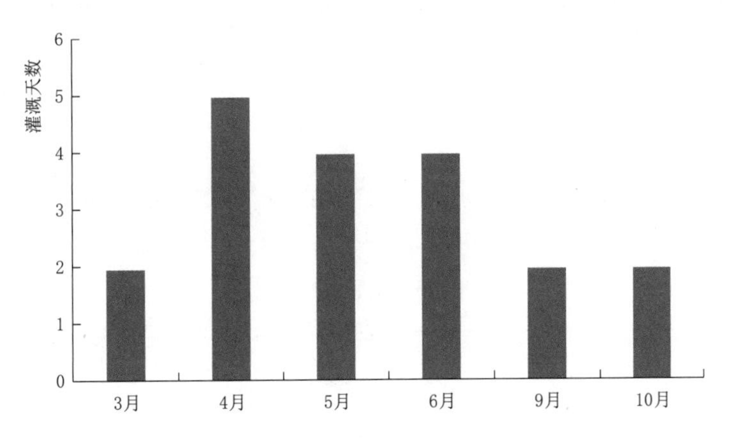

图 8.8-20 示范区内机井平均开采灌溉天数情况统计

（2）模型的验证。为进一步验证数值模型的可靠性，利用 2019 年 1 月至 2019 年 3 月的动态监测数据对数值模型进行验证。2019 年 3 月示范区计算流场与实测流场拟合情况如图 8.8-25 所示。结果显示，验证期末刻地下水实测流场与模型计算得到的流场整体拟合效果较好，所建立的数值模拟模型及参数可以用于未来地下水开采和治理条件下的地下水水位预报。

根据模型的识别和验证结果，在误差可接受的范围内，认为所建立的水文地质概念模型、数学模型及模型参数等符合实际水文地质条件，该模型基本反映了实际地下水流动的趋势和规律，根据《地下水流数值模拟技术要求》（GW1-D1），同时该拟合结果达到了地下水数值模型的精度要求，可以利用此模型开展预测分析工作。

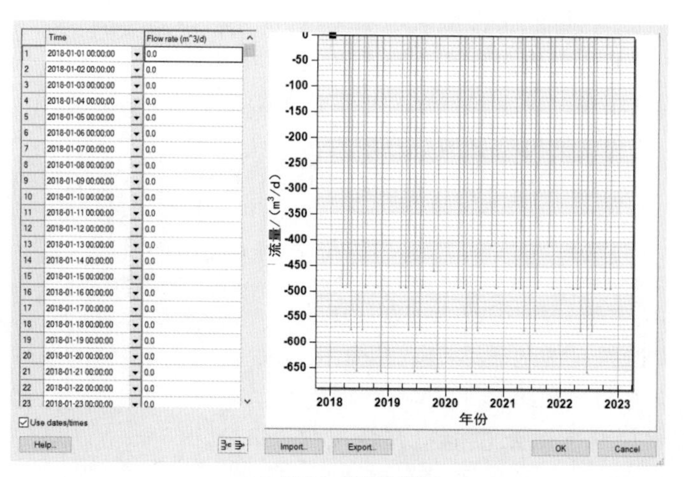

（a）管灌方式开采量设置

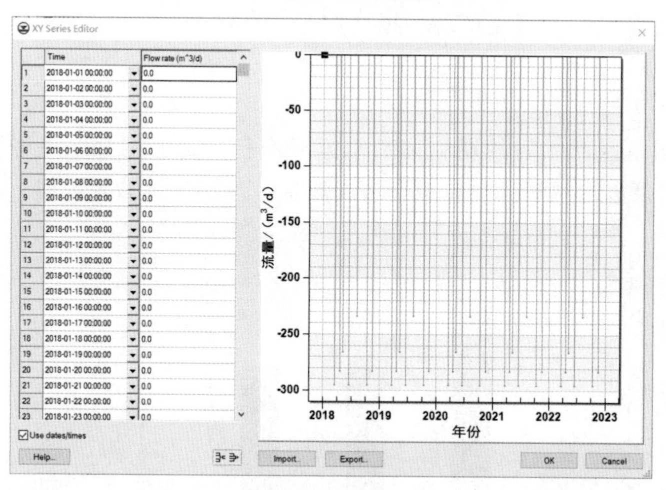

（b）滴灌方式开采量设置

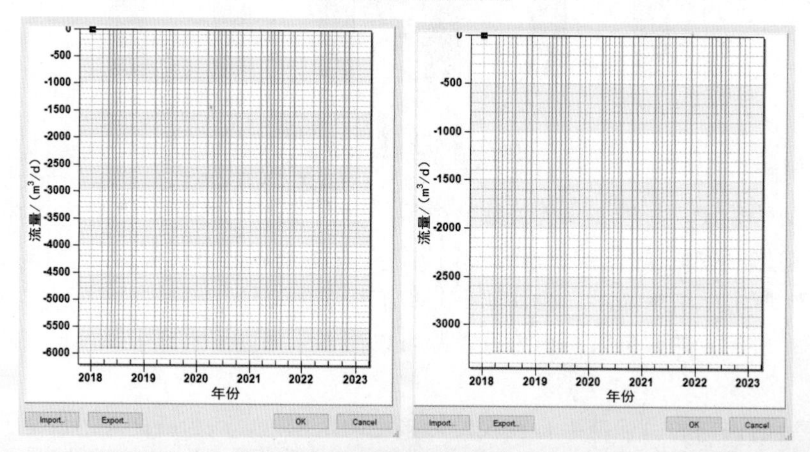

（c）喷灌方式开采量设置（2种）

图 8.8-21　模拟区机井位置设置

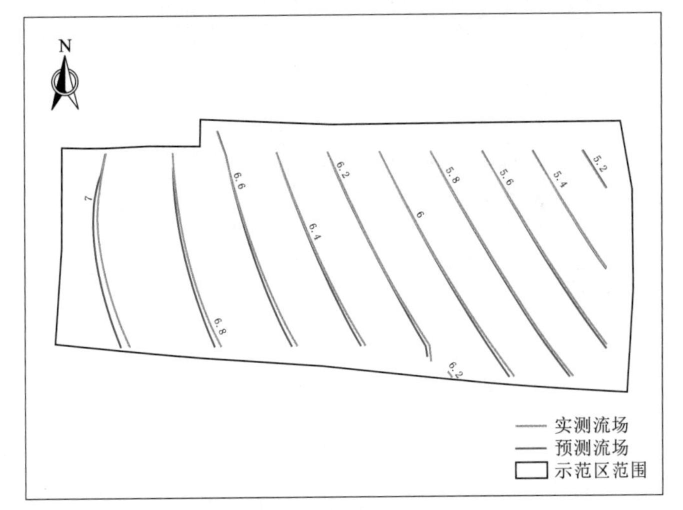

(a) 2018年2月

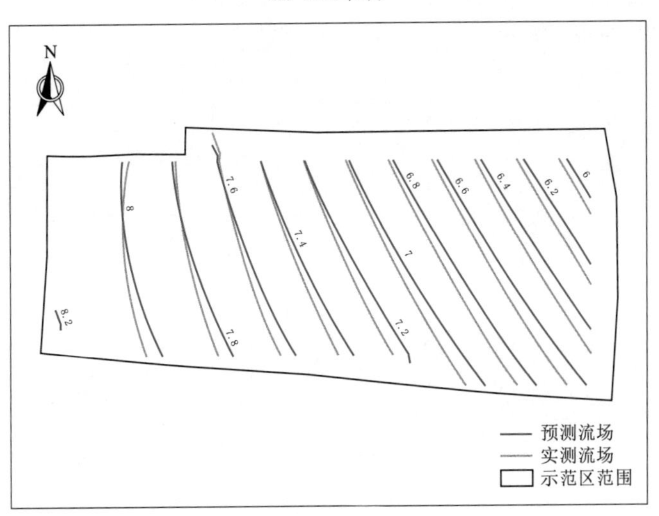

(b) 2018年10月

图 8.8-22 计算水位与实际流场拟合图

8.8.5 桓台县节水示范区效果分析

8.8.5.1 模型监测井布设

为了有效分析模型模拟预测结果，在模拟区内沿地下水流方向设置 3 个监测井，分析地下水位随时间的变化规律。监测井位置布设见表 8.8-8 和图 8.8-26。

表 8.8-8 监测井位置坐标

监测井编号	X	Y
1 号	581993.6	4092691.8
2 号	582427.0	4092830.0
3 号	583065.3	4093030.9

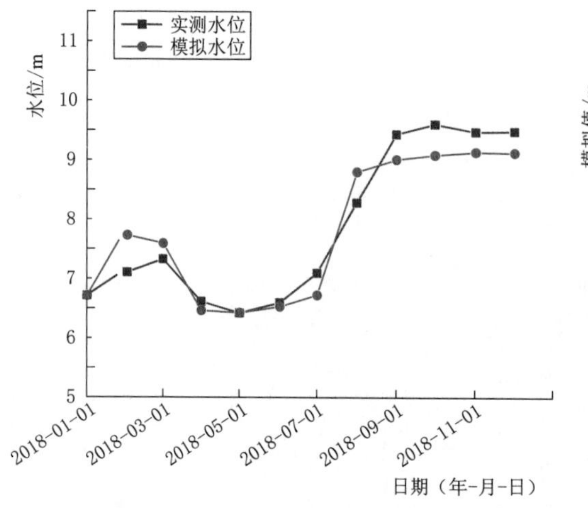

图 8.8-23 识别期监测井实测水位与模拟水位拟合情况

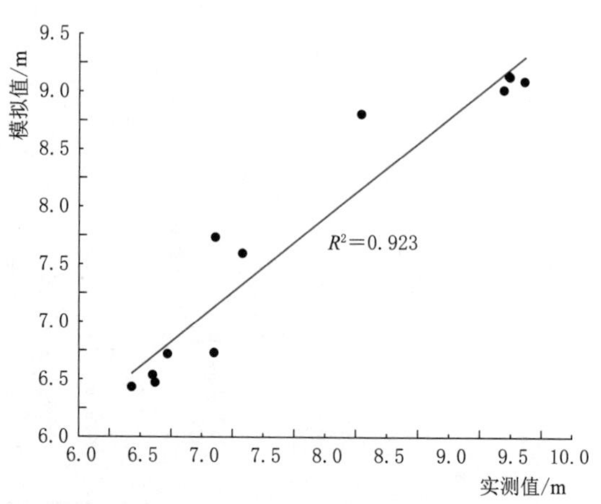

图 8.8-24 监测井水头拟合情况分析

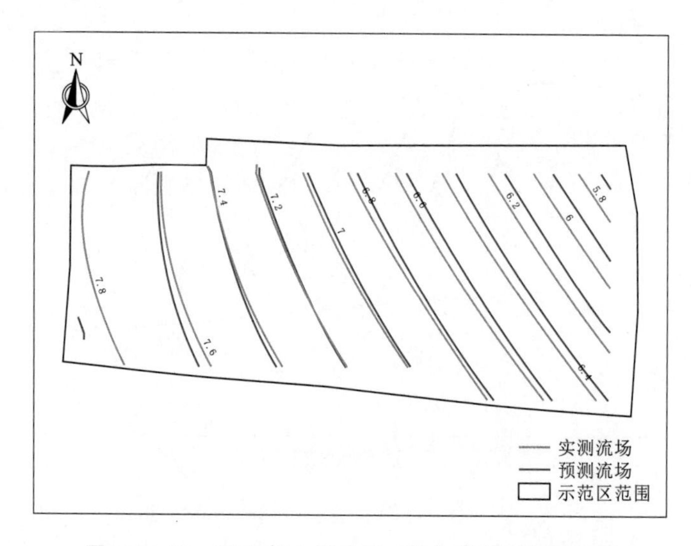

图 8.8-25 2019 年 3 月计算水位与实际流场拟合图

8.8.5.2 模拟结果与分析

结合资料可知，农业灌溉的用水时期为每年的 3—6 月，以及 9 月和 10 月，所以选取每年的 3 月、7 月、10 月分析不同情景下地下水流场变化情况。

1. 情景 1

在情景 1 中，示范区内、外均未采取节水措施。

(1) 情景 1-1。在示范区内、外均未采取节水措施，示范区内保持现状地下水开采情况，灌溉用水量较大，年亩均用水量为 450m^3。根据前述的用水量情况设置开采井开采量，以该用水量情况进行灌溉条件下的模拟，结果如图 8.8-27 所示。从图 8.8-27 中可以看出，地下水在灌溉季节水位波动明显，地下水位受其影响显著，且地下水位整体上呈明显下降的趋势，逐渐形成降落漏斗。2018 年 7 月、2019 年 7 月、2021 年 7 月和 2022

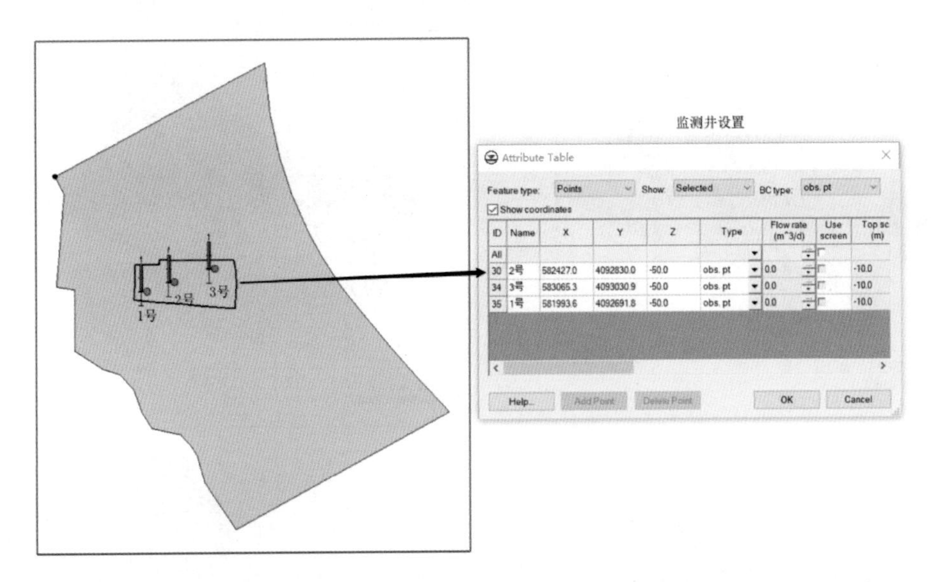

图 8.8-26　监测井位置布设图

年 7 月地下水漏斗区中心水位分别下降至 1.07m、－0.06m、0.39m 和 0.27m，与初始水位相比，分别下降了 4.35m、5.48m、5.03m 和 5.15m。

示范区内各监测井水位变化情况如图 8.8-28 所示，至模拟期末，1 号、2 号和 3 号监测井的地下水位分别由 5.87m、5.42m 和 4.43m 下降至 3.87m、1.74m 和 3.63m，下降幅度分别为 2.00m、3.68m 和 0.80m，其中 2 号监测井位于示范区的中心位置，地下水开采导致水位下降幅度较大，发展成降落漏斗中心。

（2）情景 1-2。在整个模拟区以该开采水平进行灌溉条件下（亩均用水量 450m^3）的模拟，模拟结果如图 8.8-29 所示。该区域地下水位均逐渐降低，1 号观测井初始水位为 5.80m，至 2022 年 12 月为－3.17m；2 号观测井初始水位为 5.13m，至 2022 年 12 月为－4.96m；3 号观测井初始水位为 4.33m，至 2022 年 12 月为－6.05m。由此可知，全区域经过 5 年开采后，地下水位整体下降 10m 左右，地下水平衡遭到严重破坏。

示范区内各监测井水位变化情况如图 8.8-30 所示，至模拟期末，1 号、2 号和 3 号监测井的地下水位分别由 5.87m、5.42m、4.43m 下降至－3.87m、－5.54m、－6.11m，下降幅度分别为 9.74m、10.96m 和 10.54m。

2. 情景 2

在情景 2 中，实行梯级水价制度（亩均用水量收费标准设置 0～300m^3、300～360m^3、360～420m^3、＞420m^3 四个等级），降低亩均用水量。

通过实行梯级水价制度，即亩均用水量低于 300m^3 时不收费，亩均用水量超过 300m^3 时，分为三个等级收取相应的费用。该制度的实施可有效提高节水意识，降低亩均用水量，进而减少地下水开采量，情景 2 的地下水流模拟结果如图 8.8-31 所示。

由图 8.8-31 可以看出，模拟期的 7 月和 10 月，受灌溉取水的影响，地下水位呈下降趋势，但未出现明显的降落漏斗；2018 年 7 月、2019 年 7 月示范区中心地下水水位下降至 2.36m、3.85m，与初始水位相比分别下降了 3.05m 和 3.71m。该情景下随着灌溉

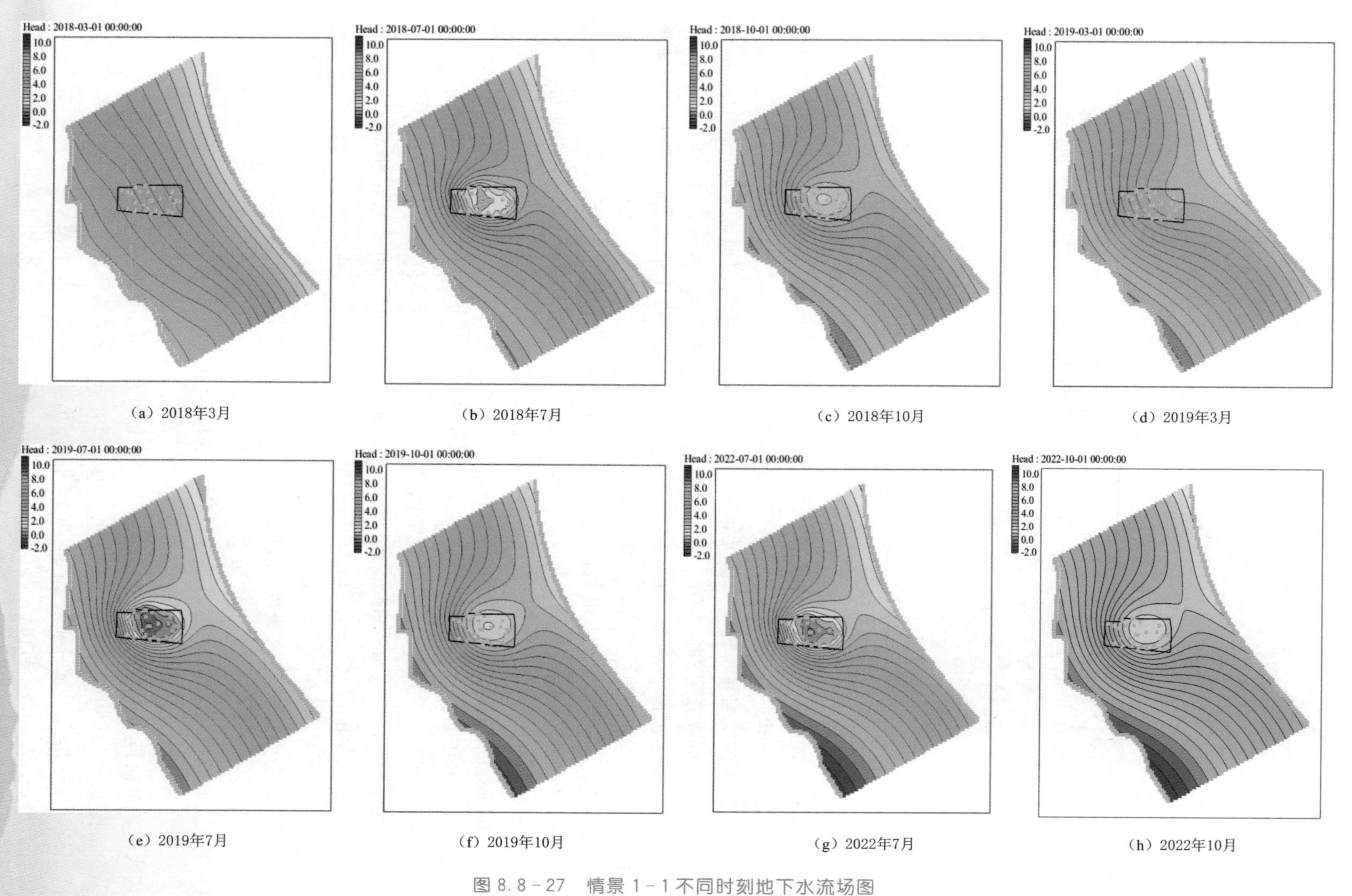

图 8.8－27　情景 1－1 不同时刻地下水流场图

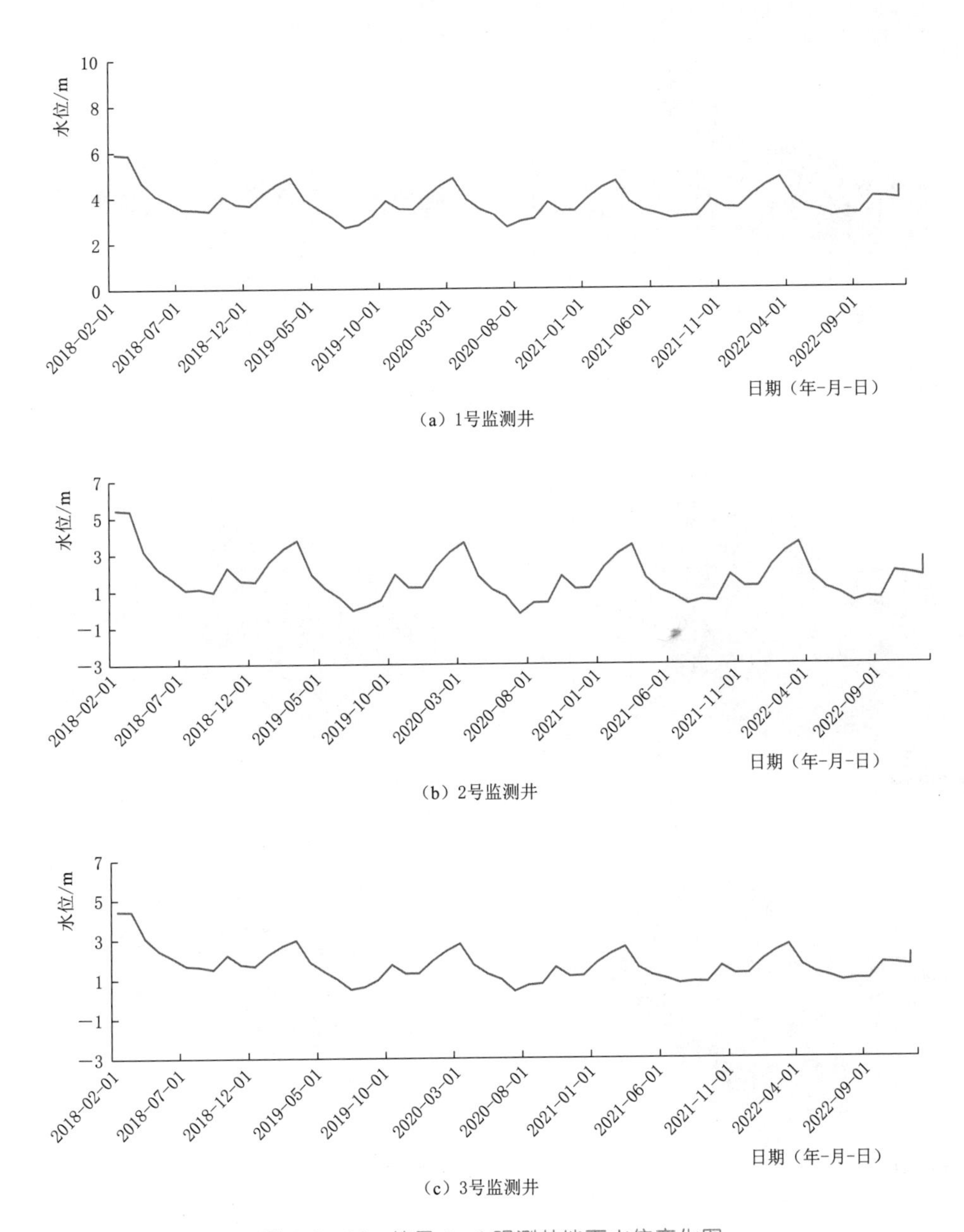

（a）1号监测井

（b）2号监测井

（c）3号监测井

图 8.8-28 情景 1-1 观测井地下水位变化图

的进行，地下水位有一定程度的下降，但与情景 1 相比，地下水位下降程度降低了 1～2m，有效缓解了因灌溉抽取地下水引起的地下水位下降，防止了地下水漏斗区的形成和扩大。

模拟区内各监测井水位变化情况如图 8.8-32 所示，从整个模拟期来看，各监测井的地下水位整体呈稳定趋势，至模拟期末刻，1 号、2 号和 3 号监测井的地下水位分别由 5.87m、5.42m 和 4.43m 变化至 6.15m、4.67m 和 3.96m。与情景 1 相比，各监测井的地下水位分别抬升了 2.28m、2.93m 和 0.33m。

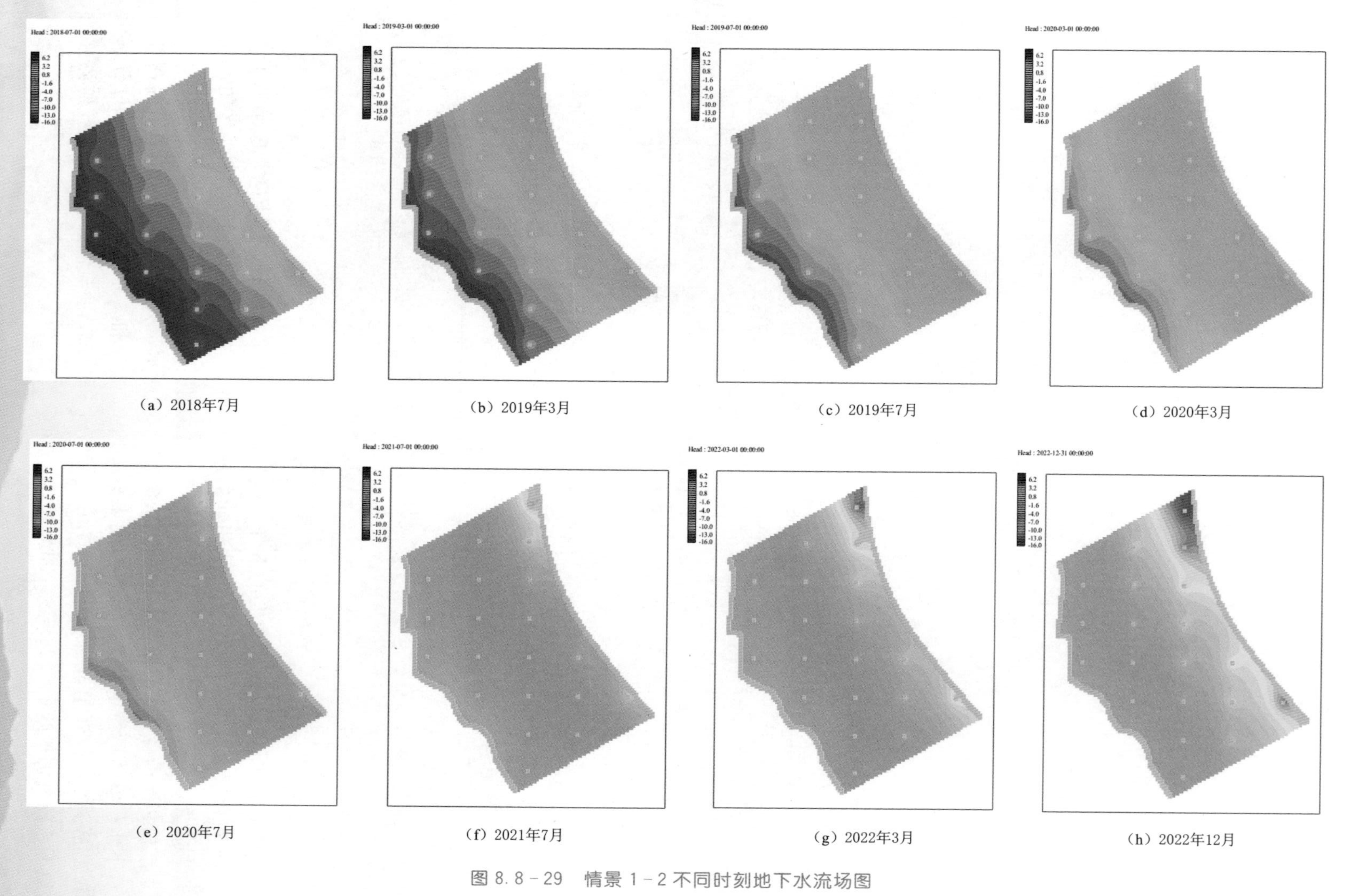

（a）2018年7月

（b）2019年3月

（c）2019年7月

（d）2020年3月

（e）2020年7月

（f）2021年7月

（g）2022年3月

（h）2022年12月

图 8.8－29　情景 1－2 不同时刻地下水流场图

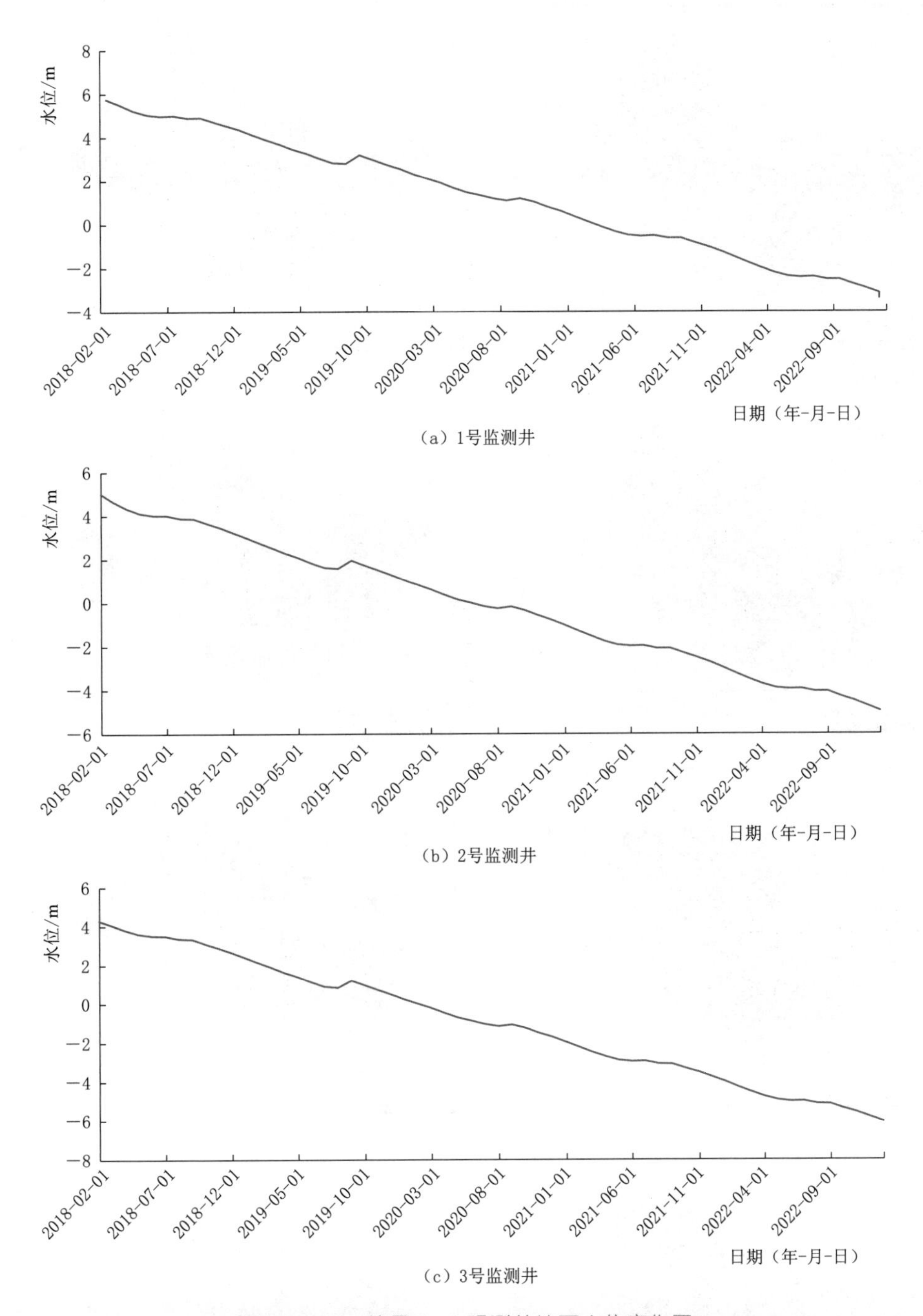

图 8.8-30 情景 1-2 观测井地下水位变化图

3. 情景 3

情景 3 实行“梯级水价制度＋协会制度管理双重节水”制度。

在梯级水价制度基础上，协会制度管理进一步完善，降低了亩均用水量，调整模拟区灌溉用水量为 $300m^3$/亩，模拟地下水位的变化情况，模拟结果如图 8.8-33 所示。

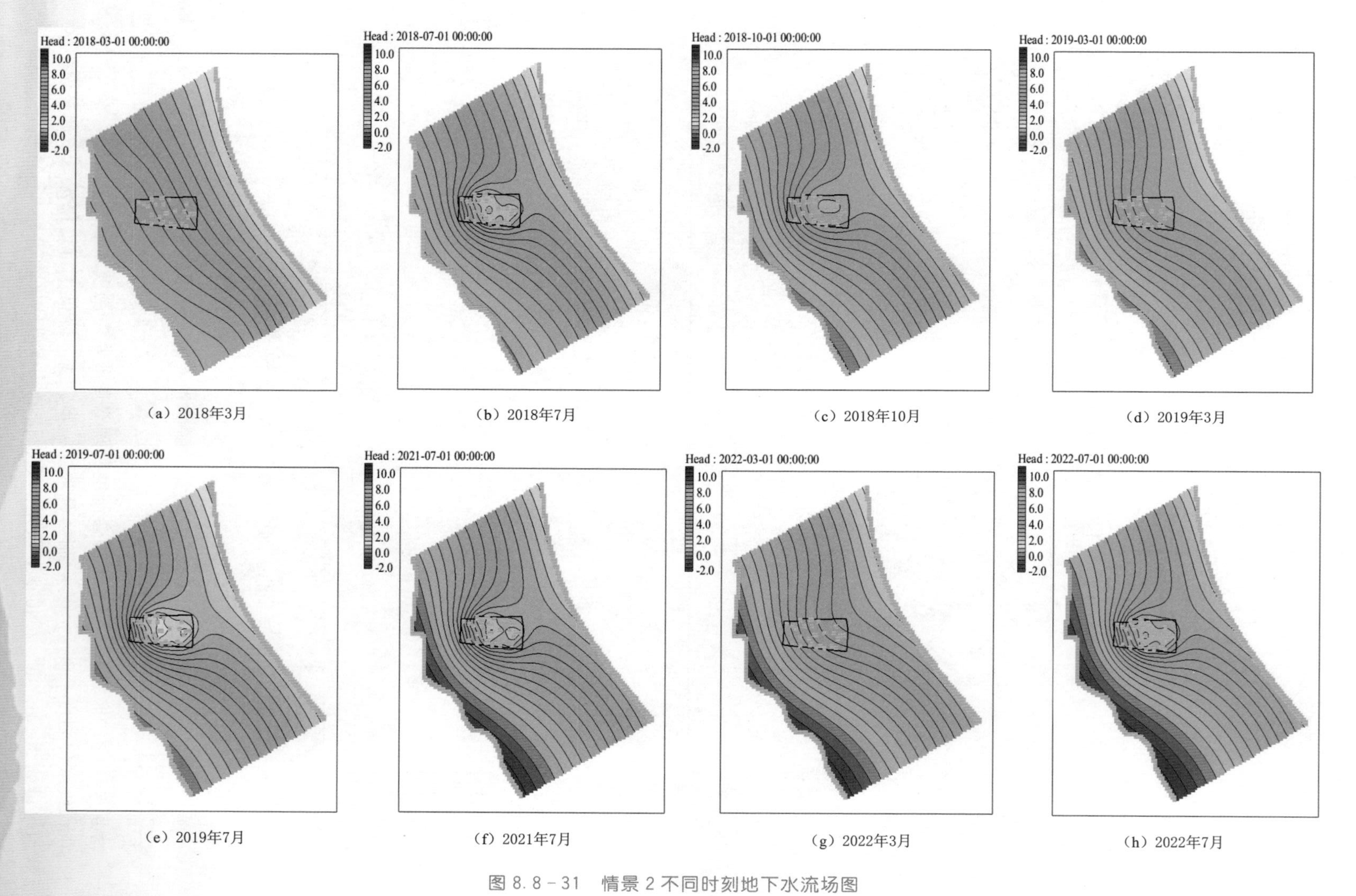

图 8.8－31　情景 2 不同时刻地下水流场图

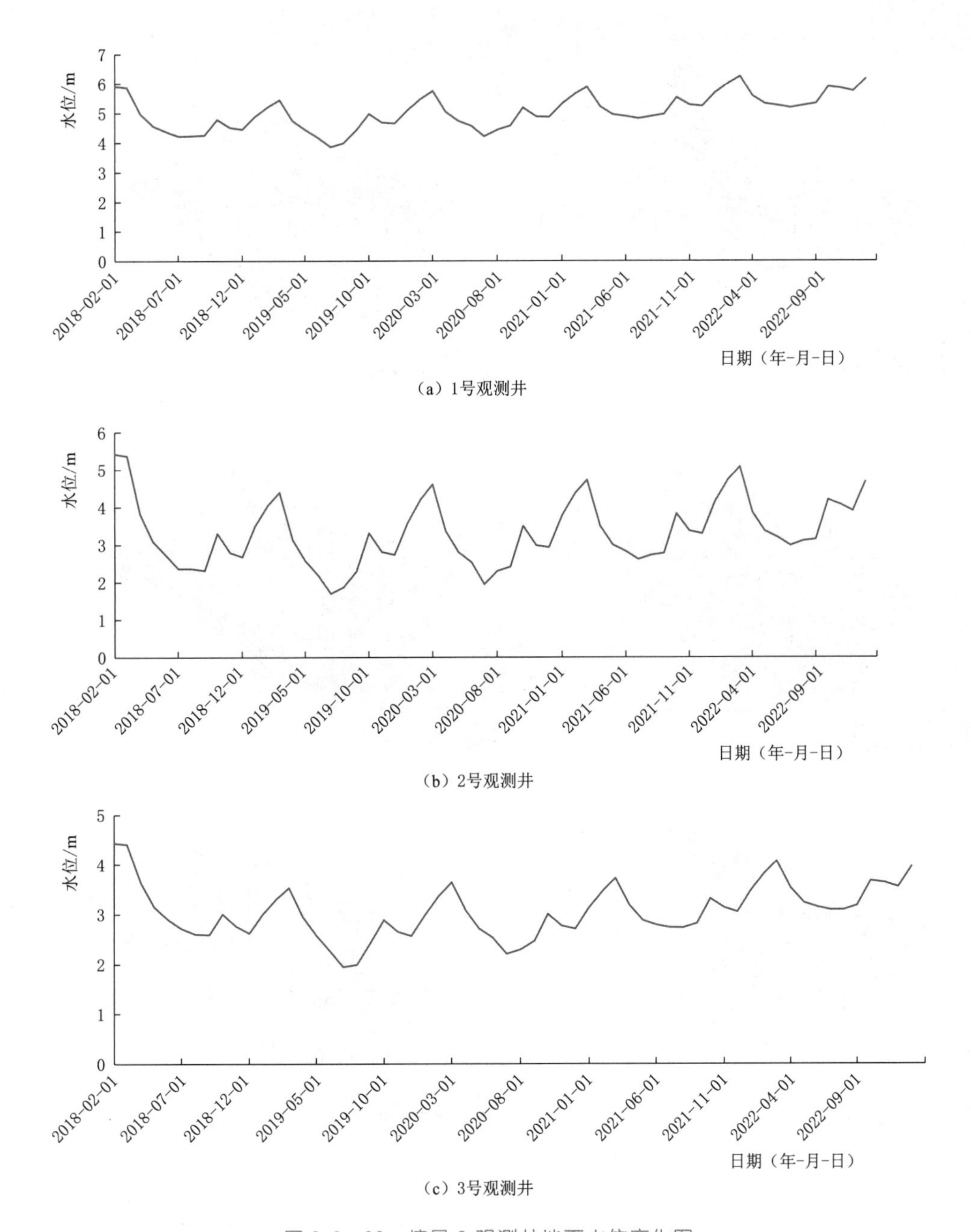

图 8.8-32　情景 2 观测井地下水位变化图

由图 8.8-33 可以看出，地下水位波动变小，因为开采量降低，所以地下水位呈现稳定并有一定的升高趋势。在灌溉开采期有下降，模拟至 2018 年 7 月、2019 年 7 月，地下水水位分别为 3.35m、3.10m，与初始水位相比分别下降了 2.06m、2.30m，在灌溉期出现因地下水开采而形成的地下水降落漏斗。与情景 1 相比，在模拟期内，该情景下地下水位较情景 1 整体抬升了 2～3m，在双重节水制度的影响下，模拟区内地下水位呈现每年 1～0.6m 的增长。

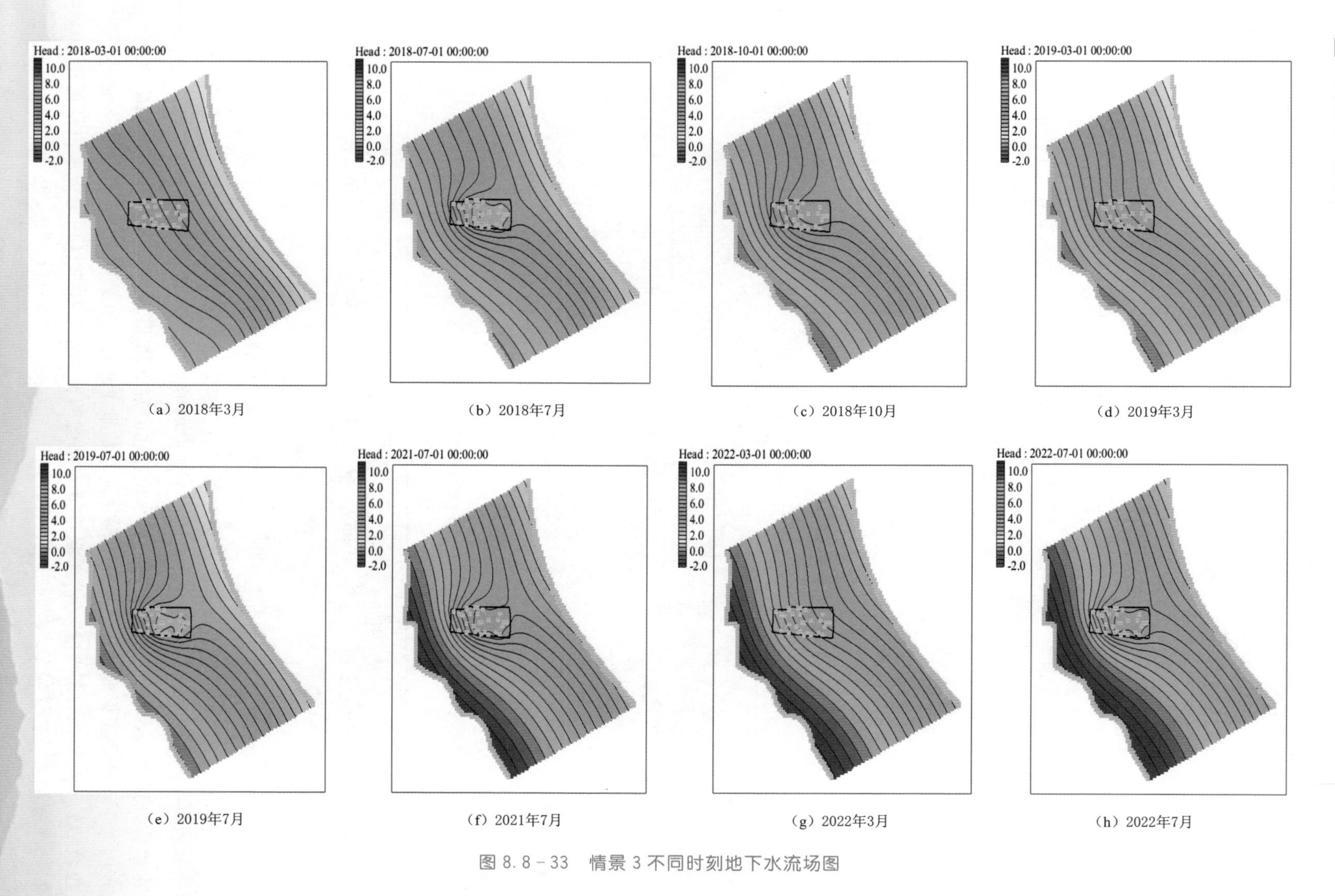

（a）2018年3月　（b）2018年7月　（c）2018年10月　（d）2019年3月

（e）2019年7月　（f）2021年7月　（g）2022年3月　（h）2022年7月

图 8.8-33　情景 3 不同时刻地下水流场图

模拟区内各监测井水位变化情况如图 8.8-34 所示，至模拟期末，1 号、2 号和 3 号监测井地下水位分别由 5.90m、5.42m 和 4.43m 升高至 7.65m、6.33m 和 5.51m。与情景 1 相比，各监测井的地下水位分别抬升了 5.90m、4.59m 和 1.88m。

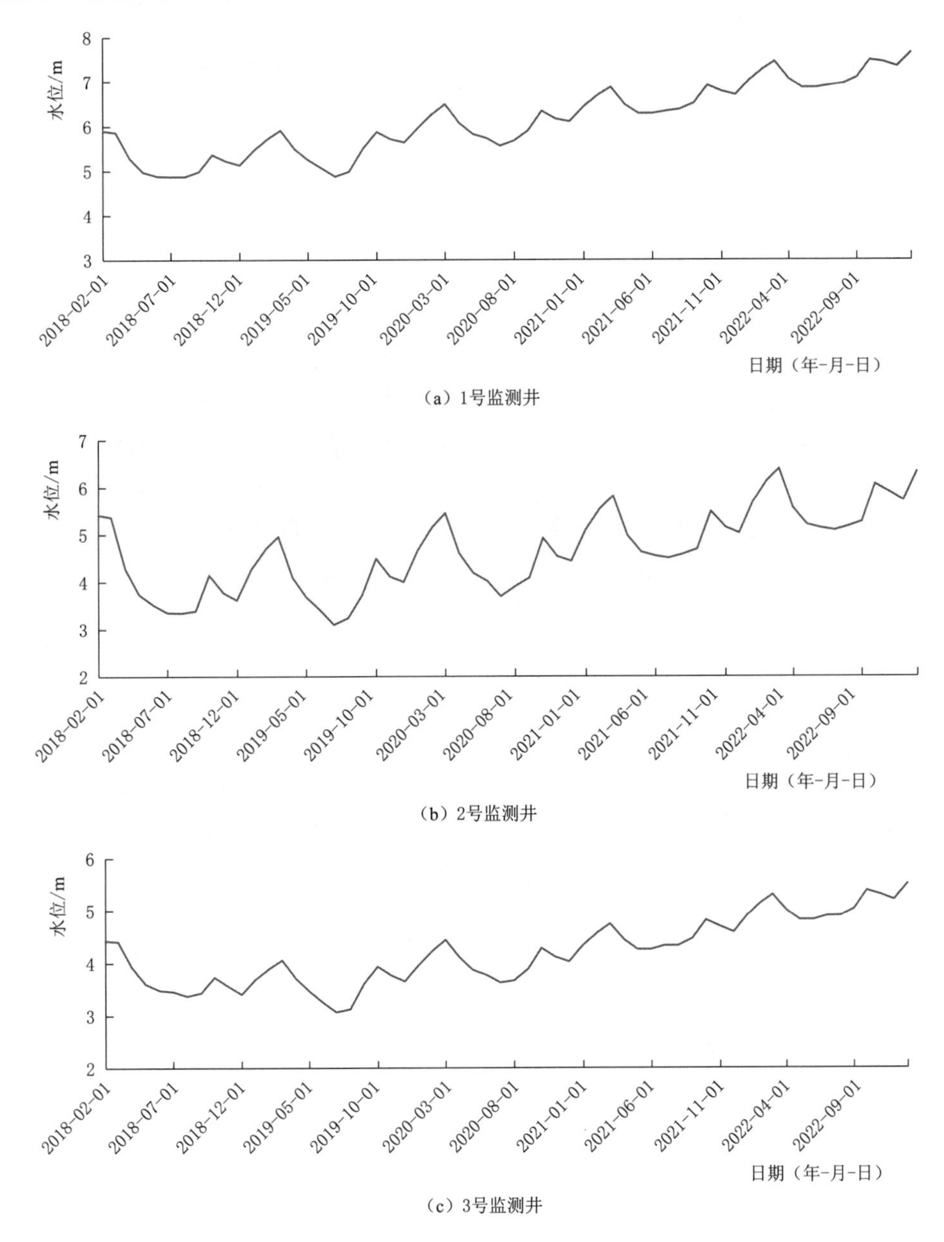

图 8.8-34 情景 3 观测井地下水位随时间变化图

4. 情景 4

情景 4 中，将节水制度推广到整个模拟区（模拟区内、外均采用节水制度）。

(1) 情景 4-1。为了进一步分析该节水制度对地下水位的影响，将节水措施由示范区推广至整个模拟区，模拟区实施节水制度，通过实施"梯级水价+协会制度管理双重节水”制度，可有效提高节水意识，降低地下水开采量，亩均用水量 300m^3，推广到整个模拟区，模拟结果如图 8.8－35 所示。

(2) 情景 4－2。模拟区在超采区治理工程基础上实施节水制度。根据《桓台县地下水超采区综合治理国家试点（2018 年度）报批稿》，大寨沟接长段治理工程为大寨沟下游段，下游衔接至孝妇河，长度为 9.91m，加大雨洪水的集蓄能力，可提供管区 2～3 次灌水，在其灌溉受益区为治理河段两侧至少 100m 以内农田，预计每年每亩可置换地下水灌溉用水量为 100m^3 满足灌溉需要。在此基础上，实施“梯级水价＋协会制度管理双重节水”制度，模拟结果如图 8.8－36 所示。示范区内各监测井水位变化情况如图 8.8－37 所示，其中情景 1－2：模拟区内未实施节水制度（亩均用水量 450m^3）；情景 4－1：模拟区实施“梯级水价＋协会制度管理双重节水”制度（亩均用水量 300m^3）；情景 4－2：模拟区在超采区治理工程基础上实施节水制度。

由图 8.8－35 和图 8.8－36 中可以看出，示范区开展节水措施后，地下水水位相较于未开展措施，水位降低速率变缓，整体水位下降程度较小，说明开展节水措施，有利于保护地下水资源。模拟区内实施节水制度后，地下水位仍降低，这是因为灌溉面积由示范区扩大至整个模拟区，导致地下水开采量增大造成的。但下降速率明显变缓，1 号观测井初始水位为 5.80m，至 2022 年 12 月下降至 1.60m；2 号观测井初始水位为 5.13m，至 2022 年 12 月下降至 0.29m；3 号观测井初始水位为 4.33m，至 2022 年 12 月下降至－0.93m。由此可知，全区域经过 5 年开采后，地下水位整体下降 4m 左右。与情景 1－2 相比，实施节水制度后地下水位下降程度降低，经过逐年开采后，两者整体水位相较差距为 4～6m。模拟区在超采区治理工程基础上实施节水制度，地下水位下降速率明显变缓，1 号观测井初始水位为 5.80m，至 2022 年 12 月为 4.13m；2 号观测井初始水位为 5.13m，至 2022 年 12 月为 2.49m；3 号观测井初始水位为 4.33m，至 2022 年 12 月为 0.67m。由此可知，全区域经过 5 年开采后，地下水位整体下降 3m 左右。与情景 1－2 相比，实施节水制度后地下水位下降程度降低，经过逐年开采后，两者整体水位相较差距为 3～5m。

8.8.5.3 方案效果评价

综合情景设置方案及模型模拟结果，绘制观测井地下水位对比图，如图 8.8－38 所示。

对比情景 1－3 可以看出，示范区内不同节水措施的实施使地下水开采量下降。

地下水位平均高度：情景 1＜情景 2＜情景 3，情景 1 地下水位受灌溉影响显著，波动明显，开展节水措施后，地下水位波动减小，地下水位较之前稳定，漏斗中心区三种情景下初始水位是相同的，为 5.42m，至模拟末期，情景 1 地下水位下降 3.68m，情景 2 地下水位升高 2.85m，情景 3 地下水位升高 4.78m。所以情景 1 中，地下水的开采使地下水位下降，出现降落漏斗，且面积及深度逐渐增大，地下水资源处于负均衡状态，长期开采下去，地下水位将持续降低，地下水的开采利用方式不合理；情景 2 中，开展相对应的节水措施，实施梯级水价制度，降低亩均用水量后，地下水位整体上呈现抬升的趋势，五年后漏斗区水位整体上升高了 2～3m，说明节水制度的实施有助于地下水漏斗区水位的抬升；情景 3 中，进一步优化措施，开展“梯级水价＋协会制度管理双重节水”制度，五年后，漏斗区地下水位整体升高了 4～5m。

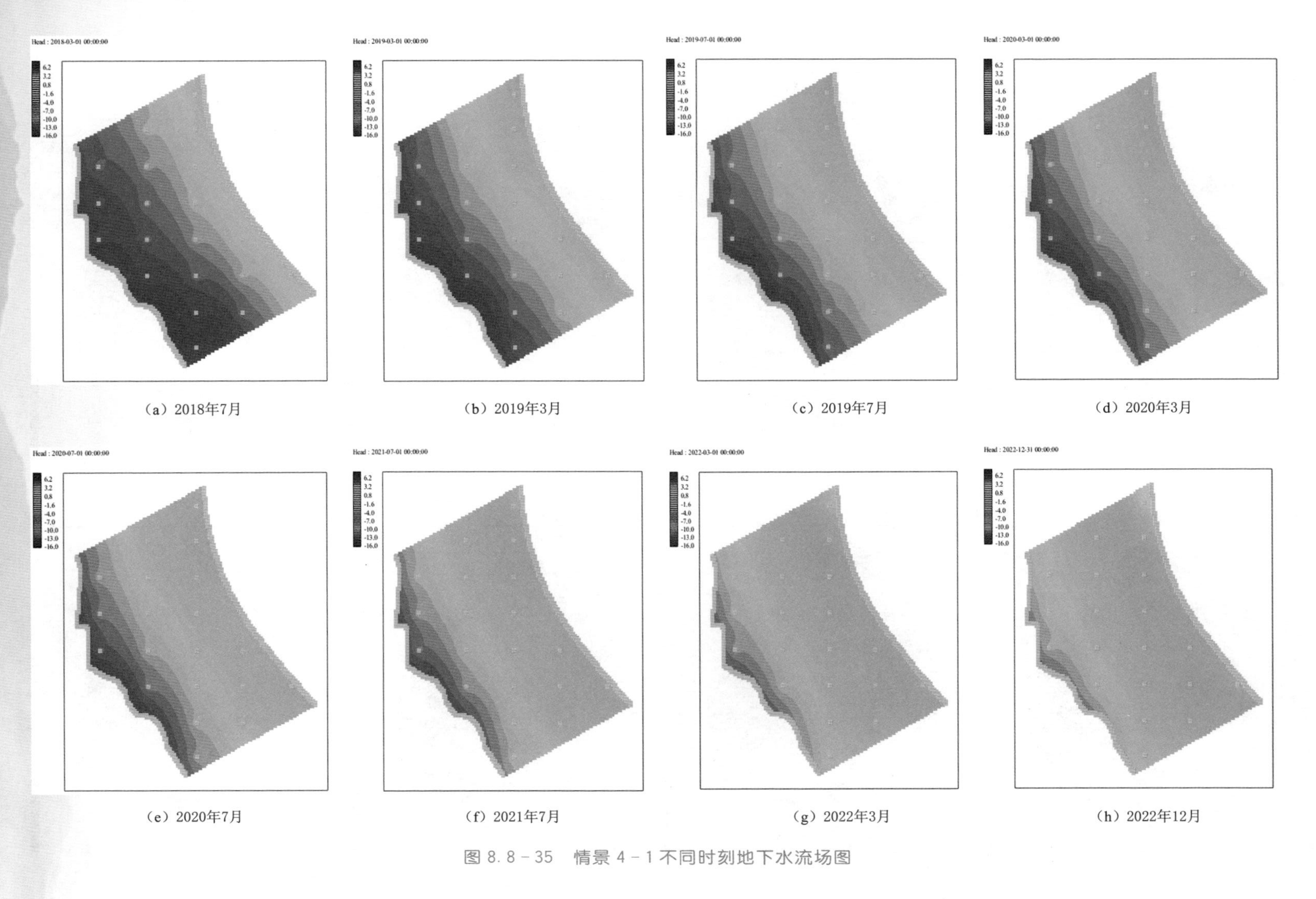

（a）2018年7月　（b）2019年3月　（c）2019年7月　（d）2020年3月

（e）2020年7月　（f）2021年7月　（g）2022年3月　（h）2022年12月

图 8.8－35　情景 4－1 不同时刻地下水流场图

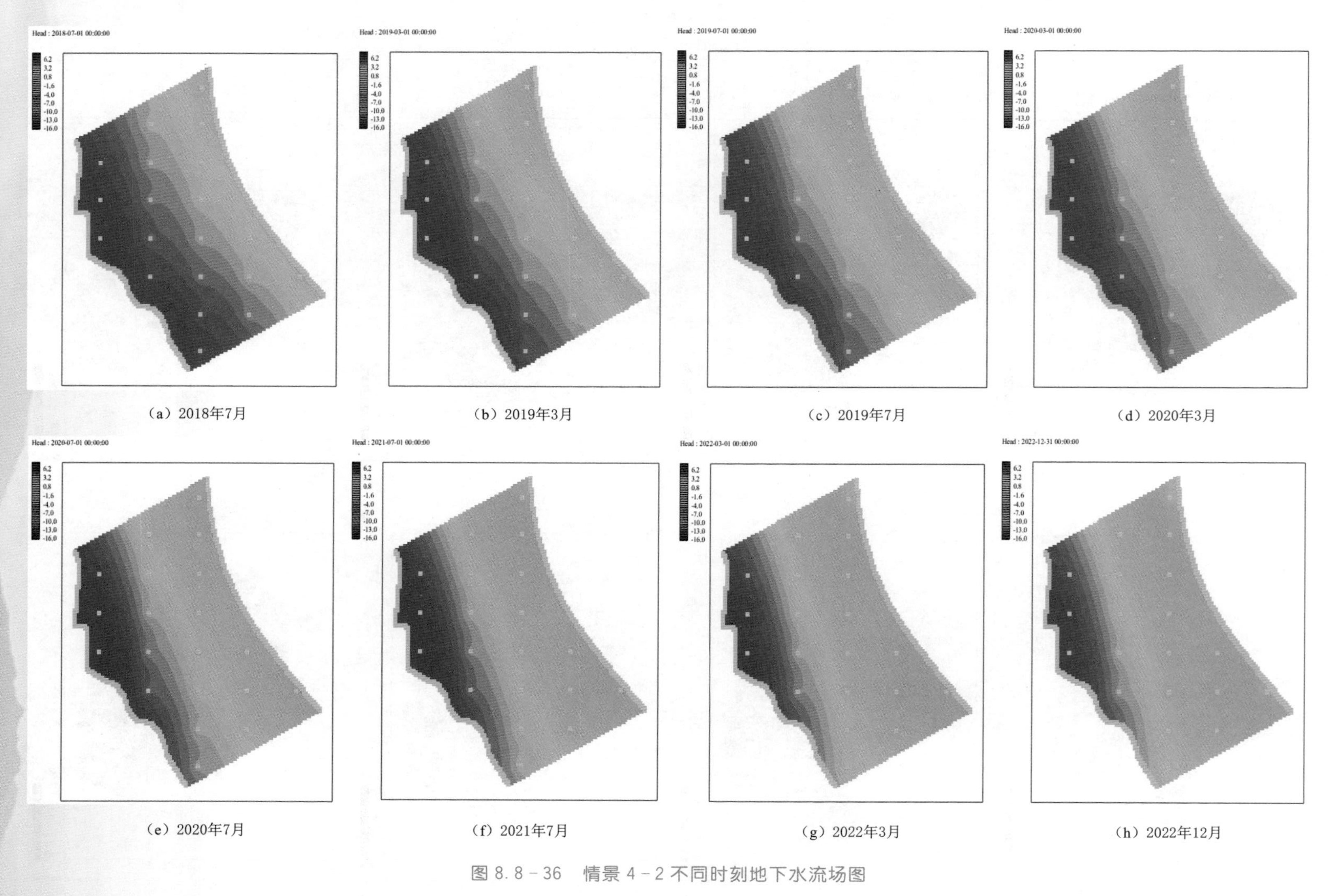

（a）2018年7月
（b）2019年3月
（c）2019年7月
（d）2020年3月
（e）2020年7月
（f）2021年7月
（g）2022年3月
（h）2022年12月

图 8.8-36 情景 4-2 不同时刻地下水流场图

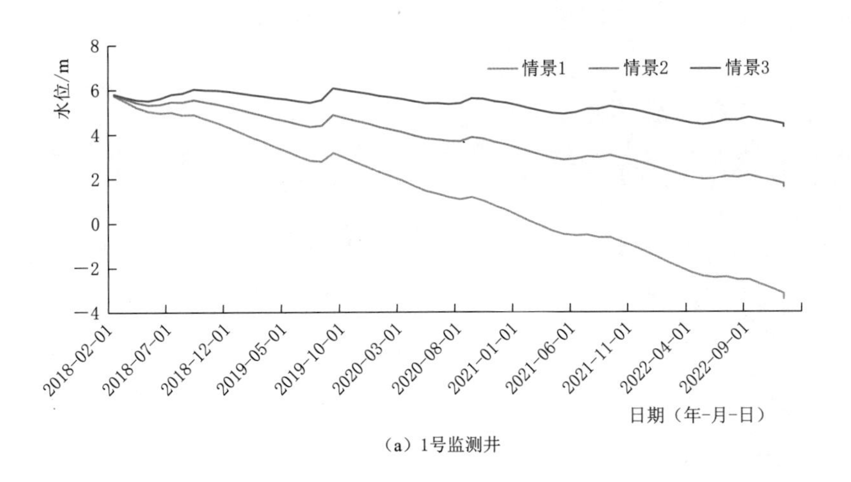

（a）1号监测井

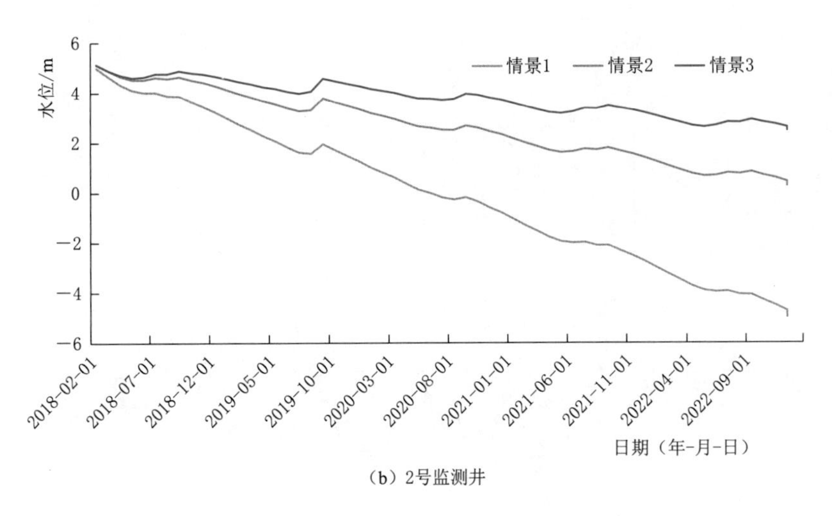

（b）2号监测井

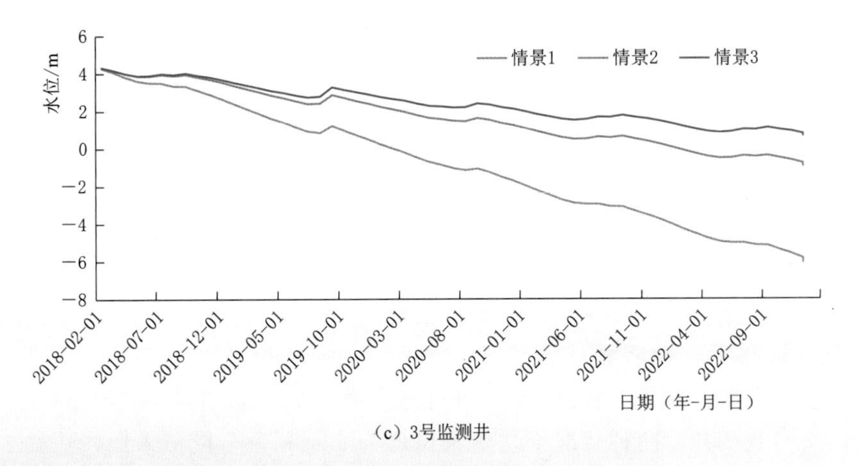

（c）3号监测井

图 8.8-37　情景 4 观测井地下水位变化图

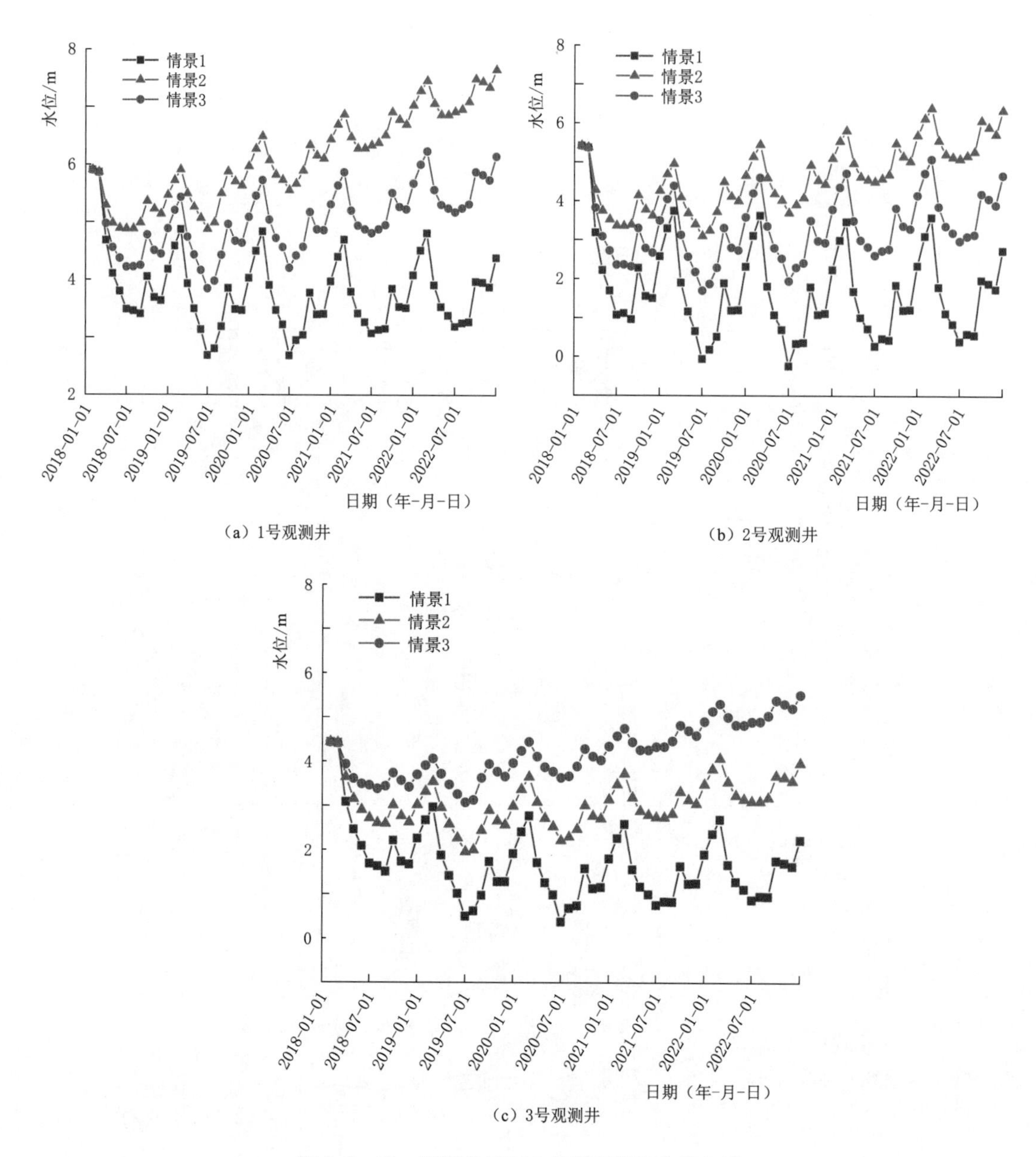

（a）1号观测井

（b）2号观测井

（c）3号观测井

图 8.8-38　观测井地下水位随时间对比变化图

情景 4 将节水措施推广至整个模拟区，模拟不同灌溉用水量，分析该区域节水措施前后地下水流场的变化情况，结果显示：整个模拟区实施节水措施后，地下水位下降程度降低，经过逐年开采后，两者整体水位相较差距为 4～6m。1 号观测井，初始水位均为 5.90m，至模拟末期，情景 1 状况下，地下水位下降 4.31m，情景 2 状况下地下，水位下降 9.30m；2 号观测井，两种状况下初始水位均为 5.42m，至模拟末期，情景 1 状况下，地下水位下降 5.13m，情景 2 状况下，地下水位下降 10.38m；3 号观测井，两种情况下初始水位均为 4.43m，至模拟末期，情景 2 状况下，地下水位下降 5.20m，情景 1 状况下，地下水位下降10.48m，说明节水措施实施后，有利于减缓地下水位下降的速率。

8.9 基于IC卡的农业用水管理系统

8.9.1 桓台县水利信息化现状

8.9.1.1 桓台县水源地及供水工程监测现状

桓台县目前建成水厂监控点2处，水源监控点34处，水厂厂区、水源井井区视频监控点36处，村头监控点269处，主管网压力监测点15处，管网末梢水质监测点4处。地下水动态监测参照见8.7所述。

8.9.1.2 桓台县计算机网络系统建设现状

在网络建设方面，通过局域网与互联网已经实现局机关各单位、县机关单位的微机联网，现有机房设施一套，占地10m²，其中服务器机柜2个，网络机柜2个；硬件设备包括服务器2台，核心交换机1台，微机39台。在县内同源同网城乡供水一体化工程信息化及自动化控制系统项目中，已建设完成了水源地、水厂、调度中心三级计算机网络系统，实现了与第一水厂、第二水厂以及水源地间的光纤宽带互联，信息网络初具规模。桓台县水务局接入网包括30M宽带互联网接入、10M专线山东省水利专网接入[111]。

8.9.1.3 桓台县业务应用系统建设现状

（1）城乡供水信息化系统。城乡供水信息调度中心建设在第一水厂办公大楼，面积200m²，分为调度室、值班室、机房等三部分。负责为该县城乡供水信息化系统提供基本的硬件平台和软件运行环境，接收并存储现场采集的监测数据。开发完成了农村饮水安全信息化系统软件，系统主要包括供水信息管理、供水管网GIS管理、管网运行安全监测与分析、大用户用水监测与分析、地下水位监测与分析等功能。管理人员可实时掌握水源地、水厂、管网的运行状态和运行数据以及用于工程控制、分析和统计的运行信息，并将监控内容信息定时存入数据库，进行综合分析处理。开发完成了水厂自动化调度系统软件，采用国际知名组态监控软件，实现对现场20眼水源井设备、6台二级加压水泵、14台出入口电动阀门、1套二氧化氯消毒设备运行状态的实时监控和自动化运行控制，达到生产过程的自动化、智能化和信息化的同时，水厂的监控数据通过网络上传到信息调度中心的农村饮水安全综合信息化系统。

（2）防汛系统。雨情自动化遥测系统，由中心站和分布于各镇的13处遥测站组成，雨量信号由乡镇遥测站收集后，以无线方式传送到县中心站，中心站可以实时监测全县的降雨情况。通过即时雨量群发系统，及时将雨情通报各相关单位。

（3）智慧桓台系统。智慧桓台主要包括智慧城市运营指挥中心、智慧城市政务云计算中心、智慧城市网格化管理系统、门户APP、智慧城市网格化服务平台等内容。通过配备虚拟化服务器37台，管理服务器3台，数据库服务器4台，核心存储和灾备存储各1台，虚拟化软件等，建成政务云计算中心，为桓台县各政府部门及企业提供全域网格化管理、企业管理服务、社会化公众服务、地理信息共享、数字城管、智慧教育等服务。

（4）机井灌溉控制系统。桓台县通过小型农田水利重点县、高效节水灌溉等农田水利工程的建设，建成了农业机井灌溉管理系统，安装了机井射频卡灌溉控制器设备，包括射频卡灌溉、余额显示、灌溉记录存储、数据下载、数据采集、异常处理、余额不足报警提示灯功能。

（5）水资源管理信息系统。水资源管理信息系统安装了取水用户监测站，系统功能主要包括水资源信息服务、水资源业务管理、水资源调配决策支持、水资源应急管理、综合数据应用等。

8.9.1.4 桓台县信息化建设存在的问题

（1）水资源信息共享程度低。目前，桓台县水资源数据开发利用不充分，信息存储交换共享困难，整合难度大，没有形成可以共享的公共资源，难以提供政府和全社会对水资源数据的共享。水利信息化建设的重点是水利信息资源的开发与利用，由于水利信息化建设是业务应用的需求驱动的，在建设的过程中，往往只考虑某个局部需求而忽视公共信息资源的建设。县内虽然已开发完成 2 套应用系统，但是并没有形成一个针对该县水资源现状，建设开发一套相当规模和技术水平的水资源综合开发利用管理体系的这一事实，充分说明了加紧数据中心建设的必要性与紧迫性[112]。

（2）系统应用覆盖面不够。由于桓台县水资源管理信息系统建设比较落后，特别是对地下水资源开采问题认识不足，同时还受到建设资金来源的制约，很多方面仅仅购置了一些设备，缺少相应的软件支持，无论在机构建设方面还是在水资源管理的业务方面，系统开发建设仅仅是局部领域，亟须开发涉及地下水动态监测系统，水资源优化调度系统、防汛抗旱指挥应用系统、政务办公信息应用系统、农田水利管理应用等综合的水资源开发利用管理系统[113]。

8.9.2 桓台县农业用水管理系统架构设计

8.9.2.1 桓台县农业用水管理系统设计思路

（1）坚持统一规划、统一设计、统一建设、统一管理和统一使用的建设原则，全面分析桓台水资源信息管理需求，统筹利用桓台水利局、智慧桓台和省水利数据中心现有资源，做好桓台水资源管理信息系统的顶层设计和整体规划，杜绝信息孤岛，避免重复建设。

（2）坚持整体规划、急用先建、成熟先行、彰显成效的建设原则，依托省级地下水漏斗区域综合治理云数据中心平台及软件，重点建设桓台水资源管理云数据中心平台及软件、水资源监测及预测系统，为桓台县水利监管部门、工程管理部门提供云应用。

（3）坚持互联互通、信息共享、保障安全、优化投资的建设原则，严格按照国家、省水利厅等部门制定的水资源管理云系统技术标准，确保省、县、工程三级系统的互联互通、信息共享和安全应用。

8.9.2.2 桓台县农业用水管理系统建设目标

采用大数据、物联网、移动应用等信息技术，依托桓台县智慧城市云服务平台和桓台县水务局已建成的水价综合改革管理平台和机井射频卡灌溉控制系统，提升改造示范区机井射频卡灌溉控制器，实现对示范区 30 眼机井的在线监测、数据传输、智能控制和系统对接。实现对 1 眼浅层观测井和 1 眼深层观测井的提升改造，以及地下水位信息的在线监测、数据传输和系统对接。

8.9.2.3　桓台县农业用水管理系统拓扑结构

拓扑结构描述桓台县水利信息化系统的拓扑关系，如图8.9-1所示。桓台县水利信息化系统主要包括桓台县水利云服务平台、各级业务应用系统、各类工程监测站点以及通信网络等。

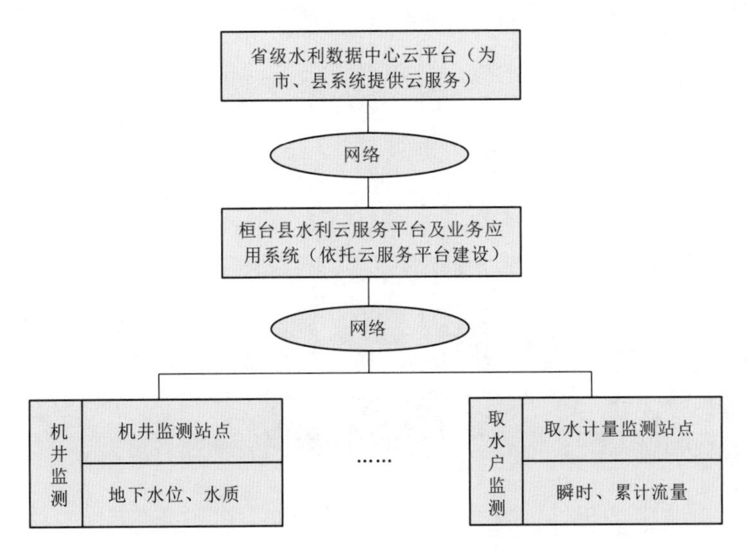

图8.9-1　桓台县水利信息化系统拓扑结构

（1）桓台县水利云服务平台。依托桓台水利局现有系统、智慧桓台和省水利数据中心现有资源，建设桓台县水利云服务平台，为桓台县水利信息化系统运行提供所需的计算、存储、软件平台及网络资源。同时为工程管理部门提供业务应用云服务。

（2）业务应用系统。基于桓台县水利云服务平台，依托平台提供的软硬件和数据资源，建设开发水资源、地下水等业务应用系统。

（3）建设机井、水资源等监控站点。由桓台县水利局按照国家、项目办制定的相关标准，统一标准，统一设计，统一实施，统一管理。

（4）县级水利信息化系统与省级综合治理云之间的级联基于山东水利业务专网设计，监测站点与县级水利信息化系统之间的网络级联采用无线互联网VPN模式。

8.9.2.4　桓台县农业用水管理系统体系结构

体系结构描述桓台县水资源管理信息化系统的建设内容，如图8.9-2所示。它以水利信息化保障环境和系统安全运行环境为基础，自底向上划分为四个层次：信息采集层、通信网络层、云数据层和应用服务层。其核心设计内容是综合治理云数据中心、综合治理云应用软件和地下水监测与监控系统。

8.9.3　桓台县农业用水信息调度中心建设

8.9.3.1　农业用水云数据资源中心设计

云数据资源中心以山东省智慧水利顶层设计[114]为基础，依托桓台县智慧城市数据中心机房、云计算基础设施、云计算支撑软件和大数据应用软件，通过虚拟化资源配置，

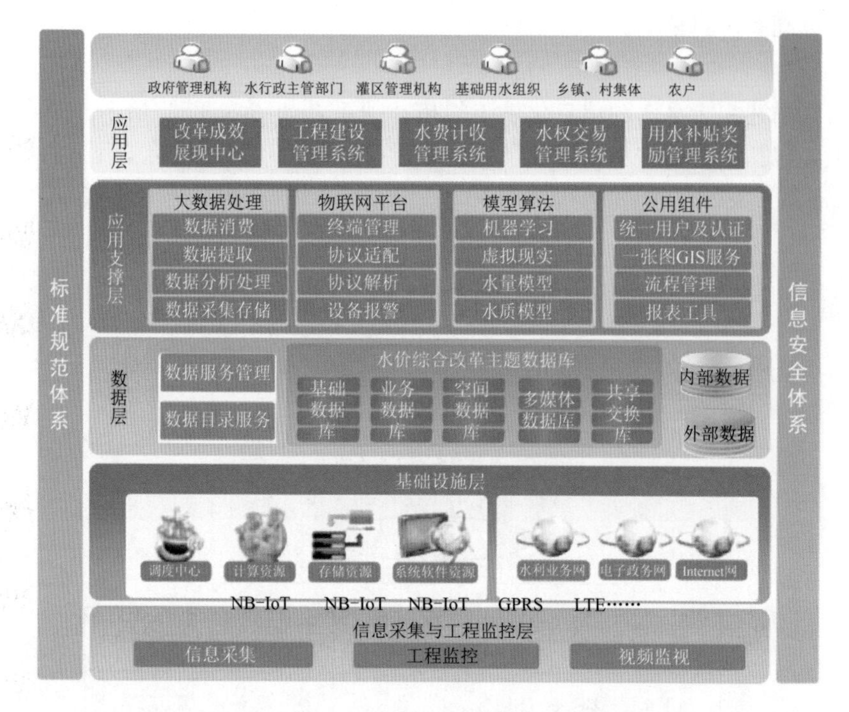

图 8.9-2 桓台水资源管理信息化系统建设体系结构

建立安全可靠、性能稳定、信息共享、互为备用的云数据资源中心，为系统软件提供基础设施和数据资源环境。

建议将灌溉云平台部署在桓台智慧城市数据中心机房，使用数据中心的网络，在现有计算存储资源中，采用虚拟化方式，划分 4 台服务器，用于安装部署桓台县水资源管理业务系统，服务器需求统计见表 8.9-1。

表 8.9-1 服务器需求统计表

序号	项目	数 量
1	数据库服务器	2
2	应用服务器	1
3	GIS 服务器	1

系统采用 GIS 技术、数据库技术和 Web Service 技术进行开发，软件部署环境配置见表 8.9-2。

表 8.9-2 软件部署环境配置

项目	操作系统	GIS 平台	数据库	Web 中间件
数据处理子系统	Windows 10	Supermap	Oracle	
数据服务系统	Windows 10	Supermap	Oracle	IIS 7
水价改革系统	Windows Server 2008			IIS 7
数据库运行环境	Windows Server 2008	Supermap	Oracle	

8.9.3.2 农业用水信息资源管理系统设计

整合桓台县现有业务应用系统数据资源，以现有业务数据库为基础，采用大数据技术[115]，建设农业用水信息资源管理所需的数据库、业务所需的各类数据库及其数据服务系统。实现数据的采集、接入、审核、交换、共享、管理、分析和模型生成等功能。

(1) 业务数据库建设。本次业务数据库主要建设基础信息数据库，实现对地块、工程、用户和协会信息的收集；在线监测数据库，实现对工程项目的所有在线监测信息收集；建设多媒体数据库，实现对工程项目的视频监控及图片的搜集；建设数据交换数据库，实现与省、市小农水数据库的共享交换。

(2) 数据处理子系统建设。数据处理子系统设计为C/S结构，基于VS2012进行开发，系统主要是给数据处理人员使用，对入库前的各类业务数据及空间数据进行加工处理，提供数据入库质量检查、数据编辑与处理、数据格式转换等功能。数据处理子系统功能设计见表8.9-3。

表8.9-3　数据处理子系统功能

序号	功能	功能描述
1	数据检查	包括空间数据质量检查、属性数据质量检查，选定检查的空间关系后对数据进行空间关系检查。 实时采集泵站、机井的压力、流量数据，对数据进行正确性校验。 人工采集灌区、泵站、机井、用户等基础信息，并对所采集的信息进行正确性校验
2	数据编辑	矢量数据的编辑处理，要素节点的编辑，增删改等操作。 对于实时采集数据进行校准，并去除不必要的采集数据。 对人工采集信息进行修改
3	数据存储	将编辑后的矢量数据存储于空间数据库中。 将实时采集的数据存储于业务数据库中。 将人工采集信息存储于业务数据库中

(3) 数据服务子系统建设。数据服务系统是整个平台的核心，设计为B/S结构，它以数据服务为基础，对外支撑各种应用，为其他业务系统提供GIS服务，满足各级用户对数据访问、查询、统计分析、地图服务、手机APP访问等需要，不同用户被赋予不同的访问权限，可以访问所属权限的数据。数据服务系统将系统的资源数据进行前期内容组织，并实现基于Web服务的业务数据服务和空间数据服务的发布和信息共享。服务接口模块是实现共享服务的核心，水价改革数据通过服务接口部分提供共享服务，是进行业务信息化系统和手机APP业务应用系统调用数据的基础，服务接口涵盖数据接口和功能接口、开发接口3个层次。

8.9.4 桓台县农业用水管理系统软件建设

8.9.4.1 基础信息化管理

(1) 工程项目管理。包括高效节水灌溉工程、水价综合改革工程、水肥一体化工程[116]、小型农田水利工程等项目的管理，建立项目工作台账，记录各项目前期筹建工作、招投标、实施进度、资金投入、建设管理等内容。工程项目管理界面如图8.9-3所示。

(2) 工程项目统计。按照区域和工程类型分类汇总统计本地区各类工程项目的实施内容，通过图表的形式统计展示工程项目的实施个数、有效灌溉面积、资金额度、建设成果等信息。

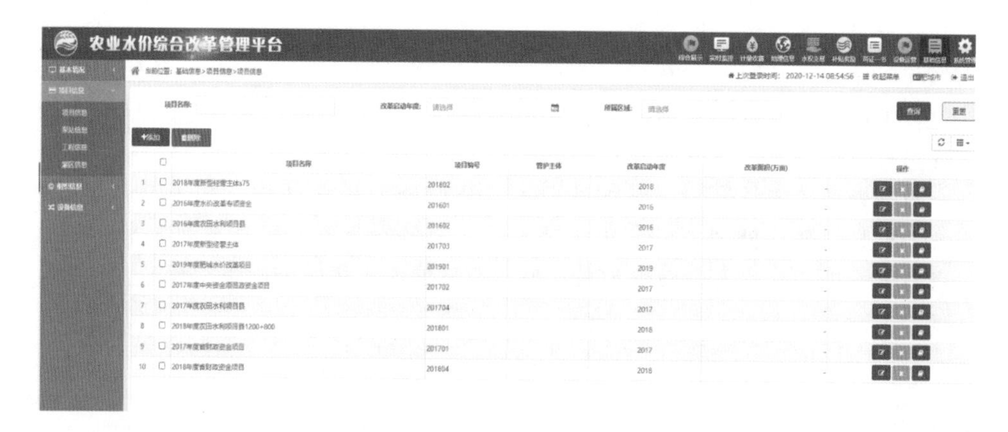

图 8.9-3　工程项目管理界面

（3）工程地理信息。在二维电子地图上完成各类工程信息的空间关联和集成展示，既可掌握本地区农田水利工程项目建设情况，也可从空间维度智能检索所需的详细信息，如图 8.9-4 所示。

图 8.9-4　工程地理信息

（4）工程产权管理。主要记录取水设施的产权信息，应包括工程档案、工程所有者、产权证等，系统提供证件上传和证件打印功能。工程产权管理界面如图 8.9-5 所示。

（5）工程使用权管理。主要记录取水设施的使用权信息，包括管护人、管护协议、使用权证、工作台账等，系统提供证件上传和证件打印功能。工程使用权管理界面如图 8.9-6 所示。

（6）工程维护管理。根据设备运行记录和维修人员工作记录，编制整体维修、维护任务进度的安排维修计划，根据任务的优先级进行提起维修申请，并根据维修人员工种情况来确定维修工人进行设备维修。在维修完成后根据维修单上人员时间、所耗物料、工具和服务等信息，汇总维修、维护任务成本，进行实际成本与预算的分析比较。工程维护管理界面如图 8.9-7 所示。

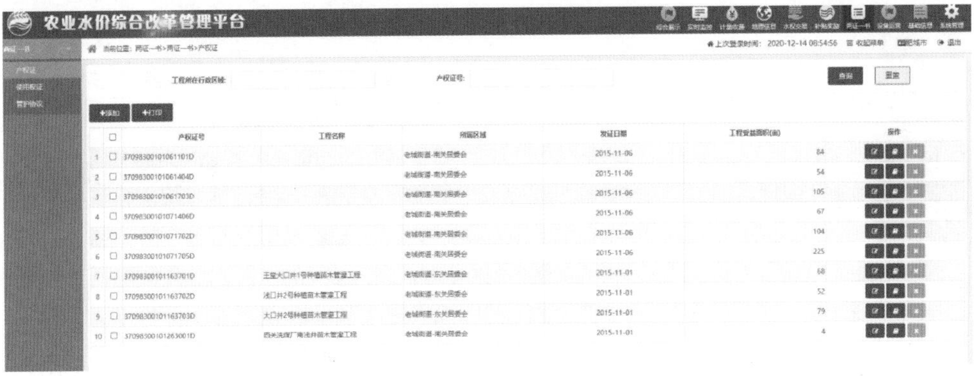

图8.9-5　工程产权管理

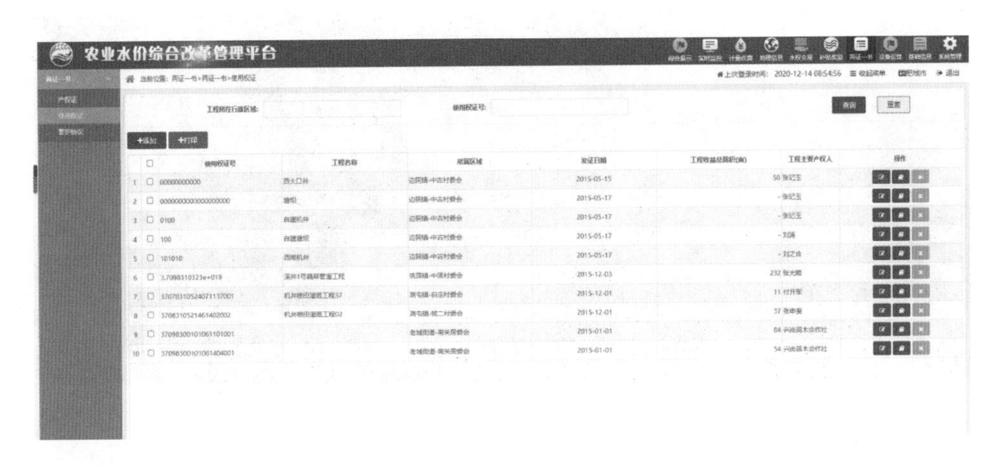

图8.9-6　工程使用权管理

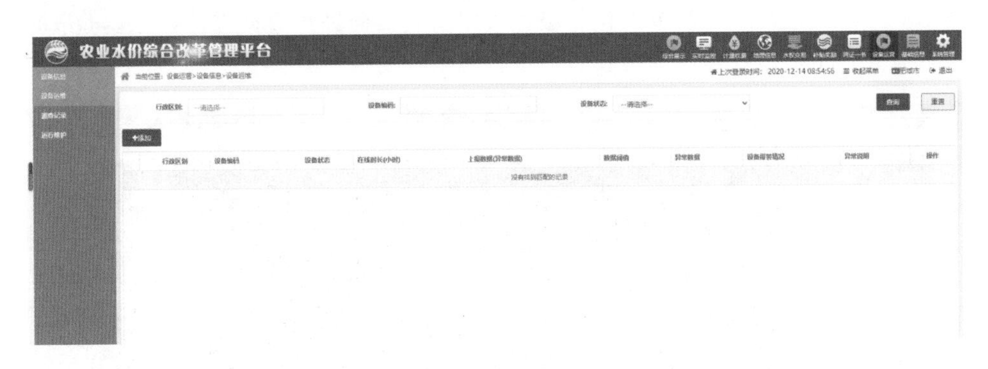

图8.9-7　工程维护管理

(7) 设备管理。对全县农田水利工程的物联网监测设备进行统一管理，应包括设备注册、设备管理、设备采集项目等信功能，能够清晰地查看设备名称、设备型号、设备厂家、设备传输方式、设备配置参数等相应的信息。设备管理界面如图8.9-8所示。

8.9.4.2　地理信息化管理

(1) 综合展示。采用一张图的形式，按照县、工程、监测站点的方式进行展示，展示

图 8.9-8 设备管理

全县农田水利工程的数据，能够按照工程类型进行分类、展示灌溉工程的数据、展示监测站点的数据，能够从面到点详细地查看全市的灌溉工程及详细数据，如图 8.9-9 所示。

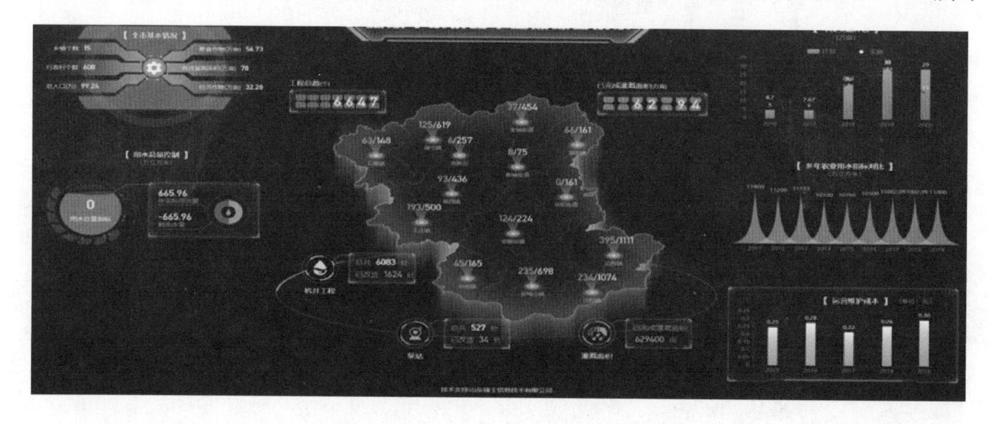

图 8.9-9 综合展示

（2）工程分布专题图。采用一张图的形式，对全县的工程进行分类，能够按照灌溉工程、水肥一体化工程、水价改革工程、小型农田水利工程进行数据统计，并能够以时间轴的方式对最近几年的工程建设的增长趋势进行展示，如图 8.9-10 所示。

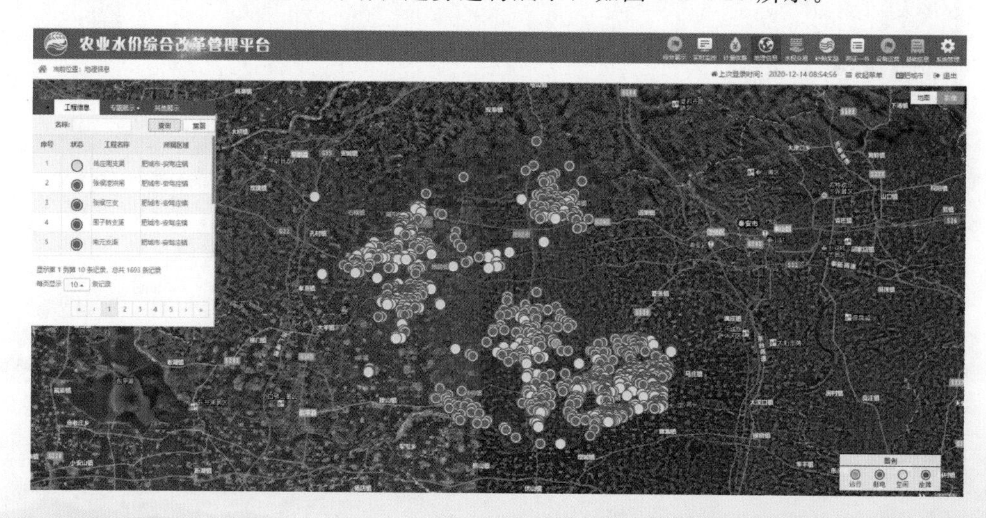

图 8.9-10 工程分布专题图

（3）工程范围专题图。采用一张图的形式，将全县的高效节水灌溉工程、按不同的工程类型；按不同的种植作物；以面的方式在地图上统计相应的覆盖范围。

（4）灌区专题图。采用一张图的形式，对全县的灌区进行查看，能够查看灌区的覆盖范围、灌区内的灌溉管道、墒情监测站点、气象监测站点等数据。

（5）缓冲区分析。采用一张图的形式，能够按照面缓冲的方式，查看附近的工程数据、监测站数据、灌区数据等相关信息。

（6）地下水位专题图。采用一张图的形式，利用灌溉用水的地下机井水位数据，能够通过等值线或等值面的方式对灌溉地下水情况进行展示，反应地下水变化趋势。

（7）监测站点专题图。通过一张图的形式，对全县的监测站点进行分类统计，按不同的站点类型、不同的故障类型、不同的供电方式、不同的区域进行分析，能够查看各个监测站的分布情况、查看监测站点的详细信息。

8.9.4.3　用水定额信息化管理

用水定额测算采用年度灌溉季开始前预估全年定额，单次灌溉水利部门测算合理灌水量，年度灌溉季结束后测算发布执行定额的方式，对农业灌溉定额进行管理。水利管理部门根据当地历史灌溉数据，结合实际灌溉情况，参考《山东省农业用水定额》（DB37/T 3772—2019）标准，在灌溉季开始前，根据工程类型、取水方式、灌区规模等确定调节系数，分别核定不同粮食作物、经济作物、养殖产品等用水灌溉预定额。本年度灌溉结束后，汇总形成本年度不同作物的合理灌溉定额，经县级水利管理部门确认发布后，进行超定额加价收费。用水定额信息化管理界面如图8.9-11所示。

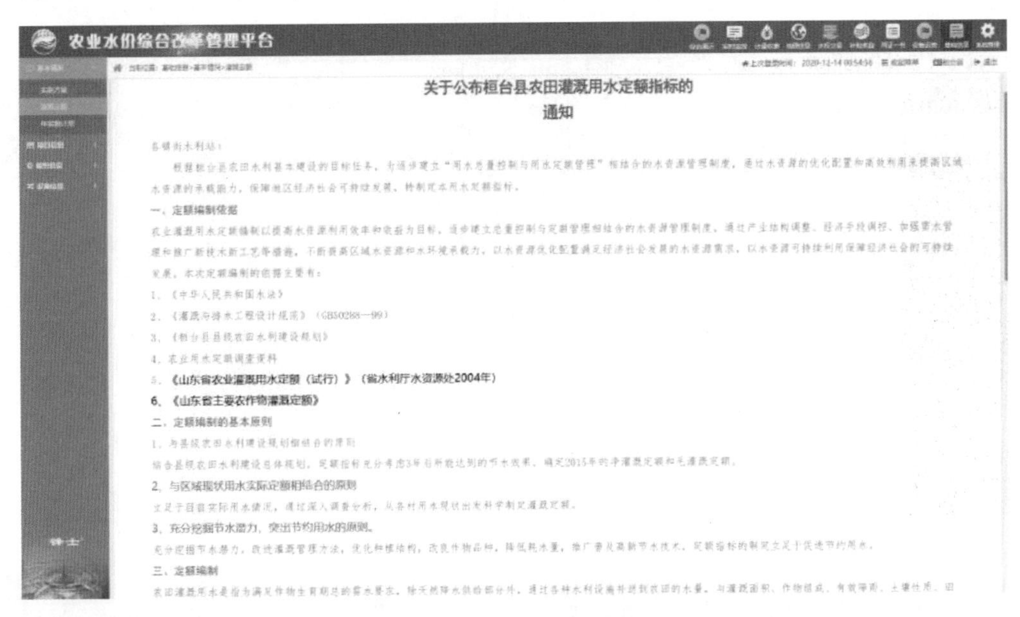

图8.9-11　用水定额信息化管理

8.9.4.4　用水总量控制信息化管理

（1）用水总量控制。为桓台县水利部门提供地块、作物、工程、协会的基础信息。依据桓台县用水总量管理办法，将总量控制指标分解到乡镇、协会、村集体、工程、地块等不同层级，在灌溉过程中按不同主体统计实际用水量数据，每次灌溉后都进行预测和预警。用户应根据预警信息，及时调整灌溉次数和灌溉定额，以达到用水总量不超标的控制目标。本年度灌溉结束后，统计用户的灌溉用水量，较多的灌溉大户根据自己的超量用水情况，及时进行水权交易，以达到用水总量控制在计划之内的目标。水量日报和月报如图 8.9-12 和图 8.9-13 所示。

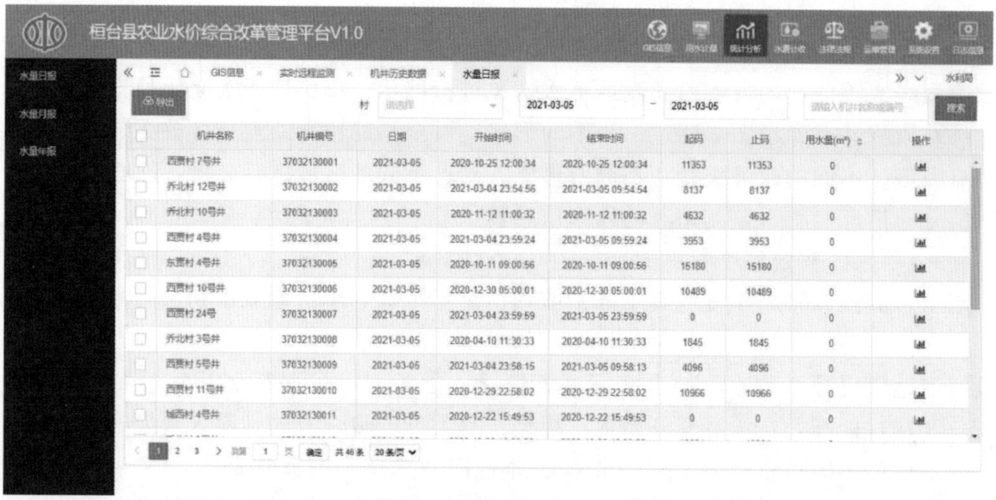

桓台县农业水价综合改革管理平台V1.0
水量日报
水量月报
水量年报
GIS信息
实时远程监测
机井历史数据
水量日报
水利局
导出
村
2021-03-05
2021-03-05
搜索
机井名称 机井编号 日期 开始时间 结束时间 起码 止码 用水量(m³) 操作
西贾村7号井 37032130001 2021-03-05 2020-10-25 12:00:34 2020-10-25 12:00:34 11353 11353 0
乔北村12号井 37032130002 2021-03-05 2021-03-04 23:54:56 2021-03-05 09:54:54 8137 8137 0
乔北村10号井 37032130003 2021-03-05 2020-11-12 11:00:32 2020-11-12 11:00:32 4632 4632 0
西贾村4号井 37032130004 2021-03-05 2021-03-04 23:59:24 2021-03-05 09:59:24 3953 3953 0
东贾村4号井 37032130005 2021-03-05 2020-10-11 09:00:56 2020-10-11 09:00:56 15180 15180 0
西贾村10号井 37032130006 2021-03-05 2020-12-30 05:00:01 2020-12-30 05:00:01 10489 10489 0
西贾村24号 37032130007 2021-03-05 2021-03-04 23:59:59 2021-03-05 23:59:59 0 0 0
乔北村3号井 37032130008 2021-03-05 2020-04-10 11:30:33 2020-04-10 11:30:33 1845 1845 0
西贾村5号井 37032130009 2021-03-05 2021-03-04 23:58:15 2021-03-05 09:58:13 4096 4096 0
西贾村11号井 37032130010 2021-03-05 2020-12-29 22:58:02 2020-12-29 22:58:02 10966 10966 0
城西村4号井 37032130011 2021-03-05 2020-12-22 15:49:53 2020-12-22 15:49:53 0 0 0
1 2 3 到第 1 页 确定 共46条 20条/页

图 8.9-12 水量日报

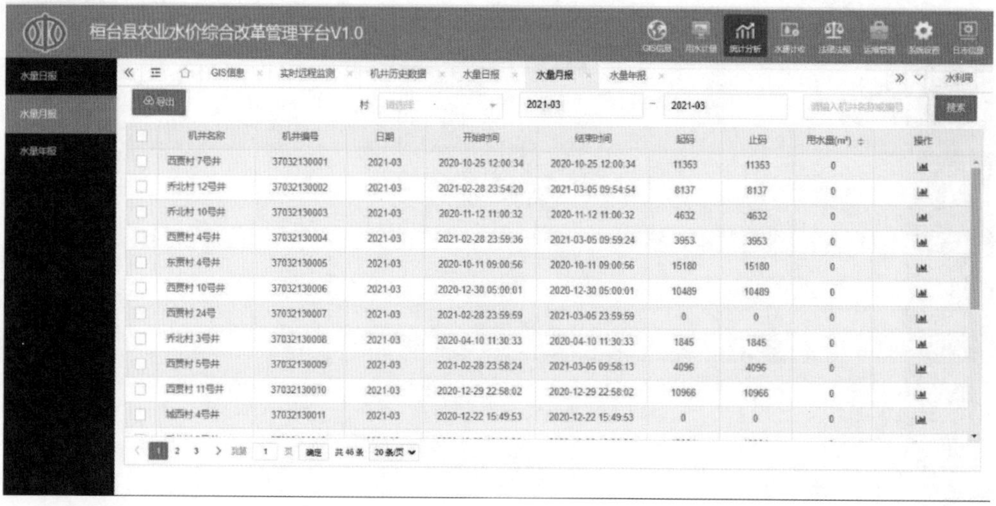

桓台县农业水价综合改革管理平台V1.0
水量日报
水量月报
水量年报
GIS信息
实时远程监测
机井历史数据
水量日报
水量月报
水量年报
水利局
导出
村
2021-03
2021-03
搜索
机井名称 机井编号 日期 开始时间 结束时间 起码 止码 用水量(m³) 操作
西贾村7号井 37032130001 2021-03 2020-10-25 12:00:34 2020-10-25 12:00:34 11353 11353 0
乔北村12号井 37032130002 2021-03 2021-02-28 23:54:20 2021-03-05 09:54:54 8137 8137 0
乔北村10号井 37032130003 2021-03 2020-11-12 11:00:32 2020-11-12 11:00:32 4632 4632 0
西贾村4号井 37032130004 2021-03 2021-02-28 23:59:36 2021-03-05 09:59:24 3953 3953 0
东贾村4号井 37032130005 2021-03 2020-10-11 09:00:56 2020-10-11 09:00:56 15180 15180 0
西贾村10号井 37032130006 2021-03 2020-12-30 05:00:01 2020-12-30 05:00:01 10489 10489 0
西贾村24号 37032130007 2021-03 2021-02-28 23:59:59 2021-03-05 23:59:59 0 0 0
乔北村3号井 37032130008 2021-03 2020-04-10 11:30:33 2020-04-10 11:30:33 1845 1845 0
西贾村5号井 37032130009 2021-03 2021-02-28 23:58:24 2021-03-05 09:58:13 4096 4096 0
西贾村11号井 37032130010 2021-03 2020-12-29 22:58:02 2020-12-29 22:58:02 10966 10966 0
城西村4号井 37032130011 2021-03 2020-12-22 15:49:53 2020-12-22 15:49:53 0 0 0
1 2 3 到第 1 页 确定 共46条 20条/页

图 8.9-13 水量月报

（2）计量收费。建设桓台县灌溉收费管理平台，供下属各个协会使用，用水户通过个人账户登录平台进行使用，为协会下的用户建立灌溉用水档案，按照灌溉方式、灌溉水量收取水费。随时掌握初始水权水量、年度灌溉预定额、账户资金余额、已用灌溉水量、灌溉历史记录等信息。用水总量控制信息化管理界面如图 8.9-14 所示。计量收费——充值记录界面如图 8.9-15 所示。

桓台县农业水价综合改革管理平台V1.0

机井名称	机井编号	日期	开始时间	结束时间	起码	止码	用水量(m³)	操作
西贾村7号井	37032130001	2021	2020-10-25 12:00:34	2020-10-25 12:00:34	11353	11353	0	
乔北村12号井	37032130002	2021	2020-12-31 23:01:01	2021-03-05 09:54:54	8137	8137	0	
乔北村10号井	37032130003	2021	2020-11-12 11:00:32	2020-11-12 11:00:32	4632	4632	0	
西贾村4号井	37032130004	2021	2020-12-31 23:59:53	2021-03-05 09:59:24	3953	3953	0	
东贾村4号井	37032130005	2021	2020-10-11 09:00:56	2020-10-11 09:00:56	15180	15180	0	
西贾村10号井	37032130006	2021	2020-12-30 05:00:01	2020-12-30 05:00:01	10489	10489	0	
西贾村24号	37032130007	2021	2020-12-31 23:59:59	2021-03-05 23:59:59	0	0	0	
乔北村3号井	37032130008	2021	2020-04-10 11:30:33	2020-04-10 11:30:33	1845	1845	0	
西贾村5号井	37032130009	2021	2020-12-31 23:00:18	2021-03-05 09:58:13	4096	4096	0	
西贾村11号井	37032130010	2021	2020-12-29 22:58:02	2020-12-29 22:58:02	10966	10966	0	
城西村4号井	37032130011	2021	2020-12-22 15:49:53	2020-12-22 15:49:53	0	0	0	

共46条　20条/页

图 8.9-14　用水总量控制信息化管理

桓台县农业水价综合改革管理平台V1.0

农户姓名	农户编号	农户卡号	卡编号	乡镇	村	状态	开卡人	开卡时间	操作
耿静波_西贾1	37032100038	3703210039	1700653925	新城镇	西贾村	正常	水利局	2020-10-21 16:35:53	
霍洪源7	37032600007	3703260007	1715223623	新城镇	城西村	正常	水利局	2020-10-13 16:29:58	
霍洪源6	37032600006	3703260006	1701648133	新城镇	城西村	正常	水利局	2020-10-13 16:27:11	
霍洪源5	37032600005	3703260005	1713374711	新城镇	城西村	正常	水利局	2020-10-13 16:24:51	
霍洪源4	37032600004	3703260004	1700916997	新城镇	城西村	正常	水利局	2020-10-13 16:22:33	
霍洪源3	37032600003	3703260003	1714250247	新城镇	城西村	正常	水利局	2020-10-13 16:20:01	
霍洪源2	37032600002	3703260002	1701325861	新城镇	城西村	正常	水利局	2020-10-13 16:16:53	
霍洪源1	37032600001	3703260001	1702796229	新城镇	城西村	正常	水利局	2020-10-13 16:13:57	
罗可玉	37032100037	3703210038	1686764181	新城镇	西贾村	正常	水利局	2020-10-12 11:01:17	
白永祥	37032100036	3703210037	1686160261	新城镇	西贾村	正常	水利局	2020-10-12 10:58:33	
董淑亮	37032700005	3703270005	1700351429	新城镇	东贾村	正常	水利局	2020-10-11 10:28:06	

共91条　20条/页

图 8.9-15　计量收费——IC 卡信息界面

8.9.4.5　水权交易信息化管理

农业初始水权由桓台县水利管理部门统筹管理，按照总量指标每亩平均分配的方式，确定工程或终端用水户的初始水权。统一建设桓台县水权交易平台，为乡镇、用水协会、用水户提供平台账户，登录后进入不同的交易市场。在全年灌溉季结束后，根据用户结余的水权水量，政府或其授权的水行政主管部门、灌区管理单位可予以回购，超过初始水权水量的用户，超出部分应通过购买水权方式，获得可用水权后，再进行年度的水费结算管理。计量收费——充值记录界面如图 8.9-16 所示。水权交易信息化管理界面如图 8.9-17 所示。

8.9.4.6　用水协会信息化管理

根据桓台县精准补贴和节水奖励的政策，确定补贴对象，按照补贴对象所要求的补贴内容进行补贴。能够查询县区精准补贴和节水奖励的政策信息；能够查询符合补贴标准的

桓台县农业水价综合改革管理平台V1.0

农户姓名	农户编号	农户卡号	充值金额	充值水量(m³)	充值前剩余量(m³)	充值后剩余量(m³)	充值时间	充值类别
耿静波_西贾1	37032100038	3703210039	200	200	4038	4238	2021-03-03 11:37:29	App
耿静波_西贾1	37032100038	3703210039	4327	4327	0	4327	2020-10-23 19:07:35	App
王克民	37032900037	3703290039	232	232	668	900	2020-10-23 14:53:19	常规
耿双	37032900038	3703290040	1	1	6000	6001	2020-10-23 14:45:23	常规
王克民	37032900037	3703290039	900	900	0	900	2020-10-23 10:16:57	App
耿静波_西贾1	37032100038	3703210039	5400	5400	0	5400	2020-10-21 16:37:20	常规
王盛岐	37032900036	3703290038	200	200	1048	1248	2020-10-20 17:53:23	常规
王盛堂	37032900039	3703290041	900	900	900	1800	2020-10-20 17:35:31	常规
王绍富	37032900023	3703290025	1500	1500	0	1500	2020-10-14 12:58:46	常规
张树祥	37032900020	3703290022	1110	1110	0	1110	2020-10-14 11:36:55	常规
崔洪潭7	37032600007	3703260007	600	600	0	600	2020-10-13 16:30:11	常规

图 8.9-16 计量收费——充值记录界面

农业水价综合改革管理平台

上次登录时间：2020-12-14 08:54:56

	所属区域	年份	粮食作物 灌溉面积(亩)	粮食作物 亩均用水量(m³)	经济作物 灌溉面积(亩)	经济作物 亩均用水量(m³)	初始水权(m³)
1	肥城市-边院镇	2019	55500	123	24700	123	9864600.00
2	肥城市-安驾庄镇	2019	58000	123	12100	123	8622300.00
3	肥城市-汶阳镇	2019	45000	123	23000	123	8364000.00
4	肥城市-王庄镇	2019	15000	123	48100	123	7761300.00
5	肥城市-老城街道	2019	38000	123	17000	123	6765000.00
6	肥城市-潮泉镇	2019	40000	123	10000	123	6150000.00
7	肥城市-石横镇	2019	22090	123	25800	123	5890470.00
8	肥城市-仪阳街道	2019	31000	123	16000	123	5781000.00
9	肥城市-高新区	2019	35000	123	8500	123	5350500.00
10	肥城市-孙伯镇	2019	32000	123	10000	123	5166000.00

图 8.9-17 水权交易信息化管理

用水户信息、用水量及节水状况；能够查询补贴对象所要求的补贴内容，如图 8.9-18 所示。

8.9.4.7 用水协会信息化管理

用水协会信息化管理应包括协会基本信息、协会管理的工程设施、协会管理的地块及用水户信息、协会的支出及收入信息。能够对协会的工程设施、灌溉地块数量、灌溉面积、用水户数据、水费收入、支出费用进行查询、统计；对协会的人员工资、养护、维修等相应的费用进行登记，为用水协会年末统计提供数据。查询协会全年的用水信息、水费征收信息。

图 8.9－18　用水补贴奖励信息化管理

（1）工程信息管理界面如图 8.9－19 所示。协会管理的工程、地块、用户基础信息的录入、查询、统计、对比、分析；协会管理的工程运行信息的查询、曲线、报表、对比、分析。

图 8.9－19　工程信息管理

（2）设备信息管理界面如图 8.9－20 所示。为用水协会提供设备基础信息、配置信息、设置信息、安装信息等；监测并显示设备的联网状态信息；设备故障时通过提示窗、短信、微信等方式，提示用户及时检修。

图 8.9-20　设备信息管理

(3) 抄表收费管理界面如图 8.9-21 和图 8.9-22 所示。包括用水户的开户、销户、计量、收费、退费、单据打印、统计、查询服务；定时、按次进行用水量抄表，支持按照分级、分类、分档水费进行计收。

图 8.9-21　抄表收费管理——用户管理

(4) 数据交换界面如图 8.9-23 和图 8.9-24 所示。具备自动采集功能的测站，系统自动将测站的水量、电量信息上传到省、市水利部门进行共享；不具备自动采集功能的工程，协会水管员手动录入测站的水量、电量信息上传到省、市水利部门进行共享。

(5) 统计分析。为协会提供协会、工程、用户等不同主体的水量、水费查询、统计、对比、分析服务。农户管理和村庄管理数据界面如图 8.9-25 和图 8.9-26 所示。行政区划管理数据界面如图 8.9-27 所示。

图 8.9-22　抄表收费管理——用水计量界面

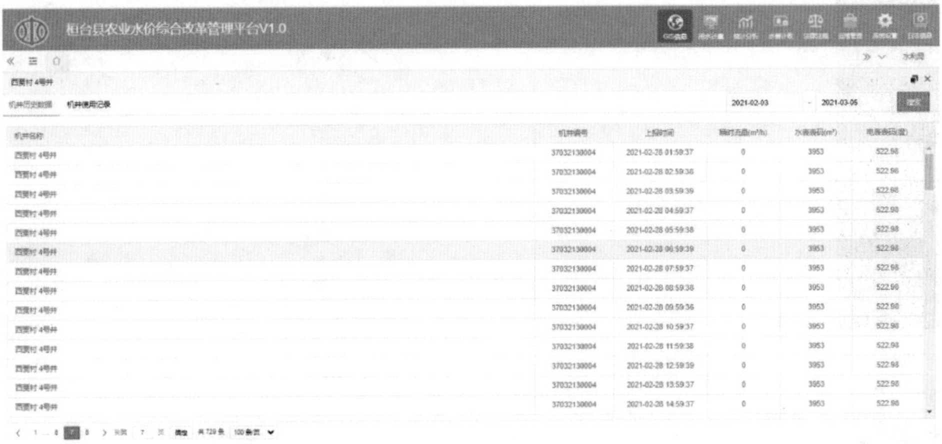

图 8.9-23　数据交换——机井历史数据界面

8.9.4.8　灌溉用户手机管理软件

（1）信息管理。可通过手机查询用户相关的工程、地块、设备、协会基础信息；查询用户的定额、用水总量、水价信息；查询用户相关工程的运行信息；查询水利部门发布的灌溉指导、定额信息；查询用户分配的水权信息。手机监测与数据显示如图 8.9-28 所示。

（2）账户管理。用户通过手机进行账户实名及卡户绑定管理；账户余额信息浏览；定额信息浏览；充值管理；退款管理；账户交易记录查询浏览。用户登录界面如图 8.9-29 所示。

（3）灌溉管理。用户通过手机进行灌溉地块所属工程灌溉计划的查询、灌溉申请、灌溉计划管理、灌溉设备控制、计量收费、暂停灌溉、灌溉设备停止、结算费用、结束灌溉。功能与查询界面如图 8.9-30 所示。

图 8.9－24　数据交换——用水计量界面

桓台县农业水价综合改革管理平台V1.0

乡镇管理　村庄管理　机井管理　农户管理　IC卡信息　充值记录

实时远程监测　机井历史数据　水量日报　水量月报　水量年报　水利规费征收标准　法律法规　乡镇管理　村庄管理　机井管理　水利局

批量删除　添加　搜索

农户姓名	农户编号	身份证号码	乡镇	村	操作
耿静波_西贾1	37032100038	370321197712211812	新城镇	西贾村	
霍洪源7	37032600007	000000013173100699	新城镇	城西村	
霍洪源6	37032600006	000000013173100699	新城镇	城西村	
霍洪源5	37032600005	000000013173100699	新城镇	城西村	
霍洪源4	37032600004	000000013173100699	新城镇	城西村	
霍洪源3	37032600003	000000013173100699	新城镇	城西村	
霍洪源2	37032600002	000000013173100699	新城镇	城西村	
霍洪源1	37032600001	000000013173100699	新城镇	城西村	
罗可玉	37032100037	000000013673363389	新城镇	西贾村	
白永祥	37032100036	000000013864367621	新城镇	西贾村	
白永祥	37032100035	000000013864367612	新城镇	西贾村	

1 2 3 … 5　到第 1 页　确定　共89条　20条/页

图 8.9－25　农户管理数据界面

图 8.9－26　村庄管理数据界面

图 8.9-27 行政区划管理数据界面

图 8.9-28 手机监测与数据显示

图 8.9-29 用户登录界面

图 8.9－30　功能与查询界面

（4）查询统计。灌溉信息查询、统计；定额及实际用水信息对比分析。数据上报界面如图 8.9－31 所示。

图 8.9－31　数据上报界面

8.9.5　农业用水监测站建设建议

8.9.5.1　墒情监测站点

（1）土壤墒情监测站点建设内容。在示范区建设满足监测要求的土壤墒情监测站。

（2）土壤墒情监测站点结构。土壤墒情监测系统主要由土壤墒情传感器、太阳能供电系统、GPRS 数据采集及传输终端和远程测控柜等设备组成。GPRS 数据采集及传输终端负责采集现场传感器的数据，通过 GPRS 网络实时将数据传输到信息中心进行处理。

（3）布置原则及布置密度。布置原则：根据需求布置；布置密度：每个灌溉区域至少一个。

（4）土壤墒情监测站点建设明细见表8.9-4。

表8.9-4 土壤墒情监测站点建设明细

序号	分　　类	设　　备	数　量	单　位
1	测控柜	GPRS数据采集及传输设备	1	套
2		GPRS通信卡，30M/月	1	个
3		一体化太阳能供电设备	1	套
4		现场安装柜	1	套
5	外围仪表	墒情传感器	3	只
6	土建费用	挖线缆沟	50	m
7		仪表井	1	处
8		设备基础	1	处
9	安装调试	安装（人工费用）	1	项
10		调试（人工费用）	1	项
11		材料费用	1	项
12		土建费用	1	项

8.9.5.2 气象监测站点

（1）气象监测站点建设内容。在示范区建设满足监测要求的气象监测站1处。

（2）气象监测站点结构。气象监测系统主要由温湿度传感器、风向风速传感器、气压传感器、雨量传感器、太阳能供电系统、GPRS数据采集及传输终端和远程测控柜等设备组成。GPRS数据采集及传输终端负责采集现场传感器的数据，通过GPRS网络实时将数据传输到信息信息中心进行处理。

（3）布置原则及布置密度。布置原则：根据需求对每个灌区布置一个；布置密度：一个灌区布置一个。

（4）气象监测站点建设明细见表8.9-5。

表8.9-5 气象监测站点建设明细

序号	分　　类	设　　备	数　量	单　位
1	气象站设备	温湿度、风向风速、气压、雨量传感器	1	套
2		数据采集传输终端	1	套
3		GPRS通信卡，30M/月	1	个
4		太阳能一体化供电设备	1	个
5		现场安装柜	1	套
6	土建费用	挖线缆沟	50	m
7		设备基础	1	处
8	安装调试	安装（人工费用）	1	项
9		调试（人工费用）	1	项
10		材料费用	1	项
11		土建费用	1	项

8.9.5.3 机井监测站点

（1）机井监测站点建设内容。在示范区建设满足灌溉管理要求的机井监测站。

（2）机井监测站点结构。机井监测点主要由物联网终端、射频卡灌溉控制器、供电系统和远程测控柜等设备组成。物联网终端负责采集现场监测数据，并通过无线网络实时将数据传输到信息中心进行处理。

（3）灌溉控制器主要功能见表 8.9－6。

表 8.9－6　　灌溉控制器主要功能

序号	功能名称	描　述
1	灌溉功能	通过射频卡控制水泵的启停，实现农田灌溉并自动收取水费
2	显示功能	控制器可以显示用户剩余水量、电量等信息
3	计量功能	能够同时支持智能电表、智能水表、脉冲水表等多种计量方式
4	收费功能	能够支持按用电量收费、按用水量收费以及水电双计综合收费等收费方式
5	异常报警功能	用户卡余额（量）不足、电表和水表信号异常时，控制器通过声音、短信等方式进行报警，必要时自动停泵
6	异常处理功能	具有异常断电、紧急停水、断网、多人同时刷卡灌溉、非授权卡使用等异常情况的处理
7	故障保护功能	电动机故障、水泵故障时，控制器自动切断电源，减少设备损坏
8	本地存储功能	控制器自带存储器可存储不小于 3000 条的历史灌溉数据
9	GPRS 数据传输功能	通过 GPRS 通道将灌溉信息以及控制器信息传输到上位机平台软件
10	数据多传功能	控制器可以同时连接 4 个不同服务器 IP 地址进行数据传输
11	数据补报功能	遇到网络断开、传输不稳定等异常等情况时，在网络恢复正常后，可以将灌溉信息补报到上位机软件
12	数据下载功能	能够通过无线（WIFI 或蓝牙）、RS485 传输通道将历史数据下载到抄表设备或手机 APP 客户端
13	应急灌溉功能	控制器出现失效、异常、故障等情况后，管理员可以通过专用钥匙进行应急灌溉
14	一机多卡功能	一台控制器可以供多个用户轮流使用，控制器只认卡不认人
15	软启动功能	控制器具有软启动器接口，可实现电机的软起软停与智能保护
16	配套手机 APP 软件功能	机井灌溉控制器配套手机 APP 软件，实现用水记录和充值记录的查询
17	配套平台软件功能	平台软件能够实现刷卡、开卡、充值、销卡以及数据查询统计功能。详细请参考平台软件使用手册
18	远程参数设置	在前置机上下发指令可修改现场灌溉智能控制器的部分参数

(4) 布置原则：对示范区全部机井进行测控。

(5) 机井监测站点建设明细见表8.9-7。

表8.9-7 机井监测站点建设明细

序号	分 类	设 备	数 量	单 位
1	测控设备	物联网终端	1	只
2		GPRS通信卡（适合视频传输）	1	个
3		机井灌溉控制器	1	台
4		控制柜	1	套
5	土建费用	挖线缆沟	50	m
6		设备基础	1	处
7	安装调试	安装（人工费用）	1	处
8		调试（人工费用）	1	处
9	改造费用	人工费用	1	项
10		材料费用	1	项
11		土建费用	1	项

8.9.5.4 视频监控监测站点

(1) 视频监控监测站点建设内容。在示范区建设满足视频监测要求的视频监控监测站点5处。

(2) 视频监控监测站点结构。视频监控监测主要由物联网终端、摄像机、供电系统和远程测控柜等设备组成。物联网终端负责采集现场视频数据，并通过无线网络实时将数据传输到信息中心进行处理。

(3) 布置原则及布置密度。布置原则：对重要节点进行视频监测；布置密度：根据需求布置数量，在重要设施处设置视频监控点。

(4) 视频监控监测站点建设明细见表8.9-8。

表8.9-8 视频监控监测站点建设明细

序号	分 类	设 备	数 量	单 位
1	物联网终端	物联网终端	1	只
2		GPRS通信卡（适合视频传输）	1	个
3		摄像机	3	台
4		监控杆	3	台
5		护罩、支架	4	套
6		控制柜	1	套
7	土建费用	挖线缆沟	50	m
8		设备基础	1	处
9	安装调试	安装（人工费用）	1	处
10		调试（人工费用）	1	处

续表

序号	分　　类	设　　备	数　量	单　位
11	改造费用	人工费用	1	项
12		材料费用	1	项
13		土建费用	1	项

8.9.5.5　灌溉计量监测站点

（1）灌溉计量监测站点建设内容。示范区建设满足计量要求的计量监测站。

（2）灌溉计量监测站点结构。灌溉计量监测系统主要由管道式超声波水表、明渠流量计、太阳能供电系统、GPRS数据采集及传输终端和远程测控柜等设备组成，如图8.9-32所示。GPRS数据采集及传输终端负责采集现场传感器的数据，并通过GPRS网络实时将数据传输到信息中心进行处理。

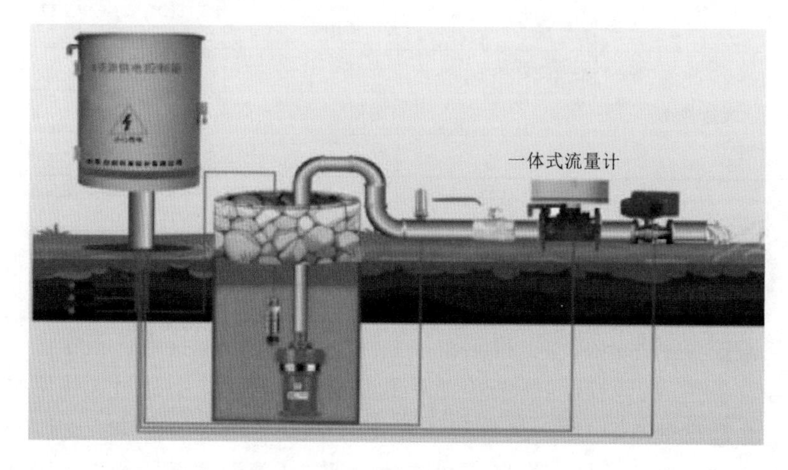

图8.9-32　灌溉计量监测系统

（3）布置原则及布置密度。布置原则：对所有计量节点进行实时监测；布置密度：每个计量节点及出水口布置一个。

（4）灌溉计量监测站点建设明细见表8.9-9。

表8.9-9　灌溉计量监测站点建设明细

分类	序　　号	设　　备	数　量	单　位
1	太阳能供电设备	太阳能一体化供电设备	1	套
2		现场安装柜	1	套
3	外围仪表及设备	计量仪表	1	台
4		GPRS通信模块	1	个
5		流量卡，30M/月	1	个
6	土建费用	挖线缆沟	50	m
7		仪表井	1	处
8		设备基础	1	处

续表

分类	序　　号	设　　备	数　量	单　位
9	安装调试	安装（人工）	1	项
10		调试（人工）	1	项
11		材料费用	1	项
12		土建费用	1	项

8.10 用水者协会建设及可持续运作

8.10.1 用水者协会的组建

8.10.1.1 用水者协会选点原则

根据《小型农村水利工程管理体制改革实施意见》的要求，农民用水者协会的选点原则如下所述。

（1）示范区必须是已建成的或拟建的农业综合开发区域，有可靠的水源，供水保证率较高，农民有灌溉的习惯。

（2）当地政府和农民有较高积极性。

（3）灌区灌排工程基础较好，管理水平较高。

（4）有完整的水利边界，试点区与周围的灌溉和排水不会产生边界矛盾。

（5）当地农民对灌区的建设和管理有一定的参与意识，并有多年缴纳水费的习惯。

（6）示范区适宜集中连片发展用水者协会。

8.10.1.2 用水者协会规划原则

（1）农民用水者协会是农民自己的组织，即：农民用水者协会在民政部门进行法人登记；农民用水者协会会员是协会灌区内的用水者；协会主席从协会会员中选举产生；农民用水者协会的水务和财务管理及其规章制度是透明和公开的；农民用水者协会财务独立，有自己的银行账户。农民用水者协会的宗旨是代表农民运行维护本地灌溉输水系统。农民用水者协会拥有或负责灌溉配水设施的运行维护。

（2）农民用水者协会按照同一水源配水系统的水量边界划分。农民用水者协会控制区域不按照也不局限于行政边界划分，尽管在某些情况下，可能行政边界会与农民用水者协会水利边界一致。一个农民用水者协会内可以有一个以上的村子。对于使用地下水的农民用水者协会，其边界或管辖区可以按照为若干井供电的共同水源划分，这些井的用水者组成用水者小组。

（3）通过按方量水向农民用水者协会供水，依据测定的水量收取水费。农民用水者协会使用量水设施测量引入的水，并按照引入的水量缴纳水费。

（4）农民用水者协会向会员收取水费，并直接向供水单位缴纳水费。作为法人实体，农民用水者协会有权向会员收取水费，直接向供水单位缴纳水费，并订立供水合同。水费依据实际引入和分配给会员的水量，按照供水合同的价格或政府规定的价格计收。这样农民用水者协会不会向村或地方政府缴纳水费。所收水费设专账独立核算，只能用于向供水单位支付购买水的费用、协会管理的水利设施正常维护的费用、协会工作人员的误工补贴。

（5）农民用水者协会供水充足，供水配水系统完善可靠。农民用水者协会有充足和可靠的供水水源，并具有完善的配水设施向农民会员及时输水。为确保供水充足、可靠，农民用水者协会与供水者之间签订供水合同，明确供水者和农民用水者协会的权利和义务。

8.10.1.3 用水者协会的组建原则

（1）自愿组合、互利互惠的原则。用水者协会是农民自己的组织，其目的是达到“自己的事自己办，自己的工程自己管”。因此，在用水者协会组建过程中，必须坚持用水者自愿的原则。在协会组建前，要注意对用水者的宣传发动，让用水者充分认识到协会的重要性，让其发自内心地接受这一新型管理模式。

（2）合理划界、分区组建的原则。用水者协会是一独立的经济实体，不受行政干预，所以协会管辖范围不受行政边界的约束，而应按水文边界划定。但在井灌区，村边界应与用水者协会的水利边界对应一致。

（3）因地制宜、分类指导的原则。组建协会前，必须进行实地勘查、调研以及进行专家论证，从各地灌区管理的历史习惯、目前做法、管理水平、存在问题等实际出发，坚持管理体制改革的方向和原则，结合本地具体情况，制订加强用水者协会建设的具体措施。而不应生搬硬套，搞一个模式、“一刀切”，一定要量力而行。

（4）政府指导、依法建立的原则。政府要加强对用水者协会建设的指导、扶持工作，真正放权，把小型农田水利工程的部分或全部权利与责任都移交给用水者协会自主管理。用水者协会向会员收取水费，协会的运行需做到财务独立、自负盈亏；用水者协会要组织人力与物力对管辖范围内的灌溉工程进行维护，保证工程的良好运行。这就意味着用水者协会必须做到依法建立，才能有权力开展以上各项工作，才能做到协会的可持续性发展，协会的运行才不会是短期行为。

（5）积极稳妥、注重实效的原则。要采取积极措施加快用水者协会建设工作，进一步加强对用水者协会的培训、教育、引导工作，提高用水者协会的工作质量和运行效率，同时要讲求实效，确保建立一处，成功一处，发挥效益一处，由点到面，逐步推广，真正使用水者协会成为灌区实现可持续发展的重要组成部分，为农业增产、农民增收发挥重要作用。

8.10.1.4 用水者协会的组建条件

（1）有充足稳定的灌溉水源。用水者协会不是一个临时性的组织，有充足稳定的灌溉水源是协会能长期发挥作用的前提条件。因此，为确保供水充足、可靠，如需供水单位供水，协会与供水单位之间可签订供用水合同，也可采用提升灌溉方式的办法来保证灌溉水源。

（2）有完善的灌溉工程。用水者协会工作的重点为灌溉工程的运行管理，而不是工程建设，并且协会是非营利性的群众用水合作组织，现在的农民经济状况决定了农民不可能自己筹资进行灌溉工程的建设。所以，为保障协会以后的正常健康运行，用水者协会建立的前提是必须有完善的灌溉工程。完善的灌溉工程包括水源、电力设施、管网等。

（3）有良好的群众基础。因为用水者协会为农民自己的组织，所以农民的积极性对协会以后的运行与发展起到至关重要的作用。如果农民自己不理解、不支持，缺乏热情和积极性，光靠外部力量的推动，协会很难组建起来，建起来也很难持续发挥作用。

（4）相关项目的扶持。用水者协会组建前，要进行灌溉工程的维修、配套等一系列工作。要对当地的农民用水户进行宣传发动；协会组建后，要对协会管理人员及水管员进行必要的技术培训，甚至对当地用水户进行节水技术的培训等。鉴于目前农户的经济状况，农户对这些费用没有承担能力。所以，必须有相关项目如中外经济合作项目、农业综合开发项目、农田水利项目县项目等的资助，灌区的管理体制改革才能顺利进行，才能为用水者协会以后的发展奠定良好的基础。

8.10.1.5　用水者协会组建程序

为保证协会成立后能正常健康运行，用水者协会必须按照一定的程序进行组建。

（1）成立协会组建领导小组。领导小组成员由灌区所在水利部门和有关镇及受益区村委会等有关人员组成。领导小组要全面负责协会的组建工作，落实协会建设的资金到位情况并制定协会组建的计划。领导小组下设办公室，并明确各办公室的分工及职责。各办公室分别负责协会组建中的宣传、培训、资金、工程配套等工作。并对组建协会过程中出现的重大问题进行协商并做出书面决定。

（2）实地考察、划定管理区域。对灌区基层进行深入调查，了解当地是否具备组建用水者协会的条件对具备组建条件的地方，要组织政府、水利专家、灌区管理单位、村民代表等有关人员进行座谈，研究论证组建用水者协会的可行性和有关程序。对灌排渠系分布情况进行分析研究，初步拟定试点的地域范围。

（3）宣传发动、组织培训。用水者协会的组建是以农户自愿为基础的，它是协会组建及健康运行的关键，因此，对受益区的农民进行宣传发动尤为重要。宣传发动的目的是提高用水户，包括地方政府和农村基层组织对用水者协会这种参与式灌溉管理的了解和认识，明确改革的做法要点以及参与式灌溉管理给农业和农村经济带来的好处。宣传发动的内容主要包括以下几项。

1）用水者协会的概念、性质和宗旨。

2）建立用水者协会的作用和意义。

3）用水者协会的组织机构及其内部关系。

4）用水者协会的职责、运行和管理机制。

5）协会会员的权利、责任和义务。

6）成立协会后与原来的灌溉管理模式的区别及协会成立后会给农民带来的效益及实惠。

宣传发动可以采用多种途径，如张贴标语、黑板报、广播、电视讲座、印发宣传册、召开农民座谈会等。根据当地的农民群众的实际情况，可选择适当的活动方式。

（4）成立组建用水者协会的筹备组，程序如下：

1）领导小组进行分析论证，按照组建用水者协会的条件、根据当地的水利渠系边界并结合当地的行政区划的原则与灌区受益村、组及用水户等情况，初步拟定协会管辖的地域范围和组建协会的初步工作方案。

2）召开灌区专管机构和乡镇、村干部座谈会，对组建协会的初步方案进行论证，拟定协会筹备组成员名单。

3）召开受益区农民群众座谈会，广泛听取农户对协会管辖范围及协会筹备组成员的意见及建议。

4）领导小组综合各方面的意见，确定组建协会的具体管辖范围和筹备组成员。其中，筹备组成员应包括当地乡镇、村干部，灌区专业管理机构代表和农业用水户代表。

5）筹备组正式成立并开展工作。

（5）安排协会办公场所和设施。协会筹备组本着“经济”“实用”“方便”“必须”的原则，在协会管辖范围内选择新城镇水利站作为办公场所。

（6）核查灌区基本情况，组织用水户入会，程序如下：

1）用水者协会筹备组在划定的协会控制范围内，广泛征询农民群众对灌溉供水和灌溉服务的意见和要求，以及入会意愿。

2）农民群众填写由筹备组统一印制的入会申请登记表。登记表的内容包括户主姓名、家庭人口、农业劳动力、耕地面积、不同作物种植面积、灌溉面积等基本信息。

3）筹备组根据农户填写的申请表及在深入调查了解的基础上，编写协会基本情况报告，内容包括：①农户、人口、劳动力数量等社会情况；②耕地面积、作物种类与种植比例、实际灌溉面积等农业生产情况；③协会控制范围内的斗支、农渠道条数、长度、渠道输水能力、防渗衬砌长度、各种建筑物类型及数量、渠系工程配套设施等水利工程设施情况；④前三年灌溉用水情况、用水量分摊计算方法及水费收缴使用等灌溉管理状况；⑤成立协会后工程设施的改进、维护和灌溉管理、灌溉服务的初步打算。

（7）划分用水小组、选举会员代表与执委会成员。

1）划分用水小组。根据机井灌区水文边界、同时兼顾村组等因素，将协会管辖范围内按照行政村划分为多个用水小组。

2）选举会员代表。由协会筹备组与村干部组织召开用水小组全体用水户会议，选举本小组小组长，通常情况下由小组长兼任用水户代表。用水户较多的小组，可增加一名用水户代表。

3）选举执委会成员。在广泛听取用水户代表与广大用水户的基础上，筹备组从会员代表中推荐用水者协会执委会成员候选人，其人数应多于实际人数。候选人应符合下列条件：①具有较高的思想觉悟，办事公道，能热心为农民群众服务；②具有较高的文化水平与领导能力，工作责任心强；③具有一定的灌溉管理和农业生产经验；④在群众中有较高威望。

（8）拟订协会章程、协会规章制度及当年工作计划方案。

1）拟订协会章程。筹备组在领导小组的指导下并结合本地的具体情况，拟定本协会章程，以备用水者协会代表大会讨论通过。协会章程应包括以下主要内容：

a. 协会的名称、性质、办公场所等；

b. 协会的业务范围；

c. 协会的会员及会员享有的权利与义务；

d. 协会的组织机构及职责；

e. 协会执委会成员的选举与辞免；

f. 协会资金与财务管理；

g. 协会章程的修改程序；

h. 协会终止程序及终止后的财产处理；

i. 附则。

2）拟定协会规章制度。筹备组召集用水户代表，在领导小组的指导下起草协会各项规章制度，主要内容有以下几点：

a. 执委会工作制度和成员职责；

b. 财务管理制度；

c. 工程管护具体实施办法；

d. 水费计收办法与管理使用用途；

e. 奖励与处罚具体实施细则。

（9）召开会员代表大会。由筹备组在领导小组的指导下，组织召开用水者协会会员代表大会。大会的主要任务如下：

1）听取协会筹备组工作报告。

2）审议通过协会章程和协会规章制度。

3）采用无记名投票、差额选举的办法，选举协会执委会成员，执委会成员数量一般为3～5人，主要设主席1人、副主席1～2人，委员1～2人。并对协会工作进行分工。特别是财务方面的工作一定要由财会方面知识的人担任。一般情况下，由一名副主席担任，也可从外部聘请。

4）确定监事会成员。监事会是协会运行管理的监督机构，其成员一般由会员代表、当地民政部门、当地政府部门等组成。

5）根据协会现有条件，针对急需解决的问题和要做的主要工作，确定协会成立后的当年工作计划。

（10）资产评估、移交。由领导小组组织对成立后的用水者协会负责管理的工程设施进行资产评估，然后将协会管辖区域内的灌溉工程产权、使用权等移交给村集体并办理相应的交接手续。

（11）协会的验收。为了使用水者协会能有效地开展工作，协会组建完成后，协会执委会可向协会领导小组提出验收申请报告，领导小组再组织有关人员组成协会验收组，对新成立的协会进行验收。验收标准有以下几点：

1）协会管辖范围内农户有以上参加协会。

2）经民主选举协会有健全的组织机构以及固定的办公场所。

3）有经过用水者协会代表大会通过的协会章程、制度及管理运行手册。

4）灌排渠系工程及量水设施状况完好。

5）有完整的用水户登记卡。

通过验收的协会，可挂牌正式运行对验收不合格的协会，提出改进意见，并要求在规定时间内进行完善或纠正存在的问题，重新验收。

（12）协会注册登记。

1）协会成立并通过验收小组的验收后，在领导小组的协助下由协会执委会负责到当地的县级民政部门申请注册登记，以取得协会的法律地位。申请报告应包括下列内容：协会的名称、地点、法定代表人、业务范围、活动范围、协会业务管理单位、资产情况等。

2）协会执委会按照国务院《社会团体登记管理条例》和当地民政部门的有关规定，准备申报材料：用水者协会章程；用水者协会执委会成员名单，协会主席履历表；社团法人登记表；社团法人注册表；协会资产证明文件；灌排工程的产权移交的证明文件等。

3）民政部门审核批准后，核发社团法人登记证书正、副本各一份，由协会保存。这时协会取得了合法的法律地位，可正式作为一个独立的社团法人实体从事灌溉排水服务活动。

8.10.2 用水者协会的运行管理

8.10.2.1 重视和加强农民用水者协会运行管理的必要性

根据农民用水者协会在社会团体组织注册登记时的业务范围，和用水者协会的性质，农民用水者协会的主要职责如下：

（1）制定用水者协会运行管理的各项规章制度，并据此开展水事活动。

（2）编报用水计划，负责与供水单位签订供用水合同或协议；负责用水者的水权管理，维护用水者的水权权益。

（3）灌溉期负责向供水单位申请用水，在用水小组首席代表的协助下，向用水者适时、安全配水，节约用水，提高水的利用率和用水效益；负责协调各用水小组、用水者之间的用水矛盾。

（4）根据协会章程适时组织用水者对灌排工程进行维护和大修，保证协会灌排设施的正常运行与维护。

（5）核算水价，并按供水单位的供水量向用水者公开水量、水价、水费，负责向用水者收取水费并直接交给供水单位。

（6）按规定进行会计核算，实行财务公开，搞好财务管理，接受有关单位和用水者的监督和审计。

（7）依照国家的法规和政策，为用水者开展其他服务活动。

8.10.2.2 协会运行管理的基本原则

（1）遵守章程、执行制度。农民用水者协会除了应遵守国家的法律法规，贯彻落实有关政策规定以外，日常的运行管理最主要是按照《协会章程》办事。《协会章程》是经用水者代表大会审议通过，并在当地民政部门注册登记备案，是本协会的办事管理条例。一定意义上说，《协会章程》在协会内部是有“法律”效力的。同时协会的各项制度也是经全体用水者商讨后订立的。农民用水者协会与传统的群众管水组织最根本的区别之一是它有比较完善的规章制度。规章制度是协会办事的准则，大家都要认真贯彻执行。因此，要求农民用水者协会的工作，尤其是管理者的行为，应遵守协会的章程和制度。首先是执委会成员，“一把手”要带头执行，全体会员的行为都应按章程和其他制度规定办，使协会工作规范化、制度化，改变过去那种行政命令、领导口授办事的落后模式，杜绝“人治”。

贯彻执行《协会章程》、制度的核心是民主、公平、公开、透明。所有与用水者切身利益关系密切的大事，所有用水者关心得热点问题都要公布于众，尤其是水费征收、使用情况，工程维护所需资金分摊及使用情况，协会的财务、会计核算情况，等等，公开透明，让用水者用明白水、交明白钱，乐于投资、出工维护工程，强化用水者的参与和对协会的监督作用。

（2）民主议事，自主管理。根据的十六大提出的“健全基层自治组织和民主管理制度，完善公开办事制度，保证人民群众依法直接行使民主权利，管理基层公共事务和公益事业，对干部实行民主监督”以及中共中央办公厅、国务院办公厅《关于在农村普遍实行村务公开和民主管理制度的通知》和《中华人民共和国村民委员会组织法》的要求，农民用水者协会应坚持民主议事，公开、公平、公正办事，不断增强用水者的民主管理意识，不断提高用水者的自我服务、自主管理能力。

1）民主、公开办事。凡涉及用水者权益的事，都要按《协会章程》规定民主讨论、集体决定，绝不沿用行政命令、长官意志，绝不能一个人说了算，必须民主商议。如工程维护、配套改造、所需的资金和劳动力，首先要按照国家政策采取一事一议、民主决策的办法，交给农民用水者协会代表大会或全体会员大会讨论。按少数服从多数，民主集中制原则决定。协会执委会成员的误工补贴、灌溉服务人员的选用及报酬等。都要实行民主决策，不能由个人或少数人决定。这当中尤其应当认真倾听弱势人群的意见和要求。

2）接受用水者的监督。作为社团法人的农民用水者协会，财务管理应严格遵守国家财经制度，除接受业务主管部门的财务指导和监督外，还要接受用水者的监督。用水者有权对协会的财务账目或资产状况提出质疑，当事人应如实作出说明。同时协会应根据自己的运行规律和特点，根据用水者的要求，不断完善运行管理制度，包括会计、出纳制度，定期公开制度，会员出资办水利管理办法，检查监督制度，协会执委会成员误工补贴标准，等等。这些制度可以综合制定也可以单独制定，但都必须经农民用水者协会代表大会讨论通过方才有效。

3）民主评议协会的工作。每年应在业务主管单位和当地乡镇政府指导监督下，民主评议协会执委会成员、用水小组组长和为协会灌溉输水、配水服务、维护工程人员，由协会承担误工补贴人员。用水者对他们的工作能力、任务完成、服务优劣评议打分，作为奖罚的依据。对不称职的协会执委会成员，可按章程规定启动罢免程序，提交用水者代表大会讨论决定；其他人员中有不称职的，由执委会根据用水者的意见作出处理。

（3）精心管护，良性运行。根据国家政策，农民用水者协会对于移交给自己的水利工程设施，在享有自主使用权利的同时，有责任维护管理好，使其始终保持安全运行、持续发挥工程效益的良性状态。

1）落实管护责任。按照协会《协会章程》和制度，将工程管理、维护的责任落实到实处。作为大家使用的公共工程，工程设施管理、维护的责任必须落到实处。通常的做法是由农民用水者协会自己直接管理，在协会内部把管理、维护责任明确到个人或小组，也可以委托给协会外面的合适人选承包负责管护。用合同的形式规定发包与承包双方的责任、权利、利益。农民用水者协会自己完成维护管理任务，用水者既是主人，又是经营者、受益者，还是劳动者，责权利统一，有利于工程持久发挥效益。

2）用水者应足额缴纳水费。水费是协会工程管护正常运行的根本保障，根据《中华人民共和国水法》，“用水应当计量，并按照批准的用水计划用水。用水实行计量收费和超定额累进加价制度”的要求，用水者以实际用水量付费。

3）用水者有权使用工程，同时也有义务维护工程，权利与责任对等。我们应严格区分加重农民负担与农民自愿投工投劳改善自己生产生活条件的政策界限，发扬农民自力更生、艰苦奋斗的好传统，在切实加强民主决策和科学管理的前提下，本着自愿互利、注重实效、控制标准、严格规范的原则，农民对属于自己，并且是自己直接受益的农田水利设施投工集资，这完全是主任尽自己的责任和义务，不是别人强加的。政府不仅包不起如此量大面广的设施维护费，从道理和情理上讲，也不能依赖政府全包。

(4) 人人平等，全面参与。国家已把公众参与作为加强政治文明、物质文明、精神文明建设和构建和谐社会的重大措施，民主作为一种基本的政治制度、组织制度和工作制度得到确立。农民用水者协会的运行管理必须坚持互助合作、用水者全面参与的原则。协会的事情是大家的并且只能靠自己的力量，集体的力量，用互助合作、共同参与的方式解决。除此之外，小到协会事务，大到灌区涉水事务，凡利益相关者，不分男女、不分贫富，都有权以适当的方式参与。

1）全面参与是运行管理的核心。用水者通过不同的方式参与灌溉季前的准备、灌溉期的运行、灌溉季结束后的全面检查、总结，不仅参与灌溉活动，同时发挥自己的聪明才智，参与决策；尤其对过去一年农民用水者协会的运行管理情况的自我评价与总结，肯定好的，找出问题，并针对存在的问题献计献策，年复一年，不断增强用水者的主人翁责任感和自信心，从而对农民用水者协会的健康发展起到主导作用。

2）全面参与是协会会员人人参与。农民用水者协会是用水者自己的灌溉用水管理组织，是用水者为了满足共同的灌溉用水需求而自愿建立的用水合作组织，即可视为在灌溉用水方面的利益共同体，意味着互助合作、人人平等。它的活动必然涉及协会每个会员，无论男女老幼、无论贫富弱强，应人人参与协会水事活动和重大事项决策。传统的做法往往忽视弱者、贫者、老者、女性，甚至由少数人自行决定涉及多数人利益的事，这与现代“参与”的概念相悖，也不符合农民用水者协会《协会章程》的约定。农民用水者协会在对水事活动进行决策时，不仅应人人参与，尤其应认真听取弱势人群的声音，使弱势人群的能力在参与中得到培育和锻炼。

3）全面参与是自我教育的过程。全面参与不仅参与决策计划还要参与行动实施；有选举他人担任负责人的权利，也有被别人选举的权利；有向协会提出意见建议、要求的权利，也有执行协会集体决议的义务；有得到用水服务的权利，也有缴纳水费、出工集资维修工程的义务。用水者全面参与的过程，也是用水者自我教育、自我培训，不断提高自我管理能力、民主决策能力的过程，不断增强主人翁意识和责任心、自信心的过程。

8.10.2.3 用水者协会的职责

用水者协会是代表用水者的利益，做好灌溉服务工作，使用水者满意。因此农民用水者协会的主要职责如下：

(1) 做好工程设施维护。协会应该每年年末灌溉结束时，及时组织协会会员对灌排工程设施进行维护管理。

(2) 核算协会内部运行成本，做好水费收缴工作。根据国家有关政策核算协会运行成本，制订水费收费标准，并由会员代表大会审议通过后执行。

（3）按照国家政策和协会章程组织会员投劳筹资。为保证灌溉工程的良好运行，提高灌溉排水服务的能力和质量，用水者协会必须根据国家政策和协会章程的规定，通过民主议事的方式，协商确定用水者所要负责的工作。遇到灌溉工程需要大修，召开会员代表大会或全体会员大会，讨论决定投劳筹资方案，按少数服从多数的原则确定。

（4）推广节水灌溉等先进技术。协会可通过标语、板报、例会等方式，向用水者宣传推广以节水灌溉为主的农业先进技术，并根据灌溉用水情况，及时指导农户进行作物种植结构调整，以提高水的利用率，降低灌溉成本，提高灌溉质量，增加作物产量与农户收入。

（5）处理用水纠纷。水是庄稼的“命根子”，在干旱或用水紧张期间，有的农户为用水先后产生纠纷，用水纠纷不仅破坏用水秩序，而且危害社会稳定。用水者协会应充分发挥民间组织的优势，运用民主协商机制，采用合理的灌溉制度，把农户矛盾处理掉。

8.10.2.4 用水计划管理

机井灌区农民用水者协会管理应遵循以下原则：

（1）开采总量控制，并不得恶化地下水环境。

（2）取水许可限量内，并不得超过本区域可开采量。

（3）新机井建设应符合当地地下水开采规划，打井要有打井许可证。

在井灌区，农民用水者协会按批准的用水许可量，依用户申报的作物面积分摊到机井，再由机井分摊到户；用水计量，限量控制，超量加价。

8.10.2.5 用水者协会的水价核定与水费管理

（1）农民用水者协会的水价核定。2004 年 1 月，国家发改委和水利部联合颁布《水利工程供水价格管理办法》，就水利工程供水水价核定原则和办法已有明确的规定，结合当前执行水价的实际，规范农民用水者协会的水价核定并加强水费管理，对农民用水者协会健康发展至关重要。井灌区水价核定一般是以单井为核算单元，结合新城镇示范区实际情况，机泵电气设施维修费和管护人员报酬等以 1596.72 亩示范区作为一个核算单元进行核算，电费实行单独核算，所有费用再除以用水量，即为最终执行的终端水价。对于超定额用水者按照有关规定实行超定额累进加价制度。

（2）农民用水者协会水费管理。水费收缴流程一般为用水者→用水小组→农民用水者协会→供水经营者。实行“水量、水价、水费”三公开，开票到户。农民用水者协会自身运行管理费进入协会财务账户，民主管理。

农民用水者协会成员由用水者民主选举产生，他们的主要职责就是负责本协会灌溉输水、配水，管理配套水利设施，协调用水矛盾，并按用水量向用水者征收水费，向供水经营者缴纳水费。通过他们为协会每个用水者的良好服务，使灌溉用水量下降、灌溉周期缩短，减少了水事纠纷，为农业稳产高产、农民增收创造条件。完成好上述工作，需要协会成员付出辛勤劳动。因此，给协会成员一定的误工补贴是完全应该的。补贴标准应参照当地村民委员会委员的报酬，由用水者代表民主商定，一般不高于村民委员会委员补贴标准。协会成员的补贴是公开的、民主商定的，这样对协会成员的工作既是一种激励，也是用水者对他们工作的肯定。

在明晰所有权以后，应增强用水者的主人翁意识，用水者要认识到协会范围内的水利工程设施是自己的，不仅有使用权，同时也有责任、有义务维护工程，平时加强保养，需要维修时就要注入资金维修。协会的水利工程设施亦是如此，但在工程维护资金注入前，需要经过用水者代表讨论同意，这与行政决定截然不同，是在用水者主动参与的前提下，自主决策的，工程完成后的资金使用情况应向用水者代表大会报告，并接受用水者民主监督。

农民用水者协会自身运行管理费是保证协会日常工作、协会范围内水利工程正常运行的费用，是合理的，是协会用水者公开、民主商定的。

8.10.3 建立农民用水者协会运行管理手册

8.10.3.1 建立运行管理手册的必要性

根据运行管理的基本原则，农民用水者协会若仅有规章制度，而缺少一套切实可行的、操作性强的支持性文件，以及有效的监控办法，是不能完全满足规范运行要求的。在实际运行中，不严格按章办事，对规章制度任意解释，甚至违章的问题也时有发生。如供水合同及计划的内容不规范，随意性很大，甚至没有书面文件，收取水费时没有正规手续，由收费人随意开白条，有的甚至连白条也没有；灌溉面积不确定，有的是用多年前的数字，有的粗略估计，用水者代表大会流于形式，不能真正发挥作用；等等。产生问题的原因，从深层次分析主要有以下两点：

（1）在以往长期计划经济体制影响下，形成了“人治”的环境。一切由干部说了算，对干部的约束监督机制不健全。虽然成立了协会，也在章程上写明了性质，但是协会负责人员仍以干部身份自居，老观念并未消除，是上级对下级，是干部对平民，而不认为自己是群众的代表和服务员。

（2）有些协会负责人员素质和文化水平偏低。他们想把工作做好，但缺少具体办法，仅凭一纸章程和制度，难以具体执行，所以他们往往还是凭个人的想法，想当然的工作。

因此，农民用水者协会能否正常高效运行，不仅是一个具体的操作规程问题，还是一个观念的转变问题。前者可以在较短时间内建立起来，而后者需要长期的培养与熏陶，循序渐进，在工作实践中逐步提高。

鉴于上述情况，建立农民用水者协会运行管理手册是十分必要的。一方面，可以使协会运行有章可循，弥补协会工作人员管理经验的不足，也可作为用水者对协会工作人员监督的依据和标准；另一方面，通过执行运行管理手册，可以逐步改变农民用水者协会工作人员和用水者的旧观念、旧习惯，建立和增强用水者的自主观念和协会工作人员的服务意识。

8.10.3.2 建立运行管理手册的基本思路

运行管理手册要规定每一个农民用水者协会正常运行所必须做的每项工作和每一项工作所应达到的要求，使协会的运行满足“规范化、制度化、公开化”原则的要求，使广大用水者满意。

在运行管理方面，各农民用水者协会具有共同特征，运行的基本要求是统一的。但是，由于地区、具体情况、历史渊源的不同，每一个农民用水者协会又有其个性。因此，运行管理手册应包含两部分。第一部分统一规定农民用水者协会运行中必须做的工作以及这些工作应达到的要求，称为“工作和要求”。第二部分主要规定达到这些要求所应采取的具体措施和方法，由各农民用水者协会结合本身特点，因地制宜地自行制定，称为“执行细则”。

每一执行细则的内容一般应包括：本项工作的目的、范围、工作步骤、执行人、执行时间、必要的表格和记录形式等。执行细则应达到手册规定的要求，并具有可操作性和可检查性。

8.10.3.3 运行管理手册的内容

1. 总则

（1）手册适用于所有农民用水者协会。

（2）手册规定农民用水者协会在运行中应进行的工作和应达到的要求，主要目的在于使协会工作规范化，使用水者满意。

（3）手册内容由两部分组成，即“工作和要求”与“执行细则”。

2. 工作和要求

（1）学习与宣传。

1）协会工作人员应认真学习、了解国家有关水管理的各项方针、政策，并贯彻执行。

2）协会应向用水者宣传国家有关水管理的方针、政策和协会规章制度，做到家喻户晓并自觉遵守。

3）协会应向用水者介绍和推广适合本地区采用的先进的节水灌溉技术和排涝措施。

（2）灌溉面积的丈量和核实。

1）协会应建立用水者灌溉面积登记卡，协会和用水者各持一份。

2）协会组建时应对各用水者的灌溉面积进行核实，与用水者共同确认后，签署登记卡。

3）每年灌溉前，用水者与协会应核实灌溉面积变化情况，在登记卡上记录。

4）协会应制订《用水者灌溉面积核实办法执行细则》，以确保协会和用水者能掌握本户准确的灌溉面积，并取得一致。

（3）供水计划。

1）供水计划应细分到户，形成书面文件，如有变更应事先通知到用水者。

2）协会应制订《供水计划执行细则》。

（4）供水合同。

1）协会与供水单位签订供水合同，内容应包括供水水量和时间、核计水量方法、供水价格和收费方法。供水合同应尽量满足用水者合理的用水要求，告知用水者，让每一用水者了解向其供水的时间、计量方法、水费价格计收费方式等。

2）协会应制订《供水合同执行细则》。

（5）供水管理。

1）供水期间，协会应安排人员在供水现场管理，确保按供水计划向每个用水者供水。

2）协会应与用水者代表在现场测量供水量，双方签署确认。

3）协会人员应在现场维护工程设施，确保正常运行。

（6）水费收取。

1）应做到开票到户，有据可查，作为用水者缴纳水费的有效凭证。

2）应使每一用水者了解水费计价方法及本户应交水费额，明明白白缴费。

3）水费可一次性收取，也可分期收取。

4）协会应制订《水费收缴执行细则》，确保收费的公开、公正和公平。

（7）工程检查和维修。

1）每年供水开始前和结束后应对工程设施全面检查一次，发现问题及时报修，协会应按职责范围安排或督促处理，并检查处理结果。

2）工程大修或改建，应制订计划，由用水者代表大会讨论通过，指定专人负责组织实施。

3）供水期间，协会人员应在现场随时检查、维护。

4）协会应建立工程档案，保存工程图纸以及检查和维修记录。

5）协会应制订《工程检查和维修执行细则》，确保工程正常运行。要求检查的项目和记录内容应在《执行细则》中具体规定。

（8）量水设施的控制、校准和维修。

1）每年供水开始前应对量水设施进行检查，发现问题及时报修，协会应指定专人处理，并核查处理结果。

2）应对量水设施定期进行校准，并做上已校准的标志。应保存量水设施的校准记录。

3）应制订《量水设施的控制、校准和维修执行细则》，确保计量的准确度。

（9）水价核定。当前应严格执行政府定价水价政策，当政府定价不包括协会自身运行维护费时，协会应对年度用水成本进行核算，提出方案，报用水者代表大会审议通过。

（10）财务管理。

1）协会应建立财务管理制度，形成文件，并确保协会人员贯彻执行。

2）各种收支应手续齐全，凭证要有经办人签字，授权人批准。

3）定期编制财务报告，作为评估报告的组成部分，定期向用水者代表大会报告。

4）定期进行审计，审计结果应向用水者代表大会报告。

5）建立并保存财务档案。

（11）档案和记录。

1）协会应指定专人负责档案和记录的收集、编目、保存和借阅。

2）协会应保存的档案有：有关组建协会的文件；运行管理手册；用水者灌溉面积登记卡；供水合同与供水计划；用水者用水申请表和需水计划；工程图纸，检查和维修记录；量水设施检查和校准记录；水费收据存根，账册及会计凭证；评估记录与报告。

3）记录应清晰，并在记录上签名和注明日期。

4）协会应制订《档案保存和借阅执行细则》。

（12）自我评估。

1）应建立《自我评估执行细则》，验证年度灌溉管理活动和有关结果是否符合计划安排，评估协会工作的绩效。

2）评估工作应定期进行，每年至少一次。评估应由协会主席主持进行。每次评估要有记录并保存，评估结果应向用水者代表大会报告。

3）评估方法可以是对照手册和执行细则，现场查看工程，访问用水者等。

3. 执行细则

协会应制订如下执行细则：

(1)《供水合同执行细则》。

(2)《供水计划执行细则》。

(3)《用水者灌溉面积核实办法执行细则》。

(4)《工程检查和维修执行细则》。

(5)《量水设施的控制、校准和维修执行细则》。

(6)《水费收缴执行细则》。

(7)《自我评估执行细则》。

(8)《档案保存和借阅执行细则》。

(9)《灌溉新技术推广使用执行细则》。

8.10.3.4 如何编制《执行细则》

1.《执行细则》的作用

为了保证协会各项工作能达到手册“工作和要求”所规定的要求，必须对每一项工作制订具体的实施办法，这就是《执行细则》。

《执行细则》制订后，协会人员必须按此实施，不得任意变更和修改。执行细则的作用如下：

(1) 使协会工作具体化、细致化，并能得到落实。

(2) 每项工作的步骤和方法详尽，责任明确，易于实施与检查。

(3) 每项工作按此执行，使协会工作规范化，不致出现“因时因人而异”的现象。

(4) 每项工作内容应公布于众，便于群众监督，避免暗箱操作。

2.《执行细则》的内容

每一项《执行细则》，均应包含以下内容：

(1) 目的。说明《执行细则》所应达到的目的。

(2) 适用范围。《执行细则》所涉及的范围，包括工作内容、部门、人员、工程设施等。

(3) 实施人职责。规定实施《执行细则》的部门和人员，以及他们的责任和权限。

(4) 内容要求如下：

1）规定完成本项工作的步骤、实施时间和具体实施方法。

2）明确每一步骤的实施人员和检查人员，如何进行控制和检查。

3）说明在何处实施，需用的材料、设备和文件。

4）强调应做的记录和资料保存。

3.《执行细则》的编制要求

《执行细则》应满足下述要求：

(1) 要满足手册第一部分所规定的要求。

(2) 要符合本协会实际情况。

(3) 要有可操作性，易于实施。

(4) 要便于检查和评价。

(5) 文字要简练、准确、通畅，避免出现模糊不清的情况。

4. 编制《执行细则》的步骤

编制《执行细则》的步骤如下：

(1) 明确《执行细则》的目的、内容和要求，拟制初稿。

(2) 对照检查是否满足《执行细则》的编制要求。

(3) 审定公布。

8.10.4 用水协会财务管理系统

组建与运行农民用水者协会是灌区管理体制改革的方向。而协会的财务管理及其财务状况，是保证协会可持续发展的一个重要环节，也是实现协会的宗旨即互助合作、自主管理、自我服务的具体体现。

依据农民用水者协会的实际，至少应建立起4本账簿，即现金账、银行存款日记账、分类账（明细账）和固定资产账。

8.10.4.1 现金与银行存款日记账

现金日记账也叫流水账，或称协会的现金总账。它是按照现金收支的先后时间顺序，逐笔登记入账。而协会的现金日记账，依据各协会的具体情况与灌溉季节，至少要求每月结算一次，要做到账款相符。

8.10.4.2 分类账（明细账）

为了全面了解农民用水者协会的财务状况，除了设置现金日记账外，还需依据协会的主要业务范围及收支情况，设置分类账（明细账），并设置必要的若干个明细账目，以利于定期公示协会财务状况，接受会员代表的内部审计与民主监督。

8.10.4.3 固定资产账

1. 固定资产的定义

用水协会所拥有的固定资产是指使用期限超过一年以上，单位价格在2000元以上，同时满足这两个条件的水工建筑物、房屋及其他建筑物、工具及仪器等，均应当作为固定资产。

2. 固定资产的计价

(1) 购入的，按照买价加上支付的运输费、保险费、包装费、安装成本和缴纳的税金计价。

(2) 自行建造的，按照建造过程中实际发生的全部支出计价，包括农民投劳折资的计价。

(3) 投资者投入的，按照评估确认或者合同、协议约定的价值计价。

(4) 接受移交或捐赠的，按照固定资产清单（附资产移交证书）或发票账单所列金额计价。

(5) 在原有固定资产基础上进行改建、扩建的固定资产，按照原有固定资产账面价加上改建、扩建发生的支出。

以上固定资产购建过程中，凡组织动用了受益会员投劳的，其投劳折资应计入固定资产价值。

3. 协会财务收支公示与会员代表民主监督

根据农民用水者协会的性质与宗旨，必须建立起健全的监督机制，所有涉水事务、财务状况、人事聘用等都要公开透明，接受广大用水者、当地政府和社会的监督，才能促使协会运作民主、公开、有效、规范。

8.10.5 桓台县新城镇农民用水者协会组建

（1）成立领导小组。2007 年桓台县新城镇用水者决定成立桓台县新城镇用水者协会，在桓台县水利局和新城镇政府的指导下成立了领导小组，领导小组成员由灌区所在水利部门和有关镇及受益区村委会等有关人员组成。领导小组要全面负责协会的组建工作，落实协会建设的资金到位情况并制定协会组建的计划。

（2）实地考察，划定管理区域。对新城镇机井灌区进行深入调查，了解新城镇是否具备组建用水者协会的条件，对具备组建条件的地方，研究论证组建用水者协会的可行性和有关程序。对机井灌区分布情况进行分析研究，初步拟定协会的管理区域为新城镇域内所有的机井灌区。

（3）宣传发动、组织培训。桓台县新城镇用水者协会领导小组以农户自愿为基础，采用张贴标语、黑板报、印发宣传册、举办培训班、召开农民座谈会等进行宣传发动。

（4）成立组建用水者协会的筹备组。

1）领导小组进行分析论证，按照组建用水者协会的条件、根据当地的水利渠系边界并结合当地的行政区划的原则与灌区受益村、组及用水者等情况，初步拟定协会管辖的地域范围和组建协会的初步工作方案。

2）召开灌区专管机构和乡镇、村干部座谈会，对组建协会的初步方案进行论证，拟定协会筹备组成员名单。

3）召开受益区农民群众座谈会，广泛听取农户对协会管辖范围及协会筹备组成员的意见及建议。

4）领导小组综合各方面的意见，确定组建协会的具体管辖范围和筹备组成员。其中，筹备组成员应包括当地乡镇、村干部，灌区专业管理机构代表和农业用水者代表。

5）筹备组正式成立并开展工作。

（5）安排协会办公场所和设施。协会筹备组本着“经济”“实用”“方便”“必须”的原则，在协会管辖范围内选择新城镇水利站作为办公场所。

（6）核查灌区基本情况，组织用水者入会。

1）用水者协会筹备组在划定的协会控制范围内，广泛征询农民群众对灌溉供水和灌溉服务的意见和要求，以及入会意愿。

2）农民群众填写由筹备组统一印制的入会申请登记表。登记表的内容包括户主姓名、家庭人口、农业劳动力、耕地面积、不同作物种植面积、灌溉面积等基本信息。

3）筹备组根据农户填写的申请表及在深入调查了解的基础上，编写协会基本情况报告。

（7）划分用水小组、选举会员代表与执委会成员。

1）划分用水小组。根据机井灌区水文边界、同时兼顾村组等因素，将协会管辖范围内按照行政村划分为多个用水小组。

2）选举会员代表。由协会筹备组与村干部组织召开用水小组全体用水者会议，选举本小组小组长，通常情况下由小组长兼任用水者代表。用水者较多的小组，可增加一名用水者代表。

3）选举执委会成员。在广泛听取用水者代表与广大用水者的基础上，筹备组从会员代表中推荐用水者协会执委会成员候选人。

（8）拟订协会章程、协会规章制度及当年工作计划方案。

1）拟订协会章程。筹备组在领导小组的指导下并结合本地的具体情况，拟定本协会章程，以备用水者协会代表大会讨论通过。

2）拟定协会规章制度。筹备组召集用水者代表，在领导小组的指导下起草协会各项规章制度。

（9）召开会员代表大会。由筹备组在领导小组的指导下，组织召开用水者协会会员代表大会。大会听取了协会筹备组工作报告，审议通过协会章程和协会规章制度，采用无记名投票、差额选举的办法，选举理事长 1 名，副理事长 2 名，理事 6 名，秘书长 1 名。选举监事长 1 名，副监事长 1 名，监事 5 名。

（10）资产评估、移交。由领导小组组织对成立后的用水者协会负责管理的工程设施进行资产评估，然后将协会管辖区域内的灌溉工程产权、使用权等移交给村集体并办理相应的交接手续。

（11）协会的验收。协会组建完成后，协会执委会向协会领导小组提出验收申请报告，领导小组组织有关人员组成协会验收组，对新成立的新城镇农民用水者协会进行验收。

（12）协会注册登记。

1）协会成立并通过验收小组的验收后，在领导小组的协助下由协会执委会负责到桓台县民政部门申请注册登记，以取得协会的法律地位。

2）协会执委会按照国务院《社会团体登记管理条例》和当地民政部门的有关规定，准备申报材料进行申报。

3）民政部门审核批准后，核发社团法人登记证书正副本各一份，由协会保存。这时新城镇农民用水者协会取得了合法的法律地位，可正式作为一个独立的社团法人实体从事灌溉排水服务活动。

8.10.6 桓台县新城镇农民用水者协会运行管理

1. 工程产权和使用权移交

在桓台县示范区范围内，在“小农水”项目建设完成验收后，县水利局将示范区内的灌溉工程产权、使用权等移交给村集体并办理相应的交接手续。水利局与镇农民用水者协会签订管护协议，由镇农民用水者协会负责管理维护。

2. 水费征收

系统利用物联网技术，接入计量终端监测数据，对灌溉用水实现计量监控，进而为水费征收提供准确的用水依据。统一建设县级收费管理平台，给下属各个乡镇、协会、用水户提供账户，登录平台进行使用，并为用户设置灌溉用水档案，按灌溉水量进行水费收取。并可随时掌握：初始水权水量、年度灌溉预定额、账户资金余额、已用灌溉水量、灌溉历史记录等信息。示范区按照运行维护成本水价 0.148 元/m^3。

3. 示范区限采减产补贴

根据桓台县新城镇水资源现状，示范区亩均限采水量采用 235.00m^3/亩，大于亩均水权量 209.60m^3/亩，小于示范区农户多年平均实际灌溉用水量 540.24m^3/亩。

如果严格按照亩均限采水量进行灌溉，会造成减产。考虑到农户对农业灌溉节水在心理上有一个逐步接受的过程，为了提高农民对示范区限采方案的支持，需要对示范区内农作物的减产部分的进行补贴。

在示范区内和示范区周边分别选取三处小麦进行测产，每处的面积不小于 4m^2，示范区周边测产亩均平均值减去示范区内测产亩均平均值即为示范区内亩均减产量，亩均减产量乘以 1.2 倍作为减产补贴数量。补贴单价按照小麦收获季当月平均单价进行计算。补贴资金由桓台县水利局负责解决。

4. 示范区超定额累进加价

示范区实行农业用水定额（计划）管理，以定额（计划）内用水量作为基准，按照“多用水多付费”的原则，确定阶梯和加价幅度，推行超定额累进加价，促进农业节水。

（1）确定用水定额。具体灌溉用水定额为 300m^3/亩（小麦＋玉米）。

（2）划分用水量级：将 300m^3/亩作为超定额加价的依据基础，超定额用水量级划分不少于 3 级。

（3）300.00m^3/亩内用水，农业水价为基本水价；超过定额 20%（含）以内的水量，按照 1.5 倍基本水价执行；超过定额 20%以上，40%（含）以内的水量按照 2.0 倍基本水价执行；超过 40%以上的水量，按照 2.5 倍基本水价执行。不同亩均灌水量对应水价见表 8.10-1。

表 8.10-1 不同亩均灌水量对应水价表

亩均灌溉定额/(m^3/亩)	<300	300～360	360～420	>420
执行水价/(元/m^3)	0.148	0.393	0.524	0.655

8.10.7 用水者协会可持续运行的管理实践和模式

8.10.7.1 用水者协会在社会经济发展中的作用

（1）推行市场机制，改革传统制度。第一，对水价进行改革，完善现有的市场调节机制。科学合理的水价制定是确保农民用水者协会能够正常运转的前提条件，收费过低，会影响资源的优化配置，收费太高，会给农民造成负担。对于水价的制定，需要遵循合理收益、公平负担、补偿成本原则，基于示范区的水资源情况、经济发展条件、供水对象能力进行确定。在具体运行环节中，要考虑到用户的承受力，适当减轻他们的负担。第二，改革产权制度。科学的产权制度可以提高农民的参与积极性和主动性，让水利设施能够实现增值和保值。在这一方面，政府无法亲自参与，而是要提供良好的利润空间，营造出良好的环境，鼓励更多民间力量参与进来。

（2）建设社会主义新农村的有益渠道。建设社会主义新农村要求做到生产发展、生活宽裕、乡风文明、村容整洁、民主管理。要建设社会主义新农村，一方面要发展农村经济，促进农村改革；另一方面，需要发展农村社会主义事业，促进农民的增产和增收。在农村的发展中，水利灌溉是一项基础，对于农民的增产和增收，都具有重要意义，构建农民用水者协会，能够让农民通过协会来负责自己的事情，提高了农村的经济效益和农民的生活水平，实现了用水管理的民主选举和民主决策，这与建设社会主义新农村是相辅相成的，也是政治体制在基层灌溉管理工作中的重要体现，对于建设社会主义新农村具有重要的意义和价值。

（3）进一步提升水资源利用率。一直以来，我国农村广大群众都缺乏节约用水的意识，对于水资源，他们习惯用“福利水”的角度来看待，也不认为水是商品，在传统粗放式经营和管理模式下，对水资源的管理重视度也不高，导致农村地区的水资源浪费、污染问题极为严重，构建农民用水者协会，能够根据用水需求来合理征收水费，提高农民对水资源的认识，让每一个农民都可以主动参与到保水、节水工作中，通过这种手段，可以减小对水资源的浪费，提升水资源利用率。

（4）有利于水利设施的管理。有利于水利设施的管理在我国的多数地区中，灌区都是由国家负责出资修建，属于固定资产，为国家所有。在推行联产承包责任制之后，各种田间水利工程处于无人管理状态，在灌溉设施出现损坏后，农民很少会主动管理、维护，设施也是长期超负荷使用，加上人为因素的影响，导致水利设施损坏程度十分严重。为了确保水利设施能够顺利投入运行，国家每年需要投入大量的维护经费和资金，在组建了农民用水者协会之后，让广大农民都可以参与到设施的管理和维护工作中，灌溉设施好坏直接影响着他们的经济收益，这样，就让农民从主观意识上能够主动维护和爱惜设施，解决了传统小型农田水利工程管理中的种种问题。

8.10.7.2 适用于桓台子项目 MIS（管理信息系统）的水资源管理技术与经验

（1）总结信息化建设经验。在水资源信息化建设过程中，应加强水资源实时监控，增强管理系统建设水平，同时继续加强试点工作，统一技术标准，强化平台建设，为水资源信息化建设的进程的推进奠定坚实的基础。与此同时，对水资源管理试点工作经验与教训进行全面分析与总结，掌握各个地区对于水资源监测、管理及调度等方面的具体操作方法，总结信息系统建设经验，进而促进水资源信息化建设与管理工作的发展。

（2）完善数据信息系统。为了有效获取可靠的水文信息，必须对数据信息系统进行完善，将视频监控、雨量传感器及水位传感器等设置于采集区域，以进一步掌握水位情况。在以往传统的水资源管理模式下，通常采用超短波无线电通信网与数字微波通信网实现区域通信，但是新形势下，各种数据、图像、音频及视频等信息大量增加，以往传统的通信模式已无法满足当前社会的发展需求，必须通过数据信息系统的建立拓宽信息传输渠道，以实现相关数据信息的高效传输。

（3）实现网络信息资源共享。要想实现水资源信息化建设，必须做到网络信息资源共享。而网络系统作为信息共享的重要基础，具有覆盖面广、传播速度快、涵盖内容多等优势，通过对相关数据、图像、音频及视频等信息的有效传输，及时获取水资源使用量等信息，同时建立水资源管理平台，进而实现网络信息资源的共享。另外，通过地理信息系统的建立，对相关数据进行有效分析与处理，并采用统一标准实现水资源信息的有效管理。

8.10.7.3 适用于示范区的水资源信息管理先进的科学方法

加大信息化开发力度，结合高端科学技术，加快水资源信息化的进程。开展遥感技术和低空遥感技术在水资源保护中的应用研究，尤其是遥感技术在水资源监测和水资源生态、环境调查中的分析评价中的应用研究；在重要江河流域规划建立水质遥感监测区，利用遥感技术，定性探测污染排放源，结合地面观测分析查明污染状况，并对污染情况的发展趋势进行预测，为水污染治理提供科学的技术支持。加强移动实验室卫星定位系统建设，针对污染事故调查和入河排污口巡测，通过移动实验室进行实时水质数据采集，配合数字地图，利用卫星地面定位，将监测数据和水污染事故发生地的经纬度坐标数据等传送到处理中心，并在综合数据库的支持下，对污染事故发生、发展的过程以及影响范围作出科学评价，使管理部门能够随时掌握事故发展动态，为调查和处理污染事故提供决策依据。开展水质模型与 GIS 的集成研究，综合分析采集到的地理信息、数据信息、图像和视频等信息，通过应用软件构建虚拟工作环境，模拟水污染的变化趋势。积极探索物联网在水资源保护业务中应用，实时感知“水多”“水少”“水脏”，采用云计算等新技术，开展水资源信息化资源的整合，将更多的计算、服务和应用作为一种公共设施提供共享。

8.10.8 用水者协会与社会发展关系

我国是一个农业大国，但同时又是一个水资源短缺、时空分布不均、水旱灾害频繁的国家。中华人民共和国成立之后，国家政府和农户虽然已在灌溉工程方面做出了巨大的投资和努力，但由于长期计划经济体制下形成的传统管理体制的弊端带来了管理体制不顺、供水、用水、配水不合理等一系列问题，主要表现在以下三个方面：一是支级以下工程老化失修。一般而言，干渠工程由国有水利单位管理经营，支渠由地方国有水利工程负责，而支级以下的工程责任主体不明确，并且县市水利局也缺乏管理和维修资金，因此处于无人管理状态；二是水费征收困难，拖欠水费问题十分严重，群众对供水情况认识不清楚，也不愿意交水费；三是水资源浪费十分严重，目前，支渠以下以及中小型灌区基本上还是土渠输水，灌溉系数一般在 0.5 以下，输水损失很大。然而，建立农民用水者协会不仅能解决末级输水工程和小型水利工程无人管理，它也是缓解水资源紧缺，适应社会高速发展的先进管理模式，这种管理模式是当前国际潮流和国际惯例的必然发展趋势。

8.10.8.1 用水者协会的功能与作用

农民用水者协会 WUA（Water Users Association）经过国内外多年的实践，被证明是一种比较先进的管理体制，WUA 在改善田间工程管理和维护状况、改进田间灌排服务水平、促进节约用水、提高水费收取率、减轻农民不合理负担、降低农业生产成本、保证农民增收等方面取得了明显成效。同时也探索出了很多好的经验。农民用水者协会的建设，对培育和提高农民自主管理意识和水平，明晰农村水利设施所有权，建立现代高效的管理体制和运行机制，具有十分重要的意义。

8.10.8.2 示范区协会现状

1. 用水者协会

淄博市桓台县辖区内人口总数43.36万人，13.44万户，耕地面积35.90万亩，存在农民用水户协会12个，该协会下设村用水者协会分会，各分会以单元井片为单位划分为协会小组，并形成了法规性文件《用水者协会章程》。

宗旨是：坚持党的领导，遵守宪法、法律和法规，遵守社会道德风尚，按照“民办、民管、民受益”的原则，服务会员谋取全体会员的利益，全心全意为灌溉用水户服务。

用水者协会主要负责所辖农田灌排工程的规划、组织和建设；处理协调各分会之间的水事纷争；负责所辖水利新技术培训、技术咨询服务和科技推广；指导所辖农田灌溉工程的运行、维护和维修。

2. 协会运行过程中存在问题

实践证明，建立具有独立法人地位的农民用水者协会，对于推动节水灌溉具有十分重要的作用。但由于农民用水者协会从国外引进、试点到在我国推广只有短短十几年的时间，其发展还不够成熟，随着农民用水者协会的大量推广和建立，也陆续暴露出一些问题。分析研究区农民用水者协会运行现状主要有以下几种影响因素。

（1）协会运作不规范。桓台农民用水者协会存在松散性、临时性的问题。协会对登记注册工作重视不够，没有严格按照协会的章程进行运作，缺乏制度保障。没有制度约束，表现为临时性，协会只有一个空架子，名存实亡，这样协会没有真正发挥作用。

（2）产权不明确和工程老化。小型农田水利工程产权归属不明确。农民用水者协会大多数都存在着产权归属的问题。调查发现研究区及地方水管站没有认清产权归属的问题，没有将小型农田水利工程及斗渠以下田间工程的使用权和管理权交由协会管理。致使协会管理者和农户产生短期行为，限制了协会对新建工程设施或现有工程设施有效的管护及相应的投资，导致小型农田水利工程原本就存在的工程老化问题，因资金缺乏而得不到正常维修。灌溉能力受到很大限制，水量损失较大，水资源浪费现象亦非常严重。

（3）缺乏奖惩制度。任何一项政策措施的实施都需要与其相关的激励和约束制度来确保其顺利实施，在农民用水者协会运行过程中，由于没有奖惩制度来惩戒违规者而给协会的发展带来巨大的障碍。例如拖交、欠交和拒交水费，由于水费无法及时收缴，无形中增加了整个协会灌溉成本。严重影响协会的可持续发展。

（4）缺乏技术培训。农户水利知识缺乏，文化素质和技术水平不高。协会成立后，灌溉用水及渠道设施等都要求农户自己来管理，这需要一定的专业管理知识，包括节水灌溉、用水量的测定、田间工程维护管理、用水计划的编制等技术上的知识。由于这些方面知识欠缺，农户现在还不能完全实现自己管理协会的目的。

（5）缺乏用水计量设施。现在研究区抽取地下水，按照用电量多少来收取电费，获取水量的大小未能从收费价格中体现出来，地面水大部分灌溉农田的渠道均未安装用水计量设施。

上述五个方面制约了研究区农民用水者协会的持续、健康的发展，使建立起来的协会组织名存实亡。

8.10.8.3 完善农民用水者协会发展的对策

针对研究区农民用水者协会的发展现状及存在的问题，提出如下对策和建议。

1. 完善协会发展政策体系

争取各级领导部门的支持，建立健全协会发展的政策体系，认真学习贯彻落实《关于加强农村专业经济协会培育发展和登记管理工作的指导意见》（民发〔2003〕148号）、（水农〔2005〕502号）等文件精神，积极争取当地政府尤其是与农民用水者协会直接相关的政府部门的政策扶持。县、乡镇要在涉农部门的水利项目上对农民用水者协会给予倾斜、优先立项，对于成立用水者协会的乡村，直接将水利项目资金拨入协会专户。要因地制宜制定出关于农民用水者协会登记管理工作、关于农民用水者协会建设管理工作、关于农民用水者协会资金扶持等方面的文件，为协会发展提供政策保障。

各级水利部门为农民用水者协会提供技术、信息等方面的服务，对用水协会进行培训和技术指导。放宽农民用水者协会的登记条件，简化登记程序，简化年检手续，扩充农民用水者协会的规模数量，力争协会在研究区全部覆盖。

2. 农民参与农田水利基础工程管理

重视农田水利建设，搞好末级渠系工程的续建配套工作，渠道工程设施的配套与完好是农民用水协会良好运行的基础。末级渠系工程的续建配套工作参照以往农田水利配套工程组织形式，由管理单位和地方相关部门成立由农民参与的专门管理机构，进行共同管理。由地方部门负责资金下达和拨付，水利部门负责技术指导和工程验收。同时，要充分调动建设区农民的积极性，听取灌区群众对工程规划的意见和要求，让用水户广泛参与到项目实施过程中去，充分发挥农民用水协会在施工组织、质量监督、现场管理等方面的作用，保证建设资金合理应用，保证工程质量过硬，真正使末级渠系工程成为民心工程，为农民用水协会的运行管理提供良好的工程基础。

3. 建立资金保障和激励机制

增强资金扶持，为协会发展提供充足的经费保障，充足的经费是农民用水协会正常运行的必要条件。建议县级政府设立农民用水协会的专项资金，并列入年度财政预算。鼓励农业银行、农村信用社、邮政储蓄银行等银行业金融机构进一步增加农田水利建设的信贷资金，支持农民用水协会的发展。用水管理单位要按一定的比例及时拨给协会资金，以用于工程维修养护和协会管理费用。财政部门要按照协会管理的灌溉面积大小，给予一定的补助扶持。另外，可从水利建设基金中提取一定比例，对运行良好的农民用水协会进行资金奖励，并在水利项目上给予优先安排。

4. 技术培训

加强教育培训，提高协会成员的整体素质能力要针对协会的发展弱项和需要，开展一系列教育培训活动。由于协会内绝大多数农民的文化素质不高，对用水协会作用认识不足，缺乏专业技术知识，限制了协会作用的全面发挥。因此将培训的着重点放在普通农民身上，培训应涉及用水户协会组建与运行、参与方法、灌溉技术、灌溉设施维护、政策法规、协会财务管理等内容。通过培训提高农民的参与意识，增强他们加入协会和参加协会活动的积极性，支持协会工作，保证协会工作的顺利开展。

5. 其他

按照独立、规范、公开、民主的原则，完善协会管理运作机制。制定与协会章程配套的规章制度：

（1）财务管理制度。按照国家统一制定的社会团体法人单位财务管理有关规定，制定协会的财务管理制度。

（2）灌溉管理制度。制定从灌溉计划到取水、配水的具体做法。

（3）工程管理制度。制定工程维修计划，维修的组织和执行办法。

（4）水费征收和使用管理办法。根据国家有关规定，制定协会水价标准、水费收取方法，以及水费使用和管理办法。

（5）奖惩制度，在协会的职责范围内，规定对协会会员或用水小组的奖惩措施。

（6）监督检查制度。规定协会成员通过什么样的方式监督协会领导的工作，特别是对协会财务收支情况的监督检查，等等。

协会的管理应当公开透明。定期向全体会员公布工作报告，张榜公布每户的灌溉面积、灌溉水量、应缴水费及协会的收支情况等，并接受会员的监督。可通过制定“农民水费支出明白卡”、建立缴费台账等手段，推行水务公开，做到水量、水价、水费三公开。

协会要实行民主管理。协会理事会成员要由村民民主选举产生。

加大宣传力度，扩大协会的公众影响力，宣传工作是农民用水协会建设与管理工作的重要组成部分，是各项工作得以推进的重要保障，是提升公众影响力的重要渠道。要充分利用报纸、广播、电视、网络、手机等传媒，通过播发新闻、制作新闻话题、专访座谈、开设专题版块等形式，加大对协会的宣传力度，形成全社会关心、关注、支持用水户协会发展的良好氛围。

8.11 效益分析

8.11.1 经济效益

示范区经过采取水资源管理与保护、农业水价综合改革、亩均限采水量、重建管理组织等措施，提高了农田产出能力，实现了农业增产增收，有效节约水资源，起到了增收、节水、省工等效果。

（1）增产效益。粮食增产是水利、农业、肥料、管理措施等的综合作用。通过研究项目的实施，灌溉周期缩短，灌溉保证率提高，化肥的利用率提高，管理水平提高等各个方面，亩均增产1%～2%，示范区粮食增产1.69万kg。

（2）省工效益。研究项目实施后，灌溉用水量、灌水时间减少，农业机械化程度大幅度提高，降低了劳动强度，灌溉、耕作用工量普遍降低。可以节约大量的劳动力。按亩均省工1个计算，年省工0.16万个。

（3）节水效益。

1）近期节水效益：研究项目实施前百姓亩均用水量为540.24 m^3/亩，目前采取亩均限采水量 300.00m^3/亩，可节约 240.24m^3/亩，示范区可节水 38.36 万 m^3/年。

2）远期节水效益：根据示范区农业水权分配水量 209.6m^3/亩，亩均限采水量 300m^3/亩，按水权水量分配后，可节约用水 90.4m^3/亩，示范区 1596.72 亩可以压采 14.43 万 m^3/年。

8.11.2 社会效益

1. 对农业生产发展的影响

旱涝灾害是影响示范区生产发展的主要自然灾害。研究项目实施运行以后，建成高效的农业节水灌溉体系为全县农业用水提供了保证，通过合理利用雨水、地表水、地下水进行灌溉，提高了灌溉保证率、灌溉水的利用率和水分生产率，不仅可以提高农作物的产量和品质，而且有利于优化作物种植结构，促进了高产、优质、高效农业的发展。

同时，大大提高劳动生产率和土地产出率，促进农业生产向深度和广度发展，将极大推动示范区农业结构调整步伐，安置大量的农业生产劳动力，增加农民收入，同时有利于提高示范区农产品科技含量与档次，健全农村社会化服务体系，改善示范区的生态环境，促进农村经济可持续发展。

2. 对社会经济发展的影响

不仅推动现代化农业的发展，而且可以带动林、牧、副、渔各行业发展，各行业发展的同时又为加工业提供大量原料，促进交通和乡镇企业的发展。通过加工增值，以工补农，促进区域经济全面发展，为全县的经济发展打下了强有力的基础，大大促进了全县经济快速发展和人民生活水平的提高。损失水量减少，水资源的利用效率增加，工业、农业和城镇生活间的用水矛盾相对减少，减少水权冲突，促进社会和谐稳定。

8.11.3 生态效益

研究项目实施后，能有效缓解区域水资源紧缺的矛盾，为区域农业生产、生活环境改善提供了充沛的水源：完善的灌排设施，规范了洪水的走向，减少了泥沙淤积，实现农田遇涝则排，逢旱能灌的良性循环，减少了洪水造成的污染扩散和蚊虫滋生、疾病流行等。改善了区域农田小气候，增加了地下水补给能力，减少了水土流失，改善生态环境具有积极作用。

（1）地表水环境的变化。通过节水灌溉用水量监测系统升级改造工程的建设，提高水资源的利用效率，有效缓解区域水资源紧缺的矛盾，减少灌溉用水量。灌溉用水量的减少，缓解了当地的水资源供需矛盾提高当地的生活质量，促进区域经济发展。

（2）地下水环境的变化。按照农作物生长周期不同阶段对水的需求进行灌溉，有利于水分、养分均匀实时的输送到农作物根部土壤中，便于作物吸收，有助于改善土壤结构，提高化肥利用率，减少灌溉过程中的无效入渗和蒸发水量损失，全县土壤及耕作条件都得到改善，地下水资源的开采量也将随之减少，地下水超采漏斗区得到回升，维持当地地下水的采补平衡，有利于地下水环境的改善和水资源的可持续开发利用。

（3）推进农业水价改革。通过完善农田水利工程计量设施，合理分配并确定农业水权水量指标，规范农业用水管理，对示范区农户实行精准补贴和节水激励机制，制定合理的农业水价等一系列措施，推进农业水价综合改革。

8.12 本章小结

（1）在桓台县示范区通过合理配置水资源、制定作物灌溉定额、分配初始水权、制定水权交易制度、建立水权交易市场、实施农业水价综合改革、升级IC卡系统、重建农民用水者协会、建立农业用水需求信息化管理制度等一系列综合性节水措施，从而形成最严格的水资源管理系统，做到“制度节水、工程节水、管理节水”，使地下水管理进入了“规范化、科学化、有序化”的程序和轨道，从而达到节约用水、抬高地下水位、缓解地下水超采的目的。通过项目的实施，桓台县示范区地下水位由2016年的6.28m抬高到2020年的9.55m。

（2）对国内外的农业灌溉（节水）技术、水利基础管理、农业水价综合改革、水权交易、水资源信息管理等方面的供水政策和制度进行了深入研究、分析。通过总结，制定了针对示范区的水权分配、水权交易、水价定制、补贴奖励、协会管理等政策，取得了初步成果，对促进规范提升水资源整体效率和效益，进一步优化水资源配置，起到了较好的作用，也为下一步示范、推广起到了较好的借鉴作用。

（3）示范区种植的主要作物为冬小麦和夏玉米，主要采用“机井＋水电双控设备＋管道＋田间窄短畦＋地面软管”和“机井＋水电双控设备＋管道＋卷盘式喷灌机”两种灌溉型式。根据作物的需水规律以及生育期内有效降水量、地下水补给量以及非工程措施的节水量，计算得到示范区冬小麦和夏玉米25%（丰水年）、50%（平水年）和75%（枯水年）保证率下净灌溉定额，由于不同灌溉方式的灌溉水利用系数不同，得到在不同保证率时，管灌、喷灌两种灌溉方式下的冬小麦和夏玉米毛灌溉定额之和，但是两种灌溉方式得到的灌溉定额仍高于桓台县的亩均水权209.60m/亩。目前，如果严格按照亩均水权进行灌溉，不但农户不接受，而且会造成作物减产，为了提高农民对示范区限采方案的支持，逐步达到减少地下水超采、节约用水的目的，现提出示范区“亩均限采水量”的概念。平水年管灌、喷灌的冬小麦和夏玉米毛灌溉定额之和分别为235.00m^3/亩、221.00m^3/亩，为了鼓励农户采取更节水的灌溉方式，以平水年管灌的冬小麦和夏玉米毛灌溉定额之和为235.00m^3/亩，作为选取“亩均限采水量”的依据。待农户接受限采方案和节水灌溉方式后，逐步将“亩均限采水量”减小到亩均水权以下。

（4）综合考虑各项因素和水价制定的基本原则，对示范区的农业水价进行了全方位、多方面的分析研究。参照现有的农业水权分配，对示范区的农业灌溉水权水量进行分析研究，提出了长期水权和短期水权的概念，并对长期水权水量和短期水权水量进行研究。建立了基于成本补偿的完全成本水价模型、基于水权分配下的农业水价模型、基于生态环境补偿的农业水价模型、考虑和不考虑时间价值的成本水价模型、基于用水奖惩激励机制的农业水价模型和基于短期水权的动态协调农业水价模型，同时对农户经济承受力和心理承受力分别建立模型进行分析计算。结合示范区农户的实际情况，通过多模型对比分析，提出了适用于示范区的水价模型为“不计贷款本息的运行成本阶梯水价模型”，该模型既考虑了农业用水的奖惩机制，又考虑了农户的经济承受力，农户灌溉定额300.00m^3以内用水，农业水价为基本水价0.262元/m^3（为让农户逐步适应、接受农业水价综合改革，示范区内农户只交纳电费，其他费用由政府补贴)；当农户亩均灌溉用水量在300.00（含）～360.00m³，按照1.5倍基本水价即0.393元/m³执行；当农户亩均灌溉用水量在360.00～420.00m³（含），按照2.0倍基本水价即0.524元/m³执行；当农户亩均灌溉用水量大于420.00m³，按照2.5倍基本水价即0.655元/m³执行。随着农户用水量的加大，阶梯水价变化趋势明显，这有利于示范区的农业灌溉节水和地下水环境保护。

（5）桓台县示范区的水利工程是由2009年小型农田水利重点县项目建设的，灌溉型式采取“机井＋水电双控设备＋管道＋田间畦田＋地面软管”和“机井＋水电双控设备＋管道＋卷盘式喷灌机”两种灌溉型式，在没有额外水利工程投资的基础上，项目组提出打破原有常规灌溉方式，将畦田进行分段，采取分段退水灌溉方式，即将长畦分段为多个短畦田，从末段短畦田首端开始灌溉，待水流推进到畦田末端停止灌溉，再从末段短畦田的前一段短畦田首端开始灌溉，待水流推进到末段短畦田的首端停止灌溉，直到从长畦田首段短畦田首端开始灌溉，待水流推进到畦田首段短畦田末端停止整个畦田的灌溉。经过初步探索，灌溉相同长度的畦田，在满足作物所需含水率的情况下，分段退水灌溉方式比常规灌溉方式灌溉所用时间与灌水量都要节省，并且分段退水灌溉方式下的节水率、沿畦长方向的灌水均匀度比常规灌溉方式要高，从而达到减少地下水开采的目的。

（6）研究了桓台县水利信息化系统拓扑结构模型与农业用水管理系统体系架构模型。以水利信息化拓扑结构模型为基础，对桓台县农业用水管理系统拓扑结构进行了优化。信息化的建立，使得农民用水者协会通过对平台和APP上数据的监控，实施项目组专家制定的政策并进行水费的收取。通过信息化的建设，实现了现代化手段和管理的结合，方便了用水者协会的管理，方便农户之间进行水权交易。

（7）示范区制定的政策和信息化的建立，需要通过载体来实现，这个载体就是管理。为了能使协会真正发挥作用与可持续发展，桓台县政府拨款财政资金30万元，作为协会的启动资金。协会要做到有法可依，一切依法办事，从根本上改变协会的弱者地位，也必然离不开完善的法律法规与政策的支持。

1）针对运行过程中存在的问题，对示范区的节水灌溉工程管护主体进行了适当的调整，由协会转移至用水小组。协会职能变为对示范区计划用水进行管理监督，协助政府加强地下水资源管理，指导用水组开展节水灌溉并提供技术服务。

2）水费（电费）由单井用水小组推选出来的“井长”负责收取，工程折旧费、大修费和维护保养费等费用支出日常不再收取，上述费用实际发生后，由“井长”负责向其下属的用水小组成员按照面积或户数分摊。对于不能解决的问题，可向协会申请有偿服务。

（8）应用GMS地下水模拟软件建立示范区的三维水文地质数值模型，将实行梯级水价制度、“梯级水价制度＋协会制度”管理双重节水制度等节水方案转化为模型中的源汇条件，预测不同方案下地下水位动态特征，同时将政策节水方案进行推广，模拟评价地下漏斗区综合治理效果。

9 寿光市应用实例

9.1 寿光市自然条件

9.1.1 地理位置与行政区划

寿光市位于山东半岛中部，渤海莱州湾南畔。跨东经118°32′～119°10′，北纬36°41′～37°19′。东邻潍坊市寒亭区，西界广饶县，南接青州市和昌乐县，北濒渤海。纵长60km，横宽48km，海岸线长56km，耕地154万亩，总面积2072km^2，占全省总面积的1.43％。

寿光市辖14个镇（街道），1个生态经济园区，975个行政村，人口110万人，是“中国蔬菜之乡”和“中国海盐之都”。

9.1.2 地形、地貌

寿光市地形是一个自南向北缓慢降低的滨海大平原，地形大体上可分为缓岗、微斜平原和滨海浅平洼地3种类型，细分为缓岗、河滩高地、缓平坡地、河间洼地、浅平洼地、微斜平原和海滩地7个地貌单元。寿光市平均海拔高程为16.8m，平均坡降万分之七。河流和地表径流自西南向东北流动，形成大平小平的微地貌差异。

9.1.3 土壤与植被情况

寿光市属冲积平原，地下水是工农业用水主要水源。地下淡水集中分布在寿光市中南部，占全市总面积的47.6％，该区储水条件好，地下水丰富，含水层变化由南向北逐步加深。

寿光市境内土壤主要分为褐土、潮土、砂姜黑土和盐土4个土类、8个亚类、13个土属和79个土种。全市植被以栽培作物为主，防护林和城市绿化为辅。作物主要有棉花、小麦、玉米和蔬菜。自然植被中主要乔木有侧柏、刺槐、杨树、榆树、国槐、白蜡等，全市森林覆盖率为5％。

9.1.4 地质与水文地质

境内除第四系地层广布外，主要为新生界下第三系地层，次为分布在寿光凸起区的古生界寒武系地层，县境东南部有新生界上第三系地层分布。在大地构造位置上，寿光市处鲁西隆起区的东北部，济阳坳陷东端，沂沭断裂带的北段西侧。具体说来，处在济阳坳陷盆地之中。境内发育有寿光突起。

9.1.5 水文气象

寿光市属暖温带大陆性季风气候区，主要气候特点是：气候温和、光照充足、热量丰富、四季分明、降雨集中、雨热同季。年平均气温 12.9℃，多年平均降水量 595.3mm（1959—2012 年），且年内、年际时空分布不均，春季 3—5 月降雨量占 14%，夏季 6—9 月降雨量占 73%，秋后 10 月至次年 2 月占 13%，形成冬春干旱、夏涝、晚秋又旱的典型气候特征。

9.1.6 河流水系

1. 自然河道

寿光市境内有弥河、小清河、丹河、桂河、益寿新河、塌河等大小河流 17 条，总长度 485km，多为季节性河流。小清河、弥河为最大的两条河流：小清河为省管中型河道，流经寿光市境北边界，于羊角沟入海；弥河是境内最大的径流河道，纵贯寿光市南北，将全市分为东西两部分。其他中、小河流共 15 条，包括丹河、塌河、益寿新河、张僧河、张僧河东支、桂河、织女河、阳河、龙泉河、乌阳沟、王钦河、西跃龙河、东跃龙河、崔家河、雷埠沟等，其中以丹河、塌河较大。

寿光市主要河流由中部的弥河水系、西北部的小清河支流塌河水系、东部的丹河水系、东南部的崔家河水系、桂河水系 5 大水系组成。

2. 人工水系及调蓄工程

（1）引黄济青工程。引黄济青工程是山东省已建成最大的跨流域、远距离调水工程，全长 292km，途经滨州、东营、潍坊、青岛 4 市的 10 个县（市、区），其中寿光市境内 39.89km，横贯东西，连接塌河、张僧河、张僧河东支、弥河、丹河等自然河流。

（2）南水北调东线工程。南水北调东线工程建成后，寿光市内实现了由胶东输水干渠、双王城水库向寿光市分水的任务，年向寿光市年供水 2000 万 m^3，为寿光市水利现代化建设带来得天独厚的用水条件。

（3）黄水东调工程。黄水东调工程为解决青岛、烟台、潍坊、威海四市的供水危机，新建地下双管道 116.41km，输水至青岛地区。寿光境内管道长度 52.3km。

3. 湖泊湿地情况

（1）巨淀湖。寿光市境内主要湖泊为巨淀湖，位于小清河流域下游地区，为支流塌河中游的一调节湖泊。巨淀湖承接织女河、阳河、龙泉河、益寿新河等河流的洪水并进行自然调蓄。巨淀湖引水渠为巨淀湖湿地的重要引水渠道，在当地生产生活发展过程中起到了重要的作用。

（2）寿光滨海国家湿地。寿光滨海国家湿地公园位于寿光市西北部，小清河下游莱州湾海滨，公园西南侧为南水北调工程——双王城水库，东北侧为寿光市清水泊农场。面积 945hm^2，其中湿地面积 607hm^2，湿地率 64.23%。区内显著特征为盐碱湿地，盐碱地由于其含盐的土壤，决定了其中只能生长一些特定种类的植物。

4. 水库情况

水库是水网水系的节点和调蓄枢纽，寿光市地处平原区，水库一般都具有蓄水、灌溉、供水等综合利用功能，寿光市根据境内水网构建的需求，调蓄外调水源，建设完成了双王城水库、清水湖水库和龙泽水库的配套建设。

9.1.7 水利工程

1. 水系连通及农村水水系综合整治

寿光市 2018 年、2019 年汛期受台风影响，遭遇较严重洪涝灾害，针对台风暴露出的水利设施建设上的问题和短板，2018—2021 年对全市水系进行了大规模的整治与建设。寿光市近几年水利工程建设共投入资金 112.78 亿元，对市内的主要河道、排水沟渠、涝洼地进行了综合整治，取得了很好的治理效果。

2. 农业灌溉及灌区建设

寿光市控制灌溉面积为 137.6 万亩，有效灌溉面积为 128.5 万亩，其中高效节水灌溉面积总计 49.6 万亩。寿光市现有机井 28817 眼，配套机井 28617 眼，配套功率 31 万 kW，井灌区控制面积 100.1 万亩。

3. 亚行贷款地下水漏斗区域综合治理示范工程

寿光市利用亚行贷款地下水漏斗区修复示范工程总投资 50686.13 万元，主要包括巨淀湖湿地生态修复工程、河道生态治理工程、建筑物工程和管理设施建设工程，主要工程内容：

（1）巨淀湖湿地生态修复工程。

1）新筑湿地围坝 12.82km。

2）水系构建工程，分为三个区：南部人工湿地区，设 32 个湿地单元，湿地单元之间修筑小型隔堤，总长 13.52km；在湿地中部开挖面积约 $170hm^2$ 的深水区；在湿地北侧构建核心深水保护区，开挖一条主水道，并在主水道两侧开挖浅滩，长度为 5.6km；建设人工鸟岛。

3）交通道路工程：在湿地围坝坝顶修筑 12.82km 沥青混凝土管理道路；在湿地内修建 3.1km 沥青混凝土管理道路与围坝坝顶道路相连接；在湿地隔堤堤顶修建 13.52km 长泥结碎石路。

4）湿地动植物配置。

5）水质净化及检测设施配置。

（2）河道生态治理工程。

1）益寿新河—塌河（桩号 0＋000～31＋855）治理工程：31.855km 河道疏挖以及两岸筑堤工程，同时进行生态治理。

2）阳河、乌阳河、织女河、新织女河生态治理工程总长度 23.5km，包括沉水植物及生态护坡等。

3）雷埠沟河道疏挖工程，总长 9.41km，分为雷埠沟南北段疏挖 6.27km，东西段疏挖 3.14km。

（3）建筑物工程。新建、改建建筑物共计 28 座，其中巨淀湖湿地生态修复工程新建建筑物8座，益寿新河-塌河治理工程范围内新建与改建建筑物20座。

（4）管理设施建设工程。

9.2 社会经济状况

1. 人口

寿光市辖5个街道、9个镇、1处生态经济园区，即圣城街道、文家街道、古城街道、洛城街道、孙家集街道、化龙镇、营里镇、台头镇、田柳镇、上口镇、侯镇、纪台镇、稻田镇、羊口镇和双王城生态经济园区，人口109.7万人。全市有975个行政村，农村人口94.2万人。

2. 国民经济和社会发展现状

2017年以来，寿光市积极开展“四个城市”建设，加快推进新旧动能转换，全力打造“品质寿光”，各项工作都取得了明显成绩。先后荣获“全国文明城市”“国家卫生城市”“国家环保模范城市”“中国金融生态城市”“国家生态园林城市”等荣誉称号，被中央确定为改革开放30周年全国18个重大典型之一，是江北地区唯一荣获“中国人居环境奖”和“联合国人居奖”的县级市。

工业实力雄厚，在改造提升绿色造纸、新型化工、精品钢铁等传统优势产业转型升级基础上，拥有中国海洋化工（寿光）产业基地、中国石油装备（寿光）产业基地、中国建筑防水产业基地等国字号平台。三产商贸繁荣，充分发挥区位和产业优势，注重做强现代商贸物流业，加快发展生态文化旅游，大力发展现代金融，集中培育商业巨头，全面提升了现代服务业发展水平。大力推进“电商换市”，2017年荣获山东省电子商务示范县。

3. 农业和农村经济社会发展现状

寿光优势产业特色突出。南部沃野平畴，水源丰沛，是国家确定的蔬菜、粮食、果品等产品生产基地；北部石油、天然气资源丰富，储量分别达到1亿t和800万m^3，地下卤水储量达40亿m^3，年产原盐420万t，溴素产量占全国的一半，是全国三大重点盐业产区之一和重要的盐化工基地。寿光又是著名的中国“蔬菜之乡”，蔬菜产业驰名中外，全市蔬菜生产基地发展到60万亩，累计586个品种获得“三品一标”农产品认证，连续成功举办二十届国际蔬菜科技博览会。寿光市蔬菜批发市场，是全国最大的蔬菜集散中心。

4. 基础设施情况

灌溉水源为地表水、地下水、客水（黄河水）。寿光市现有机井28817眼，配套机井28617眼，配套功率31万kW。引黄、引弥、引清三类灌区配套干支渠230km，配套桥、涵、闸等各类建筑物980多座；各类扬水站及灌溉泵站18处，提水能力25m^3/s，总装机功率1400kW，设计控制面积35万亩。

9.3 农业生产现状

1. 土地资源

寿光市总面积2072km^2，土地面积1990km^2，其中耕地面积154万亩，有效灌溉面积

125.8 万亩，"旱能浇、涝能排"高标准农田面积 89.1 万亩。主要种植作物为冬小麦、夏玉米、瓜菜等。

2. 灌溉情况

灌溉水源为地表水、地下水、客水（黄河水），全市控制灌溉面积为 137.6 万亩，有效灌溉面积为 128.5 万亩，其中高效节水灌溉面积总计 49.6 万亩。寿光市现有机井 28817 眼，配套机井 28617 眼，配套功率 31 万 kW，井灌区控制面积 100.1 万亩。寿光市现有寒桥灌区列入冶源水库大型灌区范围内，设计灌溉面积 6.3 万亩；重点中型灌区有小清河扬水站灌区 1 处，现状控制灌溉面积 15 万亩，其中有效灌溉面积 10.5 万亩；其他中、小型灌区 9 处，设计灌溉面积 20.5 万亩，有效灌溉面积 16 万亩。

3. 农作物种植结构

寿光市农业种植主要分为大田作物和大棚蔬菜种植。大田作物为冬小麦、夏玉米、棉花、瓜菜等，主要分布在寿光北部地区，粮田面积 70.33 万亩，粮食总产 65.2 万 t；棉花播种面积 28.5 万亩，总产 1.94 万 t；果树面积 3.23 万亩，果品总产 11 万 t。该区域地下水受海水入侵影响，浅层地下水水质已不适宜大棚蔬菜种植。

寿光中南部地区以发展大棚蔬菜为主，全市蔬菜播种总面积达到 60 万亩，总产 415 万 t，种植作物包括黄瓜、西红柿、丝瓜、辣椒、茄子、芸豆、苦瓜、豆角等常规蔬菜，近年来调整新特蔬菜品种包括香椿、芽菜、樱桃西红柿、金皮西葫芦、七彩椒、水果黄瓜等。

在设施农业蔬菜种植方面，近年来寿光市以抓农业标准化生产为主线，围绕提高农产品安全质量，实现农民增收、农业增效。全市按照"四化"（农业农场化、农民职工化、生产基地化、产品标准化）目标和"五个大搞"（大搞农业标准化生产、大搞农业园区建设、大搞寿北开发、大搞畜牧业生产、大搞农业龙头企业建设）的总体思路，抓好"三区一线"，进一步调整农业结构，发展特色、规模农业。

9.4 水资源开发利用现状及存在问题

9.4.1 水资源状况

（1）降水量。根据《寿光市水资源调查评价》（山东省水利科学研究院，2014 年），全市 1956—2011 年多年平均年降雨量为 591.1mm，20%、50%、75%和 95%频率年份降雨量分别为 715.6mm、578.8mm、482.0mm 和 362.1mm。最大年降雨量为 1964 年的 1286.7mm，最小年降雨量为 1981 年的 287.7mm，极值比为 4.6。

（2）河川径流量。寿光市 1956—2011 年多年平均河川径流量为 18911 万 m^3，径流深为 95.0mm。20%、50%、75%和 95%频率年份河川径流量分别为 28041 万 m^3、16082 万 m^3、9524 万 m^3 和 3865 万 m^3。最大年径流量为 1964 年的 121280 万 m^3，最小年径流量为 1981 年的 4281 万 m^3，极值比 28.3，极值差为 116999 万 m^3。

（3）地下水资源量。全市多年平均地下水资源量为 18633.7 万 m^3/年，多年平均地下水资源模数为 15.4 万 m^3/(km^2·年)。

(4) 水资源总量。寿光市年多年平均水资源总量为28392.0万m^3，产水系数0.24，产水模数为10.8万m^3/(km^2·年)。20%、50%、75%和95%频率年份水资源总量分别为37522.0万m^3、25563.0万m^3、19005.0万m^3和13346.0万m^3。

(5) 水资源可利用量。寿光市多年平均地表水资源可利用量为1.24亿m^3，可利用率65.8%。地下水可开采量为18199.8万m^3/年，多年平均可开采系数为0.87，可开采模数为17.1万m^3/(km^2·年)。

9.4.2 供用水状况

根据寿光市供水量统计资料，寿光市2007—2014年多年平均供水量21221万m^3，其中：地下水供水量15443万m^3、当地地表水供水量3410万m^3、黄河水供水量877万m^3、其他水源（包括污水处理回用水、微咸水等）1491万m^3，分别占总供水量的72.77%、16.07%、4.13%、7.03%。寿光市历年供水量统计见表9.4-1、寿光市多年（2007—2014年）平均供水源结构见图9.4-1、寿光市历年供水量变化趋势见图9.4-2。

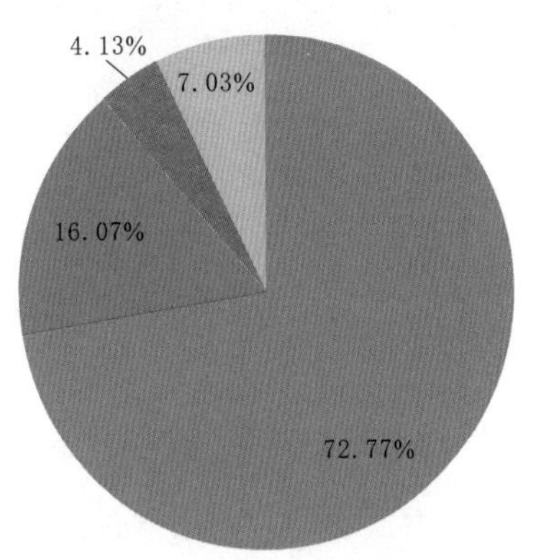

图9.4-1 寿光市多年（2007—2014年）平均供水源结构图

表9.4-1 寿光市历年供水量统计表 单位：万m^3

年份	地下水	地表水			其他水源	合计
		当地地表水	黄河水	小计		
2007	16380	4000	1000	5000	1500	22880
2008	15810	5000	1000	6000	1500	23310
2009	15700	5000	1000	6000	1500	23200
2010	16160	3500	500	4000	0	20160
2011	14820	2914	500	3414	1200	19434
2012	15331	1298	500	1798	2100	19229
2013	14817	3760	700	4460	1930	21207
2014	14528	1808	1813	3621	2200	20349
均值	15443	3410	877	4287	1491	21221

2014年寿光市总供水量20349万m^3，其中地下水供水量14528万m^3、当地地表水供水量1808万m^3、黄河水供水量1813万m^3、其他水源2200万m^3，分别占总供水量的71.39%、8.91%、8.88%、10.81%，2014年寿光市供水源结构见图9.4-3。

由寿光市供水结构分析可以看出，目前寿光市供水主要依靠地下水。2007—2014年多年平均地下水供水量占总供水量的72.77%，长期以来依靠开采地下水满足经济社会的发展，是造成全市地下水超采、地下水位持续下降的主要原因。地表水源受丰枯变化剧

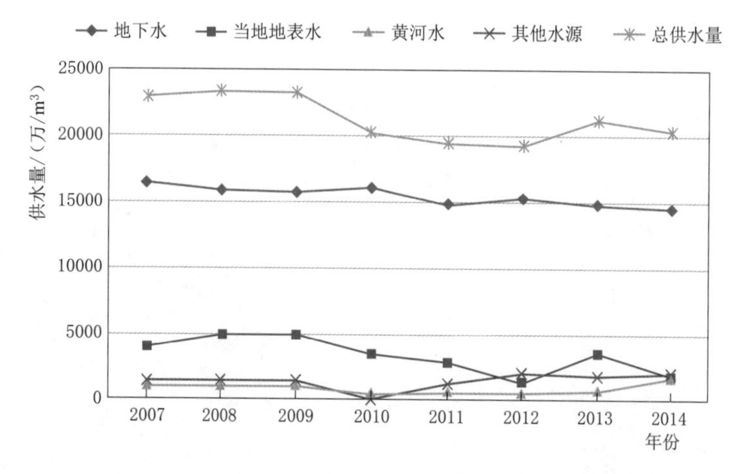

图 9.4-2 寿光市 2007—2014 年供水量变化趋势图

烈、水质等因素影响，利用量较低，多年平均地表水供水量占总供水量的 16.07%。

9.4.3 水资源开发利用存在的问题

（1）地表水开发利用不足。寿光市可利用地表水资源主要是弥河径流及其上游水库调水、引黄济青工程黄河水。目前，全市已在咸淡水分界线南部建成弥河拦蓄工程 10 座，拦蓄能力达到 4000 多万 m^3，并建成年调水能力 3000 万 m^3 的弥河管道调水工程，但受丰枯变化剧烈、水质较差等因素影响，利用量仍较低，多年平均地表水供水量仅占总供水量的 15%。

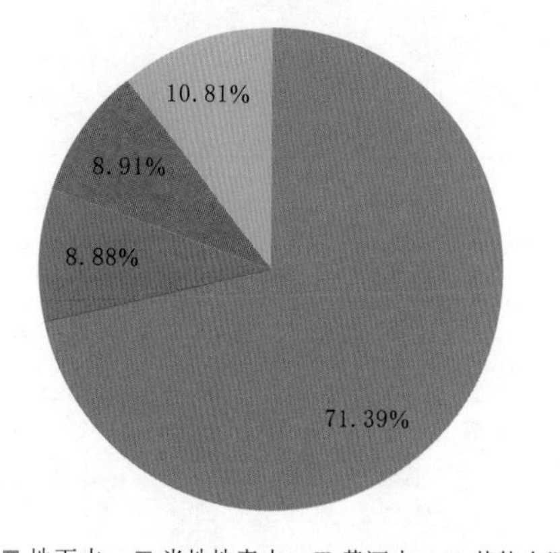

图 9.4-3 2014 年寿光市供水源结构图

（2）地下水超采严重。因蔬菜种植规模较大、工业企业较多，使得寿光市年用水量日趋增加，超采地下水资源现象较为突出，并形成了较大范围的地下水漏斗区。据《寿光市水资源调查评价》（2014 年）成果，寿光市目前在化龙镇、圣城街道和洛城街道三个区域，分别存着严重的地下水漏斗。寿光市地下水位等值线如图 9.4-4 所示。

（3）水资源利用率低。寿光市为平原区，处于弥河、小清河等诸河下游，由于地表水具有时程分布极不均匀的特点，加之地表水主要用于农业灌溉，所以在上游层层截流的情况下，非汛期无水可引用，而在汛期虽然急流量大，却引用量较少，形成了用水受降水、径流等自然因素和上游拦蓄引用等人为因素制约的格局。同时，境内虽然已建成了王口、寒桥等弥河拦河闸，但引水配套工程建设滞后，使得地表水利用率较低，利用率有待进一步提高。

（4）咸水入侵局部扩大。近几十年来，由于寿光市用水结构不合理，尤其是机井的无序建设和地下水资源过度开发利用，及当地水资源情势的演变，致使破坏了原有咸、淡之

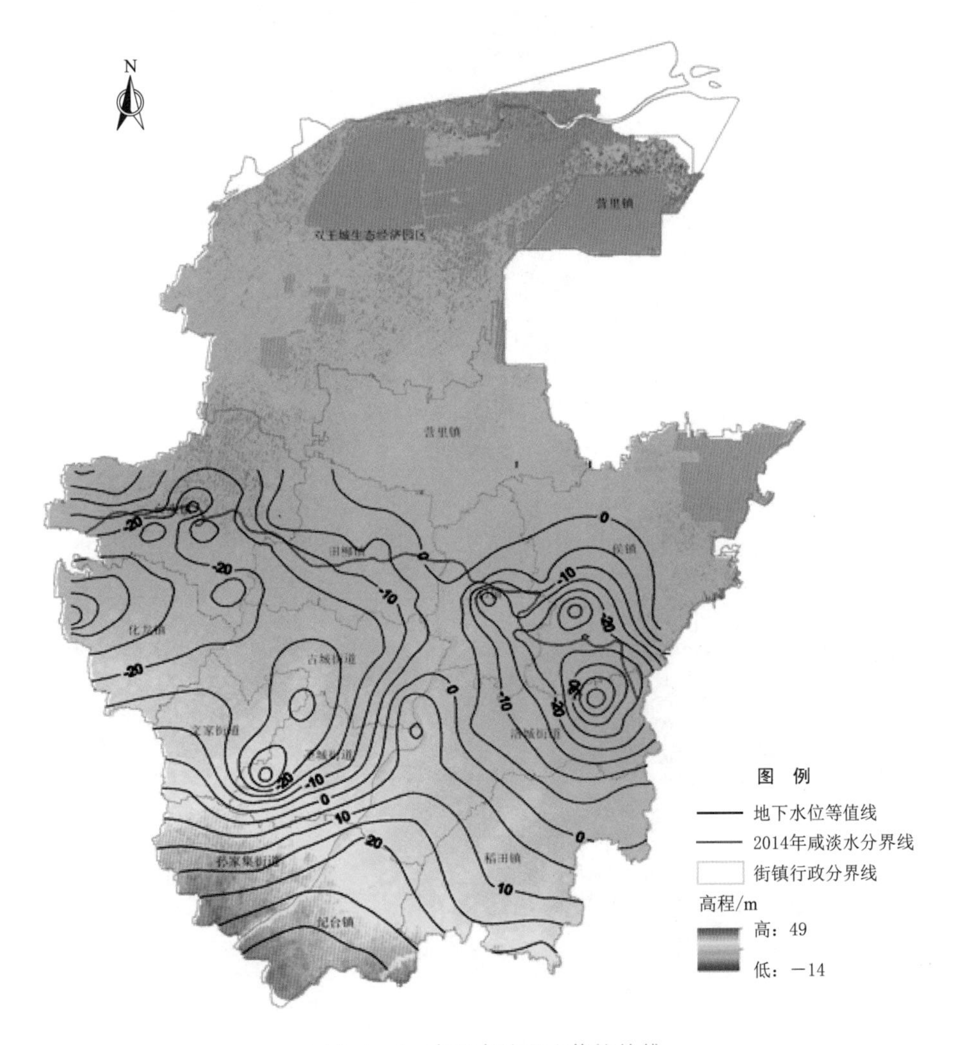

图 9.4-4　寿光市地下水位等值线

间已建的平衡关系，从而造成境内局部区域地下水产生咸水区向淡水区运移的现象，形成新的咸水入侵区，使得寿光市境内的咸水区面积增加。根据调查结果表明，以 1981 年咸淡水界面为背景界面，目前咸水入侵面积为 141.16km^2，年平均入侵速率约为 4.28km^2/年。行政区上涉及台头镇、上口镇、田柳镇、侯镇和洛城街道 5 个街镇。至 2014 年寿光市境内整个咸水区域总面积约为 1164.25km^2，占整个国土面积的 58.5%。2014 年寿光市咸淡水分界线如图 9.4-5 所示。

9.4.4　地下水管理与保护

9.4.4.1　寿光市地下水超采情况

根据山东省水利厅公布的评价成果，寿光市地下水超采区面积 1058.74km^2，年均超采地下水 3000 万 m^3。超采区范围涉及圣城街道、孙家集街道、文家街道、化龙镇、台头镇、侯镇、田柳镇、古城街道、营里镇、上口镇、稻田镇等[106]。

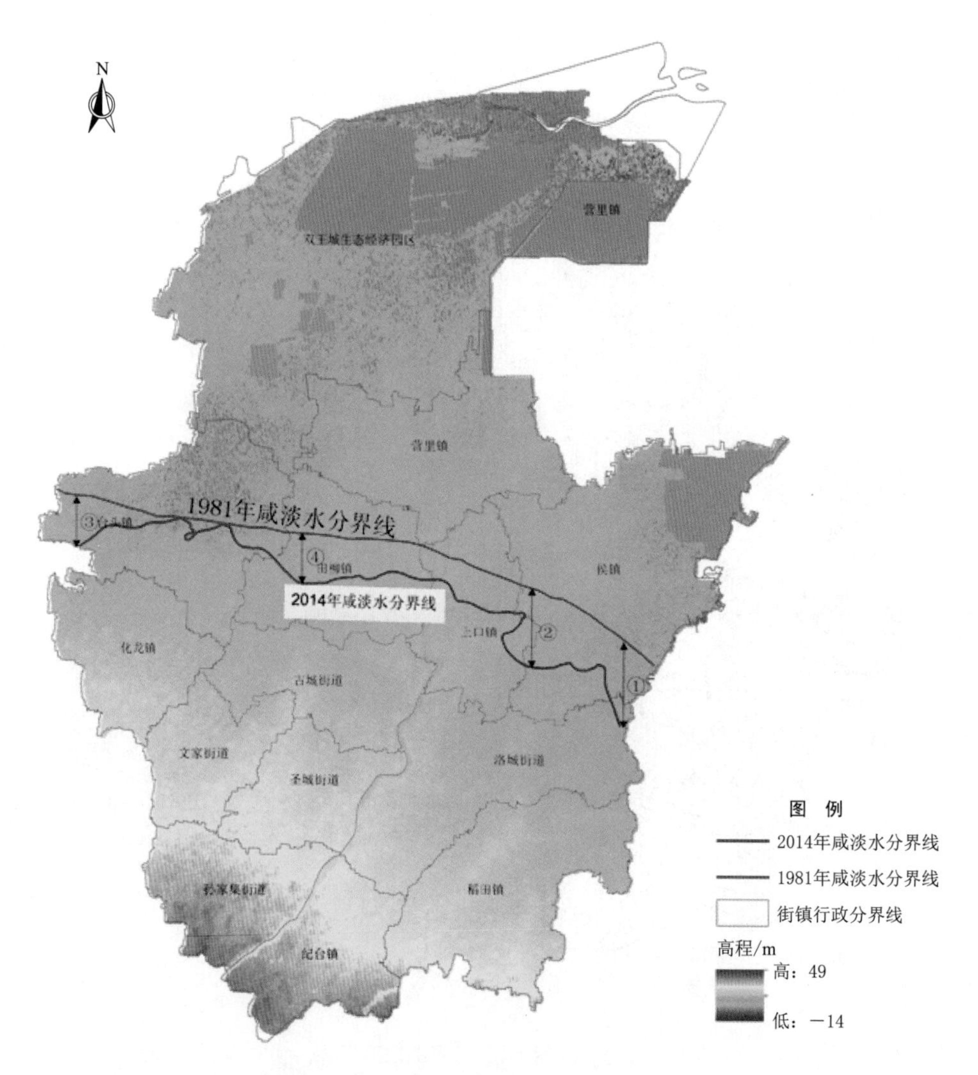

图 9.4-5　2014 年寿光市咸淡水分界线

地下水超采导致地下水位下降。根据有关资料，1981 年全市地下水平均埋深 5.92m，到 2016 年下降到 26.91m，累计下降 20.99m。水位下降导致浅层地下含水层厚度相应减少，从而引起单井出水量减少，增加了提水成本，甚至使机井报废；还带来了海咸水入侵、加剧了地下水污染等灾害。

9.4.4.2　地下水管理基本情况

（1）地下水年度开采量控制目标制定。寿光市地下水开采年度目标的制定与桓台县一样均分两个层面。一个是行政区年度开采总量控制目标，另一个是用水户年度取用水计划指标。

（2）地下水开采井统计。根据水利普查资料，寿光市共有机电井 25783 眼，其中井深大于等于 100m 的有 4357 眼；所有机电井中，工业开采地下水机电井 531 眼，城镇生活机电井 78 眼，农村生活 831 眼，农业灌溉机电井 24342 眼[106]。

（3）地下水开采量监测。目前寿光市地下水开采量监测限于工业和城镇生活，及部分集中供水的农村生活取用水的监测，对于农业灌溉和分散的农村生活开采地下水基本上没有直接监测。对于农业灌溉开采地下水量，通常是根据灌溉定额估算，或者是根据灌溉抽水耗电量推算。工业和城镇生活用水户地下水开采量的监测，以往都是水资源管理部门定期逐户上门抄表，统计开采量。近几年远程监控技术逐步推广使用，特别是从2017年12月山东省实行水资源费改税试点，山东省水资源税信息管理系统同期运行以来，随着水资源税宣贯工作的逐步深入，工业和城镇生活用水户用水量监测统计范围越来越广，基本能做到工业、生活用水计量全覆盖。

（4）地下水动态监测。寿光市现有地下水动态监测井39眼，其中国家监测站网监测井14眼，省级监测站网监测井25眼。所有地下水动态监测井都进行地下水位监测，同时部分监测井还进行水温和水质监测。寿光市的39眼监测井中，进行水温监测的有19眼，进行水质监测的有11眼。寿光市的地下水位监测全部实现了自动监测和传输，监测频次是每日六采一发[105]。

9.4.4.3 寿光市地下水超采区治理行动组织管理

2015年山东省人民政府分别以“鲁政字〔2015〕30号”“鲁政字〔2015〕234号”文件公布了《山东省地下水禁采区及限采区范围》和《山东省地下水超采区综合整治实施方案》。

《山东省地下水超采区综合整治实施方案》要求，从2015年起，用5年左右的时间，到2020年，将现状浅层地下水超采量全部压减，深层承压水超采量压减50%，全省浅层超采区面积逐步减小；从2020年起，再用3～5年的时间，到2025年，将深层承压水超采量全部压减，全省浅层地下水超采区基本消除，部分深层承压水超采区水位有所回升，地下水生态得到改善，在平水年份基本实现全省地下水采补平衡[117]。

根据《山东省地下水超采区综合整治实施方案》的总体要求，寿光市和其他县市一样，于2016年年初编制了当地的地下水超采区综合整治实施方案，明确了超采区治理的目标和措施。

为了保障达到治理目标，寿光市成立了以分管市长为组长、市政府相关部门、单位和各镇街区为成员的寿光市地下水超采区综合整治工作领导小组，加强组织领导，严格落实责任，保证压采目标的落实。明确了水利、农业、财政、经信、环保等有关部门及有关街道的责任分工，建立了地下水超采区综合整治工作协作机制，定期研究解决重大问题，切实做好地下水超采区综合整治相关工作。

强调市政府是实施本方案的责任主体，要切实加强组织领导，严格落实责任，各镇（街道）要切实贯彻执行《寿光市地下水限采禁采方案》《寿光市地下水超采区综合整治实施方案》，超采区严禁新增地下取水量，按照实施方案年度压采任务，配合组织实施，保证压采目标的落实；加强部门协调联动，建立地下水超采区综合整治工作协作机制，定期研究解决重大问题。各有关部门要认真按照职责分工，切实做好地下水超采区综合整治相关工作；另外，严格考核问责，建立超采区综合治理情况定期调度机制和年度考核制度，完成超采区地下水位动态、地下水蓄变量监测。建立约谈制度，对推动地下水超采区综合整治工作不力的，要约谈有关责任人，及时督促整改[118-119]。

9.4.4.4 寿光市地下水超采区治理工程措施

寿光市地下水超采区治理工程措施包括地表水系联网灌溉工程、雨洪资源利用工程、南水北调配套工程、中水回用工程、水肥一体化节水灌溉工程等[120]。

(1) 寿光市地表水综合利用北部水系联网灌溉工程。寿光市地表水综合利用北部水系联网灌溉工程作为水源置换及修复补源的工程措施，实施后可可充分利用综合污水处理厂中水及小清河水、引黄水、弥河水等地表水资源，解决当地农田灌溉困难的问题，完成当地农田灌溉地下水置换，丰水年小清河水调引至弥河、张僧河拦蓄下渗，修复补源超采区地下水。

通过本工程实施，可将原地下水灌溉置换为地表水灌溉，每年可压采地下水超采量660万m^3，可满足17.4万亩农田的灌溉需求。

工程于2017年7月中旬开工建设，2017年12月底主体工程竣工。

(2) 雨洪资源利用张屯橡胶坝工程。弥河张家屯橡胶坝，工程位于上口镇张屯村以西弥河上，主河槽中泓桩号87+196，坝长160m，拦水高度4m，坝袋高度3.5m，右岸设3孔调节闸，每孔4m×4m，拦蓄水位为11.10m，拦蓄容积为465.7万m^3。工程于2017年3月20日正式开工建设，目前项目已完工，具备蓄水条件。

通过项目的实施，增大了弥河河槽拦蓄水量，通过铺设输水管道将弥河水引入官庄沟，改善包括程北上口在内的弥河东岸及官庄沟沿线的农田灌溉条件，从而达到灌溉、回灌补源、景观、生态等功能兼备的目的。

橡胶坝上游河槽水量损失包括河底渗漏、自然蒸发等损失之和。经计算橡胶坝蓄水下渗补源，年可修复补源约150万m^3，压采浅层地下水150万m^3。

(3) 再生水利用巨能热电中水回用工程。巨能热电中水回用工程作为水源置换的工程措施，利用寿光城北综合污水处理厂处理后的中水生产再生水，主要工艺为混凝聚凝沉淀、V形滤池、超级过滤、反渗透，日产再生水2.625万m^3，达到一级除盐水标准。

目前寿光科技工业园每年用于生产水量（浅层地下水）约为500万m^3，巨能热电中水回用工程项目运行后，可供给寿光科技工业园企业生产用水100万m^3，可以置换压采工业用水（浅层地下水）100万m^3。可有效缓解当地地下水超采的问题。工程实施后园区内封填8眼取水井，7眼取水井作为备用井暂定使用，工程已完工，并开始运行。

(4) 南水北调配套工程。寿光市的南水北调配套工程建设，包括通过双王城泵站、宋庄供水泵站、杨庄供水泵站，从双王城水库或利用改造的双王城截渗沟从胶东引水干渠中取水，建设南北两条供水主管线，南线向晨鸣弥河供水站、联盟弥河供水站、科技工业园弥河供水站及王高园区等南部主要用水企业供水，北线向以滨海（羊口）经济开发区为主的北部用水企业供水。随着调水配套工程的完善，每年可置换地下水超采量2300万m^3。

(5) 寿光市2018年水肥一体化高效节水灌溉工程。寿光市2018年水肥一体化高效节水灌溉工程示范区位于孙家集、稻田、营里、双王城生态经济园区4个镇街区，建设面积3.05万亩。示范区所在区域是以大棚蔬菜为主的蔬菜种植基地。蔬菜属高效经济作物，对灌溉质量的要求较高，需水量大，灌水频繁。受当地水资源紧缺情况的影响，严重影响了当地经济的发展和农民的收入，当地政府和农民对解决水的问题要求非常迫切。发展节水灌溉，可大大提高水的利用率，节约大量的水资源，通过先进的节水灌溉技术和措施又可促进农业产业结构调整，发展高新高效农业技术产业。

工程通过维修旧机井、铺设PVC低压输水管道、铺设大棚膜下微滴灌带、配套过滤施肥器等措施实现了节水省肥的目标。

工程于2018年9月中旬开工建设，2018年12月完工；完成主要建设内容：维修旧机井1413眼，铺设PVC低压输水管道360km，铺设大棚微喷灌带838km，安装水肥一体化首部设备7200套。

压采水量计算：1.151万亩大田作物灌溉区项目实施前年灌溉水量为433.98万m^3，实施后管灌溉水量为311.45万m^3，可压采地下水122.54万m^3；1.852万亩大棚蔬菜灌溉区项目实施前年灌溉水量为698.3万m^3，实施后管灌溉水量为370.4万m^3，可压采地下水327.90万m^3。本示范区工程实施后可总压采地下水450万m^3。

（6）寿光市农田项目县工程。寿光市2018年农田水利项目县项目位于寿光市上口镇、侯镇、稻田镇等3个镇，控制灌溉面积1.86万亩。其中大田低压管道灌溉1.26万亩，露天蔬菜及果类喷灌0.1万亩，大棚蔬菜微灌0.5万亩。

项目于2018年3月实施，2018年8月完工。工程建设完成运行后，示范区农田灌溉条件将有很大的改善，农田质量、农业生产管理水平也将随之提高，种植结构更加优化、合理，灌溉周期缩短，浇水及时，肥料的利用率提高，促进作物增产。同时节水、节能、省工的效果明显。

压采水量分析。现状示范区灌溉水利用系数为0.61，经过高效节水灌溉工程措施后灌溉水利用系数提高至0.85，示范区可总压采地下水184万m^3。

通过以上工程措施的实施，寿光市可形成每年3844万m^3的地下水压采能力。

9.4.4.5 寿光市地下水管理体制机制创新

1. 严格地下水管理

2017年3月寿光市人民政府印发了《寿光市区域用水总量行业分配方案》，确定规划年灌溉面积及灌溉定额，合理确定规划年农业用水量，切实保障合理农业用水。2015年12月市政府印发了《寿光市地下水限采禁采方案》，公布了地下水超采区，明确了禁采区和限采区。实行地下水取用水总量和水位控制，加强地下水利用与保护。严格落实《寿光市地下水超采区综合整治实施方案》，制定地下水取用水总量控制指标和限制开采、禁止开采的水位控制指标，作为确定地下水开发利用强度的依据。

严格计划计量用水管理，继续推行严格把水资源论证作为取水许可的前置条件，未经水资源论证或论证审查未通过的，水行政主管部门一律不批准建设水工程和不予办理取水许可。

2. 水权水市场建设

寿光市创新水资源政府配置和监管方式，保障水资源所有者权益。加快水资源使用权确权登记、水权交易流转和相关制度建设，印发了《寿光市水权交易管理暂行办法》[121]（寿水字〔2017〕24号），水权交易通过公共资源交易系统进行。针对不同行业、功能开展全域性确权，重点加强农业用水确权。制定《寿光市水权确权登记实施方案》（寿水资字〔2018〕4号），完成全市农业和非农业用水户的水权确认及证书发放。在完成确权的基础上，充分发挥市场机制作用，增强市场在配置水资源的决定性作用，逐步实现水资源配置效益最大化和效率最优化。

3. 水价改革

（1）农业综合水价改革。编制《寿光市农业水价综合改革实施方案》[122]，2018 年 2 月 5 日，寿光市人民政府办公室以“寿政办发〔2018〕16 号”文件进行了批复。2017 年 12 月 21 日，寿光市物价局、水利局以“寿价格发〔2017〕17 号”文件印发关于规范农业用水价格的指导意见。完善水量计量设施，安装水电双控设备 12 套。

根据《潍坊市农业水价综合改革实施方案》要求，寿光市 2018 年农业水价综合改革分配任务面积为 15 万亩，其中寿光市 2018 年农田水利项目县 1.85 万亩，寿光市地下水压采综合治理 2018 年水肥一体化高效节水灌溉工程项目区 3 万亩，寿光市北部水系联网灌溉工程 9.75 万亩，东斟灌村市级示范工程项目区 0.15 万亩，营里社村县级示范工程项目区 0.25 万亩。

主要建设内容包括计量设施改造、项目区用水协会能力建设、宣传及培训、节水奖励、东斟灌村市级示范工程（潍坊市负责招标）等。项目于 2019 年 4 月 30 日全部完工。

（2）区域综合水价改革。2015 年，寿光市被确定为全省两个区域综合水价改革试点单位之一。在山东省水科院的技术支持下，在省市水利、财政、物价部门的指导下，寿光市制定出台了《区域综合水价改革实施方案》《区域综合水价实施管理办法》《区域综合水价改革补偿机制实施方案》等一系列区域综合水价改革配套方案和办法；组建了非营利性的“寿光市金润水资源综合利用有限公司”，建成了区域综合水价改革水资源监测监控系统。寿光市综合水价 2015 年 11 月开始试运行，2015 年 12 月 30 日通过了省水利厅、物价局组织的验收。2016 年寿光市区域综合水价率先在地表水供水用水单位中试运行，不论使用引黄、引江等客水还是使用本地地表水，都执行统一原水价格，截至目前运行状况良好。

2015 年 12 月 29 日，寿光市出台了《关于居民生活用水实行阶梯水价及相关配套政策的通知》（寿价格发〔2015〕19 号），居民用户全年用水量划分为三档，基本水价实行 1∶1.5∶3 的比例分档递增。

2016 年 8 月 8 日出台了《关于落实城区非居民和特种用水实行超定额累进加价制度的通知》（寿价字〔2016〕10 号），非居民用水和特种用水超计划（定额）累进加价按用水量分为三级，基本水价、污水处理费、水资源费同时实行 1∶2∶3 的比例分档递增。

2018 年完成羊口工业园、田柳工业园、侯镇项目区、鲁丽集团、晨鸣工业园水源置换，优先配置长江水、黄河水。落实地表水管网覆盖区域综合水价改革，（羊口渤海化工园、羊口工业园、侯镇项目区、侯镇海洋化工园、田柳精细化工园、科技工业园、晨鸣集团、鲁丽集团）执行统一原水价格。

4. 水利工程产权制度改革

（1）精心组建工程管理机构。依托项目镇区农村供水协会、农业综合服务站作为工程的运行管理单位，参与工程规划、筹资和建设的全过程。

（2）加强了产权移交及建后管护工作。工程实施过程中，寿光市积极推行小型农田水利工程产权制度改革，及时进行小型农田水利工程产权移交。项目建成后，在政府的监督下，由工程建设管理局将工程产权移交镇水利站，水利站移交给协会，协会将工程运行、管护维修、使用权移交各用水户，并颁发“两证一书”，即产权证、使用权证、签订管护协议书，明确责任和义务，落实了责任主体将工程产权、运行权、管护权等职能，明确双方责任和义务。通过责任化管理，逐步形成“协会管理协调、政府部门监管，用水户所有运行”的长效运行机制，保证小型农田水利设施发挥应有的效益，使农民真正成为小型农田水利工程建设、管理和受益的主体。

5. 政策法规研究与制定

寿光市先后出台了《寿光市用水总量控制实施方案》《寿光市节约用水办法》《寿光市节约用水集中行动实施方案》《寿光市机井建设管理暂行办法》《寿光市地下水超采区综合整治实施方案》等规范性文件，为深入贯彻落实地下水严格管理制度奠定了基础。编制了《寿光市水资源调查评价》《寿光市地表水综合利用规划》《寿光市水资源优化配置研究》，为寿光市水源转换和地下水压采工作提供了技术支撑。2017 年 9 月市政府印发了《寿光市地下水超采区综合治理试点方案（2017 年度）》，2018 年 1 月市政府印发了《寿光市地下水超采区综合治理试点方案（2018 年度）》，2018 年 5 月印发了《寿光市地下水水位控制管理暂行办法》（寿水资字〔2018〕2 号），2018 年 7 月印发了《寿光市水利工程建设质量与安全监督体系建设方案的通知》（寿水字〔2018〕21 号），制定了《寿光市水权确权登记实施方案》（寿水资字〔2018〕4 号）。

6. 基层服务体系建设

2014 年以来，寿光市按照《山东省水利厅关于加强乡镇水利站能力建设的实施方案》（鲁水农字〔2014〕35 号）和《农田水利条例》有关要求，结合自身实际，对全市基层水利服务体系工作能力进行了建设提升，取得了一定成效。目前寿光市 15 处镇（街、区），全部设立了水利站。明确了水利站的职责任务。

制定了《寿光市基层水利服务组织体系建设方案》（寿政办发〔2012〕164 号），明确了水利站工作方向和重点。每年寿光市安排专门经费，定期组织基层水利站工作人员进行培训，同时开展竞争上岗、考核奖惩等制度情况，每年选出部分优秀工作人员进行表彰，不断完善基层水利服务机构内部管理制度情况等。

根据寿光市基层水利建设方案，市编办下发了《关于建立健全基层水利服务体系的通知》（寿编办发〔2012〕76 号），市人社局、市水利局联合下发了《关于公布水利站工作人员的通知》（寿水字〔2013〕5 号），进一步规范完善了 15 处镇（街、区）水利站人员配备。

农村饮水安全保障。寿光市在上级业务部门的指导下，结合自身基层水利体系建设情况，按照公益性服务与市场化运作相结合的运转体制，借鉴公安 110 经验做法，依托供水公司，投资 240 万元，成立农村供水 116 便民服务中心，下设 8 支服务队，分片区开展水利 116 服务，由供水公司统筹做好管网抢修等工作，保障农村正常供水。

为保证工作开展，在供水公司设立专门值班电话（0536－5286116），实行 24 小时值班制度，具体负责业务受理，及时处理客户诉求。

2018 年 3 月，潍坊市水利局组织技术人员对寿光市基层水利站进行了能力建设验收。2018 年 8 月，受双台风影响，寿光市发生严重的洪涝灾害。寿光市基层水利服务体系在抗洪救灾及灾后重建工作中发挥了不可替代的作用，工作能力得到了一致认可。

综上所述，寿光市属于水资源短缺、地下水超采较为严重地区，其主要原因为区域水资源禀赋条件差、水资源开发利用不合理。寿光市受土地利用所限，地表水供水工程建设滞后，地表水开发利用率偏低，供用水结构不合理，导致地下水采捕失衡。除了全面实施最严格水资源管理制度，严守“三条红线”，还应该尽量做到雨水的就地利用。寿光市大棚种植面积超过 60 万亩，这些蔬菜大棚由于长时间抽取地下水，灌溉方式较粗放，地下水位下降，肥料、农药等渗漏导致地下水质恶化，不利用水资源的可持续使用。

寿光市蔬菜大棚都具有利用雨水集蓄灌溉的潜力。根据现场调研，以企业、种植大户、农场种植的大棚，以及旧棚改造大棚都具有利用雨水收集使用的潜力和意愿。不仅如此，在山东省其他地市建设的温室大棚、中小型简易拱棚等都有利用雨水集蓄灌溉的潜力。只要解决好雨水收集利用中的关键技术问题，设施农业大棚作为雨水收集最理想的下垫面和雨水使用者，直接解决了地表水工程占地面积大、无法将水资源输送分配到田间地头等难以克服的问题。大棚雨水收集和利用对于寿光市这样需水量大而缺水地区，是满足其产业特点、经济社会成本效益俱佳的模式，可以促进寿光市农业长期高效发展。

9.5 绿色大棚示范区雨水集蓄及农业节水灌溉技术

9.5.1 创新性绿色大棚概念及内涵

寿光市大棚蔬菜种植面积 60 多万亩，由于作物大棚棚膜隔绝大气降水，大棚蔬菜全部依靠灌溉。寿光市适宜蔬菜灌溉的地表水缺乏，大棚蔬菜灌溉几乎全部利用当地浅层地下水，灌溉水溶解肥料后再通过大棚内的土壤入渗进入地下水，从而导致了地下水的硝酸盐和其他富营养化污染，地下水逐渐达不到农业灌溉标准，不再适宜蔬菜灌溉。

汛期雨季大量降水，通过大棚膜面、保温墙汇流到地面，汇流时间短、地表径流较为集中，除通过大棚间的空地可以少量入渗地下水外，大部分通过排水沟等排入河流，从而造成了地下水无法有效补给，难以恢复地下水位，地下水污染物也无法得到有效的稀释。从大棚雨水阻碍雨水有效补给地下水、无法直接利用角度来讲，蔬菜大棚加剧了地下水资源的消耗和地下水水质的恶化，更多地增加抽水能耗，因而是不利于当地水资源的可持续利用。

本研究创新性提出的绿色大棚，基于从平原井灌区，通过对大棚集雨集蓄、存储、直接利用，通过增加“土壤水”的有效库容，有效利用宝贵的雨洪资源，通过灌溉，将本应入渗而无法入渗的雨水，通过灌溉的方式回补给地下水，起到防止地下水超采、阻止沿海地区的海水入侵，有效增加雨洪水存储能力，减轻平原地区地质灾害和洪水灾害，土壤盐渍化问题。对于部分对水质有特殊要求的作物（如喜欢偏酸性、盐分含量低软水作物），利用该系统则更能发挥效用。

因此，提出雨水集蓄利用绿色大棚的概念为：充分利用大棚汇集雨水的能力，通过集蓄、净化、高效节水灌溉设施，利用收集的雨水直接用于大棚作物灌溉，尽量以自身收集的雨水满足作物灌溉需求，并以其他水源作为补充的设施农业及雨水集蓄利用系统。

绿色大棚相比较一般的水资源利用，可以直接高效利用降雨，将水质优良的雨水以最小的净化成本和收集路径加以利用，充分体现了资源的低成本、就地回用，从而实现绿色、环保、节能。

9.5.2　示范区内农业灌溉现状和排水条件

寿光市是全国闻名的蔬菜之乡，蔬菜种植面积巨大，蔬菜种植有露天和大棚保护地种植，也是农业用水的大户。现状寿光市蔬菜种植主要是以地面灌溉为主，面积占灌溉面积的85%以上，10%～15%的大棚蔬菜采用了滴灌措施和水肥一体化措施。由于寿光市地表水缺乏，农业灌溉主要以地下水为主，农业灌溉用水用肥量放大，地下水超采、水环境污染严重。

寿光市蔬菜大棚示范区现有大棚为机井提水地面灌溉。示范区位于国营寿光清水泊农场三分场，坐落于寿光市羊口镇，北临羊口镇工业园区，东临羊临路（S226）及益羊铁路，南临东张僧河，西邻弥河分流河道。示范区大棚位置见图9.5-1。

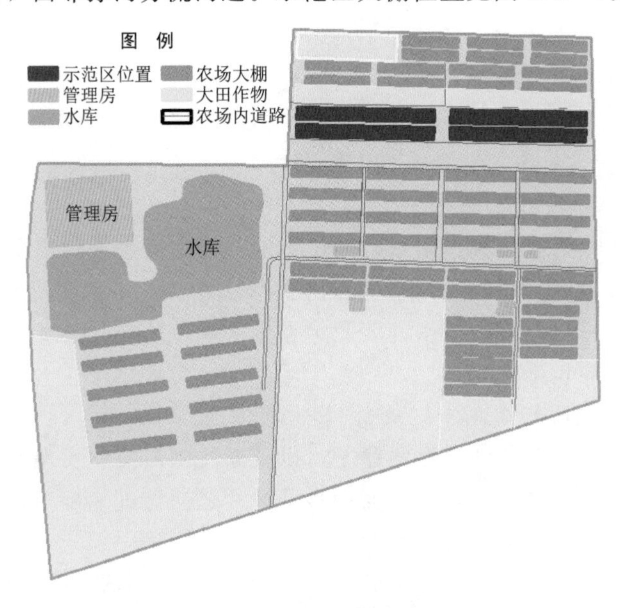

图9.5-1　示范区大棚位置

清水泊农场三分场大棚建于2012年，占地面积300余亩，分南北两区，已建成的蔬菜大棚有32座，其中北区建有大棚18座，南区建有大棚14座，为普通的塑料薄膜大棚。大棚背阳侧为土墙，墙体外侧铺有无纺布，并有喷水泥砂浆，向阳侧塑料薄膜每年10月更换一次。主要种植西红柿、辣椒和茄子。种植期为每年的8月下旬至翌年的6月上旬。示范区利用地下水经管道输水，进行大棚灌溉。

示范区灌溉水源为地下水，准备实施雨水积蓄利用的4个大棚采用大棚东侧的机井取水。区内现有设施：南北区各有变压器1台、机井1眼、潜水泵1台。单个大棚净种植面积为3亩，主要种植西红柿、辣椒和茄子，种植时间为每年8月下旬至次年6月上旬。现状大棚内采用PVC管道输水，棚内蔬菜沟灌的地面灌溉方式，大棚种植期间，每个大棚每月灌溉三次，每次灌水量为60m^3，平均灌水定额为20m^3/亩，年灌水30次，灌溉定额600m^3/亩，耗水量较大。

种植区内每个棚前现状都挖有一条集雨沟，自西向东流，分别经穿路管涵汇入示范区东侧的一条的南北向排涝沟，排涝沟的水自北向南流，经北区最南侧东头的排涝泵站提水，自东向西进入农场南区西侧的水库，用于养鱼，同时防止雨水入棚。

9.5.3 示范区内农业节水现状

现状大棚内采用PVC管道输水，棚内蔬菜沟灌的地面灌溉方式。水源为示范区内1眼机井，抽取机井地下水灌溉。近年来，机井地下水位持续下降。

9.5.4 示范区地下水管理现状

地下水是该示范区唯一灌溉水源，地下水开采由清水泊农场三分场负责管理。

9.5.5 农业灌溉工程规划与建设

1. 农业灌溉工程优化与布局

寿光示范区根据蓄水池位置及大棚种植区地块形状，布置一条干管，自蓄水池出，进入棚内，经竖管出地后，垂直于种植方向，沿东西向布置，并每隔80cm沿作物种植行接一条10.5m长滴灌管，一条滴灌管控制1行作物。

2. 农业灌溉工程建设

通过改造现有集雨沟收集棚顶雨水，通过沉沙池净化后进入管道蓄水实现雨洪资源利用；借助农业生产环境因子在线监测系统和物联网软件管理平台实现精准农业管理模式；通过高效灌溉水肥一体化，实现节水、节肥、省工。通过风光互补发电采用清洁能源，节省资源。主要建设内容包括：

（1）集雨系统。包括1号、2号集雨沟和汇流沟。

（2）净化系统。包括沉沙池、拦污篦子，以及通过闸门控制实现初期弃流，通过潜污泵实现年度清淤，通过自动反冲洗过滤器和自动叠片过滤器进一步净化水质。

（3）蓄水系统。采用玻璃钢管道储存雨水。

（4）水肥一体化系统。施肥罐、施肥机及其控制系统，以旁入形式接入供水管道。

（5）农业生产环境因子监测系统。包括墒情、温度、湿度等因子监测和自动化灌溉控制。

（6）高效节水系统。通过潜污泵提水，经管道实现灌溉功能。现状棚内为漫灌形式，改造为滴灌。

（7）风光互补发电系统。

（8）中控室（泵房）建设。建筑面积56.77m^2。

1）大棚高效节水灌溉形式改造——滴灌系统设计。对4个冬暖棚进行滴灌设计，单棚种植区东西长约200m、南北宽约10m，净种植面积为3亩。本工程拟采用内镶式滴灌管，直径16mm，滴灌管壁厚0.9mm，滴头间距300mm，滴头流量1.6L/h。根据蓄水池位置及大棚种植区地块形状，布置一条干管，自蓄水池出，进入棚内，经竖管出地后，垂直于种植方向，沿东西向布置，并每隔80cm沿作物种植行接一支长10.50m的滴灌管，一条滴灌管控制1行作物。干管采用ϕ75 PE管，支管选用ϕ16 PE管。首部设计流量13.7m^3/h，设计扬程26.34m，据此选用排水泵QX20-32-3N，排水泵提水能力：流量

Q=20.0m^3/h，扬程 H=32.0m，配套功率 N=3.0kW。通过变频器对水泵工作状态进行调节。共配置2台水泵（1台备用）。根据水源水质状况，选用碟片过滤器1台、离心过滤器1台。系统管网首部包括逆止阀、闸阀、进排气阀、压力表等设施。选用100QW100-10-5.5自耦式潜污泵1台，用于蓄水池内清淤，流量为100m^3/h，扬程为10m，配套功率为5.5kW。水肥一体化本系统由土壤墒情监测传感器、管道压力计，施肥一体机、水量计量设备、传输终端及供电电源等模块组成。

2）高效灌溉精准水肥一体化系统设计。高效节水精准水肥一体化系统是以滴灌为主，管理控制系统通过集监视测量、控制、保护管理于一体，实现示范区域的智能化、自动化管理；能够实时监测土壤墒情及田间气象条件，根据作物在各个生长期对水分、养分的需求，制定最佳的灌溉施肥方案，指导用户通过远程控制方式适时适量的进行灌溉和施肥，促进作物健康生长。主要是利用物联网技术，采用高精度土壤温湿度传感器和智能气象站，远程在线采集土壤墒情、酸碱度、养分、气象信息等，实现墒情（旱情）自动预报、灌溉用水量智能决策、远程、自动控制灌溉设备等功能，最终达到精耕细作、准确施肥、合理灌溉的目的。主要包括以下四部分：Ⅰ—土壤墒情监测；Ⅱ—气象站建设；Ⅲ—高效节水水肥一体化设备；Ⅳ—远程接入传输设备。

9.6 创新性绿色大棚棚顶雨水收集

9.6.1 绿色大棚灌溉生产用水现状

示范区灌溉水源为地下水，准备实施雨水积蓄利用的4个大棚采用大棚东侧的1眼机井取水。区内现有设施：南北区各有变压器1台、机井1眼、潜水泵1台。单个大棚净种植面积为3亩，主要种植西红柿、辣椒和茄子，种植时间为每年8月下旬至次年6月上旬。现状大棚内采用PVC管道输水，棚内蔬菜沟灌的地面灌溉方式，大棚种植期间，每个大棚每月灌溉三次，每次灌水量为60m^3；平均灌水定额为20m^3/亩，年灌水30次，灌溉定额600m^3/亩，耗水量较大。

示范区灌溉用水为机井水，在整个温室蔬菜和水果等生长周期中，需要消耗大量的地下水，而雨水却白白流失了，从节能环保及节省水资源的角度出发，建设大棚雨水收集回灌系统是必要的。

9.6.2 绿色大棚棚顶雨水收集能力调算

9.6.2.1 降水及暴雨调算

示范区多年平均降水量554.07mm（1981—2016年），降雨多集中在5—9月。寿光地区棚内微灌溉年灌溉净定额为170m^3/亩，毛灌溉定额为189m^3/亩，单棚年灌溉用水量为570m^3。

根据分析成果，单棚集雨单棚用水情况下，降雨频率50%时可实现全部雨水灌溉，并有富余雨水量；降雨频率75%时，典型年1988年实现全部雨水灌溉，并有富余雨水量；典型年1984年雨水集雨量略少于灌溉用水量；特枯年份，降雨频率90%时，集雨量少于灌溉用水量，其中典型年2006年雨水能满足73%的灌溉用水；典型年1992年雨水能满足63%的灌溉用水。4号棚集雨3号棚用水情况下，降雨频率50%时、75%时，均可实现全部雨水灌溉，并有富余雨水量相机用于第4棚灌溉；特枯年份，降雨频率90%时，集雨量略少于灌溉用水量，其中典型年2006年雨水能满足97%的灌溉用水；典型年1992年雨水能满足84%的灌溉用水。

不同保证率下最大可集雨量及实际蓄存水量见表9.6-1。

表9.6-1　不同保证率下最大可集雨量及实际蓄存水量

保证率/%	典型年份	最大可集雨量/m^3	实际蓄存水量/m^3
50	1997	2739	2018
	2000	2750	2021
75	1984	2366	2019
	1988	2763	2019
90	1992	1575	1575
	2006	1824	1824

示范区每个棚前现状都有一个雨水沟，改造后可用于收集雨水；示范区北侧为农田，空间较大利用该场地建蓄水系统较为适宜；东侧利用目前未能有效利用的边地建设沉沙池；4号棚北侧建设智能控制室，屋顶可安置太阳能板满足灌溉用电需求，因此在示范区内配备雨水收集与回用设施是具备条件的，在示范园区进行雨水收集与回用推广是可行和合适的。

寿光市降水频率分析如下。根据寿光市1981—2015年共计35年的历年逐月降水量记录成果，采用频率曲线法计算不同频率降水量，降水频率50%、75%、90%的降水量分别为540.10mm、444.86mm、369.52mm，降水频率曲线见图9.6-1，设计降水成果见表9.6-2。

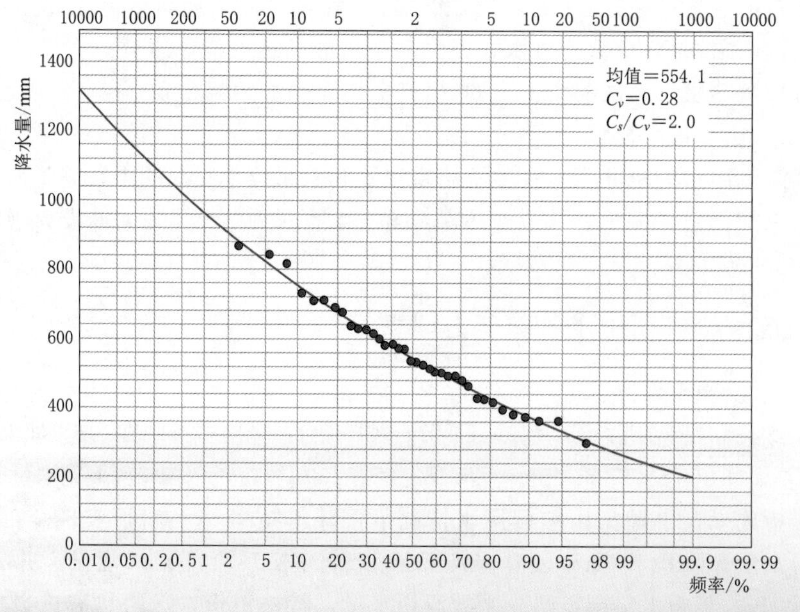

图9.6-1　降水频率曲线

根据适线成果，设计降水量成果见表 9.6-2。

表 9.6-2　设计降水量成果表

项目	均值/mm	适线（C_v）	C_s/C_v	设计降水量/mm	
降水量	554.07	0.28	2	$P=50\%$	540.10
				$P=75\%$	444.86
				$P=90\%$	369.52

9.6.2.2　实际收集能力分析

（1）典型年选择。雨水集蓄利用工程容积计算采用典型年法，灌溉保证率分别用 50%、75%、90%进行比选，选用年降水量接近设计频率的真实年作为典型年，降水频率 50%的典型年为 1997 年和 2000 年，年降水量分别为 569.2mm、538.5mm；降水频率 75%的典型年为 1984 年和 1988 年，年降水量分别为 423.6mm、466.3mm；降水频率 90%的典型年为 1992 年和 2006 年，年降水量分别为 374.3mm、362.5mm。

（2）示范区大棚需水量。示范区北区现有大棚 18 栋，其中冬暖棚Ⅰ～Ⅳ大棚规格一致，每个棚净种植面积 3 亩，主要作物为西红柿、辣椒和茄子，种植时间为每年的 8 月下旬至翌年的 6 月上旬。现状漫灌形式下，种植期间每个棚每个月灌溉 3 次，每次灌溉用水为 $60m^3$，实际灌溉月用水量为 $180m^3$，年灌溉用水量为 $1740m^3$。单棚逐月灌溉需水量见表 9.6-3。

表 9.6-3　4 座冬暖棚单棚逐月灌溉需水量（现状）　单位：m^3

月份	1	2	3	4	5	6	7	8	9	10	11	12	合计
需水量	180	180	180	180	180	60	0	60	180	180	180	180	1740

9.6.3　创新性绿色大棚棚顶雨水收集系统设计

9.6.3.1　工程总体布局

雨水收集与回用工程主要由雨水收集系统、雨水蓄存系统、雨水回用系统以及嵌入雨水收集系统的净化设施组成。

1. 雨水收集

（1）集雨沟。集雨沟的作用是收集雨水，将棚顶雨水收集、汇至汇流沟。改造 1～4 号大棚南侧现状雨水沟，用于收集雨水。

（2）汇流沟。汇流沟沿示范区东侧布置。自南向北汇流 1 号、2 号集雨沟的雨水，在 4 号大棚东北侧将雨水输送至沉沙池。

2. 雨水蓄存

采用 3 根 DN2000 的玻璃钢管道储蓄雨水，管道布置在 4 号大棚北侧的空地上，埋深在地面以下 1.2～1.4m。基坑深度在 3.5m 左右，基坑东西占地约 220m，南北方向约 12m，回填后恢复地面功能。总蓄水容积 $1500m^3$。蓄水池通过沉沙池水位差异进行溢流。

3. 雨水净化

1 号集雨沟和 2 号集雨沟以穿路管涵形式穿场区道路，管涵进口布置第一道拦污栅，集雨沟末端设第二道拦污栅，共设 4 处。汇流沟自南向北连接集雨沟和沉沙池，汇流沟沟口搭盖板减少泥沙及杂草和庄稼杆进入。沉沙池内设有导流墙，便于沉沙。通过关闭沉沙池智能测控一体化闸门可使初期雨水通过溢流口弃流。蓄水池蓄满后可通过沉沙池上的溢流口自动溢流。配备一台清污泵，用于沉沙池和管道年度清淤。雨水回用的首部工程中配有介质和叠片过滤器进一步净化水质。

4. 雨水回用

蓄水管道与水泵池相连，池内布置两台水泵（一台备用），通过工作站启动提水，经自动反冲洗砂石和叠片过滤器过滤后，经管道输水至棚内灌溉，肥料经控制器启闭旁入至输水管道，施肥与灌溉一体。增加风光发电设施为系统运行提供动力，建设中控室（泵房）用于设备安置和系统运行管理。雨水收集与回用流程见图 9.6-2。

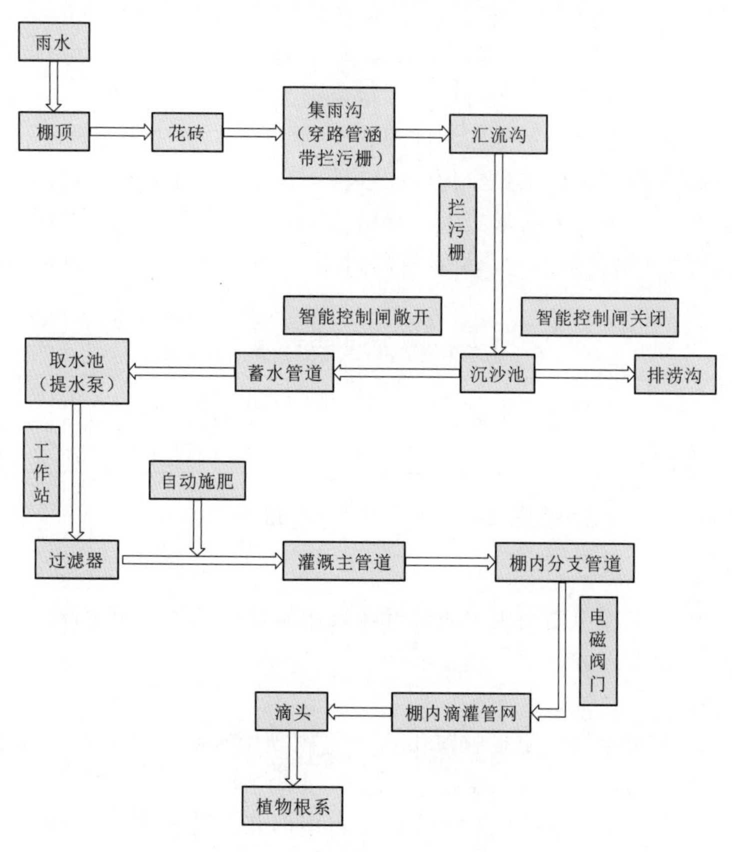

图 9.6-2 雨水收集与回用流程图

9.6.3.2 大棚集雨能力计算

1. 示范区集雨面积统计

经现场测绘，集雨区域包括示范区内所有棚顶及区内水泥路面和地面。根据示范区布局、保证水质，同时考虑示范推广性，雨水收集区域为棚顶区。最初按照集雨棚与雨水回用棚对应设计，即收集 1～3 号棚顶的雨水，然后回用至 1～3 号大棚。为提高雨水灌溉保证率，本次根据专家建议收集 1～4 号棚顶雨水，以回用 1～3 号大棚为主，兼顾 4 号棚灌溉用水。单棚棚顶集雨面积为 $2562m^2$，见图 9.6-3。

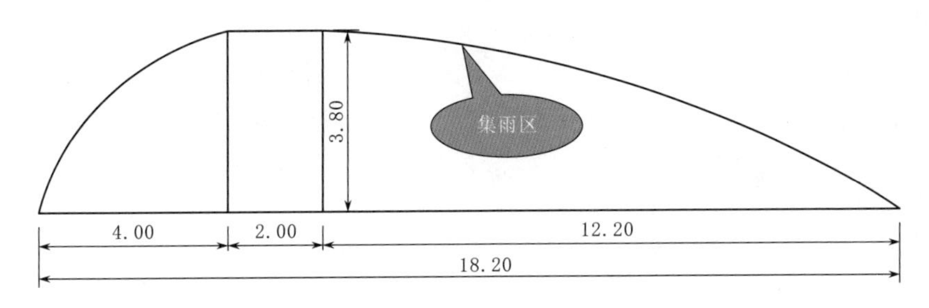

图 9.6-3　大棚集雨结构图（单位：m）

2. 蓄水容积调算

（1）雨水设计径流。根据《建筑与小区雨水控制及利用工程技术规范》（GB 50400—2016），雨水设计径流总量采用下式计算：

$$W=10(\Psi_c-\Psi_0)h_yF \tag{9.6-1}$$

式中　W——雨水设计径流总量，m^3；

Ψ_c——雨量径流系数，塑料膜采用 0.80；

Ψ_0——控制径流峰值所对应的径流系数，因为雨水收集利用，系数选用 0；

h_y——设计降雨厚度，mm；

F——汇水面积，hm^2。

（2）初期径流弃流量。根据《建筑与小区雨水利用工程技术规范》（GB 50400—2016），初期径流弃流量采用下式计算：

$$W_i=10\delta F \tag{9.6-2}$$

式中　W_i——设计初期径流弃流量，m^3；

δ——初期径流弃流厚度，mm，选用 5mm。

（3）集水时间。每年 10 月至次年 4 月降雨量较少，难以形成有效径流，尤其是每年 12 月至次年 2 月，月平均气温均在 0℃以下，期间降水多为降雪，夜间棚顶需要覆盖保温被，每次降雪均需清理，收集难度较大，故该期间的降水不作为可收集降水。参与调算的集水时间定为每年的 5—9 月，共计 4 个月。

（4）可收集水量。1～4 号大棚单棚可集雨量见表 9.6-4。

表 9.6-4　　1～4 号大棚单棚可集雨量

设计频率	50%		75%		90%	
真实典型年	1997 年	2000 年	1984 年	1988 年	1992 年	2006 年
年降水/mm	569.2	538.5	423.6	466.3	374.3	362.5
5—9 月降雨/mm	431	424	369	449	248	338
未能产流降雨/mm	90	80	71	103	50	96
设计径流总量/m^3	701	707	611	708	406	469
初期弃流总量/m^3	14	18	18	15	12	12
最大可收集雨量/m^3	686	689	593	692	395	457

(5) 蒸发渗漏损失水量。蒸发、渗漏及管网损失按蓄水池全年供水量的10%计列。

(6) 蓄水容积调算。按三种计算频率(50%、75%、90%)对应下的真实典型年，按照单棚集水单棚使用、4 棚集水 3 棚使用和 4 棚集水 4 棚使用分别进行组合调算。为保证蓄水池供水水质、同时考虑泥沙沉降造成淤积，水泵最低起调水位在池底以上 50cm，水池内面积 $300m^2$，即死库容为 $150m^3$。蓄水池容积调算采用典型年调节法，以死库容起调，起调时间为 5 月初。根据集雨面积、蓄水池布置方案，单棚蓄水池最大蓄水容积为 $650m^3$。采用管道蓄水，蓄水净容积 $500m^3$。

(7) 水源。以北区的 4 座较大规格的大棚作为典型，采用雨水灌溉，现有水源作为备用水源接入雨水灌溉系统。

根据调算结果可知，单棚集雨单棚用水情况下，降雨频率 50%时可实现全部雨水灌溉，并有富余雨水量；降雨频率 75%时，典型年 1988 年实现全部雨水灌溉，并有富余雨水量；典型年 1984 年雨水集雨量略少于灌溉用水量；特枯年份，降雨频率 90%时，集雨量少于灌溉用水量，其中典型年 2006 年雨水能满足 73%的灌溉用水；典型年 1992 年雨水能满足 63%的灌溉用水。

4 个大棚收集雨水给 3 个大棚用水情况下，降雨频率 50%时、75%时，均可实现全部雨水灌溉，并有富余雨水量相机用于第 4 棚灌溉；降雨频率 90%时，集雨量略少于灌溉用水量，其中典型年 2006 年雨水能满足 97%的灌溉用水；典型年 1992 年雨水能满足 84%。除去特枯年份降水频率 90%时的 1992 年，不同降雨频率下的典型年均出现了最大库容，故单棚大棚雨水集蓄利用选用蓄水净容积 $500m^3$，蓄水总净容积 $1500m^3$。

不同保证率下最大集雨量及实际蓄存水量见表 9.6-5。

表 9.6-5　不同保证率下最大集雨量及实际蓄存水量

保证率/%	典型年份	最大可集雨量/m^3	实际储存水量/m^3
50	1997	2739	2018
	2000	2750	2021
75	1984	2366	2019
	1988	2763	2019
90	1992	1575	1575
	2006	1824	1824

3. 集流雨量

(1) 设计暴雨强度。设计暴雨强度采用下式计算：

$$q=\frac{4091.17\times(1+0.824\times \lg P)}{(t+16.7)^{0.87}} \tag{9.6-3}$$

式中 P——设计重现期，年；

t——降雨历时，min。

暴雨重现期采用 2 年，降雨历时为 5min，经计算，暴雨强度 $q=351L/(s\cdot hm^2)$。

(2) 雨水设计流量。雨水集蓄采用改造棚前集雨沟收集棚顶雨水。雨水经集雨沟汇流至示范区东侧的雨水汇流沟或弃置至排涝沟，雨水设计流量采用下式计算：

$$Q=\Psi_m qF \tag{9.6-4}$$

式中 Q——雨水设计流量，m^3；

Ψ_m——雨量径流系数；

q——设计暴雨强度，$L/(s \cdot hm^2)$；

F——汇水面积，hm^2。

根据计算1号、2号现状集雨沟的设计最大集雨量是$0.18m^3/s$。单棚雨水收集最大流量$0.09m^3/s$。汇流沟的设计汇流水量为$0.36m^3/s$。

图9.6-4 集雨沟现状图

9.6.3.3 工程设计

1. 集雨沟与汇流沟设计

示范区地面西高东低，比降为1/1200左右。1号、2号现状集雨沟断面底宽为1m左右，最大挖深在不到1.4m，沟底比降分别为1/750和1/580。现状沟过流能力大于集蓄暴雨资源需求。但现状集雨沟衬砌块剥落，塌坡严重，且非常不规整。集雨沟现状如图9.6-5所示。集雨沟改造前断面如图9.6-5所示。

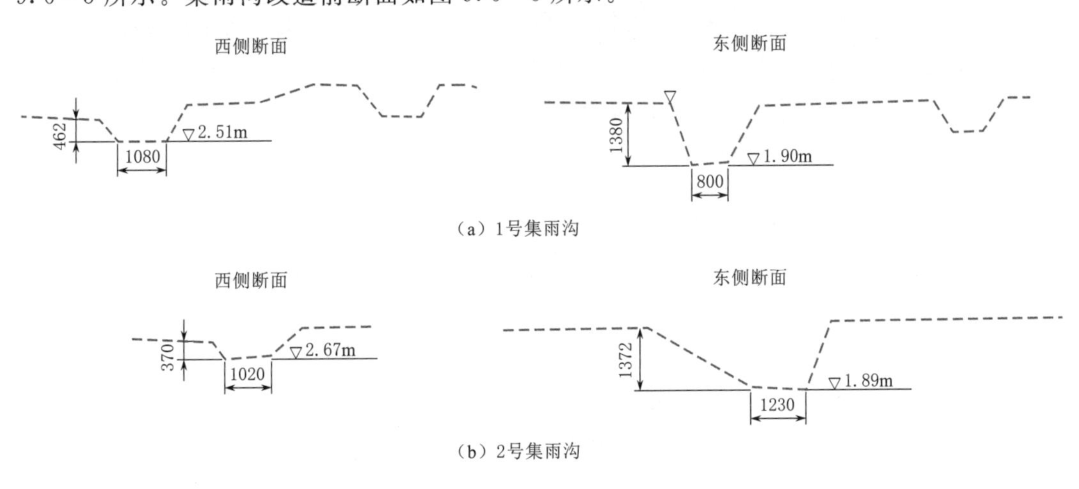

图9.6-5 集雨沟改造前断面（尺寸单位：mm）

（1）1号集雨沟。1号集雨沟临棚侧沟口距棚底边缘1.5m左右，采用整体式预制C20混凝土U形槽衬砌结构，总长421m，中间用长26m的DN600混凝土穿路管连接，设计渠底高程2.50～2.12m。1号集雨沟糙率选用0.015，比降1∶1200，自西向东集雨。大棚外边缘与衬砌板顶缘外侧之间铺M10花砖，下铺中粗砂垫层找平，厚5cm。右侧因地面较高，现浇C20混凝土挡墙兼做路缘石（后因示范区道路硬化，右侧为混凝土硬化路面）。1号集雨沟断面采用《混凝土渠道及其附属建筑物系类设计图集》，这里不对具体设计进行介绍。

（2）2号集雨沟。2号集雨沟紧邻进场道路，根据生态友好型理念，采用自嵌式植生挡土墙砌块结构，2号集雨沟临棚侧沟口距棚底边缘1.5m左右，总长420m，中间用长26m的DN600混凝土穿路管涵连接。2号集雨沟末端10m长沟段远离大棚，不作为集水区域，不铺花砖。

(3) 汇流沟。汇流沟采用矩形断面，并用整体式预制混凝土矩形槽衬砌，总长 50m，汇流沟设计汇流量 0.36m^3/s。汇流沟糙率选用 0.015，比降 1∶1200，自南向北汇集 1 号、2 号集雨沟雨水，设计渠底高程 1.85～1.80m，为防止落叶、杂草进入汇流沟内，沟口上搭盖 C25 预制混凝土盖板，后 6cm，宽 50cm，盖板长 100cm。汇流沟采用整体式预制 C30 混凝土矩形槽，预制块单块长度为 50cm。

2. 雨水净化系统

雨水净化由 1 号集雨沟和 2 号集雨沟的各自两道拦污栅、汇流盖板沟、沉砂池和清污泵以及智能监控一体化闸门和溢流口及其现有排水沟组成。

(1) 拦污栅。拦污栅采用固定式，共设置 4 扇，分别布置在集雨沟穿路涵前和集雨沟与汇流沟交汇处，规格为 0.8m×0.8m。

(2) 汇流沟盖板。汇流沟盖板采用预制 C25 混凝土板，规格为 1.0m×0.5m×0.06m。

(3) 沉沙池。沉沙池对提高积蓄雨水的水质，确保蓄水设施的正常使用具有重要作用。按照《雨水集蓄利用工程技术》，确定沉沙池长 5m，宽 3.5m，根据汇流沟末端沟底高程，确定 1950m^3 蓄水池所用沉沙池进水管管道直径为 0.8m，底高程为 1.8m；出水管道直径为 0.8m，底高程为 1.10m；弃流管到直径为 0.6m，管底高程为 2.5m。

(4) 清污泵。清污泵为一台 1000QW100－10－5.5 自耦式潜污泵，流量为 100m^3/h，扬程为 10m，配套功率为 5.5kW。

(5) 智能监控一体化闸门。闸门布置在沉沙池出口，控制闸关闭时，沉沙池溢流，闸门正常挡水，平时闸门敞开，闸门采用 0.8m×0.8m×2.1m 智能测控一体化闸门，共 1 孔，单吊点，门体材料和门框均为高强度铝合金。

(6) 溢流口。溢流口设置在沉沙池北墙上，溢流口管底高程 2.5m，管径为 0.6m，气候与现有排水沟相接。

3. 雨水蓄存系统

考虑工程技术经济管理等方面的因素，从便于施工、维护管理、降低运行成本方面，通过比选，采用 DN2000 玻璃钢管（SN10000，PN0.6MPa）为蓄水管材。将 3 个直径 2m 的玻璃钢管道组件自南向北依次放置，施工完毕后不影响绿化或蔬菜种植。DN2000 玻璃钢光管段管顶覆土为 1.8m，对局部不足设计覆土厚度的，要求回填至设计厚度。

4. 雨水回用灌溉系统

大棚现状灌溉形式为管道输水、畦田灌溉，棚内主要作物为西红柿和辣椒，适应的高效节水灌溉形式为滴灌。对 4 个冬暖式大棚进行滴灌改造，以汛期收集的雨水为主要灌溉水源，现有机井抽取地下水位备用水源。滴灌系统布置见图 9.6－6。

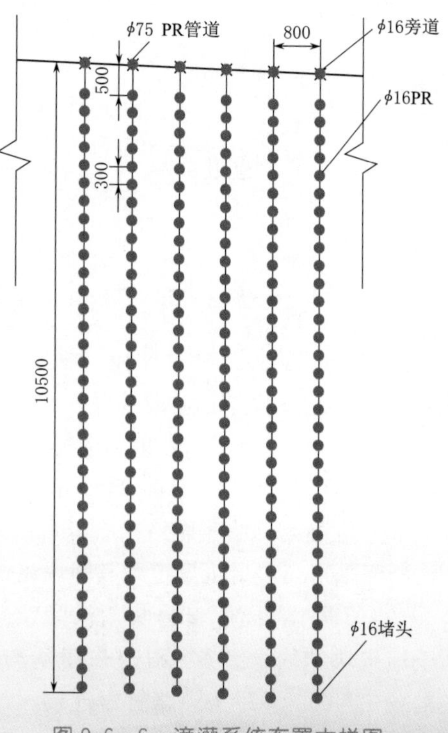

图 9.6－6　滴灌系统布置大样图

根据水源水质状况，选用离心过滤器 1 台、叠片过滤器 1 台，管网首部枢纽包括逆止阀、闸阀、进排气阀、压力表等设施。

9.7 效益分析

9.7.1 经济效益分析

科学的雨水收集、合理储存及使用是节能减排的一个有效途径，是充分发挥雨水利用价值的有效保障。科学、合理、高效地利用雨水资源，不仅可以有效缓解水资源紧缺压力，改善水资源短缺的状况，而且可有效减少地下水使用，改善目前地下水超采的状况，改善区域生态环境。

（1）蔬菜产出对比。1～4 号温室大棚从 2020 年 9 月定苗后，到 2021 年 5 月盛果期结束，均采用收集的雨水进行灌溉，而农场北区其他大棚使用地下水进行灌溉，肥料使用量相当。以 1 号、2 号大棚使用“雨水＋滴灌”灌溉，3 号、4 号大棚利用“雨水＋地面管灌”灌溉，北区 6 号、8 号大棚利用“地下水＋地面灌溉”，进行了西红柿产量对比。试验结果见表 9.7－1。

表 9.7－1　不同水源灌溉方式下西红柿产量对比

处理序号	水源及灌溉	种植作物	平均亩产/(kg/亩)	单个大棚种植面积/m^2	单棚产量/kg	增产幅度/%	单棚增产效益/kg	单棚增收效益/元
基本处理	地下水＋管灌	西红柿	12186	2000	36540	—	—	—
对比处理 1	地下水＋滴灌	西红柿	12814	2000	38423	5.2	1883	9415.3
对比处理 2	雨水＋滴灌	西红柿	13256	2000	39748	8.8	3208	16042.0

使用“地下水＋地面灌”的西红柿产量平均为 12186kg/亩，使用“地下水＋滴灌”的西红柿产量平均为 12814kg/亩，使用“雨水＋滴灌”进行滴灌的西红柿产量达到 13256kg/亩，利用“雨水＋滴灌”的西红柿产量最高，较使用示范区传统灌溉方式“地下水＋管灌”增产幅度达到 8.8％，单棚增收 1.6 万元，具有良好的经济效益。

（2）用水量对比。使用“地下水＋地面灌”的西红柿全生育期灌水，根据灌水记录，1 个月平均灌水 3 次左右，单次灌水定额平均为 21m^3/亩；“地下水＋滴灌”和“雨水＋滴灌”的西红柿地下水灌水定额控制在 1.9m^3/亩，1 个月灌水 10 次左右。“地下水＋地面灌”的西红柿全生育期灌溉定额为 567.0 m^3/亩，“雨水＋滴灌”的西红柿生育期灌溉定额为 174.1m^3/亩，1 个大棚年均节约用水 1178.7m^3/亩，节水效益可观，可节水大量宝贵的地下水。各灌溉处理下的用水量和节水情况见表 9.7－2。利用“雨水＋滴灌”模式可以大大减少灌溉定额，利用当年收集的雨水（2020 年降水为丰水年，雨水收集量充足）满足 1～4 号大棚的灌溉需求。

（3）用电量对比。示范区 1～4 号大棚，雨水集蓄利用的水泵为选用 QX20－32－3N 型水泵，流量 20m^3/h，扬程 32.0m，电机功率 3kW。示范区机井抽取地下水的机井泵利用的是 11kW 的潜水泵，机井大扬程，耗电量较大。根据实际测算，利用雨水灌溉相比较利用井水灌溉，年可以节约用电 285kW·h/亩。

表 9.7-2　　不同水源灌溉方式下西红柿灌水量对比

处理序号	水源及灌溉	种植作物	单次灌水定额 /(m^3/亩)	灌溉定额 /(m^3/亩)	单棚灌水量 /m^3	节水量 /m^3
基本处理	地下水+管灌	西红柿	21	567.0	1701	0
对比处理 1	地下水+管灌	西红柿	1.9	174.1	522	1178.7
对比处理 2	雨水+滴灌	西红柿	1.9	174.1	522	1178.7

（4）综合经济效益。本示范区内通过使用“雨水+滴灌”灌溉，具有较为好的经济效益，1～4 号大棚可实现年节水 5611m^3，从而可减少抽取地下水 6804m^3。按工程运行年限 30 年计算，工程寿命期内可减少使用地下水 20.4 万 m^3。示范区内 4 个大棚蔬菜年收入 79.4 万元，如果按照目前的地下水压采要求，深层地下水将逐步禁止使用。按照水利效益分摊系数 0.5，通过雨水利用，大棚每年由于灌溉带来的灌溉效益为 39.7 万元。

9.7.2 生态环境效益分析

示范区充分利用雨水储存灌溉，通过使用“雨水+滴灌”灌溉，由于雨水代替地下水灌溉，每年可以减少地下水开采 6804m^3，既节能环保又减少了地下水的开采，保证了农业用水，使示范区地下水漏斗区域不再扩大，缓解示范区因地下水位的下降而引起的咸水入侵、地面沉陷等环境灾害，同时改善示范区的水生态环境。涵养了水土，美化了环境，使该区域形成一个良好的生态环境，在一定程度上改善了当地小气候，因而具有较大的环境效益。

9.7.3 社会效益

项目实施以后，蔬菜大棚外设有集雨系统，使温室利用雨水灌溉来降低生产成本成为现实，灌溉水利用系数达到 0.9 以上，不仅节水增产还省了用电用工等。因此，在示范区内配备雨水收集与利用系统在技术和经济上可行，具有较高的推广价值和示范意义。本项目所起到的示范作用，有利于今后在寿光市及地下水超采地区推广使用。在现阶段我国北方地区节水压采，最严格水资源管理下的地下水减少开采、禁采的要求下，对于大棚种植户来说，使用替代水源代替原有的深层地下水灌溉，有利于化解水资源管理带来的社会风险，其社会效益显著。

9.8 本章小结

寿光市属于水资源短缺、地下水超采较为严重地区。寿光市前期通过建设地表水系联网灌溉工程、雨洪资源利用工程、南水北调配套工程、中水回用工程、水肥一体化节水灌溉工程等，压减地下水开采量；通过建设地下水人工回灌补源和湿地保护等工程，保护和修复了地下水环境，在地下水管理保护的相关工程建设上取得了较大的成绩。然而，寿光市作为全国都蔬菜基地，大棚种植面积超过 60 万亩，大棚蔬菜以抽取地下水灌溉为主，点多面广，一些调水、配水、中水工程难以直接被利用，加之灌溉方式大多较粗放，导致地下水位下降较快，不利用水资源的可持续利用。寿光市蔬菜大棚雨水收集和利用对于寿光市这样需水量大而缺水地区，是满足其产业特点、经济社会效益俱佳的模式，可以促进寿光市农业长期高效发展。通过山东省利用亚行贷款地下水漏斗区域综合治理示范项目——绿色大棚雨水收集与回用示范工程的建设与应用，得到了以下结论。

（1）在地下水管理保护的相关工程建设上取得了很大的成绩。根据当地的实际情况，建设了地表水系联网灌溉工程、雨洪资源利用工程、南水北调配套工程、中水回用工程、水肥一体化节水灌溉工程等，从而可以压减地下水开采量；建设了地下水人工回灌补源和湿地保护等工程，保护和修复地下水环境。

（2）在国内首次创新性提出了雨水收集绿色大棚的概念：充分利用大棚汇集雨水的能力，通过雨水集蓄、净化、高效利用，将收集的雨水直接用于大棚作物灌溉，尽量以自身收集的雨水满足作物灌溉需求（以其他水源作为补充灌溉水源）的设施农业及雨水集蓄利用系统。

（3）“绿色大棚雨水收集与回用示范工程项目”按照国际和国内专家要求进行了设计和实施，根据已建雨水收集系统（RWHS）的建后运行情况，汇流、收集、存储系统工作良好，达到了研究项目最初的设计理念和目的，有利于减少示范区地下水开采，产生了较好的社会生态环境和经济效益。

（4）“绿色大棚雨水收集与回用示范工程项目”对雨水直接收集净化利用，通过蓄存的雨水水质分析，水质符合《农田灌溉水质标准》要求，含盐量等比地下水低，更有利于作物生长，是一种可以直接利用的宝贵资源。

（5）绿色大棚雨水收集与回用系统，配套太阳能供电大棚灌溉控制系统、水肥一体化灌溉系统，实现了从“水源—灌溉—监控”的高效集水、用水、管理体系，在设施农业雨水收集利用方面具有较好的创新性和示范性。

（6）通过“绿色大棚雨水收集与回用示范工程项目”示范来看，农户对此持积极态度。相关示范成果的推广，集雨工程和设备设施前期投入较大，产生的生态环境效益对区域和社会发展有益，因此不应由农户个人承担全部的投资。绿色大棚集雨工程即使有较好的经济效益，但仅靠农户也难以单独承担投资。因此从费用承受能力和受益方分析，政府都应承担部分建设费用。建议以政府为主导进行绿色大棚雨水收集与回用工程投资，使用政府财政补贴或者先干后补的方式推动绿色大棚雨水收集与回用。

（7）雨水收集利用前景广阔。寿光市北部地区受海水入侵影响，地下水含盐量较高，无法直接灌溉作物，发展设施农业，受限制较大。通过该项示范技术，基本可以解决示范区类似地区的大棚蔬菜用水，避免开采地下承压水，对于寿光市近60万亩等蔬菜种植面积具有较大的发展潜力。对于北方其他地区的设施农业，如果能大面积推广，同样可以大量节约宝贵的地下水资源。

10

组 织 培 训

按照《项目管理手册》的要求，组织了专家讲座和两次针对管理人员和用户的培训。

10.1 专家讲座

按照《项目管理手册》的要求，于2018年7月13—15日在桓台县举办了专家讲座，邀请了太原理工大学樊贵盛教授、中国农业科学院姜文来研究员和郑州大学左其亭教授对水权、水价和水市场建设等有关问题举办了专家讲座。专家讲座内容见表10.1-1；专家讲座现场见图10.1-1～图10.1-4。

表10.1-1 专家讲座内容

时 间	主讲人	报告题目	报告主要内容
2018年7月14日上午	左其亭	我国水权、水价和水市场建设进展与问题思考	1. 水权、水价和水市场有关理论基础介绍 2. 我国水权制度建设进展与问题思考 3. 我国水价研究进展与问题思考 4. 我国水市场建设进展与问题思考（工作进展、国家要求、存在问题和相关建议）
2018年7月14日下午	姜文来	中国水资源管理水权水市场	1. 中国水资源现状问题与政策 2. 中国水权 3. 中国水价 4. 中国水市场 5. 亚行专家交流
2018年7月15日上午	樊贵盛	节水型社会建设的若干问题	1. 典型节水型社会试点县案例 2. 农业水价综合改革 3. 节水型社会达标建设标准解读与申报
2018年7月15日下午	樊贵盛	节水型社会建设的思路与实践	1. 水资源与水问题 2. 节水型社会建设概述 3. 县域节水型社会建设的思路与做法 4. 节水型社会建设的效果 5. 节水型社会建设的示范与推广

图 10.1-1　专家讲座现场

图 10.1-2　樊贵盛讲座现场

图 10.1-3　左其亭讲座现场

图 10.1-4　姜文来讲座现场

10.2　管理人员和用户培训

2020 年 9 月和 2021 年 6 月，组织专家在桓台县新城镇举行了两次针对管理人员和用户的培训。管理人员培训的主要内容包括：按照亚行政策提供经济分析和管理方面的培训、提供财务分析与管理方面的培训、地下水资源管理培训、有关综合性水资源管理与社会发展的培训；用户培训的主要内容包括：提供有关水利基础设施管理、农业用水基础设施管理培训、提供农业节水培训、水利基础设施和信息管理系统的培训、用水协会开发和管理培训。专家讲座内容见表 10.2-1；讲座现场见图 10.2-1～图 10.2-10。

表 10.2-1　　专家讲座内容

时间	主讲人	报告题目	报告主要内容
2020 年 9 月 4 日	协会管理专家	水资源综合管理能力建设 （协会管理部分）	1. 农民用水户协会组建与运行 2. 农民用水户协会运行管理手册 3. 农民用水户协会财务管理 4. 农民用水户协会章程

续表

时 间	主讲人	报告题目	报告主要内容
2020年 9月4日	水资源经济 分析专家	水权、水市场与 农业水价	1. 水权和水市场 2. 国内外水权和水市场研究进展 3. 水价及农业水价 4. 国内外水价研究进展 5. 示范区概述 6. 示范区农业水价
	农业灌溉 专家	水资源综合管理能力建设 （农业灌溉部分）	1. 国内外农业灌溉技术、农田灌溉政策现状 2. 示范区作物需水量计算与分析 3. 灌溉定额的确定 4. 实施农业精准用水的保障技术 5. 灌溉制度优化
2021年 6月23日	水费专家	农业用水与协会 财务管理	1. 农业用水及管理 2. 用水户协会财务管理 2.1　财务管理的作用 2.2　财务管理的内容 2.3　财务分析 3. 农业用水管理成功案例 3.1　甘肃石羊河流域农业用水模式 3.2　宁夏红寺堡管理农业用水管理模式及水权交易
	水资源管理 专家	研究概况与水资源 管理政策	1. 研究概况 1.1　研究背景 1.2　研究目标 1.3　工作范围 1.4　技术路线和方法 1.5　工作任务 2. 水资源管理政策 2.1　国外水资源管理政策和管理体制 2.2　国内政策法规制度 2.3　水权水市场制度体系 2.4　新型水资源价格管理机制 2.5　地方行政法规
	农业节水 专家	节水灌溉技术与 农业综合水价改革	1. 节水灌溉概述 2. 节水灌溉技术与措施 3. 水肥一体化技术 4. 农业水价综合改革
	水利工程 专家	绿色大棚雨水收集与 回用示范工程雨水 利用高效灌溉	1. 国内外雨水利用情况 2. 寿光市大棚雨水收集与回用示范工程

续表

时 间	主讲人	报告题目	报告主要内容
2021年6月23日	社会发展专家	水资源与社会可持续发展的适应关系研究专题	1. 水资源与社会经济发展的关系 2. 国内外水资源与社会发展现状 3. 水资源和社会发展产生的问题（水问题） 4. 研究内容 5. 水权水市场对于社会可持续发展的作用 6. 综合性水资源管理措施
	地下水资源管理专家	地下水监测与监控技术及应用	1. 地下水监测的作用 2. 地下水监测站点选取典型因素分析 3. 案例
	水资源信息管理专家	水资源综合管理能力建设—水资源信息管理技术培训	1. 研究概况 2. 水资源技术管理现状 3. 水资源信息管理目标与内容 4. 农业用水信息调度中心 5. 农业用水信息化管理 6. 水权交易信息化管理

图 10.2-1　协会管理专家讲座现场

图 10.2-2　水资源经济分析专家讲座现场

图 10.2-3　农业灌溉专家讲座现场

图 10.2-4　水费专家讲座现场

图 10.2－5 水资源管理专家讲座现场图

图 10.2－6 农业节水专家讲座现场

图 10.2－7 水利工程专家讲座现场

图 10.2－8 社会发展专家讲座现场

图 10.2－9 地下水资源管理专家讲座现场

图 10.2－10 水资源信息管理专家讲座现场

10.3 现场调研

在项目实施过程中，根据《山东省地下水漏斗区域综合治理示范项目——项目管理手册》对专家组每位专家的任务要求，更好地推广研究成果，增加示范推广县的直观认识，提高专家完善课题报告的质量水平，特组织课题专家组成员及课题示范县与推广县的管理、技术人员针对水权、水市场、农业水价综合改革、节水灌溉技术、工程管理等方面调研了有突出成效的地区，有宁夏银川、甘肃武威，山东省济宁市、宁津县、沂源县和东平县，将好的经验融入到本课题中。调研现场见图10.3-1～图10.3-6。

图10.3-1　宁夏银川调研现场

图10.3-2　甘肃武威调研现场

图10.3-3　济宁市调研现场

图10.3-4　宁津县调研现场

图10.3-5　沂源县调研现场

图10.3-6　东平县调研现场

11

研 究 成 果 与 建 议

11.1 研究成果

专家组通过研究、借鉴国内外已有的成熟经验和成功案例，根据桓台县和寿光市两个示范区的具体实际，通过几年的实施，提出了系统化的技术措施，形成如下成果。

11.1.1 理论研究成果

(1) 通过对严格水资源管理、水权水市场建设、水价改革、政策法规研究制定、基层服务体系建设等体制机制的再创新，使水资源管理，特别是地下水管理进入规范化、科学化、有序化的程序和轨道。不但使水资源的管理与保护意识深入人心，而且形成了制度的保障和灵活有效的管理机制。

(2) 依据国内的水资源管理、社会发展、农业水价、农业灌溉技术、节水技术、水资源信息管理技术和协会管理等方面的法律、法规、政策的制定进行了深入分析。为下一步在以上各方面出台新的政策提供了可参考依据。

1) 总结了我国水资源现行的管理体系及框架，提出了水资源产权方面存在的制度缺陷及水权水市场方面建立制度的可行性和必要性。

2) 在落实地下水管理政策，特别是进行地下水水位、水量双控管理的过程中要高度重视地下水特征的空间差异性，做到因地制宜，避免“一刀切”造成的失误。

3) 我国农田水利立法，明显滞后于农田水利建设和管理发展需要。在政策制定和管理方面，应做规范小型农田水利工程建设项目立项程序和建设管理，明确中央与地方农田水利事权划分，继续加强中央对农田水利的统一指导并承担主要责任，完善灌溉面积保护制度、建立农田有效灌溉面积控制红线，合理确立农田水利工程产权主体和管护主体，并依此确立农田水利工程管理体制，推进改革和尊重传统相结合，细化农民用水合作组织管理机制。

4) 在分析目前农田灌溉管理中存在的相关问题，提出了农田灌溉工程管理措施与非工程激励政策相结合的解决思路，其中工程管理措施包括完善管理体制和运行机制、做好建后管理工作、加大灌溉监管力度和加大资金与高科技投入；非工程激励政策包括农用水资源需求管理的激励机制、农用水资源需求管理的运作机制、农用水价格提高的运作形式以及实施农业用水精准补贴与节水奖励政策。

5）由于水资源项目具有准公益性的特点，大规模投资仅靠政府投资是难以承担的，如何采用市场化的投资方式，动员社会资本投资水资源行业是当前迫切需要研究的一个重要问题。通过分析政府与社会资本的关系、社会资本投资水资源行业的方式与风险，提出了农村水利建设项目融资机制与运行模式的建议，包括加强投融资法律法规及管理制度建设、建立灵活有效的融资机制、吸引社会资本投资、推进水权制度改革和探索多元化投资主体。

6）从广义和狭义两方面说明了可持续发展目标，总结了可持续发展视角下的水资源管理策略包括的内容，包括水资源可持续利用的制度建立、严格“三条红线”落实追究制度、构建节水型社会、水权水市场建立、鼓励非常规水的开发利用。

（3）目前我国农业水权交易已经取得了初步成果，特别是跨地域的水权交易，对促进水资源向高效率、高效益行业流转，进而提升水资源整体效率和效益，优化了资源配置，起到了较好的作用。本章明确了水权的基本定义、农业初始水权分配方案、分析了现行水权制度存在的问题，从水资源管理、水利工程、灌溉、节水、水资源信息管理等多方面对水权交易、市场设置和法规制定等提出建议。

1）通过分析地下水开发利用管理存在的问题，提出实行地下水水权分配与交易制度建设，是一项有效的解决手段。因此，提出在项目示范区积极开展地下水水权分配与交易制度的探索与实践，促进地下水超采漏斗区的治理是必要的。

2）根据作物-水模型，可以得到作物不同生育期对水分的敏感性，进而对制定限水条件下合理的灌溉制度具有非常重要的意义，不仅可以提高水资源的配置效率，而且可以保证水资源和生态环境的可持续发展。通过在示范区建立初始水权分配制度、分类水价形成制度、节水精准补贴制度、农业节水奖励制度以及水利工程产权制度，充分合理利用经济杠杆，建立科学合理的有偿分配方式，激励用水户节水的积极性。

3）按照最严格水资源管理制度，以县域为单元，科学合理地分配农业水权，建立起水权交易制度，让农民成为通过转让节余水量获得收益的主体，最大限度地释放农业水价综合改革的活力。提出了农业初始水权的具体分配办法。

4）从社会发展方面分析了水权确立对社会发展的促进作用，水权交易市场是缺水区域经济发展强有力管理措施。

5）从水资源信息管理方面提出为保障桓台县水资源管理信息系统建设、运行，如制定县级智慧水利云服务技术模板、机井灌溉控制装置技术模板，从而从信息化管理角度规范水权交易、促进水资源的节约、保护和优化配置。

（4）节水灌溉技术对于用水农户而言，同劳动力和土地一样属于生产要素。因此，提高农民对节水技术的接受和使用程度，除了加大对农业节水的宣传力度之外，还应该从能让农民获益的方向考虑。现在节水技术有两个发展方向：一个是培育节水抗旱的作物，即生物节水；另一个是利用工程措施提高灌溉水利用率，即工程节水。另外，就是加强设备材料的研究，从而降低节水设备成本，延长设备使用年限。

1）在分析山东省各地区自然条件、流域特点、农业生产条件及其他影响农业灌溉用水因素的基础上，结合水资源综合利用和现有行政分区，划分了不同的农业灌溉分区，进而提出了示范区所在区域的节水灌溉发展措施。

2）确定合理的灌溉定额是示范区推广高效节水灌溉的前提，也是制定水权交易制度的基础。过计算参照作物的需水量来计算实际的作物需水量，根据作物需水量以及生育期内有效降水量、地下水补给量以及非工程措施的节水量，确定示范区的合理灌溉定额。

3）形成了典型井灌区农业综合节水灌溉的技术体系，高效节水灌溉工程体系（水源与取水工程部分、输水配水管网系统和田间灌水系统）、农艺节水技术措施（抗旱节水品种的选育与应用技术、耕作覆盖保墒技术、非充分灌溉技术、植物抗旱剂及作物种植结构调整等）和节水农业管理技术措施（节水灌溉制度、作物灌溉水量优化分配、土壤墒情监测与灌溉预报技术、水资源的政策管理、灌区信息化管理、建立完善的农业用水水价体系以及提高农民节水灌溉的意识）。该体系的提出为示范区建立节水灌溉技术提供了依据。

（5）要加强经济和制度的手段在水资源管理中的作用，现行的工程和行政手段具有成本高、收益低、周期长等明显缺点。而经济手段能够快速灵活的调节水资源供需，水价激励机制是一个很好的刺激机制，但是过高的水价反而会加重农民负担，引起农业的负面效应。因此，一个能够让农民承受且能刺激他们节水意识的“阶梯式”水价成了一个必须快速解决的问题。本项目参照现有的农业水权分配，对示范区的农业灌溉水权水量进行分析研究，提出了长期水权和短期水权的概念，并对长期水权水量和短期水权水量进行了研究。

1）参照现有的农业水权分配，对农业灌溉水权水量进行分析研究，提出了长期水权和短期水权的概念，并对长期水权水量和短期水权水量进行了研究。

2）考虑到不同因素对农业水价的影响，建立了基于水权分配下的农业水价模型。随着农业水权分配制度在全国各地的推广和实施，水权分配情况下农业水价模型日益受到关注。本研究从多个方面，分别建立了基于长期水权和短期水权相对应的农业水价模型。考虑到成本补偿，建立了基于成本补偿的长期水权和短期水权的全成本水价和运行成本水价模型；考虑到生态环境治理对农业水价的影响，建立了基于生态环境补偿的长期水权农业水价模型；考虑到资金的时间价值，建立了考虑资金时间价值和不考虑资金时间价值的农业水价模型；考虑到奖励和惩罚激励对农户节水行为的影响，建立了基于奖惩激励机制的农业水价模型；同时考虑到农户承受力动态变化，建立了农户承受力动态水价模型，并结合短期水权与农户动态承受力建立了动态协调农业水价模型。

3）按照山东省农业水价综合改革的要求，提出了农业节水精准补贴机制和节水奖励机制，包括奖补对象、奖补标准、奖补资金来源与责任，为示范区奖补资金的制定、分配提供了制度基础。

11.1.2 实例研究成果

11.1.2.1 桓台县示范区

（1）项目组专家在桓台县示范区通过合理配置水资源、制定作物灌溉定额、分配初始水权、制定水权交易制度、建立水权交易市场、实施农业水价综合改革、升级 IC 卡系统、重建农民用水者协会、建立农业用水需求信息化管理制度等一系列综合性节水措施，从而形成最严格的水资源管理系统，做到“制度节水、工程节水、管理节水”，使地下水管理进入了“规范化、科学化、有序化”的程序和轨道，从而达到节约用水、抬高地下水位、缓解地下水超采的目的。通过项目的实施，桓台县示范区地下水位由2016年的6.28m抬高到2020年的9.55m。

（2）对国内外的农业灌溉（节水）技术、水利基础管理、农业水价综合改革、水权交易、水资源信息管理等方面的供水政策和制度进行了深入研究、分析。通过总结，制定了针对示范区的水权分配、水权交易、水价定制、补贴奖励、协会管理等政策，取得了初步成果，对促进规范提升水资源整体效率和效益，进一步优化水资源配置，起到了较好的作用，也为下一步示范、推广起到了较好的借鉴作用。

（3）示范区种植的主要作物为冬小麦和夏玉米，主要采用“机井＋水电双控设备＋管道＋田间窄短畦＋地面软管”和“机井＋水电双控设备＋管道＋卷盘式喷灌机”两种灌溉型式。根据作物的需水规律以及生育期内有效降水量、地下水补给量以及非工程措施的节水量，计算得到示范区冬小麦和夏玉米25%（丰水年）、50%（平水年）和75%（枯水年）保证率下净灌溉定额，由于不同灌溉方式的灌溉水利用系数不同，得到在不同保证率时，管灌、喷灌两种灌溉方式下的冬小麦和夏玉米毛灌溉定额之和，但是两种灌溉方式得到的灌溉定额仍高于桓台县的亩均水权209.60m/亩。目前，如果严格按照亩均水权进行灌溉，不但农户不接受，而且会造成作物减产，为了提高农民对示范区限采方案的支持，逐步达到减少地下水超采、节约用水的目的，现提出示范区“亩均限采水量”的概念。平水年管灌、喷灌的冬小麦和夏玉米毛灌溉定额之和分别为235.00m^3/亩、221.00m^3/亩，为了鼓励农户采取更节水的灌溉方式，以平水年管灌的冬小麦和夏玉米毛灌溉定额之和为235.00m^3/亩，作为选取“亩均限采水量”的依据。待农户接受限采方案和节水灌溉方式后，逐步将“亩均限采水量”减小到亩均水权以下。

（4）综合考虑各项因素和水价制定的基本原则，对示范区的农业水价进行了全方位、多方面的分析研究。参照现有的农业水权分配，对示范区的农业灌溉水权水量进行分析研究，提出了长期水权和短期水权的概念，并对长期水权水量和短期水权水量进行研究。建立了基于成本补偿的完全成本水价模型、基于水权分配下的农业水价模型、基于生态环境补偿的农业水价模型、考虑和不考虑时间价值的成本水价模型、基于用水奖惩激励机制的农业水价模型和基于短期水权的动态协调农业水价模型，同时对农户经济承受力和心理承受力分别建立模型进行分析计算。结合示范区农户的实际情况，通过多模型对比分析，提出了适用于示范区的水价模型为“不计贷款本息的运行成本阶梯水价模型”，该模型既考虑了农业用水的奖惩机制，又考虑了农户的经济承受力，农户灌溉定额300.00m^3以内用水，农业水价为基本水价0.262元/m^3（为让农户逐步适应、接受农业水价综合改革，示范区内农户只交纳电费，其他费用由政府补贴）；当农户亩均灌溉用水量在300.00（含）～360.00m^3，按照1.5倍基本水价即0.393元/m^3执行；当农户亩均灌溉用水量在360.00～420.00m^3（含），按照2.0倍基本水价即0.524元/m^3执行；当农户亩均灌溉用水量大于420.00m^3，按照2.5倍基本水价即0.655元/m^3执行。随着农户用水量的加大，阶梯水价变化趋势明显，这有利于示范区的农业灌溉节水和地下水环境保护。

（5）桓台县示范区的水利工程是由2009年小型农田水利重点县项目建设的，灌溉型式采取“机井＋水电双控设备＋管道＋田间畦田＋地面软管”和“机井＋水电双控设备＋

管道＋卷盘式喷灌机”两种灌溉型式，在没有额外水利工程投资的基础上，专家组提出打破原有常规灌溉方式，将畦田进行分段，采取分段退水灌溉方式，即将长畦分段为多个短畦田，从末段短畦田首端开始灌溉，待水流推进到畦田末端停止灌溉，再从末段短畦田的前一段短畦田首端开始灌溉，待水流推进到末段短畦田的首端停止灌溉，直到从长畦田首段短畦田首端开始灌溉，待水流推进到畦田首段短畦田末端停止整个畦田的灌溉。经过初步探索，灌溉相同长度的畦田，在满足作物所需含水率的情况下，分段退水灌溉方式比常规灌溉方式灌溉所用时间与灌水量都要节省，并且分段退水灌溉方式下的节水率、沿畦长方向的灌水均匀度比常规灌溉方式要高，从而达到减少地下水开采的目的。

（6）研究了桓台县水利信息化系统拓扑结构模型与农业用水管理系统体系架构模型。以水利信息化拓扑结构模型为基础，对桓台县农业用水管理系统拓扑结构进行了优化。信息化的建立，使得农民用水者协会通过对平台和 APP 上数据的监控，实施专家组制定的政策并进行水费的收取。通过信息化的建设，实现了现代化手段和管理的结合，方便了用水者协会的管理，方便农户之间进行水权交易。

（7）示范区制定的政策和信息化的建立，需要通过载体来实现，这个载体就是管理。为了能使协会真正发挥作用与可持续发展，桓台县政府拨款财政资金 30 万元，作为协会的启动资金。协会要做到有法可依，一切依法办事，从根本上改变协会的弱者地位，也必然离不开完善的法律法规与政策的支持。

1）针对运行过程中存在的问题，对示范区的节水灌溉工程管护主体进行了适当的调整，由协会转移至用水小组。协会职能变为对示范区计划用水进行管理监督，协助政府加强地下水资源管理，指导用水组开展节水灌溉并提供技术服务。

2）水费（电费）由单井用水小组推选出来的“井长”负责收取，工程折旧费、大修费和维护保养费等费用支出日常不再收取，上述费用实际发生后，由“井长”负责向其下属的用水小组成员按照面积或户数分摊。对于不能解决的问题，可向协会申请有偿服务。

（8）应用 GMS 地下水模拟软件建立示范区的三维水文地质数值模型，将实行梯级水价制度、“梯级水价制度＋协会制度”管理双重节水制度等节水方案转化为模型中的源汇条件，预测不同方案下地下水位动态特征，同时将政策节水方案进行推广，模拟评价地下漏斗区综合治理效果。

11.1.2.2 寿光市示范区

通过山东省利用亚行贷款地下水漏斗区域综合治理示范项目——水资源保护政策示范行动能力发展绿色大棚雨水收集与回用示范工程的建设与应用，得到了以下结论。

（1）在地下水管理保护的相关工程建设上取得了很大的成绩。根据当地的实际情况，建设了地表水系联网灌溉工程、雨洪资源利用工程、南水北调配套工程、中水回用工程、水肥一体化节水灌溉工程等，从而可以压减地下水开采量；建设了地下水人工回灌补源和湿地保护等工程，保护和修复地下水环境。

（2）在国内首次创新性提出了雨水收集绿色大棚的概念：充分利用大棚汇集雨水的能力，通过雨水集蓄、净化、高效利用，将收集的雨水直接用于大棚作物灌溉，尽量以自身收集的雨水满足作物灌溉需求（以其他水源作为补充灌溉水源）的设施农业及雨水集蓄利用系统。

(3)“绿色大棚雨水收集与回用示范工程项目”按照国际和国内专家要求进行了设计和实施，根据已建雨水收集系统（RWHS）的建后运行情况，汇流、收集、存储系统工作良好，达到了项目最初的设计理念和目的，有利于减少示范区地下水开采，产生了较好的社会生态环境和经济效益。

(4)“绿色大棚雨水收集与回用示范工程项目”对雨水直接收集净化利用，通过蓄存的雨水水质分析，水质符合《农田灌溉水质标准》要求，含盐量等比地下水低，更有利于作物生长，是一种可以直接利用的宝贵资源。

(5)绿色大棚雨水收集与回用系统，配套太阳能供电大棚灌溉控制系统、水肥一体化灌溉系统，实现了从“水源—灌溉—监控”的高效集水、用水、管理体系，在设施农业雨水收集利用方面具有较好的创新性和示范性。

(6)通过“绿色大棚雨水收集与回用示范工程项目”示范来看，农户对此持积极态度。

(7)雨水收集利用前景广阔。对于北方其他地区的设施农业，如果能大面积推广，同样可以大量节约宝贵的地下水资源。

11.2　建议

11.2.1　水资源经济分析

根据农业水价计算结果，提出以下几点建议。

(1)由于示范区主要农作物为小麦和玉米，基本上不种植经济作物，农户收入较低，根据农户心理承受力模型的计算结果，示范区农户心理承受力较低，因此建议在农业水价实施初期，项目贷款本息由政府出资偿还，示范区农业水价采用不计贷款本息，以减轻农民负担，维护国家粮食安全，保护农民的种粮积极性。

(2)示范区农业灌溉用水量大，地下水超采严重，对生态环境影响较大。由于生态治理措施所带来的生态效益难以量化，目前还没有合理计算生态环境效益的准确方法，本次研究只是粗略估算出生态环境补偿项，建议以后加强生态治理的环境效益方法研究，为地下水漏斗区治理效果评价提供可靠的理论支撑。

11.2.2　政策研究

(1)进一步对国内供水政策和制度进行分析，从理论和实践上逐步积累总结先进经验做法。

(2)在2020—2021年的蔬菜种植季内，对寿光绿色大棚雨水收集系统进行全面的运行，总结经验，为下一步实施可复制、可推广的示范样板打好技术基础。

11.2.3　农业灌溉

(1)提高农民对节水灌溉技术的接受和使用程度。必须提高农民对节水技术的接受和使用程度，配合政府财政扶持、补贴以及优惠政策来刺激农民对于节水灌溉的需求。

（2）加强节水灌溉设施的维护管理。针对在实际工作过程中的重建设轻管理的现象，必须明晰节水灌溉工程产权，建立一套行之有效的管理制度，明确权责，将制度落实到人，从而延长节水灌溉设施的使用寿命。

11.2.4 农业节水

（1）建设节水灌溉工程是发展农业节水的基础，工程建设的同时需要建立与之匹配的工程管理组织和管理制度，做到有人建、有人管、有人用，谁受益，谁管护。

（2）完善的工程和管理是发展农业节水的前提，建立科学的节水制度和节水意识是发挥节水效益的关键。

11.2.5 地下水资源管理

（1）地下水水位控制管理工作。水量水位双控管理是做好地下水管理工作的一个基本要求。要做好地下水位控制管理必须根据自然条件的差异确定不同区域的地下水位控制目标。目前在示范区这方面的工作还需要加强。比如寿光市，建议在弥河冲积扇的首部和尾部、弥河近岸与远岸、距离咸水入侵锋面的远近等确定不同的地下水位控制目标；在桓台县，对于浅层含水层（组）和深层承压水含水层组也需要分别制定水位控制目标。

（2）有关工程建设工作。有关的工程建设工作还需要继续开展。比如寿光市南水北调续建配套工程支线管网不完善，工业用水目前还未达到管网全覆盖，下一步要继续配套完善调水供水工程，为替代地下水资源，修复地下水环境作支撑。

11.2.6 水资源信息管理

对农业用水信息资源管理系统的建设建议：整合桓台县现有业务应用系统数据资源，以现有业务数据库为基础，采用大数据技术，建设农业用水信息资源管理所需的数据库、业务所需的各类数据库及其数据服务系统。实现数据的采集、接入、审核、交换、共享、管理、分析、模型生成等功能。

11.2.7 协会管理

应加强对用水者协会实施过程的监测与评价，可使项目的决策者或执行者及时掌握协会的动态与进程，不断地总结经验与教训，并随时加以改进和提高，使用水者协会朝着正确的方向与预期的目标持续的发展。

参 考 文 献

[1] 邹体峰．美国水资源综合管理实践与思考［J］．中国水能及电气化，2012，(Z1)：41－45.

[2] 张保祥．日本水资源开发利用与管理概况［J］．人民黄河，2012，34（1）：56－59.

[3] 董石桃，艾云杰．日本水资源管理的运行机制及其借鉴［J］．中国行政管理，2016（5）：146－151.

[4] 和夏冰，殷培红．澳大利亚水管理法律规定及启示：基于《水法》［J］．国土资源情报，2017，(12)：15－20.

[5] 柳一桥．美国、法国和以色列农业水价管理制度评析及借鉴［J］．世界农业，2017（12）：93－98.

[6] 姜文来．农业水价政策及建议［J］．中国农业信息，2008（9）：8－10.

[7] 刘万海．国内外水价研究动态［J］．环境科学，2009（13）：126－127.

[8] 佚名．国外水价确定模式应用情况［J］．积水排水技术动态，2004（1）：43－44.

[9] Bos M G，WaltersW. Water charges and irrigation efficiencies［J］．Irrigation and Drainage Systems，1990（4）：267－278.

[10] Rosegrant M W，Binswanger H P. Markets in tradable water rights：potential for efficiency gains in developing country water resource allocation［J］．World Development，1994（22）：1613－1625.

[11] WICHELNS D. Agricultural water pricing：United States［R］．Paris：OECD，2010.

[12] Organization for economic co－operation and development. Agricultural policy reform in Israel［R］．Paris：OECD，2010.

[13] JAMES E N，OGURAC. Agricultural water pricing：Japan and Korea［R］．Paris：OECD，2010.

[14] CORNISHGA，PERRYCJ. Water charging in irrigated agriculture：lessons from the field［R］．Wallingford：HRWallingford Group Ltd，2003.

[15] SEAMUSP，ROBERTS. Agricultural water pricing：Australia［R］．Paris：OECD，2010.

[16] 周晓花，程瓦．国外农业节水政策综述［J］．水利发展研究，2002（7）：43－45.

[17] John J. Pigram. Economic Instruments in the Management of Australia's Water Resources：A Critical View；International Journal of Water Resources Development，Volume 15，1999－Issue 4.

[18] 蔡鸿毅，程诗月，刘合光．农业节水灌溉国别经验对比分析［J］．世界农业，2017（12）：4－10.

[19] 宋文妍，李东晗．国外现代节水灌溉技术应用综述［J］．黑龙江水利科技，2006，34（1）：95.

[20] 付强，王志良，梁川．多变量自回归模型在三江平原井灌水稻需水量预测中的应用［J］．水利学报，2002，33（8）：107－112.

[21] 李洁．作物的生理节水及需水关键期（一）［J］．节水灌溉，1999（1）：35－37.

[22] 康少忠，蔡焕杰．农业水管理学［M］．北京：中国农业出版社，1996：101－102.

[23] 龚元石．Penman－Monteith 公式与 FAO－PPP－17Penman 修正式计算参考作物蒸散量的比较［J］．中国农业大学学报，1995，21（1）：68－76.

[24] 毛健．国内外雨水利用现状［J］．山东化工，2020，49（3）：59－61.

[25] 郭少宏．旱作农业区雨水高效利用技术与模式研究——以内蒙古准格尔旗为例［D］．北京：中国农业科学院研究生院，2006.

[26] Prinz D，Wolfe S，Segret K. Water harvesting for crop production［M］．Rome：FAO Training

Corse，2000.

[27] Ray - shyan Wu，en - Ray Sue，hing - Ho Chen，hu - Liang Liaw. Imulation model for inestgating effect of reservoir operation on water quality [J]. Environmental Software. 1996，1 (3)：43 - 150.

[28] 周亚平，李欣苓，李晓辉，等．浅析我国大型灌区信息化建设 [J]．水利水文自动化．2007，(3)：23.

[29] Jiang J A，Wang C H，Chen C H，et al. A WSN - based automatic monitoring system for the foraging behavior of honey bees and environmental factors of beehives [J]. Computers and Electronics in Agriculture，2016，123 (C)：304 - 318.

[30] 2018国务院机构改革方案.

[31] 王娇妮．我国水资源流域管理的立法建议 [J]．剑南文学（下半月），2011 (10)：277 - 279.

[32] 陈雷．实行最严格的水资源管理制度 [J]．河南水利与南水北调，2015 (23)：10 - 12.

[33] 刘世庆，郭时君，刘玉邦．我国水价机制改革初探 [J]．人民长江，2014，45 (1)：106 - 109.

[34] 赵娉婷，胡继连，徐光增．我国水资源管理体制研究 [J]．水利经济，2004，22 (5)：1 - 3.

[35] 杜斌．渠村灌区水资源多目标优化配置研究 [D]．北京：华北电力大学，2017.

[36] 杨晓华，杨志峰，郦建强．区域水资源开发利用程度综合评价的 GPPIM [J]．自然资源学报，2003 (6)：760 - 765.

[37] 郑航．以提高水生产力促进最严格水资源管理制度实行 [J]．中国水利，2012 (9)：24 - 27.

[38] 姜文来．农业水价承载力研究 [J]．中国水利，2003 (6)：41 - 43.

[39] 汪志农，熊运章，王密侠．适应市场经济的灌区管理体制改革与农业水价体系 [J]．中国农村水利水电，1999 (11)：10 - 12.

[40] 邹新峰．农村税费改革对农业水价影响分析与对策 [J]．中国水利，2005 (14)：46 - 48.

[41] 刘红梅，王克强，黄智俊．农业水价格补贴方式选择的经济学分析 [J]．山西财经大学学报，2006，28 (5)：81 - 86.

[42] 郑通汉．农业水价综合改革试点讲义 [M]．北京：中国水利水电出版社，2008.

[43] 尹庆民，马超，许长新．中国流域内农业水费的分担模式 [J]．中国人口资源与环境，2010，20 (9)：53 - 58.

[44] 王克强，刘红梅，水资源公共定价模型研究 [J]．数量经济技术经济研究，2003 (10)：72 - 75.

[45] 段永红，杨名远．农田灌溉节水激励机制与效应分析 [J]．农业技术经济，2003 (4)：13 - 18.

[46] 关良宝，李曦，陈忠德．农业节水激励机制探讨 [J]．中国农村水利水电，2002 (9)：19 - 21.

[47] 陈文江，曹威麟．改善中国农业用水管理的对策研究 [J]．科技进步与对策，2006，23 (2)：30 - 32.

[48] 曹金萍，宫永波，黄乾．山东省基于财政补贴的农业阶梯水价 [J]．中国水利，2014 (14)：54 - 58.

[49] 阚常庆，廖梓龙，龙胤慧．畦灌技术研究进展 [J]．水科学与工程技术，2012 (3)：1 - 4.

[50] 贺城，廖娜．我国节水灌溉技术体系概述 [J]．农业工程，2014，4 (2)：39 - 44.

[51] 徐文静．中国节水灌溉技术现状与发展趋势研究 [J]．中国农学通报，2016 (11)：184 - 187.

[52] 李顺平．新一代节水灌溉技术——痕量灌溉 [J]．农业技术与装备，2012 (13)：46 - 47.

[53] 陈玉民，肖俊夫，王宪杰，等．非充分灌溉研究进展及展望 [J]．灌溉排水学报，2001，20 (2)：73 - 75.

[54] 孟兆江．调亏灌溉对作物产量形成和品质性状及水分利用效率的影响 [D]．南京：南京农业大学，2008.

[55] 彭世彰．国内外节水灌溉技术比较与认识 [J]．水利水电科技进展，2004 (4)：49 - 52.

[56] 丁平．我国农业灌溉用水管理体制研究 [D]．武汉：华中农业大学，2006.

[57] 国家粮食安全中长期规划纲要 [R]．北京：国务院办公厅，2008.

[58] 关于印发国家农业节水纲要（2012—2020年）的通知（国办发〔2012〕55号）[R]. 北京：国务院办公厅，2012.
[59] 关于推进农业水价综合改革的意见（国办发〔2016〕2号）[R]. 北京：国务院办公厅，2016.
[60] 山东省农业水价综合改革实施方案（鲁政办发〔2016〕44号） [R]. 济南：山东省人民政府，2016.
[61] 茆智，李远华，李会昌．逐日作物需水量预测数学模型研究 [J]. 武汉水利电力大学学报，1995（3）：253-259.
[62] 王亚军，谢忠奎，小林哲夫，等．河西绿洲区春小麦蒸腾蒸散的变化研究 [J]. 中国沙漠，1999，19（3）：272-275.
[63] 刘士平，杨建锋，李宝庆，等．新型蒸渗仪及其在农田水文过程研究中的应用 [J]. 水利学报，2000，31（3）：29-37.
[64] 张佳华，符淙斌，王长耀．遥感信息结合植物光合生理特性研究区域作物产量水分胁迫模型 [J]. 大气科学，2000，24（5）：683-693.
[65] 黄冠华．非饱和土壤水分动态的随机模拟及作物水分生产函数的研究 [D]. 1995.
[66] 罗毅，雷志栋，杨诗秀，等．潜在腾发量的季节性变化趋势及概率分布特性研究 [J]. 水科学进展，1997，8（4）：308-312.
[67] 李靖．灌区作物需水量预报的时间序列分析 [J]. 云南农业大学学报（自然科学），2000，15（2）：102-104.
[68] 王瑄，迟道才，郁凌峰．水稻各生育期需水量预测的综合模型 [J]. 灌溉排水学报，2002，21（3）：75-78.
[69] 奕永庆．雨水利用的历史现状和前景 [J]. 中国农村水利水电，2004（9）：48-50.
[70] 李海燕，罗艳红，黄延．我国农村雨水综合管理措施研究 [J]. 中国农村水利水电，2013（6）：66-72.
[71] 贾丽．我国苦咸水地区小城镇雨水渗蓄利用模式与常用设施规模研究 [D]. 北京：北京建筑工程学院，2010.
[72] 杨启国，邱仲华，杨兴国．甘肃旱作农业区发展节能日光温室蔬菜生产的可行性探讨 [J]. 干旱地区农业研究，2002，20（2）：112-115.
[73] 张素勤，邹志荣，耿广东．我国西部温室集雨节灌系统的研究及其应用 [J]. 华中农业大学学报，2004，23（6）增刊：97-101.
[74] 季文华，蔡建明，王志平，等．温室农业雨水集蓄利用工程规模优化 [J]. 农业工程学报，2010，26（8）：248-253.
[75] 袁巧霞，蔡月秋．湿润地区温室集雨系统集雨效果的研究 [J]. 节水灌溉，2008（6）：18-20.
[76] 宋雅静，余之光，彭习渊，等．数字化背景下水利“中央枢纽”顶层设计构想 [J]. 水利发展研究，2018（4）：23-26.
[77] 余艳玲．灌区水资源优化配置模型的建立及应用 [J]. 云南大学学报（自然科学版），2010，25（5）：703-705.
[78] 曹启桓．分析灌区水资源合理配置研究 [J]. 水利工程，2018（5）：168.
[79] 龚孟建．山西省夹马口管区建管模式的社会学研究 [D]. 西安：陕西师范大学，2010.
[80] 李玖颖．黑龙江省灌区信息管理系统建设 [J]. 黑龙江水利科技，2005（3）：72-73.
[81] 苏江霖，徐红丹．关于渠南灌区现代化建设与发展的思考 [J]. 中国水利，2015，（3）：41-42，55.
[82] 张建中．新型泵站综合自动化系统在景泰川电力提灌工程中的开发与应用 [J]. 甘肃水利水电技术，2005（6）：151-152.
[83] 薛媛．石津灌区续建配套和节水改造项目实施流程 [J]. 河北水利，2018（8）：40.

[84] 淄博水文水资源勘测局．桓台县水资源调查评价 [Z]. 2006：6-12.
[85] 刘江．地下水开采量和水位双控模式探讨 [J]. 地下水，2017 (3)：62-63.
[86] 曹明德．论我国水资源有偿使用制度 [J]. 中国法学，2004.
[87] 赵晗．基于区域作物有效降水量的河北平原灌溉水利用系数估算 [D]. 保定：河北农业大学，2019.
[88] 陈凤，蔡焕杰，王健，等．杨凌地区冬小麦和夏玉米蒸发蒸腾和作物系数的确定 [J]. 农业工程学报，2006 (5)：191-193.
[89] 段爱旺．北方地区主要作物灌溉作物用水定额 [M]. 北京：中国农业科学技术出版社，2004.
[90] 赵敏．基于需水管理的水权制度与水价机制 [J]. 中国水利，2010 (3)，62-65.
[91] 顾沁扬．县域农业初始水权分配方法初探 [J]. 中国农村水利水电，2017 (6)：205-206.
[92] 黄静．山东省主要作物灌溉定额研究 [D]. 泰安：山东农业大学，2011.
[93] 山东省水利厅．山东省水资源公报 [Z]. 2016.
[94] 董文虎．浅析水资源水权与水利工程供水权 [J]. 中国水利，2001 (2)：32-34.
[95] 王亚华，舒全峰，吴佳喆．水权市场研究述评与中国特色水权市场研究展望 [J]. 中国人口·资源与环境，2017，27 (6)：87-100.
[96] 李浩．水权转换市场的建设与管理研究 [D]. 泰安：山东农业大学，2012.
[97] 傅平，谢华，张天柱，等．完全成本水价与我国的水价改革 [J]. 中国给水排水，2003 (10)：22-24.
[98] 王宗志，胡四一，王银堂．流域初始水权分配及水量水质调控 [M]. 北京：科学出版社，2011.
[99] 国务院办公厅关于推进农业水价综合改革的意见. 国办发〔2016〕2号.
[100] 关于加大力度推进农业水价综合改革工作的通知. 发改价格〔2018〕916号.
[101] 杨孟豪，曹连海，赵丹．动态多目标农业水价制定模式研究 [J]. 人民黄河，2018，40 (10)：159-163.
[102] 杨萍，谭华．不同形状地块滴灌田间管网的优化研究 [J]. 江西农业学报，2009，21 (1)：115-117.
[103] 山东省农业水价综合改革实施方案. 鲁政办发〔2016〕44号.
[104] 山东省水利厅．山东省水利普查成果 [Z]. 2012.
[105] 山东省水文局．山东省地下水监测资料年鉴 [Z]. 2018.
[106] 山东省人民政府．山东省地下水禁采区及限采区范围 [Z]. 2015.
[107] 桓台县水利局．桓台县地下水超采区综合整治实施方案 [Z]. 2016.
[108] 桓台县人民政府．桓台县农业水价综合改革实施方案的通知 [Z]. 2017.
[109] 桓台县人民政府．桓台县农业用水精准补贴与节水奖励办法（试行）[Z]. 2018.
[110] 桓台县人民政府．桓台县农业水权交易管理办法试行）[Z]. 2018.
[111] 田玉国，李秀荣，姜丽．桓台县全力推进小型农田水利重点县建设 [J]. 山东水利，2011 (1)：27.
[112] 陈时磊．桓台县深层地下水资源可利用性研究 [D]．济南：济南大学，2012.
[113] 高赞东，寿冀平，曹永凯，等．桓台县地下水资源开发利用与保护对策 [J]. 山东地质，1999，15 (1)：1-6.
[114] 刘晴静．智慧园区顶层设计的思考与研究 [J]. 电信技术，2018 (S1)：21-24.
[115] 胡捷．移动网络优化中的大数据技术分析 [J]. 电信技术，2018 (S1)：161-162.
[116] 董绪，谢丽娟，王雪莹．大数据：水肥一体智能灌溉云服务系统助推现代农业进程发展 [J]. 2019 (33)：44-50.
[117] 山东省人民政府．山东省地下水超采区综合整治实施方案 [Z]. 2015.

[118] 寿光市水利局. 寿光市地下水限采禁采方案 [Z]. 2016.
[119] 寿光市水利局. 寿光市地下水超采区综合整治实施方案 [Z]. 2016.
[120] 寿光市水利局. 寿光市地下水超采区综合整治工作总结 [Z]. 2019.
[121] 寿光市水利局. 寿光市水权交易管理暂行办法 [Z]. 2017.
[122] 寿光市人民政府. 寿光市农业水价综合改革实施方案 [Z]. 2018.